Microsoft
ASP.net

ASP.NET

程序设计

慕课版

明日科技·出品

◎ 尚展垒 唐思均 主编 　◎ 汪克峰 臧超 副主编

人民邮电出版社

北　京

图书在版编目（CIP）数据

ASP.NET程序设计 ：慕课版 / 尚展垒，唐思均主编
. -- 北京 ：人民邮电出版社，2017.6（2023.8重印）
ISBN 978-7-115-45185-9

Ⅰ. ①A… Ⅱ. ①尚… ②唐… Ⅲ. ①网页制作工具－
程序设计－高等学校－教材 Ⅳ. ①TP393.092.2

中国版本图书馆CIP数据核字（2017）第054713号

内 容 提 要

本书作为 ASP.NET 程序设计的教程，系统全面地介绍了有关 ASP.NET 网站开发所涉及的各类知识。全书共分 16 章，内容包括搭建 ASP.NET 开发及运行环境，ASP.NET 网页开发基础，C#编程基础，ASP.NET 标准控件，ASP.NET 验证控件，HTTP 请求、响应及状态管理，ADO.NET 数据访问技术，使用 LINQ 进行数据访问，数据绑定，用户和角色管理，主题、母版、用户控件和 Web 部件，网站导航，Microsoft AJAX，Web 服务和 WCF 服务，ASP.NET MVC 编程，综合案例——图书馆管理系统。全书每章内容都与实例紧密结合，有助于读者理解知识、应用知识，达到学以致用的目的。

本书为慕课版教材，各章节主要内容配备了以二维码为载体的微课，并在人邮学院（www.rymooc.com）平台上提供了慕课。此外，本书还提供了课程资源包。资源包中提供了本书所有实例、上机指导、综合案例的源代码、制作精良的电子课件 PPT、重点及难点教学视频、自测题库（包括选择题、填空题、操作题题库及自测试卷等内容），以及拓展综合案例和拓展实验。其中，源代码全部经过精心测试，能够在 Windows XP、Windows 7 等系统下编译和运行。

◆ 主　编　尚展垒　唐思均
　　副主编　汪克峰　藏　超
　　责任编辑　刘　博
　　责任印制　杨林杰

◆ 人民邮电出版社出版发行　　北京市丰台区成寿寺路 11 号
　　邮编　100164　　电子邮件　315@ptpress.com.cn
　　网址　http://www.ptpress.com.cn
　　固安县铭成印刷有限公司印刷

◆ 开本：787×1092　1/16
　　印张：24.5　　　　　　　　　2017 年 6 月第 1 版
　　字数：644 千字　　　　　　　2023 年 8 月河北第 14 次印刷

定价：59.80 元

读者服务热线：(010)81055256　印装质量热线：(010)81055316
反盗版热线：(010)81055315
广告经营许可证：京东市监广登字20170147号

前言
Foreword

党的二十大报告中提到："教育、科技、人才是全面建设社会主义现代化国家的基础性、战略性支撑。"在教育改革、科技变革等背景下，程序设计领域的教学发生着翻天覆地的变化。

为了让读者能够快速且牢固地掌握 ASP.NET 开发技术，人民邮电出版社充分发挥在线教育方面的技术优势、内容优势、人才优势，潜心研究，为读者提供一种"纸质图书+在线课程"相配套，全方位学习 ASP.NET 开发的解决方案。读者可根据个人需求，利用图书和"人邮学院"平台上的在线课程进行系统化、移动化的学习，以便快速全面地掌握 ASP.NET 开发技术。

一、如何学习慕课版课程

本课程依托人民邮电出版社自主开发的在线教育慕课平台——人邮学院（www.rymooc.com），该平台为学习者提供优质、海量的课程，课程结构严谨，用户可以根据自身的学习程度，自主安排学习进度，并且平台具有完备的在线"学习、笔记、讨论、测验"功能。人邮学院为每一位学习者，提供完善的一站式学习服务（见图 1）。

图 1　人邮学院首页

为了使读者更好地完成慕课的学习，现将本课程的使用方法介绍如下。

1. 用户购买本书后，找到粘贴在书封底上的刮刮卡，刮开，获得激活码（见图 2）。
2. 登录人邮学院网站（www.rymooc.com），或扫描封面上的二维码，使用手机号码完成网站注册。

图 2　激活码

图 3　注册人邮学院网站

3. 注册完成后，返回网站首页，单击页面右上角的"学习卡"选项（见图 4），进入"学习卡"页面（见图 5），输入激活码，即可获得该慕课课程的学习权限。

图 4 单击"学习卡"选项　　　　　　　　图 5 在"学习卡"页面输入激活码

4. 输入激活码后，即可获得该课程的学习权限。可随时随地使用计算机、平板电脑、手机学习本课程的任意章节，根据自身情况自主安排学习进度（见图 6）。

5. 在学习慕课课程的同时，阅读本书中相关章节的内容，巩固所学知识。本书既可与慕课课程配合使用，也可单独使用，书中主要章节均放置了二维码，用户扫描二维码即可在手机上观看相应章节的视频讲解。

6. 学完一章内容后，可通过精心设计的在线测试题，查看知识掌握程度（见图 7）。

图 6 课时列表　　　　　　　　　　　图 7 在线测试题

7. 如果对所学内容有疑问，还可到讨论区提问，除了有大牛导师答疑解惑以外，同学之间也可互相交流学习心得（见图 8）。

8. 书中配套的 PPT、源代码等教学资源，用户也可在该课程的首页找到相应的下载链接（见图 9）。关于人邮学院平台使用的任何疑问，可登录人邮学院咨询在线客服，或致电：010-81055236。

图 8 讨论区　　　　　　　　　　　图 9 配套资源

二、本书特点

ASP.NET 是 Microsoft 公司推出的新一代建立动态 Web 应用程序的开发平台，它是当今最主流的

Web 程序开发技术之一。目前，大多数高校的计算机专业和 IT 培训学校都将 ASP.NET 作为教学内容之一，这对于培养学生的计算机应用能力具有非常重要的意义。

在当前的教育体系下，实例教学是计算机语言教学的最有效的方法之一，本书将 ASP.NET 知识和实用的实例有机结合起来，一方面，跟踪 ASP.NET 的发展，适应市场需求，精心选择内容，突出重点、强调实用，使知识讲解全面、系统；另一方面，全书通过"案例贯穿"的形式，始终围绕最后的综合案例设计实例，将实例融入到知识讲解中，使知识与案例相辅相成，既有利于读者学习知识，又有利于指导读者实践。另外，本书在每一章的后面还提供了上机指导和习题，方便读者及时验证自己的学习效果（包括动手实践能力和理论知识）。

本书作为教材使用时，课堂教学建议 38～42 学时，上机指导教学建议 12～15 学时。各章主要内容和学时建议分配如下，老师可以根据实际教学情况进行调整。

章	主要内容	课堂学时	上机指导
第 1 章	搭建 ASP.NET 开发及运行环境，包括 ASP.NET 基础、IIS 的安装与配置、Visual Studio 2015 开发环境、第一个 ASP.NET 网站	1	1
第 2 章	ASP.NET 网页开发基础，包括 ASP.NET 网页语法、HTML 标记语言、CSS 样式表、JavaScript 脚本基础、jQuery 技术	2	1
第 3 章	C#编程基础，包括 C#语言简介、代码编写规则、基本数据类型、常量和变量、表达式与运算符、选择语句、循环语句、跳转语句、数组的基本操作、面向对象程序设计	3	1
第 4 章	ASP.NET 标准控件，包括 ASP.NET 页面事件处理、服务器控件概述、文本类型控件、按钮类型控件、链接类型控件、选择类型控件、Image 图像控件、Panel 容器控件、FileUpload 文件上传控件	4	1
第 5 章	ASP.NET 验证控件，包括窗体验证概述、数据验证控件	1	1
第 6 章	HTTP 请求、响应及状态管理，包括 HTTP 请求——Request 对象、HTTP 响应——Response 对象、Server 对象、状态管理	3	1
第 7 章	ADO.NET 数据访问技术，包括数据库基础、ADO.NET 概述、Connection 数据连接对象、Command 命令执行对象、DataReader 数据读取对象、DataSet 对象和 DataAdapter 对象	3	1
第 8 章	使用 LINQ 进行数据访问，包括 LINQ 基础、LINQ 查询表达式、LINQ 操作 SQL Server 数据库	2	1
第 9 章	数据绑定，包括数据绑定概述、简单数据绑定、ListControl 类控件、GridView 控件、DataList 控件、ListView 控件	2	1
第 10 章	用户和角色管理，包括身份验证和授权、登录控件	2	1
第 11 章	主题、母版、用户控件和 Web 部件，包括主题、母版页、用户控件、Web 部件	3	1
第 12 章	网站导航，包括站点地图概述、TreeView 控件、Menu 控件、SiteMapPath 控件	2	1
第 13 章	Microsoft AJAX，包括 ASP.NET AJAX 概述、ASP.NET AJAX 服务器端控件、AJAX Control Toolkit 工具包的使用	1	1
第 14 章	Web 服务和 WCF 服务，包括 Web 服务、WCF 服务	1	1
第 15 章	ASP.NET MVC 编程，包括 MVC 概述、MVC 的实现	3	1
第 16 章	综合案例——图书馆管理系统，包括需求分析、系统设计、数据库设计、公共类设计、系统主要模块开发	4	

编　者
2022 年 12 月

目录
Contents

第1章　搭建 ASP.NET 开发及运行环境　1

1.1　ASP.NET 基础　2
　1.1.1　什么是 ASP.NET　2
　1.1.2　.NET Framework　2
　1.1.3　ASP.NET 与 .NET 框架　3
　1.1.4　ASP.NET 的特性　3
　1.1.5　ASP.NET 的版本　3
1.2　IIS 的安装与配置　4
　1.2.1　安装 IIS　4
　1.2.2　配置 IIS　5
1.3　Visual Studio 2015 开发环境　7
　1.3.1　安装 Visual Studio 2015 的必备条件　7
　1.3.2　安装 Visual Studio 2015　7
　1.3.3　启动 Visual Studio 2015　7
1.4　第一个 ASP.NET 网站　10
　1.4.1　ASP.NET 网站基本构建流程　10
　1.4.2　创建 ASP.NET 网站　10
　　实例：创建图书馆管理系统网站
　1.4.3　熟悉 Visual Studio 2015 开发环境　12
　1.4.4　设计 Web 页面　15
　1.4.5　添加 ASP.NET 文件夹　15
　1.4.6　运行应用程序　16
　1.4.7　配置 IIS 虚拟站点　16
　1.4.8　浏览 ASP.NET 网页　17
小结　17
上机指导　18
习题　19

第2章　ASP.NET 网页开发基础　20

2.1　ASP.NET 网页语法　21
　2.1.1　ASP.NET 网页扩展名　21
　2.1.2　页面指令　21
　2.1.3　ASPX 文件内容注释　22
　2.1.4　服务器端文件包含　22
2.2　HTML 标记语言　23
　2.2.1　创建第一个 HTML 文件　23
　　实例：使用记事本编写 HTML 页面
　2.2.2　HTML 文档结构　24
　2.2.3　HTML 常用标记　25
　　实例：①在网页中输出古诗
　　　　　②使用标记和段落标记设计页面
　　　　　③将网页中的内容居中
　　　　　④在页面中使用无序列表
　　　　　⑤在页面中使用有序列表
　2.2.4　表格标记　29
　　实例：在页面中定义学生成绩表
　2.2.5　HTML 表单标记　31
　　实例：①设计博客网站的注册页面
　　　　　②在页面中添加下拉列表
　2.2.6　超链接与图片标记　35
　　实例：电子商城中查看商品图片
2.3　CSS 样式表　36
　2.3.1　CSS 规则　37
　2.3.2　CSS 选择器　37
　　实例：①类别选择器应用
　　　　　②ID
　2.3.3　在页面中包含 CSS　39
　　实例：①定义行内样式
　　　　　②使用链接式样式表
2.4　JavaScript 脚本基础　41
　2.4.1　网页中使用 JavaScript　41
　　实例：弹出欢迎对话框
　2.4.2　JavaScript 的语法　42
　2.4.3　JavaScript 的数据类型　43
　2.4.4　运算符的应用　45
　　实例：电子商城中计算商品金额
　2.4.5　函数　48

实例：验证用户输入的注册姓名是否为汉字
2.4.6 常用对象 49
实例：实时显示当前系统时间
2.5 jQuery 技术 54
2.5.1 下载和配置 jQuery 55
2.5.2 jQuery 的工厂函数 55
2.5.3 一个简单的 jQuery 脚本 55
实例：弹出网页提示框
小结 56
上机指导 56
习题 58

第3章 C#编程基础 59

3.1 C#语言简介 60
3.2 代码编写规则 60
3.2.1 代码书写规则 60
3.2.2 代码注释及规则 60
3.3 基本数据类型 61
3.3.1 值类型 61
3.3.2 引用类型 63
3.3.3 值类型与引用类型的区别 64
实例：值类型与引用类型的区别
3.4 常量和变量 65
3.4.1 常量的声明和使用 65
3.4.2 变量的声明和使用 66
3.5 表达式与运算符 67
3.5.1 算术运算符 67
实例：加减乘除求余运算
3.5.2 自增自减运算符 67
3.5.3 赋值运算符 68
3.5.4 关系运算符 69
实例：比较 int 变量的大小关系
3.5.5 逻辑运算符 70
实例：比较 int 变量的大小并判断 T/F
3.5.6 位运算符 71
3.5.7 移位运算符 72
3.5.8 条件运算符 73
3.5.9 运算符的优先级与结合性 73
3.5.10 表达式中的类型转换 74
3.6 选择语句 76
3.6.1 if 语句 76
实例：判断用户输入的用户名和密码是否
正确

3.6.2 switch 语句 80
实例：判断用户的操作权限
3.7 循环语句 81
3.7.1 while 循环语句 82
实例：实现 1 到 100 的累加
3.7.2 do…while 循环语句 82
实例：do…while 实现 1 到 100 的累加
3.7.3 for 循环语句 83
实例：输出所有图书信息
3.8 跳转语句 84
3.8.1 break 语句 84
实例：实现 1 到 49 的累加
3.8.2 continue 语句 85
实例：1 到 100 之间的偶数和
3.8.3 goto 语句 85
实例：goto 实现 1 到 100 的累加
3.9 数组的基本操作 86
3.9.1 数组的声明 86
3.9.2 初始化数组 86
实例：定义存储星期的数组
3.10 面向对象程序设计 87
3.10.1 面向对象的概念 87
3.10.2 类和对象 87
实例：定义一个图书类 Book
3.10.3 使用 private、protected 和 public
关键字控制访问权限 89
3.10.4 构造函数和析构函数 90
3.10.5 定义类成员 91
实例：定义获取图书信息、添加图书的方法
3.10.6 命名空间的使用 93
小结 95
上机指导 95
习题 96

第4章 ASP.NET 标准控件 97

4.1 ASP.NET 页面事件处理 98
4.1.1 ASP.NET 页面事件 98
4.1.2 IsPostBack 属性 98
4.2 服务器控件概述 98
4.2.1 HTML 服务器控件简介 98
4.2.2 Web 服务器控件简介 99
4.3 文本类型控件 100
4.3.1 Label 控件 100

4.3.2　TextBox 控件　101
　　　实例：制作图书馆管理系统的用户登录界面
4.4　按钮类型控件　102
4.4.1　Button 控件　102
　　　实例：设计登录界面中的"登录"按钮
4.4.2　ImageButton 控件　103
4.5　链接类型控件　103
4.5.1　HyperLink 控件　103
4.5.2　LinkButton 控件　104
　　　实例：设计链接按钮
4.6　选择类型控件　105
4.6.1　RadioButton 控件　105
　　　实例：使用 RadioButton 控件模拟图书馆管理系统的用户登录角色
4.6.2　RadioButtonList 控件　107
　　　实例：使用 RadioButtonList 控件模拟图书馆管理系统的用户登录角色
4.6.3　CheckBox 控件　108
　　　实例：使用 CheckBox 控件模拟借取图书功能
4.6.4　CheckBoxList 控件　109
　　　实例：使用 CheckBoxList 控件模拟借取图书功能
4.6.5　ListBox 控件　110
　　　实例：设计用户授权模块
4.6.6　DropDownList 控件　112
　　　实例：选择用户所在地
4.7　Image 图像控件　113
4.8　Panel 容器控件　114
4.9　FileUpload 文件上传控件　115
　　　实例：模拟上传商品的图片
小结　117
上机指导　117
习题　118

第 5 章　ASP.NET 验证控件　119
5.1　窗体验证概述　120
5.2　数据验证控件　120
5.2.1　RequiredFieldValidator 控件　121
　　　实例：验证用户是否输入用户名和密码
5.2.2　CompareValidator 控件　122
　　　实例：检查两次输入的密码是否相同
5.2.3　RangeValidator 控件　124
　　　实例：验证注册页面中用户输入的出生日期是否合理

5.2.4　RegularExpressionValidator 控件　125
　　　实例：验证注册页面中用户输入的 E-mail 地址
5.2.5　CustomValidator 控件　128
　　　实例：控制密码不能少于 6 位
5.2.6　ValidationSummary 控件　129
　　　实例：汇总用户注册页面中的所有验证信息
小结　130
上机指导　131
习题　131

第 6 章　HTTP 请求、响应及状态管理　132
6.1　HTTP 请求——Request 对象　133
6.1.1　Request 对象常用属性和方法　133
6.1.2　获取页面间传送的值　133
　　　实例：获取图书编号和名称
6.1.3　获取客户端浏览器相关信息　134
　　　实例：获取客户端浏览器信息
6.2　HTTP 响应——Response 对象　135
6.2.1　Response 对象常用属性和方法　135
6.2.2　在页面中输出指定信息数据　135
　　　实例：在页面中输出数据
6.2.3　页面跳转并传递参数　136
　　　实例：模拟用户登录跳转
6.3　Server 对象　137
6.3.1　Server 对象常用属性和方法　137
6.3.2　获取服务器的物理地址　138
6.3.3　对字符串进行编码和解码　138
6.4　状态管理　139
6.4.1　ViewState 对象　139
6.4.2　HiddenField 控件　139
6.4.3　Cookie 对象　140
　　　实例：实现图书馆管理系统中的用户密码记忆功能
6.4.4　Session 对象　141
　　　实例：使用 Session 对象记录用户登录名
6.4.5　Application 对象　143
　　　实例：记录图书馆管理系统的网站访问量
小结　145
上机指导　145

习题 148

第7章 ADO.NET 数据访问技术 149

7.1 数据库基础 150
　　7.1.1 数据库概述 150
　　7.1.2 数据库的创建及删除 150
　　　　实例：创建图书馆管理系统数据库
　　7.1.3 数据表的创建及删除 152
　　　　实例：创建图书信息表
　　7.1.4 结构化查询语言（SQL） 153
　　　　实例：对图书信息表进行增删改查操作
7.2 ADO.NET 概述 157
　　7.2.1 ADO.NET 对象模型 157
　　7.2.2 数据访问命名空间 158
7.3 Connection 数据连接对象 158
　　7.3.1 熟悉 Connection 对象 158
　　7.3.2 数据库连接字符串 159
　　7.3.3 应用 SqlConnection 对象连接数据库 160
　　　　实例：连接图书馆管理系统数据库
7.4 Command 命令执行对象 160
　　7.4.1 熟悉 Command 对象 160
　　7.4.2 应用 Command 对象操作数据 161
　　　　实例：添加图书信息
　　7.4.3 应用 Command 对象调用存储过程 162
　　　　实例：通过存储过程添加图书信息
7.5 DataReader 数据读取对象 163
　　7.5.1 DataReader 对象概述 163
　　7.5.2 使用 DataReader 对象检索数据 164
　　　　实例：根据日期查询图书借还信息
7.6 DataSet 对象和 DataAdapter 对象 165
　　7.6.1 DataSet 对象 165
　　7.6.2 DataAdapter 对象 168
　　7.6.3 填充 DataSet 数据集 169
　　　　实例：获取所有图书信息
　　7.6.4 DataSet 对象与 DataReader 对象的区别 170
小结 170
上机指导 171

习题 174

第8章 使用 LINQ 进行数据访问 175

8.1 LINQ 基础 176
　　8.1.1 LINQ 概述 176
　　8.1.2 LINQ 查询 176
　　　　实例：LINQ 查询表达式的使用
　　8.1.3 使用 var 创建隐型局部变量 178
　　　　实例：var 关键字的使用
　　8.1.4 Lambda 表达式的使用 179
　　　　实例：Lambda 表达式的使用
8.2 LINQ 查询表达式 180
　　8.2.1 获取数据源 180
　　　　实例：使用 LINQ 获取所有图书信息
　　8.2.2 筛选 180
　　　　实例：根据名称查找图书信息
　　8.2.3 排序 181
　　　　实例：按入库时间降序排序图书信息
　　8.2.4 分组 181
　　　　实例：按分类分组图书
　　8.2.5 联接 181
　　　　实例：对图书信息表与书架信息表进行联接查询
　　8.2.6 选择（投影） 182
8.3 LINQ 操作 SQL Server 数据库 182
　　8.3.1 使用 LINQ 查询 SQL Server 数据库 182
　　　　实例：使用 LINQ 技术根据图书名称查询图书信息
　　8.3.2 使用 LINQ 更新 SQL Server 数据库 185
　　　　实例：①设计图书馆管理系统的留言页面
　　　　　　　②修改留言标题
　　　　　　　③删除留言
　　8.3.3 灵活运用 LinqDataSource 控件 187
　　　　实例：使用 LinqData-Source 控件配置数据源
小结 190
上机指导 190
习题 192

第9章 数据绑定 193

9.1 数据绑定概述 194

9.2　简单数据绑定 194
　9.2.1　属性绑定 194
　　实例：简单属性绑定
　9.2.2　表达式绑定 195
　　实例：表达式绑定
　9.2.3　集合绑定 196
　　实例：集合绑定
　9.2.4　方法绑定 197
　　实例：方法绑定
9.3　ListControl 类控件 199
　　实例：获取图书名称及编码信息
9.4　GridView 控件 200
　9.4.1　GridView 控件常用的属性、方法和事件 200
　9.4.2　使用 GridView 控件绑定数据源 202
　　实例：显示图书馆管理系统中的所有图书信息
　9.4.3　自定义 GridView 控件的列 202
　　实例：在 GridView 控件中添加 Boand Field 列
　9.4.4　使用 GridView 控件分页显示数据 204
　　实例：分页查看所有图书信息
　9.4.5　以编程方式实现选中、编辑和删除 GridView 数据项 205
　　实例：动态修改、删除指定图书信息
9.5　DataList 控件 208
　9.5.1　DataList 控件常用的属性、方法和事件 209
　9.5.2　分页显示 DataList 控件中的数据 210
　　实例：分页查看所有图书信息
9.6　ListView 控件 214
　9.6.1　ListView 控件常用的属性、方法和事件 214
　9.6.2　ListView 控件的模板 216
　9.6.3　使用 ListView 服务器控件对数据进行显示、分页和排序 216
　　实例：使用 ListView 控件对图书信息进行分页显示和排序
小结 217
上机指导 218
习题 220

第 10 章　用户和角色管理 221
10.1　身份验证和授权 222
　10.1.1　身份验证 222
　　实例：使用 Forms 验证登录用户和密码
　10.1.2　授权 227
10.2　登录控件 228
　10.2.1　CreateUserWizard 控件 229
　　实例：设计用户注册页面
　10.2.2　Login 控件 231
　　实例：设计用户登录页面
　10.2.3　LoginName 控件 232
　10.2.4　LoginStatus 控件 233
　　实例：实现用户的登录和注销
　10.2.5　LoginView 控件 233
　　实例：实现登录用户和匿名用户显示不同内容
　10.2.6　ChangePassword 控件 234
　　实例：设计修改密码页面
　10.2.7　PasswordRecovery 控件 235
　　实例：设计密码找回页面
小结 237
上机指导 237
习题 239

第 11 章　主题、母版、用户控件和Web 部件 240
11.1　主题 241
　11.1.1　主题概述 241
　11.1.2　创建主题 242
　　实例：①设计文本输入框的主题②为主题添加 CSS 样式
　11.1.3　使用主题 246
　　实例：显示库存商品信息
11.2　母版页 247
　11.2.1　母版页概述 247
　11.2.2　创建母版页 248
　　实例：创建图书馆管理系统公共母版页
　11.2.3　创建内容页 250
　11.2.4　访问母版页的控件和属性 251
　　实例：在图书馆管理系统首页显示系统时间
11.3　用户控件 253
　11.3.1　用户控件概述 253
　11.3.2　创建用户控件 254

11.3.3　使用用户控件　255
11.4　Web 部件　256
　11.4.1　Web 部件概述　256
　11.4.2　WebPartManager 控件　257
　　🔗 实例：动态改变页面布局
　11.4.3　WebPartZone 控件　258
　11.4.4　EditorZone 控件　259
　　🔗 实例：EditorZone 控件的应用
　11.4.5　AppearanceEditorPart 控件　260
　　🔗 实例：AppearanceEditorpart 控件的应用
　11.4.6　LayoutEditorPart 控件　262
　　🔗 实例：LayoutEditorPart 控件的应用
小结　263
上机指导　263
习题　268

第 12 章　网站导航　269

12.1　站点地图概述　270
12.2　TreeView 控件　271
　12.2.1　TreeView 控件概述　271
　12.2.2　TreeView 控件的常用属性和
　　　　事件　271
　12.2.3　TreeView 控件的基本应用　273
　　🔗 实例：设计图书分类导航菜单
　12.2.4　TreeView 控件绑定数据库　275
　　🔗 实例：将数据库中的图书分类绑定到 TreeView
　12.2.5　TreeView 控件绑定 XML 文件　276
　　🔗 实例：TreeView 控件绑定 XML 文件
　12.2.6　使用 TreeView 控件实现站点
　　　　导航　277
　　🔗 实例：显示读者列表导航
12.3　Menu 控件　278
　12.3.1　Menu 控件概述　278
　12.3.2　Menu 控件的常用属性和事件　279
　12.3.3　Menu 控件的基本应用　280
　　🔗 实例：设计图书馆管理系统导航菜单
　12.3.4　Menu 控件绑定 XML 文件　281
　　🔗 实例：Menu 控件绑定 XML 文件
　12.3.5　使用 Menu 控件实现站点导航　282
　　🔗 实例：Web.sitemap 与 Menu 控件集成实现
　　　站点导航
12.4　SiteMapPath 控件　283
　12.4.1　SiteMapPath 控件概述　283

12.4.2　SiteMapPath 控件的常用属性和
　　　　事件　283
12.4.3　使用 SiteMapPath 控件实现站点
　　　　导航　284
　🔗 实例：设计图书馆管理系统首页导航
小结　285
上机指导　285
习题　287

第 13 章　Microsoft AJAX　288

13.1　ASP.NET AJAX 概述　289
　13.1.1　AJAX 开发模式　289
　13.1.2　ASP.NET AJAX 的优点　289
　13.1.3　ASP.NET AJAX 的架构　290
13.2　ASP.NET AJAX 服务器端控件　290
　13.2.1　ScriptManager 控件　290
　　🔗 实例：①检测用户注册姓名是否为汉字
　　　　②使用<Services>标记引入 Web Service
　13.2.2　UpdatePanel 控件　295
　　🔗 实例：实现页面的局部刷新
　13.2.3　Timer 控件　298
　　🔗 实例：实时显示当前系统时间
13.3　AJAX Control Toolkit 工具包的
　　　使用　299
　13.3.1　安装 AJAX Control Toolkit 扩展
　　　　控件工具包　299
　13.3.2　PasswordStrength 控件　300
　　🔗 实例：使用文本和进度条两种方式显示用户
　　　密码的密码强度
　13.3.3　TextBoxWatermark 控件　302
　　🔗 实例：在文本框中显示水印提示
　13.3.4　SlideShow 控件　303
　　🔗 实例：以幻灯片形式播放商品图片
小结　306
上机指导　306
习题　308

第 14 章　Web 服务和 WCF 服务　309

14.1　Web 服务　310
　14.1.1　Web 服务概述　310
　14.1.2　Web 服务文件　310
　14.1.3　Web 服务代码隐藏文件　310

14.1.4 创建 Web 服务 312
  实例：创建一个根据图书名称查找图书信息的 Web 服务
14.1.5 调用 Web 服务 315
  实例：调用 Web 服务实现根据图书名称查找图书信息
14.2 WCF 服务 317
  14.2.1 WCF 服务概述 317
  14.2.2 建立 WCF 服务 318
    实例：创建一个根据图书名称查找图书信息的 WCF 服务
  14.2.3 调用 WCF 服务 319
    实例：调用 WCF 服务实现根据图书名称查找图书信息
小结 320
上机指导 320
习题 322

第 15 章 ASP.NET MVC 编程 323

15.1 MVC 概述 324
  15.1.1 MVC 简介 324
  15.1.2 MVC 的请求过程 324
    实例：图书信息列表
  15.1.3 什么是 Routing 326
15.2 MVC 的实现 327
  15.2.1 创建 MVC 项目 327
    实例：创建图书馆管理系统 MVC 项目
  15.2.2 添加 MVC 控制器 329
    实例：添加图书管理控制器
  15.2.3 添加 MVC 视图 330
    实例：添加显示图书信息的视图
  15.2.4 添加 MVC 的处理方法 331
    实例：添加获取图书信息的 Action 方法
  15.2.5 Models 层的实现 333
    实例：创建图书馆管理系统数据库实体模型

15.2.6 MVC 页面路由配置 336
  实例：配置图书馆管理系统系统日志路由
小结 337
上机指导 337
习题 342

第 16 章 综合案例——图书馆管理系统 343

16.1 需求分析 344
16.2 系统设计 344
  16.2.1 系统目标 344
  16.2.2 构建开发环境 344
  16.2.3 系统功能结构 344
  16.2.4 业务流程图 344
  16.2.5 业务逻辑编码规则 345
16.3 数据库设计 345
  16.3.1 数据库概要说明 345
  16.3.2 数据库概念设计 346
  16.3.3 数据库逻辑设计 347
  16.3.4 视图设计 349
16.4 公共类设计 350
  16.4.1 DataBase 类 351
  16.4.2 AdminManage 类 355
  16.4.3 OperatorClass 类 358
  16.4.4 ValidateClass 类 358
16.5 系统主要模块开发 359
  16.5.1 主页面设计 359
  16.5.2 图书馆信息模块设计 363
  16.5.3 图书档案管理模块设计 367
  16.5.4 图书借还管理模块设计 373
16.6 小结 380

第1章
搭建ASP.NET开发及运行环境

本章要点:

- ASP.NET概述、特性及版本
- .NET Framework介绍
- IIS的安装与配置
- Visual Studio 2015的安装
- 创建ASP.NET网站
- 熟悉Visual Studio 2015开发环境
- 一个基本的ASP.NET开发过程

■ ASP.NET 是一种建立动态 Web 应用程序的技术,它是.NET 框架的一部分,可以使用任何.NET 兼容的语言编写 ASP.NET 应用程序。ASP.NET 技术与 Java、PHP 等相比,具有方便、灵活、性能优、生产效率高、安全性高、完整性强及面向对象等特性,是目前主流的网络编程技术之一。本章主要讲解 ASP.NET 的发展历程及特性等基础知识;如何安装、搭建 ASP.NET 4.0 及 IIS 服务器环境;如何对 IIS 服务器进行安装、配置和管理;如何创建 ASP.NET 网站。

1.1 ASP.NET 基础

ASP.NET 是 Microsoft 公司推出的新一代建立动态 Web 应用程序的开发平台，是一种建立动态 Web 应用程序的新技术。本节将带领大家认识 ASP.NET。

1.1.1 什么是 ASP.NET

ASP.NET 是一种开发动态网站的技术，它是.NET 框架的一部分，可以使用任何.NET 兼容的语言（如 Visual Basic.NET、C#、J#等语言）来编写 ASP.NET 网站。ASP.NET 是作为.NET 框架体系结构的一部分推出的。

什么是 ASP.NET

使用 ASP.NET 开发网站时，用"简化"来形容一点不为过，因为其设计目标是将应用程序代码数减少 70%，改变过去那种需要编写很多重复性代码的状况，尽可能做到写很少的代码就能完成任务的效果。对于应用构架师和开发人员而言，ASP.NET 是 Microsoft Web 开发史上的一个重要的里程碑！

1.1.2 .NET Framework

.NET Framework 又称.NET 框架，它是微软公司推出的完全面向对象的软件开发与运行平台，它有两个主要组件，分别是公共语言运行时（Common Language Runtime，CLR）和类库，如图 1-1 所示。

.NET Framework

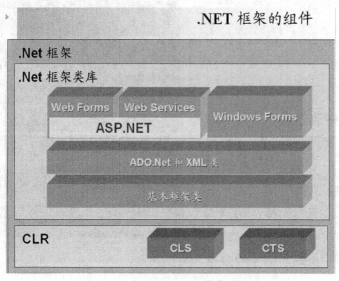

图 1-1 .NET Framework 的组成

下面分别对.NET Framework 的两个主要组成部分进行介绍。

（1）公共语言运行时：公共语言运行时（CLR）负责管理和执行由.NET 编译器编译产生的中间语言代码（.NET 程序执行原理如图 1-2 所示）。在公共语言运行时中包含两部分内容，分别为 CLS 和 CTS，其中，CLS 表示公共语言规范，它是许多应用程序所需的一套基本语言功能；而 CTS 表示通用类型系统，它定义了可以在中间语言中使用的预定义数据类型，所有面向.NET Framework 的语言都可以生成最终基于这些类型的编译代码。

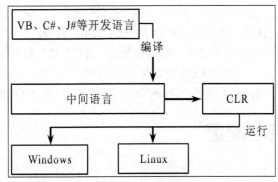

图 1-2 .NET 程序执行原理

> **说明**　中间语言（Microsoft Intermediate Language，IL 或 MSIL）是使用 C#或者 VB.NET 编写的软件，只有在软件运行时，.NET 编译器才将中间代码编译成计算机可以直接读取的数据。

（2）类库：类库里有很多编译好的类，可以拿来直接使用。例如，进行多线程操作时，可以直接使用类库里的 Thread 类，进行文件操作时，可以直接使用类库中的 IO 类等。类库实际上相当于一个仓库，这个仓库里面装满了各种工具，可以供开发人员直接使用。

1.1.3　ASP.NET 与.NET 框架

ASP.NET 是微软.NET 框架的一部分，可以使用任何.NET 兼容的语言（如 Visual Basic.NET、C#、J#、VC.NET）编写 ASP.NET 应用程序。要构建 ASP.NET 页面，需要充分利用.NET Framework 的特性。

ASP.NET 与.NET
框架

1.1.4　ASP.NET 的特性

与其他语言相比，ASP.NET 开发网站的速度是非常惊人的，维护起来也相当方便，且使用代码少。同时，用户还可以根据自己的需求向 ASP.NET 添加自定义功能。ASP.NET 的特性主要包括以下 6 个方面。

ASP.NET 的特性

- ❑ 开发效率高：使用 ASP.NET 服务器控件和包含新增功能的现有控件，可以轻松、快捷地创建 ASP.NET 网站。
- ❑ 灵活和可扩展：很多 ASP.NET 功能都可以扩展，这样可以轻松地将自定义功能集成到程序中。例如，ASP.NET 为不同数据源提供插入支持。
- ❑ 性能：使用缓存和 SQL 缓存失效等功能，可以优化网站的性能。
- ❑ 安全性：向网站程序中添加身份验证和授权比以往任何时候都简单。
- ❑ 利用 ASP.NET 中自带的 jQuery 组件可以创建更有效、更具交互性、高度个性化的 Web 体验。
- ❑ Visual Studio 2015 对 WF、WCF 和 WPF 完美支持。

ASP.NET 的版本

1.1.5　ASP.NET 的版本

2000 年 ASP.NET 1.0 正式发布，2003 年 ASP.NET 升级为 1.1 版本。ASP.NET 1.1 发布之后更加激发了 Web 应用程序开发人员对 ASP.NET 的兴趣，并且对网络技术有着巨大的推动作用，微软公司提出"减少 70%代码"的目标，于是在 2005 年 11 月微软公司又发布了 ASP.NET 2.0。ASP.NET 2.0 的发布是.NET 技术走向成熟的标志。在使用上增加了方便、实用的新特性，使 Web 开发人员可以更加快捷方便地开发 Web 应用程序。它不但执行效率大幅度提高，对代码的控制也做得更好，以高安全性、易管理性和高扩展性等特点著称。随后微软陆续推出了 ASP.NET 3.0、3.5、4.0、4.5 版本，并在 2015 年推出了 ASP.NET 5.0 版本，新的版本统一了 Web Forms、MVC 和 Web API 编程模型，并支持跨平台。

1.2 IIS 的安装与配置

1.2.1 安装 IIS

安装 IIS

ASP.NET 作为一项服务，首先需要在运行它的服务器上建立 Internet 信息服务器（IIS）。IIS 是 Internet Information Server 的缩写，是微软公司主推的 Web 服务器，通过 IIS，开发人员可以更方便地调试程序或发布网站。

 说明

下面列出了 Windows 操作系统不同版本下集成的 IIS 服务器。
- ❑ Windows 2000 Server：Professional IIS 5.0。
- ❑ Windows XP：Professional IIS 5.1。
- ❑ Windows 2003：IIS 6.0。
- ❑ Windows 7：IIS 7.0。
- ❑ Windows 8：IIS 7.5。

下面将介绍 Windows 7 操作系统中 IIS 7.0 的安装过程，步骤如下。

（1）将 Windows 7 操作系统光盘放到光盘驱动器中。依次打开"控制面板"→"程序"，选择"程序和功能"→"打开或关闭 Windows 功能"，弹出"Windows 功能"对话框，如图 1-3 所示。

（2）在该对话框中选中"Internet 信息服务"复选框，单击"确定"按钮，弹出图 1-4 所示的"Microsoft Windows"对话框，该对话框中显示安装进度。安装完成后自动关闭"Microsoft Windows"对话框和"Windows 功能"对话框。

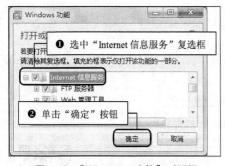

图 1-3 "Windows 功能"对话框

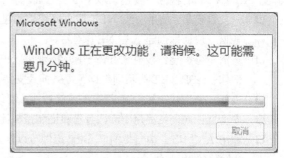

图 1-4 "Microsoft Windows"对话框

（3）IIS 信息服务管理器安装完成之后，依次打开"控制面板"→"系统和安全"→"管理工具"，在其中可以看到"Internet 信息服务（IIS）管理器"，如图 1-5 所示。

以上为 Internet 信息服务（IIS）的完整安装步骤，用户按照步骤安装 Internet 信息服务（IIS）后即可使用。

图 1-5 "Internet 信息服务（IIS）管理器"选项

1.2.2 配置 IIS

配置 IIS

IIS 安装启动后就要对其进行必要的配置，这样才能使服务器在最优的环境下运行，下面介绍 IIS 服务器配置与管理的具体步骤。

（1）依次打开"控制面板"→"系统和安全"→"管理工具"，在图 1-5 所示的窗口中双击"Internet 信息服务（IIS）管理器"，弹出"Internet 信息服务（IIS）管理器"窗口，如图 1-6 所示。

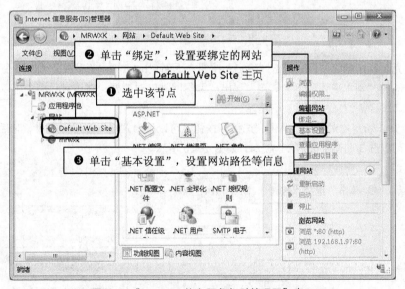

图 1-6 "Internet 信息服务(IIS)管理器"窗口

（2）在图 1-6 所示窗口的左侧列表中选中"网站"→"Default Web Site"节点，在右侧单击"绑定"超级链接，弹出图 1-7 所示的"网站绑定"对话框，在该对话框中可以添加、编辑、删除和浏览绑定的网站。

（3）在图 1-7 所示的对话框中单击"添加"按钮，弹出"添加网站绑定"对话框，该对话框中可以设置要绑定网站的类型、IP 地址、端口及主机名等信息，如图 1-8 所示。

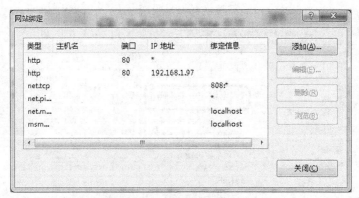

图 1-7 "网站绑定"对话框

图 1-8 "添加网站绑定"对话框

（4）设置完要绑定的网站后，单击"确定"按钮，返回"Internet 信息服务（IIS）管理器"窗口，单击该窗口右侧的"基本设置"超级链接，弹出"编辑网站"对话框，在该对话框中可以设置应用程序池、网站的物理路径等信息，如图 1-9 所示。

（5）在图 1-9 所示的对话框中单击"选择"按钮，可以弹出"选择应用程序池"对话框，该对话框的下拉列表中可以选择要使用的 .NET 版本，如图 1-10 所示。

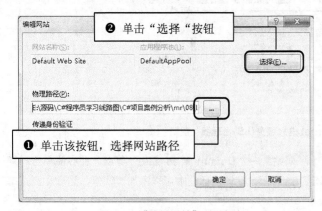

图 1-9 "编辑网站"对话框

图 1-10 "选择应用程序池"对话框

1.3　Visual Studio 2015 开发环境

Visual Studio 2015 是微软为了配合.NET 战略推出的 IDE 开发环境，同时也是目前开发 C#程序最新的工具，本节将对 Visual Studio 2015 的安装与卸载进行详细讲解。

1.3.1　安装 Visual Studio 2015 的必备条件

安装 Visual Studio 2015 之前，首先要了解安装 Visual Studio 2015 所需的必备条件，检查计算机的软硬件配置是否满足 Visual Studio 2015 开发环境的安装要求，具体要求如表 1-1 所示。

安装 Visual Studio
2015 的必备条件

表 1-1　安装 Visual Studio 2015 所需的必备条件

软硬件	要求
处理器	1.6GHz 处理器，建议使用 2.0 GHz 双核处理器
RAM	2G，建议使用 4G 及以上内存
可用硬盘空间	所有驱动器上需要 9G（典型安装）或者 20G（全部安装）的可用空间
DVD-ROM	使用（或者使用虚拟光驱）
显示器	分辨率 1024×768，增强色 16 位
操作系统及所需补丁	Windows 7（SP1）、Windows 8、Windows 8.1、Windows Server 2008 R2 SP1（x64）、Windows Server 2012（x64）、Windows 10

1.3.2　安装 Visual Studio 2015

本节以 VS 2015 社区版的安装为例讲解其具体的安装步骤。

 说明

VS 2015 社区版是完全免费的，其下载地址为：http://www.visualstudio.com/downloads/。

安装 VS 2015 社区版的步骤如下。

（1）使用虚拟光驱软件加载下载的 vs2015.3.com_chs.iso 文件，然后双击 vs_community.exe 文件开始安装。

（2）应用程序会自动跳转到图 1-11 所示的 VS 2015 安装程序界面，该界面中，单击"…"按钮设置 VS 2015 的安装路径，一般使用默认设置即可，产品默认路径为"C:\Program Files\Microsoft Visual Studio 14.0"，这里根据本地计算机的实际情况，将安装路径设置成了"E:\Program Files\Microsoft Visual Studio 14.0"；然后选择安装类型，采用"典型"即可；单击"安装"按钮，即可进入到 VS 2015 的安装进度界面，如图 1-12 所示。

安装 Visual Studio
2015

（3）安装完成后，进入 VS 2015 的安装完成页，如图 1-13 所示。

1.3.3　启动 Visual Studio 2015

第一次启动 Visual Studio 2015 开发环境的步骤如下。

（1）在 Visual Studio 2015 的安装完成页中单击"启动"按钮，即可启动 VS 2015

启动 Visual Studio
2015

开发环境，如图 1-14 所示。

图 1-11　VS 2015 安装程序界面

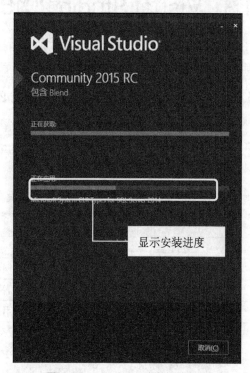

图 1-12　VS 2015 安装进度界面

图 1-13　VS 2015 的安装完成页

图 1-14　启动 VS 2015

说明
在安装完成界面可能会出现一个"Android SDK"相关的警告信息，这些警告信息不影响 VS 2015 开发环境的正常使用，忽略即可。

（2）在第一次启动 VS 2015 开发环境时，会提示使用微软的 Outlook 账号进行登录，也可以不进行登录，直接单击"以后再说"链接，打开 VS 2015 的启动界面，如图 1-15 所示。

图 1-15　VS 2015 启动界面

（3）在图 1-15 所示界面中，用户可以根据自己的实际情况，选择适合自己的开发语言，这里选择的是"Visual C#"选项，然后单击"启动 Visual Studio"按钮，即可进入 VS 2015 的主界面，如图 1-16 所示。

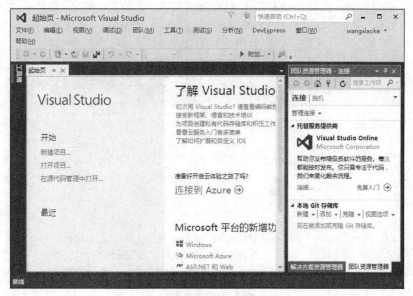

图 1-16　VS 2015 主界面

1.4 第一个 ASP.NET 网站

1.4.1 ASP.NET 网站基本构建流程

在学习 ASP.NET 应用程序开发前，需要了解构建一个 ASP.NET 网站的基本流程。构建一个 ASP.NET 网站的基本流程如图 1-17 所示。

图 1-17 构建一个 ASP.NET 网站的基本流程

1.4.2 创建 ASP.NET 网站

【例 1-1】以创建图书馆管理系统为例介绍使用 Visual Studio 2015 创建 ASP.NET 网站的具体过程。

（1）启动 Visual Studio 2015 集成开发环境后，首先进入"起始页"界面。在菜单栏中选择"文件"→"新建"→"网站"选项，弹出图 1-18 所示的"新建网站"对话框。

图 1-18 新建网站

（2）选择要使用的.NET 框架和"ASP.NET 空网站"后，用户可以对所要创建的 ASP.NET 网站进行命名、选择存放位置的设定，在命名时可以使用自定义的名称，也可以使用默认名"WebSite1"，这里输入 LibraryMS，表示图书馆管理系统；用户可以单击"浏览"按钮设置网站存放的位置，然后单击"确定"按钮，完成 ASP.NET 网站的创建，如图 1-19 所示。

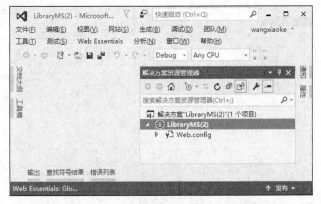

图 1-19　创建完成的 ASP.NET 网站

（3）创建完的 ASP.NET 网站中只包括一个 Web.Config 配置文件，选中当前网站名称，单击鼠标右键，选择"添加"→"添加新项"选项，如图 1-20 所示。

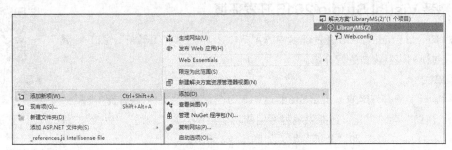

图 1-20　选择"添加新项"选项

（4）弹出"添加新项"对话框，该对话框中选择"Web 窗体"，并输入名称，如图 1-21 所示。

图 1-21　"添加新项"对话框

（5）单击"添加"按钮，即可向当前的 ASP.NET 网站中添加一个 Web 网页，添加完 Web 页面的
ASP.NET 网站如图 1-22 所示。

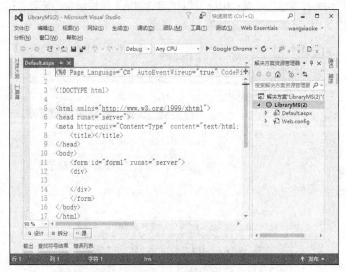

图 1-22 添加完 Web 页面的 ASP.NET 网站

1.4.3 熟悉 Visual Studio 2015 开发环境

下面对 Visual Studio 2015 开发环境中的菜单栏、工具栏、"工具箱"窗口、"属
性"窗口"错误列表"窗口进行介绍。

熟悉 Visual Studio
2015 开发环境

1．菜单栏

菜单栏显示了所有可用的 Visual Studio 2015 命令，除了"文件""编辑""视图"
"窗口"和"帮助"菜单之外，还提供编程专用的功能菜单，如"网站""生成""调试""团队""工具"
"测试""Web Essentials"和"分析"等，如图 1-23 所示。

图 1-23 Visual Studio 2015 菜单栏

每个菜单项中都包含若干个菜单命令，分别执行不同的操作，例如，
"调试"菜单包括调试网站的各种命令，如"开始调试""开始执行"和
"新建断点"等，如图 1-24 所示。

2．工具栏

为了操作更方便、快捷，菜单项中常用的命令按功能分组，分别放
入相应的工具栏中。通过工具栏可以快速地访问常用的菜单命令。常用
的工具栏有标准工具栏和调试工具栏，下面分别介绍。

（1）标准工具栏包括大多数常用的命令按钮，如新建网站、添加新
项、打开文件、保存、全部保存等。标准工具栏如图 1-25 所示。

（2）调试工具栏包括对应用程序进行调试的快捷按钮，如图 1-26
所示。

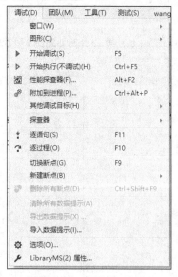

图 1-24 "调试"菜单

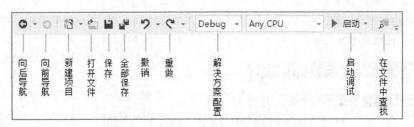

图 1-25　Visual Studio 2015 标准工具栏

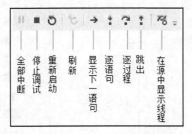

图 1-26　Visual Studio 2015 调试工具栏

说明

在调试程序或运行程序的过程中，通常可用以下 4 种快捷键来操作。

（1）按〈F5〉快捷键实现调试运行程序。

（2）按〈Ctrl+F5〉组合键实现不调试运行程序。

（3）按〈F11〉快捷键实现逐语句调试程序。

（4）按〈F10〉快捷键实现逐过程调试程序。

3. "工具箱"窗口

工具箱是 Visual Studio 2015 的重要工具，每一个开发人员都必须对这个工具非常熟悉。工具箱提供了进行 ASP.NET 网站开发所必须的控件。通过工具箱，开发人员可以方便地进行可视化的窗体设计，简化了程序设计的工作量，提高了工作效率。根据控件功能的不同，将工具箱划分为 12 个栏目，如图 1-27 所示。

图 1-27　"工具箱"窗口

单击某个栏目，显示该栏目下的所有控件，如图 1-28 所示。当需要某个控件时，可以通过双击所需要的控件直接将控件加载到 ASP.NET 页面中，也可以先单击选择需要的控件，再将其拖动到 ASP.NET

页面上。"工具箱"窗口中的控件可以通过工具箱右键菜单（如图 1-29 所示）来控制，例如，实现控件的排序、删除、设置显示方式等。

图 1-28 展开后的"工具箱"窗口

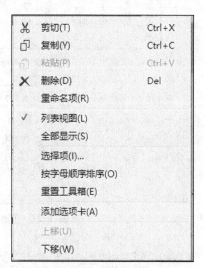

图 1-29 工具箱右键菜单

4."属性"窗口

"属性"窗口是 Visual Studio 2015 中另一个重要的工具，该窗口中为 ASP.NET 网站的开发提供了简单的属性修改方式。对 ASP.NET 页面中的各个控件属性都可以由"属性"窗口设置完成。"属性"窗口不仅提供了属性的设置及修改功能，还提供了事件的管理功能。"属性"窗口可以管理控件的事件，方便编程时对事件的处理。

另外，"属性"窗口采用了两种方式管理属性和方法，分别为按分类方式和按字母顺序方式。读者可以根据自己的习惯采用不同的方式。该窗口的下方还有简单的帮助，方便开发人员对控件的属性进行操作和修改，"属性"窗口的左侧是属性名称，相对应的右侧是属性值。"属性"窗口如图 1-30 所示。

图 1-30 "属性"窗口

5."错误列表"窗口

"错误列表"窗口为代码中的错误提供了即时的提示和可能的解决方法。例如，当某句代码结束时忘记了输入分号时，错误列表中会显示图 1-31 所示的错误。错误列表就好像是一个错误提示器，它可以将程序中的错误代码及时地显示给开发人员，并通过提示信息找到相应的错误代码。

图 1-31 "错误列表"窗口

 说明 双击错误列表中的某项，Visual Studio 2015 开发平台会自动定位到发生错误的语句。

1.4.4 设计 Web 页面

设计 Web 页面

1．布局页面

通过两种方法可以实现布局 Web 页面，一个是 Table 表格布局 Web 窗体，另一个是 CSS+DIV 布局 Web 窗体。使用 Table 表格布局 Web 窗体，将 Web 窗体中添加一个 html 格式表格，然后根据位置的需要，向表格中添加相关文字信息或服务器控件。使用 CSS+DIV 布局 Web 窗体需要通过 CSS 样式控制 Web 窗体中的文字信息或服务器控件的位置，这需要精通 CSS 样式，在此就不做详细介绍了。

2．添加服务器控件

添加服务器控件既可以通过拖曳的方式添加，也可以通过 ASP.NET 网页代码添加。例如，通过这两个方法添加一个 Button 按钮。

（1）拖曳方法

首先，打开工具箱，在"标准"栏中找到 Button 控件选项，然后按住鼠标左键，将 Button 按钮拖动到 Web 窗体中指定位置或表格单元格中，最后放开鼠标左键即可，如图 1-32 所示。

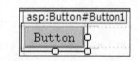

（2）代码方法

图 1-32 添加 Button 控件

打开 Web 窗体的源视图，在页面中添加一个 Button 按钮的代码，如下：

```
<asp:Button ID="Button1" runat="server" Text="Button" />
```

1.4.5 添加 ASP.NET 文件夹

添加 ASP.NET
文件夹

ASP.NET 应用程序包含 7 个默认文件夹，分别为：Bin 文件夹、App_Code 文件夹、App_GlobalResources 文件夹、App_LocalResources 文件夹、App_WebReferences 文件夹、App_Browsers 文件夹、"主题"文件夹。每个文件夹都存放有 ASP.NET 应用程序的不同类型的资源，具体说明如表 1-2 所示。

表 1-2 ASP.NET 应用程序文件夹说明

方法	说明
Bin	包含程序所需的所有已编译程序集（.dll 文件）。应用程序中自动引用 Bin 文件夹中的代码所表示的任何类

方法	说明
App_Code	包含页使用的类（例如.cs、.vb 和.jsl 文件）的源代码
App_GlobalResources	包含编译到具有全局范围的程序集中的资源（.resx 和.resources 文件）
App_LocalResources	包含与应用程序中的特定页、用户控件或母版页关联的资源（.resx 和.resources 文件）
App_WebReferences	包含用于定义在应用程序中使用的 Web 引用的引用协定文件（.wsdl 文件）、架构文件（.xsd 文件）和发现文档文件（.disco 和.discomap 文件）
App_Browsers	包含 ASP.NET 用于标识个别浏览器并确定其功能的浏览器定义（.browser）文件
主题	包含用于定义 ASP.NET 网页和控件外观的文件集合（.skin 和.css 文件以及图像文件和一般资源）

添加 ASP.NET 默认文件夹的方法是：在解决方案资源管理器中，选中方案名称并单击鼠标右键，在弹出的快捷菜单中选择"添加 ASP.NET 文件夹"命令，在其子菜单中可以看到 7 个默认的文件夹，选择指定的命令即可，如图 1-33 所示。

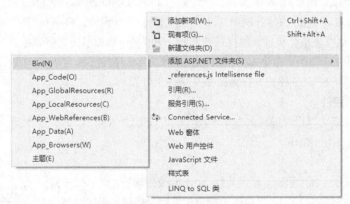

图 1-33 ASP.NET 默认文件夹

1.4.6 运行应用程序

在 Visual Studio 2015 中有多种方法运行应用程序，可以选择菜单栏中的"调试"→"开始调试"命令运行应用程序，如图 1-34 所示；也可以单击工具栏上的 ▶ 按钮运行程序。

运行应用程序

图 1-34 通过"调试"菜单运行应用程序

1.4.7 配置 IIS 虚拟站点

配置 IIS 虚拟站点

网站设计完成之后，需要在 IE 浏览器中进行浏览。配置 IIS 虚拟站点的步骤请参见 1.2.2 节，这里需要注意的是，在选择网站路径时，需要定位到网站所在文件夹，如图 1-35 所示。

图 1-35　选择网站路径

浏览 ASP.NET
网页

1.4.8　浏览 ASP.NET 网页

在"Internet 信息服务（IIS）管理器"窗口中，切换到"内容视图"，选中要浏览的.aspx 页面，单击右键，选择"浏览"选项，即可在网页浏览器中浏览该网页。如图 1-36 所示。

图 1-36　浏览 ASP.NET 网页

小 结

通过本章的学习，读者首先要了解 ASP.NET 的发展历程、特性，然后需要重点掌握 IIS 服务器的安装及配置、Visual Studio 2015 开发环境的安装等内容。另外，本章在讲解过程中，为了能够使读者对 ASP.NET 网站有一个大体的认识，按照"创建→设计→运行→配置虚拟站点→浏览网页"的流程详细讲解了一个 ASP.NET 网站的完整实现步骤。

上机指导

使用 Visual Stuido 2015 开发环境创建一个电子购物商城网站，名称为 NetShop，该网站中有一个 Web 窗体，在其中输出"欢迎光临电子购物商城！"。程序运行结果如图 1-37 所示。

图 1-37　创建电子购物商城网站

上机指导

开发步骤如下。

（1）打开 VS 2015 开发环境，在菜单栏中选择"文件"→"新建"→"网站"选项，弹出图 1-38 所示的"添加新网站"对话框。

图 1-38　新建网站

（2）选择要使用的.NET 框架和"ASP.NET 空网站"后，用户可以对所要创建的 ASP.NET 网站进行命名、选择存放位置的设定，在命名时输入 NetShop，表示电子购物商城，单击"确定"按钮，完成电子购物商城网站的创建。

（3）选中创建 NetShop 项目，单击鼠标右键，选择"添加"→"添加新项"选项，在弹出的"添加新项"对话框中选择"Web 窗体"，并采用默认名称 Default.aspx，如图 1-39 所示。

（4）单击"添加"按钮，即可向电子购物商城网站中添加一个 Web 网页，将鼠标光标定位到默认生成的<div>下方，输入"欢迎光临电子购物商城！"，并按〈Ctrl+S〉组合键保存，如图 1-40 所示。

图 1-39 "添加新项"对话框

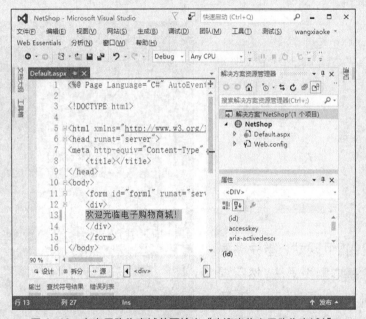

图 1-40 在电子购物商城首页输出"欢迎光临电子购物商城！"

完成以上操作后，按〈F5〉键运行程序。

习 题

1-1 什么是 ASP.NET？它有何优势？

1-2 简述 ASP.NET 网站的运行原理及运行机制。

1-3 ASP.NET 与 .NET Framework 有什么关系？

1-4 列举安装 Visual Studio 2015 开发环境的必备条件。

1-5 Visual Studio 2015 的"属性"窗口有何作用？

PART02

第2章

ASP.NET网页开发基础

本章要点:

- ASP.NET网页基本语法
- HTML文档的基本结构
- HTML的各种常用标记
- 使用CSS样式表控制页面
- 网页中调用JavaScript的方法
- JavaScript基础
- JavaScript的常用对象
- jQuery基础

■ 开发一个 ASP.NET 网站,首先需要熟悉 ASP.NET 的基本网页语法,然后需要掌握网页前端的必备知识,包括 HTML、CSS 和 JavaScript 等,其中,HTML 用来确定网页的内容,CSS 用来实现页面的表现形式,JavaScript 是 Web 页面中一种比较流行的脚本语言,它由客户端浏览器解释执行,可以应用在 JSP、PHP、ASP.NET 等网站中,jQuery 是当前主流的一种 JS 框架。本章将分别对以上内容进行讲解。

2.1 ASP.NET 网页语法

2.1.1 ASP.NET 网页扩展名

ASP.NET 网页
扩展名

网站应用程序中可以包含很多文件类型。例如，在 ASP.NET 中经常使用的 ASP.NET Web 窗体页就是以.aspx 为扩展名的文件。ASP.NET 网页其他扩展名的具体描述如表 2-1 所示。

表 2-1 ASP.NET 网页扩展名

文件	扩展名
Web 用户控件	.ascx
HTML 页	.htm
XML 页	.xml
母版页	.master
Web 服务	.asmx
全局应用程序类	.asax
Web 配置文件	.config
网站地图	.sitemap
外观文件	.skin
样式表	.css

2.1.2 页面指令

页面指令

ASP.NET 页面中的前几行一般是<%@...%>这样的代码，这叫作页面的指令，用来定义 ASP.NET 页分析器和编译器使用的特定于该页的一些定义。在.aspx 文件中使用的页面指令一般有以下几种。

1. <%@Page%>

<%@Page%>指令可定义 ASP.NET 页分析器和编译器使用的属性，一个页面只能有一个这样的指令。

2. <%@Import Namespace="Value"%>

<%@Import Namespace="Value"%>指令可将命名空间导入到 ASP.NET 应用程序文件中，一个指令只能导入一个命名空间，如果要导入多个命名空间，应使用多个@Import 指令来执行。有的命名空间是 ASP.NET 默认导入的，没有必要再重复导入。

3. <%@OutputCache%>

<%@OutputCache%>指令可设置页或页中包含的用户控件的输出缓存策略。

4. <%@Implements Interface="接口名称"%>

<%@Implements Interface="接口名称"%>指令用来定义要在页或用户控件中实现的接口。

5. <%@Register%>

<%@Register%>指令用于创建标记前缀和自定义控件之间的关联关系，有下面 3 种写法：

```
<%@ Register tagprefix="tagprefix" namespace="namespace" assembly="assembly" %>
<%@ Register tagprefix="tagprefix" namespace="namespace" %>
<%@ Register tagprefix="tagprefix" tagname="tagname" src="pathname" %>
```

参数说明如下：

- ❑ tagprefix：提供对包含指令的文件中所使用的标记的命名空间的短引用的别名。
- ❑ namespace：正在注册的自定义控件的命名空间。
- ❑ tagname：与类关联的任意别名。此属性只用于用户控件。
- ❑ src：与 tagprefix:tagname 对关联的声明性用户控件文件的位置，可以是相对的地址，也可以是绝对的地址。
- ❑ assembly：与 tagprefix 属性关联的命名空间的程序集，程序集名称不包括文件扩展名。如果将自定义控件的源代码文件放置在应用程序的 App_Code 文件夹下，ASP.NET 在运行时会动态编译源文件，因此不必使用 assembly 属性。

2.1.3 ASPX 文件内容注释

ASPX 文件内容
注释

服务器端注释（<%--注释内容--%>）允许开发人员在 ASP.NET 应用程序文件的任何部分（除了<script>代码块内部）嵌入代码注释。服务器端注释元素的开始标记和结束标记之间的任何内容，不管是 ASP.NET 代码还是文本，都不会在服务器上进行处理或呈现在结果页上。

例如，使用服务器端注释 TextBox 控件，代码如下：

```
<%--
    <asp:TextBox ID="TextBox2" runat="server"></asp:TextBox>
--%>
```

执行后，浏览器上将不显示此文本框。

如果<script>代码块中的代码需要注释，则使用 HTML 代码中的注释（<!--注释//-->）。此标记用于告知浏览器忽略该标记中的语句。例如：

```
<script language ="javascript" runat ="server">
    <!--
        注释内容
    //-->
    </script>
```

2.1.4 服务器端文件包含

服务器端文件包含

服务器端文件包含用于将指定文件的内容插入 ASP.NET 文件中，这些文件包括网页文件（.aspx 文件）、用户控件文件（.ascx 文件）和 Global.asax 文件。包含文件是在编译之前被包含的文件按原始格式插入到原始位置，相当于两个文件组合为一个文件，两个文件的内容必须符合.aspx 文件的要求。其语法如下：

```
<!-- #include file|virtual="filename" -->
```

参数说明如下：

- ❑ file：文件名是相对于包含带有#include 指令的文件目录的物理路径，此路径可以是相对的。
- ❑ virtual：文件名是网站中虚拟目录的虚拟路径，此路径可以是相对的。

> 使用 file 属性时包含的文件可以位于同一目录或子目录中，但该文件不能位于带有#include 指令的文件的上级目录中。由于文件的物理路径可能会更改，因此建议采用 virtual 属性。

例如，使用服务器端包含指令语法调用将在 ASP.NET 页上创建页眉的文件，这里使用的是相对路径，代码如下：

```
<html>
  <body>
    <!-- #Include virtual="/include/header.ascx" -->
  </body>
</html>
```

赋予 file 或 virtual 属性的值必须用英文引号（""）括起来。

2.2 HTML 标记语言

在浏览器的地址栏中输入一个网址，就会展示出相应的网页内容。在网页中包含有很多内容，例如文字、图片、动画，以及声音和视频等。设置网页的最终目的是为访问者提供有价值的信息。提到网页设计不得不提到 HTML 标记语言，HTML 全称 Hypertext Markup Language，译为超文本标记语言。HTML 用于描述超文本中内容的显示方式。使用 HTML 可以实现在网页中定义一个标题、文本或者表格等。本节将为大家详细介绍 HTML 标记语言。

2.2.1 创建第一个 HTML 文件

编写 HTML 文件可以通过两种方式，一种是手工编写 HTML 代码，另一种是借助一些开发软件，比如 Adobe 公司的 Dreamweaver 或者微软公司的 Expression Web 这样的网页制作软件。在 Windows 操作系统中，最简单的文本编辑软件就是记事本。

创建第一个 HTML 文件

下面为大家介绍应用记事本编写第一个 HTML 文件。HTML 文件的创建方法非常简单，具体步骤如下。

（1）单击"开始"菜单，依次选择"程序"→"附件"→"记事本"命令。

（2）在打开的记事本窗体中编写代码，如图 2-1 所示。

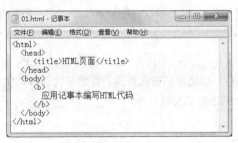

图 2-1　在记事本中输入 HTML 文件内容

（3）编写完成之后，需要将其保存为 HTML 格式文件，具体步骤为：选择记事本菜单栏中的"文件"/"另存为"命令，在弹出的另存为对话框中，首先在"保存类型"下拉列表中"所有文件"选项，然后在"文件名"文本框中输入一个文件名，需要注意的是，文件名的后缀应该是".htm"或者".html"，如图 2-2 所示。

如果没有修改记事本的"保存类型"，那么记事本会自动将文件保存为".txt"文件，即普通的文本文件，而不是网页类型的文件。

23

（4）设置完成后，单击"保存"按钮，则保存成功了 HTML 文件。此时，双击该 HTML 文件，就会显示页面内容。效果如图 2-3 所示。

图 2-2　保存 HTML 文件

图 2-3　运行 HTML 文件

这样，就完成了第一个 HTML 文件的编写。尽管该文件内容非常的简单，但是却体现了 HTML 文件的特点。

　在浏览器的显示页面中，单击鼠标右键选择"查看源代码"命令，这时会自动打开记事本程序，里面显示的则为 HTML 源文件。

2.2.2　HTML 文档结构

HTML 文档由 4 个主要标记组成——<html>、<head>、<title>、<body>。上节中为大家介绍的实例中，就包含了这 4 个标记，这 4 个标记构成了 HTML 页面最基本的元素。

HTML 文档结构

1.　<html>标记

<html>标记是 HTML 文件的开头。所有 HTML 文件都是以<html>标记开头，以</html>标记结束。HTML 页面的所有标记都要放置在<html>与</html>标记中，<html>标记并没有实质性的功能，但却是 HTML 文件不可缺少的内容。

HTML 标记是不区分大小写的。

2. <head>标记

<head>标记是 HTML 文件的头标记,作用是放置 HTML 文件的信息。如定义 CSS 样式代码可放置在<head>与</head>标记之中。

3. <title>标记

<title>标记为标题标记。可将网页的标题定义在<title>与</title>标记之中。例如在 2.2.1 节中定义的网页的标题为"HTML 页面",如图 2-4 所示。<title>标记被定义在<head>标记中。

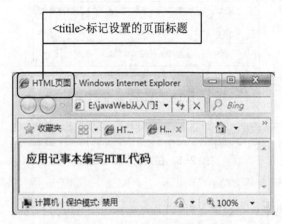

图 2-4 <title>标记定义页面标题

4. <body>标记

<body>是 HTML 页面的主体标记。页面中的所有内容都定义在<body>标记中。<body>标记也是成对使用的。以<body>标记开头,</body>标记结束。<body>标记本身也具有控制页面的一些特性。比如控制页面的背景图片和颜色等。

本节中介绍的是 HTML 页面的最基本的结构。要深入学习 HTML 语言,创建更加完美的网页,必须学习 HTML 语言的其他标记。

2.2.3 HTML 常用标记

HTML 中提供了很多标记,可以用来设计页面中的文字、图片,定义超链接等。这些标记的使用可以使页面更加生动,下面为大家介绍 HTML 中的常用标记。

HTML 常用标记

1. 换行标记

要让网页中的文字实现换行,在 HTML 文件中输入换行符(〈Enter〉键)是没有用的,如果要让页面中的文字实现换行,就必须用一个标记告诉浏览器在哪里要实现换行操作。在 HTML 语言中,换行标记为"
"。

与前面为大家介绍的 HTML 标记不同,换行标记是一个单独标记,不是成对出现的。下面通过实例为大家介绍换行标记的使用。

【例 2-1】 创建 HTML 页面,实现在页面中输出一首古诗。

```
<html>
  <head>
```

25

```
        <title>应用换行标记实现页面文字换行</title>
    </head>
    <body>
        <b>
            黄鹤楼送孟浩然之广陵
        </b><br>
            故人西辞黄鹤楼，烟花三月下扬州。<br>
            孤帆远影碧空尽，唯见长江天际流。
    </body>
</html>
```

运行本实例，效果如图 2-5 所示。

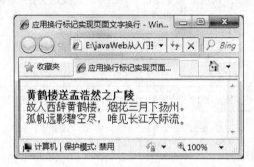

图 2-5　在页面中输出古诗

2．段落标记

HTML 中的段落标记也是一个很重要的标记，段落标记以<p>标记开头，以</p>标记结束。段落标记在段前和段后各添加一个空行，而定义在段落标记中的内容，不受该标记的影响。

3．标题标记

在 Word 文档中，可以很轻松地实现不同级别的标题。如果要在 HTML 页面中创建不同级别的标题，可以使用 HTML 语言中的标题标记。在 HTML 标记中设定了 6 个标题标记，分别为<h1>至<h6>，其中<h1>代表 1 级标题，<h2>代表 2 级标题，<h6>代表 6 级标题等。数字越小，表示级别越高，文字的字体也就越大。

【例 2-2】 在 HTML 页面中定义文字，并通过标题标记和段落标记设置页面布局。

```
<html>
    <head>
     <title>设置标题标记</title>
    </head>
    <body>
    <h1>Java开发的3个方向</h1>
    <h2>Java SE</h2>
    <p>主要用于桌面程序的开发。它是学习Java EE和Java ME的基础，也是本书的重点内容。</p>
    <h2>Java EE</h2>
    <p>主要用于网页程序的开发。随着互联网的发展，越来越多的企业使用Java语言来开发自己的官方网站，
其中不乏世界500强企业。</p>
    <h2>Java ME</h2>
    <p>主要用于嵌入式系统程序的开发。</p>
    </body>
</html>
```

运行本实例，结果如图 2-6 所示。

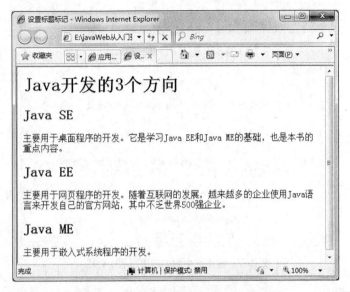

图 2-6 使用标题标记和段落标记设计页面

4. 居中标记

HTML 页面中的内容有一定的布局方式，默认的布局方式是从左到右依次排序。如果要想让页面中的内容在页面的居中位置显示，可以使用 HTML 中的<center>标记。<center>居中标记以<center>标记开头，以</center>标记结尾。标记之中的内容为居中显示。

将【例 2-2】中的代码进行修改，使用居中标记，将页面内容居中。

【例 2-3】 使用居中标记对页面中的内容进行居中处理。

```html
<html>
    <head>
     <title>设置标题标记</title>
    </head>
    <body>
     <center>
     <h1>Java开发的3个方向</h1>
     <h2>Java SE</h2>
     <p>主要用于桌面程序的开发。它是学习Java EE和Java ME的基础，也是本书的重点内容。</p>
     <h2>Java EE</h2>
     <center>
     <p>主要用于网页程序的开发。随着互联网的发展，越来越多的企业使用Java语言来开发自己的官方网站，
其中不乏世界500强企业。</p>
     </center>
     <h2>Java ME</h2>
     <center>
     <p>主要用于嵌入式系统程序的开发。</p>
     </center>
    </body>
</html>
```

将页面中的内容进行居中后的效果如图 2-7 所示。

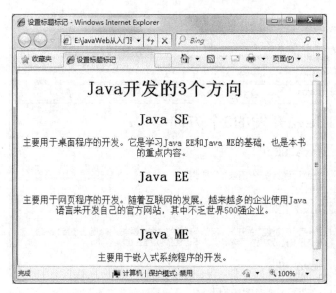

图 2-7　将页面中的内容进行居中处理

5. 文字列表标记

HTML 语言中提供了文字列表标记，文字列表标记可以将文字以列表的形式依次排列。通过这种形式可以更加方便网页的访问者。HTML 中的列表标记主要有无序的列表和有序的列表两种。

（1）无序列表

无序列表是在每个列表项的前面添加一个圆点符号。通过符号<ul>可以创建一组无序列表，其中每一个列表项以<li>表示。下面的实例为大家演示了无序列表的应用。

【例 2-4】 使用无序列表对页面中的文字进行排序。

```html
<html>
    <head>
     <title>无序列表标记</title>
    </head>
    <body>
     编程词典有以下几个品种。
     <p>
     <ul>
      <li>Java编程词典
      <li>VB编程词典
      <li>VC编程词典
      <li>.net编程词典
      <li>C#编程词典
     </ul>
    </body>
</html>
```

本实例的运行结果如图 2-8 所示。

（2）有序列表

有序列表和无序列表的区别是，使用有序列表标记可以将列表项进行排号。有序列表的标记为<ol>，每一个列表项前使用<li>。有序列表中项目项是有一定的顺序的。下面将例 2.4 进行修改，使用有序列表进行排序。

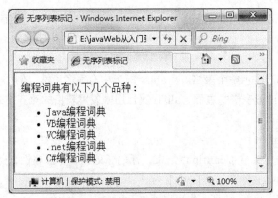

图 2-8　在页面中使用无序列表

【例 2-5】　使用有序列表对页面中的文字进行排序。

```
<html>
    <head>
     <title>无序列表标记</title>
    </head>
    <body>
    编程词典有以下几个品种。
    <p>
    <ol>
     <li>Java编程词典
     <li>VB编程词典
     <li>VC编程词典
     <li>.net编程词典
     <li>C#编程词典
     </ol>
    </body>
</html>
```

运行本实例，结果如图 2-9 所示。

图 2-9　在页面中插入有序列的列表

2.2.4　表格标记

　　表格是网页中十分重要的组成元素，用来存储数据。表格包含标题、表头、行和
单元格。在 HTML 语言中，表格标记使用符号<table>表示。但定义表格光使用

表格标记

<table>是不够的，还需要定义表格中的行、列、标题等内容。在 HTML 页面中定义表格，需要学会使用以下 5 个标记。

（1）表格标记<table>

<table>…</table>标记表示整个表格。<table>标记中有很多属性，例如 width 属性用来设置表格的宽度，border 属性用来设置表格的边框，align 属性用来设置表格的对齐方式，bgcolor 属性用来设置表格的背景色等。

（2）标题标记<caption>

标题标记以<caption>开头与</caption>结束，标题标记也有一些属性，例如 align、valign 等。

（3）表头标记<th>

表头标记以<th>开头以</th>结束，也可以通过 align、background、colspan、valign 等属性来设置表头。

（4）表格行标记<tr>

表格行标记以<tr>开头以</tr>结束，一组<tr>标记表示表格中的一行。<tr>标记要嵌套在<table>标记中使用，该标记也具有 align、background 等属性。

（5）单元格标记<td>

单元格标记<td>又称为列标记，一个<tr>标记中可以嵌套若干个<td>标记。该标记也具有 align、background、valign 等属性。

【例 2-6】 在页面中定义学生成绩表。

```
<body>
<table width="318" height="167" border="1" align="center">
  <caption>学生考试成绩单</caption>
  <tr>
    <td align="center" valign="middle">姓名</td>
    <td align="center" valign="middle">语文</td>
    <td align="center" valign="middle">数学</td>
    <td align="center" valign="middle">英语</td>
  </tr>
  <tr>
    <td align="center" valign="middle">张三</td>
    <td align="center" valign="middle">89</td>
    <td align="center" valign="middle">92</td>
    <td align="center" valign="middle">87</td>
  </tr>
  <tr>
    <td align="center" valign="middle">李四</td>
    <td align="center" valign="middle">93</td>
    <td align="center" valign="middle">86</td>
    <td align="center" valign="middle">80</td>
  </tr>
  <tr>
    <td align="center" valign="middle">王五</td>
    <td align="center" valign="middle">85</td>
    <td align="center" valign="middle">86</td>
    <td align="center" valign="middle">90</td>
  </tr>
</table>
```

```
</body>
```

运行本实例，结果如图 2-10 所示。

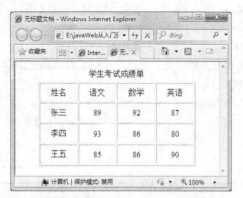

图 2-10　在页面中定义学生成绩表

 表格的作用不仅是显示数据，在实际开发中，常常会使用表格来设计页面。在页面中创建一个表格，并设置没有边框，之后通过该表格将页面划分几个区域，再分别对几个区域进行设计，这样是一种非常方便的设计页面的方式。

2.2.5　HTML 表单标记

对于经常上网的人来说，对网站中的登录页面肯定不会感到陌生，在登录页面中，网站会提供给用户用户名文本框与密码文本框以供访客输入信息。这里的用户名文本框与密码文本框就属于 HTML 中的表单元素。表单在 HTML 页面中起着非常重要的作用，是用户与网页交互信息的重要手段。

HTML 表单标记

1.　<form>…</form>表单标记

表单标记以<form>标记开头，以</form>标记结尾。在表单标记中可以定义处理表单数据程序的 URL 地址等信息。<form>标记的基本语法如下：

```
<form action = "url" method = "get"|"post" name = "name" onSubmit = "" target ="">
</form>
```

<form>标记的各属性说明如下。

❑　action 属性：用来指定处理表单数据程序的 URL 地址。
❑　method 属性：用来指定数据传送到服务器的方式。该属性有两种属性值，分别为 get 与 post。get 属性值表示将输入的数据追加在 action 指定的地址后面，并传送到服务器。当属性值为 post 时，会将输入的数据按照 HTTP 协议中的 post 传输方式传送到服务器。
❑　name 属性：指定表单的名称，该属性值程序员可以自定义。
❑　onSubmit 属性：用于指定当用户单击提交按钮时触发的事件。
❑　target 属性：指定输入数据结果显示在哪个窗口中，该属性的属性值可以设置为"_blank""_self""_parent""_top"。其中 "_blank" 表示在新窗口中打开目标文件，"_self" 表示在同一个窗口中打开，这项一般不用设置，"_parent" 表示在上一级窗口中打开。一般使用框架页时经常使用，"_top" 表示在浏览器的整个窗口中打开，忽略任何框架。

下面的例子为创建表单，设置表单名称为 form，当用户提交表单时，提交至 action.html 页面进行处理。

例如，定义表单元素，代码如下：

```
<form id="form1" name="form" method="post" action="action.html" target="_blank">
</form>
```

2. <input>表单输入标记

表单输入标记是使用最频繁的表单标记，通过这个标记可以向页面中添加单行文本、多行文本、按钮等。<input>标记的语法格式如下：

```
<input type="image" disabled="disabled" checked="checked" width="digit" height="digit" maxlength="digit"
readonly="" size="digit" src="uri" usemap="uri" alt="" name="checkbox" value="checkbox">
```

<input>标记的属性如表 2-2 所示。

表 2-2　<input>标记的属性

属性	描述
type	用于指定添加的是哪种类型的输入字段，共有 10 个可选值，如表 2-3 所示
disabled	用于指定输入字段不可用，即字段变成灰色。其属性值可以为空值，也可以指定为 disabled
checked	用于指定输入字段是否处于被选中状态，用于 type 属性值为 radio 和 checkbox 的情况下。其属性值可以为空值，也可以指定为 checked
width	用于指定输入字段的宽度，用于 type 属性值为 image 的情况下
height	用于指定输入字段的高度，用于 type 属性值为 image 的情况下
maxlength	用于指定输入字段可输入文字的个数，用于 type 属性值为 text 和 password 的情况下，默认没有字数限制
readonly	用于指定输入字段是否为只读。其属性值可以为空值，也可以指定为 readonly
size	用于指定输入字段的宽度，当 type 属性为 text 和 password 时，以文字个数为单位，当 type 属性为其他值时，以像素为单位
src	用于指定图片的来源，只有当 type 属性为 image 时有效
usemap	为图片设置热点地图，只有当 type 属性为 image 时有效。属性值为 URI，URI 格式为 "#+<map>标记的 name 属性值"。例如，<map>标记的 name 属性值为 Map，该 URI 为#Map
alt	用于指定当图片无法显示时，显示的文字，只有当 type 属性为 image 时有效
name	用于指定输入字段的名称
value	用于指定输入字段默认数据值，当 type 属性为 checkbox 和 radio 时，不可省略此属性，为其他值时，可以省略。当 type 属性为 button、reset 和 submit 时，指定的是按钮上的显示文字；当 type 属性为 checkbox 和 radio 时，指定的是数据项选定时的值

type 属性是<input>标记中非常重要的内容，决定了输入数据的类型。该属性值的可选项如表 2-3 所示。

表 2-3　type 属性的属性值

可选值	描述	可选值	描述
text	文本框	submit	提交按钮
password	密码域	reset	重置按钮
file	文件域	button	普通按钮
radio	单选按钮	hidden	隐藏域
checkbox	复选按钮	image	图像域

【例 2-7】 在该文件中首先应用<form>标记添加一个表单，将表单的 action 属性设置为 register_deal.jsp，method 属性设置为 post，然后应用<input>标记添加获取用户名和 E-mail 的文本框、获取密码和确认密码的密码域、选择性别的单选按钮、选择爱好的复选按钮、提交按钮、重置按钮。

```
<body><form action="" method="post" name="myform">
    用 户 名：<input name="username" type="text" id="UserName4" maxlength="20">
    密    码：<input name="pwd1" type="password" id="PWD14" size="20" maxlength="20">
    确认密码：<input name="pwd2" type="password" id="PWD25" size="20" maxlength="20">
    性    别：<input name="sex" type="radio" class="noborder" value="男" checked>
            男 
            <input name="sex" type="radio" class="noborder" value="女">
            女
    爱好：<input name="like" type="checkbox" id="like" value="体育">
            体育
            <input name="like" type="checkbox" id="like" value="旅游">
            旅游
            <input name="like" type="checkbox" id="like" value="听音乐">
            听音乐
            <input name="like" type="checkbox" id="like" value="看书">
            看书
    E-mail：<input name="email" type="text" id="PWD224" size="50">
        <input name="Submit" type="submit" class="btn_grey" value="确定保存">
        <input name="Reset" type="reset" class="btn_grey" id="Reset" value="重新填写">
        <input type="image" name="imageField" src="images/btn_bg.jpg">
</form>
```

完成在页面中添加表单元素后，即形成了网页的雏形。页面运行结果如图 2-11 所示。

图 2-11　博客网站的注册页面

3.　<select>…</select>下拉菜单标记

<select>标记可以在页面中创建下拉列表，此时的下拉列表是一个空的列表，要使用<option>标记向列表中添加内容。<select>标记的语法格式如下：

```
<select name="name" size="digit" multiple="multiple" disabled="disabled">
</select>
```

<select>标记的属性说明如表 2-4 所示。

表 2-4 <select>标记的属性

属性	描述
name	用于指定列表框的名称
size	用于指定列表框中显示的选项数量，超出该数量的选项可以通过拖动滚动条查看
disabled	用于指定当前列表框不可使用（变成灰色）
multiple	用于让多行列表框支持多选

【例 2-8】 在页面中应用<select>标记和<option>标记添加下拉列表框和多行下拉列表框。

```
下拉列表框：
<select name="select">
  <option>数码相机区</option>
  <option>摄影器材</option>
  <option>MP3/MP4/MP5</option>
  <option>U盘/移动硬盘</option>
</select>
  多行列表框（不可多选）：
<select name="select2" size="2">
  <option>数码相机区</option>
  <option>摄影器材</option>
  <option>MP3/MP4/MP5</option>
  <option>U盘/移动硬盘</option>
</select>
  多行列表框（可多选）：
<select name="select3" size="3" multiple>
  <option>数码相机区</option>
  <option>摄影器材</option>
  <option>MP3/MP4/MP5</option>
  <option>U盘/移动硬盘</option>
</select>
```

运行本程序，可发现在页面中添加了下拉列表，如图 2-12 所示。

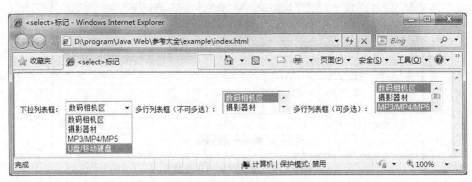

图 2-12 在页面中添加的下拉列表

4. <textarea>多行文本标记

　　<textarea>为多行文本标记，与单行文本相比，多行文本可以输入更多的内容。通常情况下，<textarea>标记出现在<form>标记的标记内容中。<textrare>标记的语法格式如下：

```
<textarea cols="digit" rows="digit" name="name" disabled="disabled" readonly="readonly" wrap="value">
默认值</textarea>
```

<textarea>标记的属性说明如表 2-5 所示。

表 2-5　<textarea>标记属性说明

属性	描述
name	用于指定多行文本框的名称，当表单提交后，在服务器端获取表单数据时应用
cols	用于指定多行文本框显示的列数（宽度）
rows	用于指定多行文本框显示的行数（高度）
disabled	用于指定当前多行文本框不可使用（变成灰色）
readonly	用于指定当前多行文本框为只读
wrap	用于设置多行文本中的文字是否自动换行

例如，在页面中创建表单对象，并在表单中添加一个多行文本框，文本框的名称为 content，文字换行方式为 hard，关键代码如下：

```
<form name="form1" method="post" action="">
        <textarea name="content" cols="30" rows="5" wrap="hard"></textarea>
</form>
```

2.2.6　超链接与图片标记

超链接与图片标记

HTML 语言的标记有很多，本书由于篇幅有限不能一一为大家介绍，只能介绍一些常用标记。除了上面介绍的常用标记外，还有两个标记不得不向大家介绍，即超链接标记与图片标记。

1. 超链接标记<a>

超链接标记是页面中非常重要的元素，在网站中实现从一个页面跳转到另一个页面，这个功能就是通过超链接标记来完成的。超链接标记的语法非常的简单如下：

```
<a href = ""></a>
```

属性 href 用来设定连接到哪个页面中。

2. 图像标记

大家在浏览网站中通常会看到各式各样的漂亮的图片，在页面中添加的图片是通过<img>标记来实现的。<img>标记的语法格式如下：

```
<img src="url" width="value" height="value" border="value" alt="提示文字">
```

<img>标记的属性说明如表 2-6 所示。

表 2-6　<img>标记的常用属性

属性	描述
src	用于指定图片的来源
width	用于指定图片的宽度
height	用于指定图片的高度
border	用于指定图片外边框的宽度，默认值为 0
alt	用于指定当图片无法显示时显示的文字

下面给出具体实例，为读者演示超链接和图像标记的使用。

【例 2-9】　在页面中添加表格，在表格中插入图片和超链接。

```
<table width="409" height="523" border="1" align="center">
```

```
    <tr>
        <td width="199" height="208">
        <img src="images/ASP.NET.jpg" />
        </td>
        <td width="194">
        <img src="images/C#.jpg"/>
        </td>
    </tr>
    <tr>
        <td height="35" align="center" valign="middle"><a href="message.html">查看详情</a></td>
        <td align="center" valign="middle"><a href="message.html">查看详情</a></td>
    </tr>
    <tr>
        <td height="227"><img src="images/Java .jpg"/></td>
        <td><img src="images/VB.jpg"/></td>
    </tr>
    <tr>
        <td height="35" align="center" valign="middle"><a href="message.html">查看详情</a></td>
        <td align="center" valign="middle"><a href="message.html">查看详情</a></td>
    </tr>
</table>
```

运行本实例，结果如图 2-13 所示。

页面中的"查看详情"为超链接，当用户单击该超链接后，将转发至 message.html 页面，如图 2-14
所示。

图 2-13　页面中添加图片和超链接

图 2-14　message.html 页面的运行结果

2.3　CSS 样式表

CSS 是 W3C 协会为弥补 HTML 在显示属性设定上的不足而制定的一套扩展样式标准，它的全称是
"Cascading Style Sheet"。CSS 标准中重新定义了 HTML 中原来的文字显示样式，增加了一些新概念，
如类、层等，可以对文字重叠、定位等。在 CSS 还没有引入到页面设计之前，传统的 HTML 语言要实现

页面美化在设计上是十分麻烦的，例如要设计页面中文字的样式，如果使用传统的 HTML 语句来设计页面就不得不在每个需要设计的文字上都定义样式。CSS 的出现改变了这一传统模式。

2.3.1　CSS 规则

CSS 规则

在 CSS 样式表中包括 3 部分内容——选择符、属性和属性值。语法格式如下：

选择符{属性:属性值;}

语法说明如下。

- ❑ 选择符：又称选择器，是 CSS 中很重要的概念，所有 HTML 语言中的标记都是通过不同的 CSS 选择器进行控制的。
- ❑ 属性：主要包括字体属性、文本属性、背景属性、布局属性、边界属性、列表项目属性、表格属性等内容。其中一些属性只有部分浏览器支持，因此使 CSS 属性的使用变得更加的复杂。
- ❑ 属性值：为某属性的有效值。属性与属性值之间以"："号分隔。当有多个属性时，使用"；"分隔。图 2-15 为大家标注了 CSS 语法中的选择器、属性与属性值。

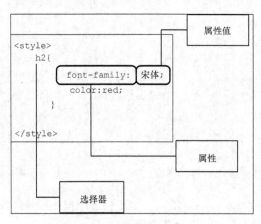

图 2-15　CSS 语法

2.3.2　CSS 选择器

CSS 选择器

CSS 选择器常用的是标记选择器、类选择器、包含选择器、ID 选择器、类选择器等。使用选择器即可对不同的 HTML 标签进行控制，来实现各种效果。下面对各种选择器进行详细的介绍。

1. 标记选择器

大家知道 HTML 页面是由很多标记组成，例如图片标记<img>、超链接标记<a>、表格标记<table>等。而 CSS 标记选择器就是声明页面中哪些标记采用哪些 CSS 样式。例如 a 选择器，就是用于声明页面中所有<a>标记的样式风格。

例如，定义 a 标记选择器，在该标记选择器中定义超链接的字体与颜色，代码如下：

```
<style>
    a{
        font-size:9px;
        color:#F93;
    }
</style>
```

2. 类别选择器

使用标记选择器非常的快捷，但是会有一定的局限性，页面如果声明标记选择器，那么页面中所有该标记内容会有相应的变化。假如页面中有 3 个<h2>标记，如果想要每个<h2>的显示效果都不一样，使用标记选择器就无法实现了，这时就需要引入类别选择器。

类别选择器的名称由用户自己定义，并以"."号开头，定义的属性与属性值也要遵循 CSS 规范。要应用类别选择器的 HTML 标记，只需使用 class 属性来声明即可。

【例 2-10】 使用类别选择器控制页面中字体的样式。

```
<!--以下为定义的CSS样式-->
<style>
    .one{                              <!--定义类名为one的类别选择器-->
            font-family:宋体;           <!--设置字体-->
            font-size:24px;            <!--设置字体大小-->
            color:red;                 <!--设置字体颜色-->
        }
    .two{
            font-family:宋体;
            font-size:16px;
            color:red;
        }
    .three{
            font-family:宋体;
            font-size:12px;
            color:red;
        }
</style>
</head>
<body>
    <h2 class="one"> 应用了选择器one </h2><!--定义样式后页面会自动加载样式-->
    <p> 正文内容1        </p>
    <h2 class="two">应用了选择器two</h2>
    <p>正文内容2 </p>
    <h2 class="three">应用了选择器three </h2>
    <p>正文内容3 </p>
</body>
```

在上面的代码中，页面中的第 1 个<h2>标记应用了 one 选择器，第 2 个<h2>标记应用了 two 选择器，第 3 个<h2>标记应用了 three 选择器，运行结果如图 2-16 所示。

图 2-16 类别选择器控制页面文字样式

在 HTML 标记中，不仅可以应用一种类别选择器，也可以应用多种类别选择器，这样可使 HTML 标记同时加载多个类别选择器的样式。在使用多种类别选择器之间用空格进行分割即可。例如 "<h2 class="size color">"。

3. ID 选择器

ID 选择器是通过 HTML 页面中的 id 属性来进行选择增添样式，与类别选择器的基本相同，但需要注意的是由于 HTML 页面中不能包含有两个相同的 id 标记，因此定义的 ID 选择器也就只能被使用一次。

命名 ID 选择器要以 "#" 号开始，后加 HTML 标记中的 id 属性值。

【例 2-11】 使用 ID 选择器控制页面中字体的样式。

```
<style>                 <!--定义ID选择器-->
  #first{
      font-size:18px
    }
  #second{
      font-size:24px
    }
  #three{
      font-size:36px
    }
</style>
<body>
    <p id="first">ID选择器</p>              <!--在页面定义标记，则自动应用样式-->
    <p id="second">ID选择器2</p>
    <p id="three">ID选择器3</p>
</body>
```

运行本段代码，结果如图 2-17 所示。

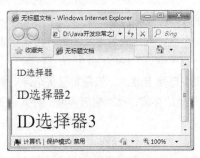

图 2-17　使用 ID 选择器控制页面文字大小

2.3.3　在页面中包含 CSS

在对 CSS 有了一定的了解后，下面为大家介绍如何实现在页面中包含 CSS 样式的几种方式，其中包括行内样式、内嵌式、链接式和导入式。

在页面中包含 CSS

1. 行内样式

行内样式是比较直接的一种样式，直接定义在 HTML 标记之内，通过 style 属性来实现。这种方式也比较容易令初学者接受，但是灵活性不强。

【例 2-12】 通过行内定义样式的形式，实现控制页面文字的颜色和大小。

```
<table width="200" border="1" align="center">          <!--在页面中定义表格-->
<tr>
<td><p style="color:#F00; font-size:36px;">行内样式一</p></td><%--在页面文字中定义CSS样式--%>
</tr>
<tr>
 <td><p style="color:#F00; font-size:24px;">行内样式二</p></td>
</tr>
<tr>
 <td><p style="color:#F00; font-size:18px;">行内样式三</p></td>
</tr>
<tr>
 <td><p style="color:#F00; font-size:14px;">行内样式四</p></td>
</tr>
</table>
```

运行本实例，运行结果如图 2-18 所示。

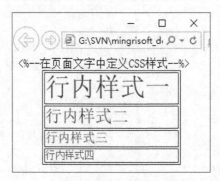

图 2-18　定义行内样式

2．包含内嵌样式表

内嵌式样式表就是在页面中使用<style></style>标记将 CSS 样式包含在页面中。本章中的实例 2-12 就是使用这种内嵌样式表的模式。内嵌式样式表的形式没有行内标记表现的直接，但是能够使页面更加的规整。

与行内样式相比，内嵌式样式表更便于维护，但是如果每个网站都不是由一个页面构成，而每个页面中相同的 HTML 标记都要求有相同的样式，此时使用内嵌式样式表就显得比较笨拙，此时可以用链接式样式表解决这一问题。

3．链接式样式表

链接外部 CSS 样式表是最常用的一种引用样式表的方式，将 CSS 样式定义在一个单独的文件中，然后在 HTML 页面中通过<link>标记引用，是一种最为有效的使用 CSS 样式的方式。

<link>标记的语法结构如下：

```
<link rel='stylesheet' href='path' type='text/css'>
```

参数说明如下：

❑ rel：定义外部文档和调用文档间的关系。

❑ href：CSS 文档的绝对或相对路径。

❑ type：指的是外部文件的 MIME 类型。

【例 2-13】 通过链接式样式表的形式在页面中引入 CSS 样式。

（1）创建名称为 css.css 的样式表，在该样式表中定义页面中<h1>、<h2>、<h3>、<p>标记的样式，代码如下：

```
h1,h2,h3{                                    /*定义CSS样式 */
    color:#6CFw;
    font-family:"Trebuchet MS", Arial, Helvetica, sans-serif;
}
p{
    color:#F0Cs;                             /*定义颜色*/
    font-weight:200;
    font-size:24px;                          /*设置字体大小*/
}
```

（2）在页面中通过<link>标记将 css 样式表引入到页面中，此时 css 样式表定义的内容将自动加载到页面中，代码如下：

```
<title>通过链接形式引入CSS样式</title>
<link href="css.css"/>                       <!--页面引入CSS样式表-->
</head>
<body>
    <h2>页面文字一</h2>                       <!--在页面中添加文字-->
    <p>页面文字二</p>
</body>
```

运行程序，结果如图 2-19 所示。

图 2-19　使用链接式引入样式表

2.4　JavaScript 脚本基础

JavaScript 是一种基于对象和事件驱动并具有安全性能的解释型脚本语言，在 Web 中得到了非常广泛的应用。它不需要进行编译，而是直接嵌入在 HTTP 页面中，把静态页面转变成支持用户交互并响应应用事件的动态页面。在 Java Web 程序中，经常应用 JavaScript 进行数据验证，控制浏览器，以及生成时钟、日历和时间戳文档等。

2.4.1　网页中使用 JavaScript

网页中使用 JavaScript 有两种方式，分别是在页面中直接嵌入 JavaScript 和链接外部 JavaScript，下面分别介绍。

网页中使用
JavaScript

1．在页面中直接嵌入 JavaScript

在 Web 页面中，可以使用<script>…</script>标记对封装脚本代码，当浏览器读取到<script>标记时，将解释执行其中的脚本。

在使用<script>标记时，还需要通过其 language 属性指定使用的脚本语言。例如，在<script>中指定使用 JavaScript 脚本语言的代码如下：

```
<script language="javascript">…</script>
```

【例 2-14】 在页面中直接嵌入 JavaScript 代码，实现弹出欢迎访问网站的对话框。在需要弹出欢迎对话框的页面的<head>…</head>标记中间插入以下 JavaScript 代码，用于实现在用户访问网页时，弹出提示系统时间及欢迎信息的对话框。

```
<script language="javascript">
    var now=new Date();                    //获取Date对象的一个实例
    var hour=now.getHours();               //获取小时数
    var minu=now.getMinutes();             //获取分钟数
    alert("您好！现在是"+hour+":"+minu+"\r欢迎访问我公司网站！");        //弹出提示对话框
</script>
```

 说明 <script>标记可以放在 Web 页面的<head>…</head>标记中，也可以放在<body>…</body>标记中，其中最常用的是放在<head>…</head>标记中。

运行程序，将显示如图 2-20 所示的欢迎对话框。

2. 链接外部 JavaScript

在 Web 页面中引入 JavaScript 的另一种方法是采用链接外部 JavaScript 文件的形式。如果脚本代码比较复杂或是同一段代码可以被多个页面所使用，则可以将这些脚本代码放置在一个单独的文件中（该文件的扩展名为.js），然后在需要使用该代码的 Web 页面中链接该 JavaScript 文件即可。

图 2-20 弹出的欢迎对话框

在 Web 页面中链接外部 JavaScript 文件的语法格式如下：

```
<script language="javascript" src="javascript.js"></script>
```

 说明 在外部 JS 文件中，不需要将脚本代码用<script>和</script>标记括起来。

2.4.2 JavaScript 的语法

JavaScript 的语法

JavaScript 与 Java 在语法上有些相似，但也不尽相同。下面将结合 Java 语言对编写 JavaScript 代码时需要注意的事项进行详细介绍。

（1）JavaScript 区分大小写

JavaScript 区分大小写，这一点与 Java 语言是相同的。例如，变量 username 与变量 userName 是两个不同的变量。

（2）每行结尾的分号可有可无

与 Java 语言不同，JavaScript 并不要求必须以分号（;）作为语句的结束标记。如果语句的结束处没有分号，JavaScript 会自动将该行代码的结尾作为语句的结尾。

例如，下面的两行代码都是正确的。

```
alert("您好！欢迎访问我公司网站！")
alert("您好！欢迎访问我公司网站！");
```

说明　最好的代码编写习惯是在每行代码的结尾处加上分号，这样可以保证每行代码的准确性。

（3）变量是弱类型的

与 Java 语言不同，JavaScript 的变量是弱类型的。因此在定义变量时，只使用 var 运算符，就可以将变量初始化为任意的值。例如，通过以下代码可以将变量 username 初始化为 mrsoft，而将变量 age 初始化为 20。

```
var username="mrsoft";              //将变量username初始化为mrsoft
var age=20;                         //将变量age初始化为20
```

（4）使用大括号标记代码块

与 Java 语言相同，JavaScript 也是使用一对大括号标记代码块，被封装在大括号内的语句将按顺序执行。

（5）注释

在 JavaScript 中，提供了两种注释，即单行注释和多行注释，下面详细介绍。

单行注释使用双斜线"//"开头，在"//"后面的文字为注释内容，在代码执行过程中不起任何作用。例如，在下面的代码中，"获取日期对象"为注释内容，在代码执行时不起任何作用。

```
var now=new Date();                           //获取日期对象
```

多行注释以"/*"开头，以"*/"结尾，在"/*"和"*/"之间的内容为注释内容，在代码执行过程中不起任何作用。

例如，在下面的代码中，"功能……""参数……""时间……"和"作者……"等为注释内容，在代码执行时不起任何作用。

```
/*
 * 功能：获取系统日期函数
 * 参数：指定获取的系统日期显示的位置
 * 时间：2017-05-09
 * 作者：wgh
*/
function getClock(clock){
    …                                    //此处省略了获取系统日期的代码
    clock.innerHTML="系统公告："+time     //显示系统日期
}
```

2.4.3　JavaScript 的数据类型

JavaScript 的数据类型比较简单，主要有数值型、字符型、布尔型、转义字符、空值（null）和未定义值 6 种，下面分别介绍。

JavaScript 的数据
类型

1．数值型

JavaScript 的数值型数据又可以分为整型和浮点型两种。

（1）整型

JavaScript 的整型数据可以是正整数、负整数和 0，并且可以采用十进制、八进制或十六进制来表示。例如：

```
729                 //表示十进制的729
071                 //表示八进制的71
0x9405B             //表示十六进制的9405B
```

以 0 开头的数为八进制数；以 0x 开头的数为十六进制数。

（2）浮点型

浮点型数据由整数部分加小数部分组成，只能采用十进制，但是可以使用科学计数法或是标准方法来表示。例如：

```
3.1415926          //采用标准方法表示
1.6E5              //采用科学计数法表示，代表2-6×10⁵
```

2. 字符型

字符型数据是使用单引号或双引号括起来的一个或多个字符。

单引号括起来的一个或多个字符，代码如下：

```
'a'
'保护环境从自我作起'
```

双引号括起来的一个或多个字符，代码如下：

```
"b"
"系统公告："
```

JavaScript 与 Java 不同，它没有 char 数据类型，要表示单个字符，必须使用长度为 1 的字符串。

单引号定界的字符串中可以含有双引号，代码如下：

```
'<td width="25%" align="center" bgcolor="#F0F0F0">注册时间</td>'
```

双引号定界的字符串中可以含有单引号，代码如下：

```
"<td bgcolor='#FFFFFF'>"
```

3. 布尔型

布尔型数据只有两个值，即 true 或 false，主要用来说明或代表一种状态或标志。在 JavaScript 中，也可以使用整数 0 表示 false，使用非 0 的整数表示 true。

4. 转义字符

以反斜杠开头的不可显示的特殊字符通常称为控制字符，也被称为转义字符。通过转义字符可以在字符串中添加不可显示的特殊字符，或者防止出现引号匹配混乱的问题。JavaScript 常用的转义字符如表 2-7 所示。

表 2-7 JavaScript 常用的转义字符

转义字符	描述	转义字符	描述
\b	退格	\n	换行
\f	换页	\t	Tab 符
\r	回车符	\'	单引号
\"	双引号	\\	反斜杠
\xnn	十六进制代码 nn 表示的字符	\unnnn	十六进制代码 nnnn 表示的 Unicode 字符
\0nnn	八进制代码 nnn 表示的字符		

例如，在网页中弹出一个提示对话框，并应用转义字符 "\r" 将文字分为两行显示的代码如下：

```
var hour=13;
var minu=10;
```

alert("您好！现在是"+hour+":"+minu+"\r欢迎访问我公司网站！");

上面代码的执行结果如图 2-21 所示。

图 2-21 弹出提示对话框

 在 document.writeln();语句中使用转义字符时，只有将其放在格式化文本块中才会起作用，所以输出的带转义字符的内容必须在<pre>和</pre>标记内。

5. 空值

JavaScript 中有一个空值（null），用于定义空的或不存在的引用。如果试图引用一个没有定义的变量，则返回一个 null 值。

 空值不等于空的字符串（""）或 0。

6. 未定义值

当使用了一个并未声明的变量，或者使用了一个已经声明但没有赋值的变量时，将返回未定义值（undefined）。

 JavaScript 中还有一种特殊类型的数字常量 NaN，即"非数字"。当在程序中由于某种原因发生计算错误后，将产生一个没有意义的数字，此时 JavaScript 返回的数字值就是 NaN。

2.4.4 运算符的应用

运算符是用来完成计算或者比较数据等一系列操作的符号。常用的 JavaScript 运算符按类型可分为赋值运算符、算术运算符、比较运算符、逻辑运算符、条件运算符和字符串运算符 6 种。

运算符的应用

1. 赋值运算符

JavaScript 中的赋值运算可以分为简单赋值运算和复合赋值运算。简单赋值运算是将赋值运算符（=）右边表达式的值保存到左边的变量中；而复合赋值运算混合了其他操作（算术运算操作、位操作等）和赋值操作。例如：

```
sum+=i;              //等同于sum=sum+i;
```

JavaScript 中的赋值运算符如表 2-8 所示。

表 2-8 JavaScript 中的赋值运算符

运算符	描述	示例
=	将右边表达式的值赋给左边的变量	userName="mr"
+=	将运算符左边的变量加上右边表达式的值赋给左边的变量	a+=b //相当于 a=a+b

续表

运算符	描述	示例
-=	将运算符左边的变量减去右边表达式的值赋给左边的变量	a-=b //相当于 a=a-b
*=	将运算符左边的变量乘以右边表达式的值赋给左边的变量	a*=b //相当于 a=a*b
/=	将运算符左边的变量除以右边表达式的值赋给左边的变量	a/=b //相当于 a=a/b
%=	将运算符左边的变量用右边表达式的值求模，并将结果赋给左边的变量	a%=b //相当于 a=a%b
&=	将运算符左边的变量与右边表达式的值进行逻辑与运算，并将结果赋给左边的变量	a&=b //相当于 a=a&b
|=	将运算符左边的变量与右边表达式的值进行逻辑或运算，并将结果赋给左边的变量	a|=b //相当于 a=a|b
^=	将运算符左边的变量与右边表达式的值进行异或运算，并将结果赋给左边的变量	a^=b //相当于 a=a^b

2. 算术运算符

算术运算符用于在程序中进行加、减、乘、除等运算。在 JavaScript 中常用的算术运算符如表 2-9 所示。

表 2-9　JavaScript 中的算术运算符

运算符	描述	示例
+	加运算符	4+6 //返回值为 10
−	减运算符	7-2 //返回值为 5
*	乘运算符	7*3 //返回值为 21
/	除运算符	12/3 //返回值为 4
%	求模运算符	7%4 //返回值为 3

++	自增运算符。该运算符有两种情况：
	i++（在使用 i 之后，使 i 的值加 1）；
	++i（在使用 i 之前，先使 i 的值加 1）
		i=1; j=i++ //j 的值为 1，i 的值为 2
		i=1; j=++i //j 的值为 2，i 的值为 2

−−	自减运算符。该运算符有两种情况：
	i−−（在使用 i 之后，使 i 的值减 1）；
	−−i（在使用 i 之前，先使 i 的值减 1）
		i=6; j=i−− //j 的值为 6，i 的值为 5
		i=6; j=−−i //j 的值为 5，i 的值为 5

执行除法运算时，0 不能作除数。如果 0 作除数，返回结果则为 Infinity。

【例 2-15】 编写 JavaScript 代码，应用算术运算符计算商品金额。

```
<script language="javascript">
    var price=992;          //定义商品单价
    var number=10;          //定义商品数量
    var sum=price*number;   //计算商品金额
    alert(sum);             //显示商品金额
</script>
```

运行结果如图 2-22 所示。

3．比较运算符

比较运算符的基本操作过程是：首先对操作数进行比较，这个操作数可以是数字也可以是字符串，然后返回一个布尔值 true 或 false。在 JavaScript 中常用的比较运算符如表 2-10 所示。

图 2-22 显示商品金额

表 2-10 JavaScript 中的比较运算符

运算符	描述	示例	
<	小于	1<6	//返回值为 true
>	大于	7>10	//返回值为 false
<=	小于等于	10<=10	//返回值为 true
>=	大于等于	3>=6	//返回值为 false
==	等于。只根据表面值进行判断，不涉及数据类型	"17"==17	//返回值为 true
===	绝对等于。根据表面值和数据类型同时进行判断	"17"===17	//返回值为 false
!=	不等于。只根据表面值进行判断，不涉及数据类型	"17"!=17	//返回值为 false
!==	不绝对等于。根据表面值和数据类型同时进行判断	"17"!==17	//返回值为 true

4．逻辑运算符

逻辑运算符通常和比较运算符一起使用，用来表示复杂的比较运算，常用于 if、while 和 for 语句中，其返回结果为一个布尔值。JavaScript 中常用的逻辑运算符如表 2-11 所示。

表 2-11 JavaScript 中的逻辑运算符

运算符	描述	示例	
!	逻辑非。否定条件，即!假＝真，!真＝假	!true	//值为 false
&&	逻辑与。只有当两个操作数的值都为 true 时,值才为 true	true && flase	//值为 false
||	逻辑或。只要两个操作数其中之一为 true，值就为 true	true || false	//值为 true

5．条件运算符

条件运算符是 JavaScript 支持的一种特殊的三目运算符，其语法格式如下。

```
操作数?结果1:结果2
```

如果"操作数"的值为 true，则整个表达式的结果为"结果 1"，否则为"结果 2"。

例如，应用条件运算符计算两个数中的最大数，并赋值给另一个变量。代码如下：

```
var a=26;
var b=30;
var m=a>b?a:b        //m的值为30
```

6．字符串运算符

字符串运算符是用于两个字符型数据之间的运算符，除了比较运算符外，还可以是+和+=运算符。其中，+运算符用于连接两个字符串，而+=运算符则连接两个字符串，并将结果赋给第一个字符串。

例如，在网页中弹出一个提示对话框，显示进行字符串运算后变量 a 的值。代码如下：

```
var a="One "+"world ";       //将两个字符串连接后的值赋值给变量a
a+="One Dream"               //连接两个字符串，并将结果赋给第一个字符串
alert(a);
```

上述代码的执行结果如图 2-23 所示。

图 2-23 弹出提示对话框

2.4.5 函数

函数实质上就是可以作为一个逻辑单元对待的一组 JavaScript 代码。使用函数可以使代码更为简洁，提高重用性。在 JavaScript 中，大约 95%的代码都是包含在函数中的。由此可见，函数在 JavaScript 中是非常重要的。

函数

1. 函数的定义

函数是由关键字 function、函数名加一组参数以及置于大括号中需要执行的一段代码定义的。定义函数的基本语法如下：

```
function functionName([parameter 1, parameter 2,…]){
    statements;
    [return expression;]
}
```

参数说明如下：

- ❏ functionName：必选，用于指定函数名。在同一个页面中，函数名必须是唯一的，并且区分大小写。
- ❏ parameter：可选，用于指定参数列表。当使用多个参数时，参数间使用逗号进行分隔。一个函数最多可以有 255 个参数。
- ❏ statements：必选，是函数体，用于实现函数功能的语句。
- ❏ expression：可选，用于返回函数值。expression 为任意的表达式、变量或常量。

例如，定义一个用于计算商品金额的函数 account()，该函数有两个参数，用于指定单价和数量，返回值为计算后的金额。具体代码如下：

```
function account(price,number){
    var sum=price*number;        //计算金额
    return sum;                  //返回计算后的金额
}
```

2. 函数的调用

函数的调用比较简单，如果要调用不带参数的函数，使用函数名加上括号即可；如果要调用的函数带参数，则在括号中加上需要传递的参数；如果包含多个参数，各参数间用逗号分隔。

如果函数有返回值，则可以使用赋值语句将函数值赋给一个变量。

例如，函数 account()可以通过以下代码进行调用：

```
account(7.6,10);
```

在 JavaScript 中，由于函数名区分大小写，在调用函数时也需要注意函数名的大小写。

【例 2-16】定义一个 JavaScript 函数 checkRealName()，用于验证输入的字符串是否为汉字。

（1）在页面中添加用于输入真实姓名的表单及表单元素。具体代码如下：

```
<form name="form1" method="post" action="">
请输入真实姓名：<input name="realName" type="text" id="realName" size="40">
<br><br>
<input name="Button" type="button" class="btn_grey" value="检测">
</form>
```

（2）编写自定义的 JavaScript 函数 checkRealName()，用于验证输入的真实姓名是否正确，即判断输入的内容是否为两个或两个以上的汉字。checkRealName()函数的具体代码如下：

```
<script language="javascript">
    function checkRealName(){
        var str=form1.realName.value;                      //获取输入的真实姓名
        if(str==""){                                        //当真实姓名为空时
            alert("请输入真实姓名！");form1.realName.focus();return;
        }else{                                              //当真实姓名不为空时
            var objExp=/[\u4E00-\u9FA5]{2,}/;               //创建RegExp对象
            if(objExp.test(str)==true){                     //判断是否匹配
                alert("您输入的真实姓名正确！");
            }else{
                alert("您输入的真实姓名不正确！");
            }
        }
    }
</script>
```

 说明 正确的真实姓名由两个以上的汉字组成，如果输入的不是汉字，或是只输入一个汉字，都将被认为是不正确的真实姓名。

（3）在"检测"按钮的 onClick 事件中调用 checkRealName()函数。具体代码如下：

```
<input name="Button" type="button" class="btn_grey" onClick="checkRealName()" value="检测">
```

运行程序，输入真实姓名"wgh"，单击"检测"按钮，将弹出如图 2-24 所示的对话框；输入真实姓名"王语"，单击"检测"按钮，将弹出如图 2-25 所示的对话框。

图 2-24　输入的真实姓名不正确

图 2-25　输入的真实姓名正确

2.4.6　常用对象

通过前面的学习，我们知道 JavaScript 是一种基于对象的语言，它可以应用自己已经创建的对象，因此许多功能来自于脚本环境中对象的方法与脚本的相互作用。下面将对 JavaScript 的常用对象进行详细介绍。

常用对象

1. String 对象

String 对象是动态对象，需要创建对象实例后才能引用其属性和方法。但是，由于在 JavaScript 中可以将用单引号或双引号括起来的一个字符串当作一个字符串对象的实例，所以可以直接在某个字符串后面加上点"."去调用 String 对象的属性和方法。

String 对象最常用的属性是 length，该属性用于返回 String 对象的长度。length 属性的语法格式如下：

```
string.length
```

参数说明如下：

❑ 返回值：一个只读的整数，它代表指定字符串中的字符数，每个汉字按一个字符计算。

例如：

```
"flower的哭泣".length;          //值为9
"wgh".length;                  //值为3
```

String 对象提供了很多用于对字符串进行操作的方法。下面对比较常用的方法进行详细介绍。

（1）indexOf()方法

indexOf()方法用于返回 String 对象内第一次出现子字符串的字符位置。如果没有找到指定的子字符串，则返回-1。其语法格式如下：

```
string.indexOf(subString[, startIndex])
```

参数说明如下：

❑ subString：必选项。要在 String 对象中查找的子字符串。

❑ startIndex：可选项。该整数值指出在 String 对象内开始查找索引。如果省略，则从字符串的开始处查找。

例如：从一个邮箱地址中查找@所在的位置，可以用以下的代码：

```
var str="wgh717@sohu.com";
var index=str.indexOf('@');          //返回的索引值为6
var index=str.indexOf('@',7);        //返回值为-1
```

由于在 JavaScript 中，String 对象的索引值是从 0 开始的，所以此处返回的值为 6，而不是 7。String 对象各字符的索引值如图 2-26 所示。

图 2-26　String 对象各字符的索引值

String 对象还有一个 lastIndexOf()方法，该方法的语法格式同 indexOf()方法类似，所不同的是 indexOf()从字符串的第一个字符开始查找，而 lastIndexOf()方法则从字符串的最后一个字符开始查找。

例如，下面的代码将演示 indexOf()方法与 lastIndexOf()方法的区别：

```
var str="2017-05-15";
var index=str.indexOf('-');              //返回的索引值为4
var lastIndex=str.lastIndexOf('-');      //返回的索引值为7
```

（2）substr()方法

substr()方法用于返回指定字符串的一个子串。其语法格式如下：

```
string.substr(start[,length])
```

参数说明如下：

❑ start：用于指定获取子字符串的起始下标，如果是一个负数，那么表示从字符串的尾部开始算起的位置。即-1 代表字符串的最后一个字符，-2 代表字符串的倒数第二个字符，依此类推。

❑ length：可选，用于指定子字符串中字符的个数。如果省略该参数，则返回从 start 开始位置到字符串结尾的子串。

例如，使用 substr()方法获取指定字符串的子串，代码如下：

```
var word="One World One Dream!";
var subs=word.substr(10,9);                          //subs的值为One Dream
```

（3）substring()方法

substring()方法用于返回指定字符串的一个子串。其语法格式如下：

```
string.substr(from[,to])
```

参数说明如下：

❑ from：用于指定要获取子字符串的第一个字符在 string 中的位置。

❑ to：可选，用于指定要获取子字符串的最后一个字符在 string 中的位置。

由于 substring()方法在获取子字符串时，是从 string 中的 from 处到 to-1 处复制，所以 to 的值应该是要获取子字符串的最后一个字符在 string 中的位置加 1。如果省略该参数，则返回从 from 开始到字符串结尾处的子串。

例如，使用 substring()方法获取指定字符串的子串，代码如下：

```
var word="One World One Dream!";
var subs=word.substring(10,19);                     //subs的值为One Dream
```

（4）split()方法

split()方法用于将字符串分割为字符串数组。其语法格式如下：

```
string.split(delimiter,limit);
```

参数说明如下：

❑ delimiter：字符串或正则表达式，用于指定分隔符。

❑ limit：可选项，用于指定返回数组的最大长度。如果设置了该参数，返回的子串不会多于这个参数指定的数字，否则整个字符串都会被分割，而不考虑其长度。

❑ 返回值：一个字符串数组，该数组是通过 delimiter 指定的边界将字符串分割成的字符串数组。

在使用 split()方法分割数组时，返回的数组不包括 delimiter 自身。

例如，将字符串"2017-05-15"以"-"为分隔符分割成数组，代码如下：

```
var str="2017-05-15";
var arr=str.split("-");          //分割字符串数组
document.write("字符串 ""+str+"" 使用分隔符 "-" 进行分割后得到的数组为：<br>");
//通过for循环输出各个数组元素
for(i=0;i<arr.length;i++){
    document.write("arr["+i+"]："+arr[i]+"<br>");
}
```

2. Math 对象

Math 对象提供了大量的数学常量和数学函数。在使用 Math 对象时，不能使用 new 关键字创建对象实例，而应直接使用 "对象名.成员" 的格式来访问其属性或方法。下面将对 Math 对象的属性和方法进行介绍。

Math 对象的属性是数学中常用的常量，如表 2-12 所示。

表 2-12　Math 对象的属性

属性	描述	属性	描述
E	欧拉常量（2.718 281 828 459 045）	LOG2E	以 2 为底数的 e 的对数（1.442 695 040 888 963 3）
LN2	2 的自然对数（0.693 147 180 559 945 3）	LOG10E	以 10 为底数的 e 的对数（0.434 294 481 903 251 8）
LN10	10 的自然对数（2.302 585 099 404 6）	PI	圆周率常数 π（3.141 592 653 589 793）
SQRT2	2 的平方根（1.414 213 562 373 095 1）	SQRT1-2	0.5 的平方根（0.707 106 781 186 547 6）

Math 对象的方法是数学中常用的函数，如表 2-13 所示。

表 2-13　Math 对象的方法

属性	描述	示例
abs(x)	返回 x 的绝对值	Math.abs(-10);　　//返回值为 10
ceil(x)	返回大于或等于 x 的最小整数	Math.ceil(1.05);　　//返回值为 2 Math.ceil(-1.05);　　//返回值为-1
cos(x)	返回 x 的余弦值	Math.cos(0);　　//返回值为 1
exp(x)	返回 e 的 x 乘方	Math.exp(4);　　//返回值为 54.598 150 033 144 236
floor(x)	返回小于或等于 x 的最大整数	Math.floor(1.05);　　//返回值为 1 Math.floor(-1.05);　　//返回值为-2
log(x)	返回 x 的自然对数	Math.log(1);　　//返回值为 0
max(x,y)	返回 x 和 y 中的最大数	Math.max(2,4);　　//返回值为 4
min(x,y)	返回 x 和 y 中的最小数	Math.min(2,4);　　//返回值为 2
pow(x,y)	返回 x 对 y 的次方	Math.pow(2,4);　　//返回值为 16
random()	返回 0 和 1 之间的随机数	Math.random();　　//返回值为类似 0.886 705 699 783 971 5 的随机数
round(x)	返回最接近 x 的整数，即四舍五入函数	Math.round(1.05);　　//返回值为 1 Math.round(-1.05);//返回值为-1
sqrt(x)	返回 x 的平方根	Math.sqrt(2);　　//返回值为 1.414 213 562 373 095 1

3. Date 对象

在 Web 程序开发过程中，可以使用 JavaScript 的 Date 对象来对日期和时间进行操作。例如，如果想在网页中显示计时的时钟，就可以使用 Date 对象来获取当前系统的时间并按照指定的格式进行显示。

【例 2-17】 实时显示系统时间。

（1）在页面的合适位置添加一个 id 为 clock 的<div>标记，关键代码如下：

```
<div id="clock"></div>
```

（2）编写自定义的 JavaScript 函数 realSysTime()，在该函数中使用 Date 对象的相关方法获取系统日期。realSysTime()函数的具体代码如下：

```
<script language="javascript">
```

```
function realSysTime(clock){
    var now=new Date();                              //创建Date对象
    var year=now.getFullYear();                      //获取年份
    var month=now.getMonth();                        //获取月份
    var date=now.getDate();                          //获取日期
    var day=now.getDay();                            //获取星期
    var hour=now.getHours();                         //获取小时
    var minu=now.getMinutes();                       //获取分钟
    var sec=now.getSeconds();                        //获取秒
    month=month+1;
    var arr_week=new Array("星期日","星期一","星期二","星期三","星期四","星期五","星期六");
    var week=arr_week[day];                          //获取中文的星期
    var time=year+"年"+month+"月"+date+"日 "+week+" "+hour+":"+minu+":"+sec;    //组合系统时间
    clock.innerHTML="当前时间: "+time;               //显示系统时间
}
</script>
```

（3）在页面的载入事件中每隔 1 秒调用一次 realSysTime()函数实时显示系统时间，具体代码如下：

```
window.onload=function(){
    window.setInterval("realSysTime(clock)",1000);   //实时获取并显示系统时间
}
```

实例运行结果如图 2-27 所示。

当前时间：2017年1月12日 星期四 15:30:19

图 2-27　实时显示系统时间

4．Window 对象

Window 对象即浏览器窗口对象，是一个全局对象，是所有对象的顶级对象，在 JavaScript 中起着举足轻重的作用。Window 对象提供了许多属性和方法，这些属性和方法被用来操作浏览器页面的内容。Window 对象同 Math 对象一样，也不需要使用 new 关键字创建对象实例，而是直接使用"对象名.成员"的格式来访问其属性或方法。下面将对 Window 对象的属性和方法进行介绍。

Window 对象的常用属性如表 2-14 所示。

表 2-14　Window 对象的常用属性

属性	描述
document	对窗口或框架中含有文档的 Document 对象的只读引用
defaultStatus	一个可读写的字符，用于指定状态栏中的默认消息
frames	表示当前窗口中所有 Frame 对象的集合
location	用于代表窗口或框架的 Location 对象。如果将一个 URL 赋予该属性，则浏览器将加载并显示该 URL 指定的文档
length	窗口或框架包含的框架个数
history	对窗口或框架的 history 对象的只读引用
name	用于存放窗口对象的名称
status	一个可读写的字符，用于指定状态栏中的当前信息
top	表示最顶层的浏览器窗口
parent	表示包含当前窗口的父窗口

续表

属性	描述
opener	表示打开当前窗口的父窗口
closed	一个只读的布尔值，表示当前窗口是否关闭。当浏览器窗口关闭时，表示该窗口的 Window 对象并不会消失，不过其 closed 属性被设置为 true
self	表示当前窗口
screen	对窗口或框架的 screen 对象的只读引用，提供屏幕尺寸、颜色深度等信息
navigator	对窗口或框架的 navigator 对象的只读引用，通过 navigator 对象可以获得与浏览器相关的信息

Window 对象的常用属性如表 2-15 所示。

表 2-15　Window 对象的常用方法

方法	描述
alert()	弹出一个警告对话框
confirm()	显示一个确认对话框，单击"确认"按钮时返回 true，否则返回 false
prompt()	弹出一个提示对话框，并要求输入一个简单的字符串
blur()	将键盘焦点从顶层浏览器窗口中移走。在多数平台上，这将使窗口移到最后面
close()	关闭窗口
focus()	将键盘焦点赋予顶层浏览器窗口。在多数平台上，这将使窗口移到最前边
open()	打开一个新窗口
scrollTo(x,y)	把窗口滚动到(x,y)坐标指定的位置
scrollBy(offsetx,offsety)	按照指定的位移量滚动窗口
setTimeout(timer)	在经过指定的时间后执行代码
clearTimeout()	取消对指定代码的延迟执行
moveTo(x,y)	将窗口移动到一个绝对位置
moveBy(offsetx,offsety)	将窗口移动到指定的位移量处
resizeTo(x,y)	设置窗口的大小
resizeBy(offsetx,offsety)	按照指定的位移量设置窗口的大小
print()	相当于浏览器工具栏中的"打印"按钮
setInterval()	周期执行指定的代码
clearInterval()	停止周期性地执行代码

由于 Window 对象使用十分频繁，又是其他对象的父对象，所以在使用 Window 对象的属性和方法时，JavaScript 允许省略 Window 对象的名称。

例如，在使用 Window 对象的 alert()方法弹出一个提示对话框时，可以使用下面的语句：

```
window.alert("欢迎访问明日科技网站!");
```

也可以使用下面的语句：

```
alert("欢迎访问明日科技网站!");
```

2.5　jQuery 技术

jQuery 是一套简洁、快速、灵活的 JavaScript 脚本库，它是由 John Resig 于 2006 年创建的，它帮助我们简化了 JavaScript 代码。JavaScript 脚本库类似于 Java 的类库，我们将一些工具方法或对象方法封装在类库中，方便用户使用。jQuery 因为它的简便易用，已被大量的开发人员推崇。

要在自己的网站中应用 jQuery 库，需要下载并配置它。

2.5.1 下载和配置 jQuery

jQuery 是一个开源的脚本库，我们可以在它的官方网站（http://jquery.com）中下载到最新版本的 jQuery 库。

下载和配置 jQuery

将 jQuery 库下载到本地计算机后，还需要在项目中配置 jQuery 库。即将下载后的 jquery- 1.7.2.min.js 文件放置到项目的指定文件夹中，通常放置在 JS 文件夹中，然后在需要应用 jQuery 的页面中使用下面的语句，将其引用到文件中：

```
<script language="javascript" src="JS/jquery-1.7.2.min.js"></script>
```

或者

```
<script src="JS/jquery-1.7.2.min.js" type="text/javascript"></script>
```

2.5.2 jQuery 的工厂函数

在 jQuery 中，无论我们使用哪种类型的选择符都需要从一个$符号和一对()开始。在()中通常使用字符串参数，参数中可以包含任何 CSS 选择符表达式。下面介绍 3 种比较常见的用法。

jQuery 的工厂函数

（1）在参数中使用标记名

- $("div")：用于获取文档中全部的<div>。

（2）在参数中使用 ID

- $("#username")：用于获取文档中 ID 属性值为 username 的一个元素。

（3）在参数中使用 CSS 类名

- $(".btn_grey")：用于获取文档中使用 CSS 类名为 btn_grey 的所有元素。

一个简单的 jQuery
脚本

2.5.3 一个简单的 jQuery 脚本

【例 2-18】 应用 jQuery 弹出一个提示对话框。

（1）创建一个 2-18 文件夹，在其中创建一个名称为 JS 的文件夹，将 jquery-1.7.2.min.js 复制到该文件夹中。

（2）创建一个名称为 index.html 的文件，在该文件的<head>标记中引用 jQuery 库文件，关键代码如下：

```
<script type="text/javascript" src="JS/jquery-1.7.2.min.js"></script>
```

（3）在<body>标记中，应用 HTML 的<a>标记添加一个空的超链接，关键代码如下：

```
<a href="#">弹出提示对话框</a>
```

（4）编写 jQuery 代码，实现在单击页面中的超链接时，弹出一个提示对话框，具体代码如下：

```
<script>
$(document).ready(function(){
    //获取超链接对象，并为其添加单击事件
    $("a").click(function(){
        alert("我的第一个jQuery脚本！");
    });
});
```

```
</script>
```

运行本实例，单击页面中的"弹出提示对话框"超链接，将弹出如图 2-28 所示的提示对话框。

图 2-28　弹出的提示对话框

小　结

本章主要对 ASP.NET 网页开发时必备的知识进行了详细讲解，包括 ASP.NET 的基本网页语语法、HTML、CSS、JavaScript 和 jQuery 等。ASP.NET 网页语法是开发 ASP.NET 网站必须要熟悉的内容；而 HTML 是构成网页的灵魂，对于制作一般的网页，尤其是静态网页来说，HTML 完全可以胜任，但如果要制作漂亮的网页，CSS 是不可缺少的；另外，本章还对 JavaScript 脚本和当前主流的 jQuery 技术进行了讲解。学习本章内容时，如果已经有相关技术经验，本章内容熟悉即可；但是如果没有任何网页基础，则除了熟练掌握本章所讲的内容外，还要学会延伸学习，多参考相关的专题书籍和技术博客，进行深入学习。

上机指导

创建一个用户注册的页面，让用户输入用户名、密码、电话和邮箱，使用 Javascript 脚本完成密码校验、电话号码校验、邮箱校验和空内容校验。运行程序，效果如图 2-29 所示，当用户输入的内容不符合检验规则时，弹出相应的信息提示。例如，没有输入邮箱的提示如图 2-30 所示。

上机指导

图 2-29　用户注册页面

图 2-30　没有输入邮箱的提示

开发步骤如下。

创建一个 index.html 文件，在其中编写相应的验证函数，主要验证用户名是否为空、两次密码输入是否一致、电话号码是否正确、邮箱是否正确，代码如下：

```jsp
<%@ page language="java" import="java.util.*" pageEncoding="UTF-8"%>
<html>
  <head>
    <title>检测表单元素是否为空</title>
    <script language="javascript">
    function checkNull(form){
        /*判断是否有空内容*/
        for(i=0;i<form.length;i++){
            if(form.elements[i].value == ""){            //form的属性elements的首字e要小写
                alert("很抱歉，"+form.elements[i].title + "不能为空!");
                form.elements[i].focus();               //当前元素获取焦点
                return false;
            }
        }
        /*判断两次密码是否一致*/
        var pwd1=document.getElementById("pwd1_id").value;
        var pwd2=document.getElementById("pwd2_id").value;
        if(pwd1!=pwd2){
            alert("两次密码不一致，请确认! ");
            return false;
        }
        /*判断电话号码是否有效*/
        var phone = document.getElementById("phone_id").value;
        var regExpression = /^(86)?((13\d{9})|(15[0,1,2,3,5,6,7,8,9]\d{8})|(18[0,5,6,7,8,9]\d{8}))$/;
        var objExp = new RegExp(regExpression);          //创建正则表达式对象
        if(objExp.test(phone)==false){
            alert("您输入的手机号码有误! ");
            return false;
        }
        /*判断电子邮箱是否有效*/
        var email = document.getElementById("email_id").value;
        var regExpression = /\w+([-+.]\w+)*@\w+([-.]\w+)*\.\w+([-.]\w+)*/;
        var objExp = new RegExp(regExpression);    //创建正则表达式对象
        if(objExp.test(email)==false){                    //通过 test()函数测试字符串是否与表达式的模式匹配
            alert("您输入的E-mail地址不正确! ");
            return false;
        }
    }
    </script>
  </head>
  <body>
  <form name="form1" method="post" action="" onSubmit="return checkNull(form1)">
  <table width="296" border="0" align="center" cellpadding="0" cellspacing="1" bgcolor="#333333">
    <tr>
      <td colspan="2" bgcolor="#eeeeee">·用户注册</td>
    </tr>
    <tr>
```

```
                <td width="200" align="center" bgcolor="#FFFFFF">用户名：</td>
                <td  width="384"  bgcolor="#FFFFFF"><input  name="user"  type="text"  id="user_id"
title="用户名">
                *</td>
            </tr>
            <tr>
                <td align="center" bgcolor="#FFFFFF">密  码：</td>
                <td bgcolor="#FFFFFF"><input name="pwd" type="password" id="pwd1_id" title="密码">
                *</td>
            </tr>
             <tr>
                <td align="center" bgcolor="#FFFFFF">确认密码：</td>
                <td bgcolor="#FFFFFF"><input name="pwd2" type="password" id="pwd2_id" title="确认密码">
                *</td>
            </tr>
             <tr>
                <td align="center" bgcolor="#FFFFFF">电话：</td>
                <td bgcolor="#FFFFFF"><input name="phone" type="text" id="phone_id" title="电话">
                *</td>
            </tr>
             <tr>
                <td align="center" bgcolor="#FFFFFF">邮箱：</td>
                <td bgcolor="#FFFFFF"><input name="email" type="text" id="email_id" title="邮箱">
                *</td>
            </tr>
            <tr>
                <td bgcolor="#FFFFFF"> </td>
                <td bgcolor="#FFFFFF"><input name="Submit" type="submit" class="btn_grey" value="提交">
                 
                <input name="Submit2" type="reset" class="btn_grey" value="重置"></td>
            </tr>
        </table>
        </form>
        </body>
</html>
```

习　题

2-1　HTML 是由哪几部分组成的？

2-2　HTML 有哪些常用标记？都有什么作用？

2-3　<input>标记有哪几种输入类型？

2-4　什么是 CSS 样式表？CSS 样式表有哪些效果？

2-5　如何为一个 HTML 页面添加 CSS 效果？

2-6　什么是 Javascript？Javascript 与 Java 是什么关系？

2-7　Javascript 脚本如何调用？Javascript 有哪些常用的属性和方法？

2-8　什么是 jQuery？$(document).ready()是干什么用的？

第3章

C#编程基础

本章要点：

- C#中的基本数据类型
- 常量和变量
- 表达式与运算符
- 流程控制语句
- 数组的使用
- 面向对象编程基础

■ C#语言是 Microsoft 公司设计的一门简单、现代、优雅、面向对象、类型安全、平台独立的组件编程语言，是.NET 的关键性语言，也是整个.NET 平台的基础。

3.1 C#语言简介

ET 的特性

C#（读做 C Sharp）是微软公司推出的一种简洁、功能强大、类型安全的面向对象的高级编程语言，C#语言是从 C 和 C++还有 Java 演化而来的，所以吸取了以前的教训，考虑了其他语言的优点，并解决了它们的问题。C#凭借它的许多创新，在保持 C 语言的表示形式和优美的同时，实现了程序的快速开发。无论 Windows 应用程序还是 Web 应用程序（ASP.NET）都可以简单快速地开发。

C#语言是 Microsoft 专门为使用.NET 平台而创建的，并且运行在.NET CLR 上。.NET Framework 就是用 C#语言编写的，所以 C#语言是.NET 技术核心开发语言。

3.2 代码编写规则

代码书写规则

3.2.1 代码书写规则

1. 按照命名规范书写代码

在编写程序时，需要为各种变量以及自定义的数据类型设置适当的名称，C#的命名规则如下。

- ❑ 由英文字母、数字和下划线组成。
- ❑ 英文字母的大小写要加以区别。
- ❑ 不允许使用数字开头。
- ❑ 不能用 C#中的关键字。

2. 统一代码缩进格式

很多人编写程序时不注意程序的版式结构，这样做虽然不会影响程序的功能，但是程序的可读性会大大下降。

C#语言的格式很自由，这意味着换行、空格、空行和制表符等空白在程序运行时都会被忽略。程序员可以使用空白让代码按照特定的风格缩进或分开，使程序更加清晰易懂。

使用缩进的样式很多，程序员可以根据自己的习惯选择一种样式进行缩进。一般常用的样式有以下两种。

（1）把大括号和条件语句对齐并缩进语句。

```
if(a > b)
{
    t = a;
    a = b;
    b = t;
}
```

（2）将起始大括号放在条件后，而结束大括号对齐条件语句并缩进语句。

```
{if(a > b)
    t = a;
    a = b;
    b = t;
}
```

3.2.2 代码注释及规则

代码注释及规则

为了使编写的程序在一段时间后仍然能让开发人员清楚地知道每一条语句、每一段代码的用途，同时也为了帮助他人理解程序，在编程时应该使用注释。注释是不进行编译的文本，可以在关键的地方使用它来说明代码的用途。在 C#语言中有如下两种注释方法。

- ❑ 单行注释：以"//"开始的代码，到所在行结束。
- ❑ 多行注释："/*"与"*/"之间的代码。

例如，单行注释如下：

```
int i = 0;        //声明一个整型变量
```

例如，多行注释如下：

```
/*
 * 声明一个整型变量
 * 用于实现类加计算
 */
int i = 0;
```

3.3 基本数据类型

C#中的数据类型根据其定义可以分为两种，一种是值类型，另一种是引用类型，从概念上看，值类型是直接存储值，而引用类型存储的是对值的引用。C#中的基本数据类型如图 3-1 所示。

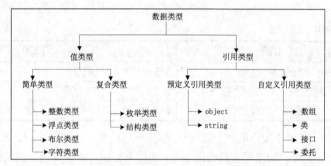

图 3-1 C#中的基本数据类型

3.3.1 值类型

值类型直接存储数据值，它主要包括简单类型和复合类型两种，其中，简单类型是程序中使用的最基本类型，主要包括整数类型、浮点类型、布尔类型和字符类型等 4 种。值类型在栈中进行分配，因此效率很高，使用值类型的主要目的是为了提高性能。值类型具有如下特性。

值类型

- ❑ 值类型变量都存储在栈中。
- ❑ 访问值类型变量时，一般都是直接访问其实例。
- ❑ 每个值类型变量都有自己的数据副本，因此对一个值类型变量的操作不会影响其他变量。
- ❑ 值类型变量不能为 null，必须具有一个确定的值。

下面分别对值类型包含的 4 种简单类型进行讲解。

 说明 关于结构类型和枚举类型，将会在后面章节中详细讲解。

1. 整数类型

整数类型代表一种没有小数点的整数数值，在 C#中内置的整数类型如表 3-1 所示。

表 3-1　C#内置的整数类型

类型	说明	范围
sbyte	8 位有符号整数	$-128 \sim 127$
short	16 位有符号整数	$-32\ 768 \sim 32\ 767$
int	32 位有符号整数	$-2\ 147\ 483\ 648 \sim 2\ 147\ 483\ 647$
long	64 位有符号整数	$-9\ 223\ 372\ 036\ 854\ 775\ 808 \sim 9\ 223\ 372\ 036\ 854\ 775\ 807$
byte	8 位无符号整数	$0 \sim 255$
ushort	16 位无符号整数	$0 \sim 65\ 535$
unit	32 位无符号整数	$0 \sim 4\ 294\ 967\ 295$
ulong	64 位无符号整数	$0 \sim 18\ 446\ 744\ 073\ 709\ 551\ 615$

例如，分别声明一个 int 类型和 byte 类型的变量，代码如下：

```
int m;                          //定义一个int类型的变量
byte n;                         //定义一个byte类型的变量
```

2. 浮点类型

浮点类型主要用于处理含有小数的数值数据，它主要包含 float、double 和 decimal 3 种类型，表 3-2 列出了这 3 种类型的描述信息。

表 3-2　浮点类型及描述

类型	说明	范围
float	精确到 7 位数	$1.5 \times 10^{-45} \sim 3.4 \times 10^{38}$
double	精确到 15~16 位数	$5.0 \times 10^{-324} \sim 1.7 \times 10^{308}$
decimal	28 到 29 位有效位	$(-7.9 \times 10^{28} \sim 7.9 \times 10^{28}) / (10^{0 \sim 28})$

如果不做任何设置，包含小数点的数值都被认为是 double 类型，例如 9.27，如果没有特别指定，这个数值的类型是 double 类型。如果要将数值以 float 类型来处理，就应该通过强制使用 f 或 F 将其指定为 float 类型。

例如，下面的代码用来将数值强制指定为 float 类型。代码如下：

```
float m = 9.27f;                //使用f强制指定为float类型
float n = 1.12F;                //使用F强制指定为float类型
```

如果要将数值强制指定为 double 类型，则需要使用 d 或 D 进行设置。

例如，下面的代码用来将数值强制指定为 double 类型。代码如下：

```
double m = 927d;                //使用d强制指定为double类型
double n = 112D;                //使用D强制指定为double类型
```

3. 布尔类型

布尔类型主要用来表示 true/false 值，一个布尔类型的变量，其值只能是 true 或者 false，不能将其他的值指定给布尔类型变量，布尔类型变量不能与其他类型进行转换。

说明　布尔类型变量大多数被应用到流程控制语句当中，例如，循环语句或者 if 语句等。

4. 字符类型

字符类型在 C#中使用 Char 类来表示，该类主要用来存储单个字符，它占用 16 位（2 字节）的内存空间。在定义字符型变量时，要以单引号（' '）表示，如'a'表示一个字符，而"a"则表示一个字符串，虽然其只有一个字符，但由于使用双引号，所以它仍然表示字符串，而不是字符。字符类型变量的定义非常简单，代码如下：

```
Char ch1='L';
char ch2='1';
```

3.3.2 引用类型

引用类型是构建 C#应用程序的主要对象类型数据，引用类型的变量又称为对象，可存储对实际数据的引用。C#支持两个预定义的引用类型 object 和 string，其说明如表 3-3 所示。

引用类型

表 3-3 C#预定义的引用类型及说明

类型	说明
object	object 类型在.NET Framework 中是 Object 的别名。在 C#的统一类型系统中，所有类型（预定义类型、用户定义类型、引用类型和值类型）都是直接或间接从 Object 继承的
string	string 类型表示零或更多 Unicode 字符组成的序列

尽管 string 是引用类型，但如果用到了相等运算符（==和!=），则表示比较 string 对象（而不是引用）的值。

在应用程序执行的过程中，引用类型使用 new 关键字创建对象实例，并存储在堆中。堆是一种由系统弹性配置的内存空间，没有特定大小及存活时间，因此可以被弹性地运用于对象的访问。

引用类型具有如下特征。

❑ 必须在托管堆中为引用类型变量分配内存。

❑ 在托管堆中分配的每个对象都有与之相关联的附加成员，这些成员必须被初始化。

❑ 引用类型变量是由垃圾回收机制来管理的。

❑ 多个引用类型变量可以引用同一对象，这种情形下，对一个变量的操作会影响另一个变量所引用的同一对象。

❑ 引用类型被赋值前的值都是 null。

所有被称为"类"的都是引用类型，主要包括类、接口、数组和委托等。例如：

```
Student student1=new Student();
Student student1=student1;
```

其示意图如图 3-2 所示。

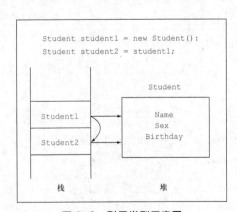

图 3-2 引用类型示意图

3.3.3 值类型与引用类型的区别

从概念上看，值类型直接存储其值，而引用类型存储对其值的引用，这两种类型存储在内存的不同地方。从内存空间上看，值类型是在栈中操作，而引用类型则在堆中分配存储单元。栈在编译的时候就分配好内存空间，在代码中有栈的明确定义；而堆是程序运行中动态分配的内存空间，可以根据程序的运行情况动态地分配内存的大小。因此，值类型总是在内存中占用一个预定义的字节数，而引用类型的变量则在堆中分配一个内存空间，这个内存空间包含的是对另一个内存位置的引用，这个位置是托管堆中的一个地址，即存放此变量实际值的地方。

值类型与引用类型的区别

图 3-3 是值类型与引用类型的对比效果图。

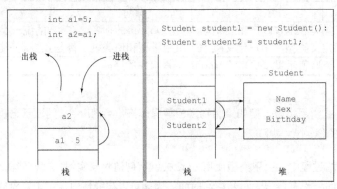

图 3-3 值类型与引用类型的对比效果图

下面通过一个实例演示值类型与引用类型的区别。

【例 3-1】 创建一个控制台应用程序，首先在程序中创建一个类 stamp，该类中定义两个属性 Name 和 Age，其中 Name 属性为 string 引用类型，Age 属性为 int 值类型；然后定义一个 ReferenceAndValue 类，该类中定义一个静态的 Demonstration 方法，该方法主要演示值类型和引用类型使用时，其中一个值变化时，另外的值是否变化；最后在 Main 方法中调用 ReferenceAndValue 类中的 Demonstration 方法输出结果。

```
class Program
{
    static void Main(string[] args)
    {
        //调用ReferenceAndValue类中的Demonstration方法
        ReferenceAndValue.Demonstration();
        Console.ReadLine();
    }
}
public class stamp                    //定义一个类
{
    public string Name { get; set; }  //定义引用类型
    public int Age { get; set; }      //定义值类型
}
public static class ReferenceAndValue //定义一个静态类
{
```

```
public static void Demonstration()          //定义一个静态方法
{
    stamp Stamp_1 = new stamp { Name = "Premiere", Age = 25 };
    stamp Stamp_2 = new stamp { Name = "Again", Age = 47 };
    int age = Stamp_1.Age;                   //获取值类型Age的值
    Stamp_1.Age = 22;                        //修改值类型的值
    stamp Stamp_3 = Stamp_2;                 //获取Stamp_2中的值
    Stamp_2.Name = "Again Amend";            //修改引用的Name值
    Console.WriteLine("Stamp_1's age:{0}", Stamp_1.Age);//显示Stamp_1中的Age值
    Console.WriteLine("age's value:{0}", age);          //显示age值
    Console.WriteLine("Stamp_2's name:{0}", Stamp_2.Name); //显示Stamp_2中的Name值
    Console.WriteLine("Stamp_3's name:{0}", Stamp_3.Name); //显示Stamp_3中的Name值
}
}
```

运行结果如图 3-4 所示。

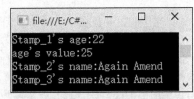

图 3-4　值类型与引用类型的使用区别

从图 3-4 中可以看出，当改变了 Stamp_1.Age 的值时，age 没跟着变，而在改变了 Stamp_2.Name 的值后，Stamp_3.Name 却跟着变了，这就是值类型和引用类型的区别。在声明 age 值类型变量时，将 Stamp_1.Age 的值赋给它，这时，编译器在栈上分配了一块空间，然后把 Stamp_1.Age 的值填进去，二者没有任何关联，就像在计算机中复制文件一样，只是把 Stamp_1.Age 的值复制给 age 了。而引用类型则不同，在声明 Stamp_3 时把 Stamp_2 赋给它。前面说过，引用类型包含的只是堆上数据区域地址的引用，其实就是把 Stamp_2 的引用也赋给 Stamp_3，因此它们指向了同一块内存区域。既然是指向同一块区域，不管修改谁，另一个的值都会跟着改变。

3.4　常量和变量

常量就是其值固定不变的量，而且常量的值在编译时就已经确定了；变量用来表示一个数值、一个字符串值或者一个类的对象，变量存储的值可能会发生更改，但变量名称保持不变。

3.4.1　常量的声明和使用

常量（又叫常数）主要用来存储在程序运行过程中值不改变的量，它通常可以分为字面常量和符号常量两种，下面分别进行讲解。

常量的声明和使用

1. 字面常量

字面常量就是每种基本数据类型所对应的常量表示形式，例如：

（1）整数常量

```
32
368
0x2F
```

（2）浮点常量

```
3.14
3.14F
3.14D
3.14M
```

（3）字符常量

```
'A'
'\X0056'
```

（4）字符串常量

```
"Hello World"
"C#"
```

（5）布尔常量

```
ture
false
```

2．符号常量

符号常量在 C#中使用关键字 const 来声明，并且在声明符号常量时，必须对其进行初始化，例如：

```
const int month = 12;
```

在上面的代码中，常量 month 将始终为 12，不能更改。

说明 const 关键字可以防止开发程序时错误的产生。例如，对于一些不需要改变的对象，使用 const 关键字将其定义为常量，这可以防止开发人员不小心修改对象的值，产生意想不到的结果。

3.4.2　变量的声明和使用

变量是指在程序运行过程中其值可以不断变化的量。变量通常用来保存程序运行过程中的输入数据、计算获得的中间结果和最终结果等。在 C#中，声明一个变量是由一个类型和跟在后面的一个或多个变量名组成，多个变量之间用逗号分开，声明变量以分号结束，语法如下：

变量的声明和使用

```
变量类型 变量名;                        //声明一个变量
变量类型 变量名1,变量名2,…,变量名n;      //同时声明多个变量
```

例如，声明一个整型变量 m，同时声明 3 个字符串型变量 str1、str2 和 str3，代码如下：

```
int m;                                  //声明一个整型变量
string str1, str2, str3;                //同时声明3个字符串型变量
```

上面的第一行代码中，声明了一个名称为 m 的整型变量；第二行代码中，声明了 3 个字符串型的变量，分别为 str1、str2 和 str3。

另外，声明变量时，还可以初始化变量，即在每个变量名后面加上给变量赋初始值的指令。

例如，声明一个整型变量 r，并且赋值为 368，然后，再同时声明 3 个字符串型变量，并初始化，代码如下：

```
int r = 368;                                    //初始化整型变量r
string x = "明日科技", y = "ASP.NET", z = "C#";   //初始化字符串型变量x、y和z
```

声明变量时，要注意变量名的命名规则。C#中的变量名是一种标识符，因此应该符合标识符的命名规则。变量名是区分大小写的，下面给出变量的命名规则。

- ❏ 变量名只能由数字、字母和下划线组成。
- ❏ 变量名的第一个符号只能是字母和下划线，不能是数字。
- ❏ 不能使用关键字作为变量名。

❑ 一旦在一个语句块中定义了一个变量名，那么在变量的作用域内都不能再定义同名的变量。

3.5 表达式与运算符

表达式是由运算符和操作数组成的。运算符决定对操作数进行什么样的运算。例如，+、-、*和/都是运算符，操作数包括文本、常量、变量和表达式等。

例如，下面几行代码就是使用简单的表达式组成的 C#语句，代码如下：

```
int i = 927;                    //声明一个int类型的变量i并初始化为927
i = i * i + 112;                //改变变量i的值
int j = 2011;                   //声明一个int类型的变量j并初始化为2011
j = j / 2;                      //改变变量j的值
```

在 C#中，提供了多种运算符，运算符是具有运算功能的符号，根据使用运算符的个数，可以将运算符分为单目运算符、双目运算符和三目运算符，其中，单目运算符是作用在一个操作数上的运算符，如正号（+）等；双目运算符是作用在两个操作数上的运算符，如加法（+）、乘法（*）等；三目运算符是作用在 3 个操作数上的运算符，C#中唯一的三目运算符就是条件运算符（?:）。下面对常用的运算符分别进行讲解。

3.5.1 算术运算符

C#中的算术运算符是双目运算符，主要包括+、-、*、 / 和%这 5 种，它们分别用于进行加、减、乘、除和模（求余数）运算。C#中算术运算符的功能及使用方式如表 3-4 所示。

算术运算符

表 3-4　C#算术运算符

运算符	说明	实例	结果
+	加	12.45f+15	27.45
-	减	4.56-0.16	4.4
*	乘	5L*12.45f	62.25
/	除	7/2	3
%	求余	12%10	2

例如，定义两个 int 变量 m 和 n，并分别初始化，使用算术运算符分别对它们执行加、减、乘、除、求余运算，代码如下：

```
int m = 8;                      //定义变量m，并初始化为8
int n = 4;;                     //定义变量m，并初始化为4
int r1 = m + n;                 //结果为12
int r1 = m - n;                 //结果为4
int r1 = m * n;                 //结果为32
int r1 = m / n;                 //结果为2
int r1 = m % n;                 //结果为0
```

使用除法（ / ）运算符和求余运算符时，除数不能为 0，否则将会出现异常。

3.5.2 自增自减运算符

C#中提供了两种特殊的算数运算符：自增、自减运算符，它们分别用++和--表示，下面分别对它们进行讲解。

自增自减运算符

1. 自增运算符

++是自增运算符，它是单目运算符。++在使用时有两种形式，分别是++expr和expr++，其中，++expr是前置形式，它表示 expr 自身先加 1，其运算结果是自身修改后的值，再参与其他运算；而 expr++是后置形式，它也表示自身加 1，但其运算结果是自身未修改的值，也就是说，expr++是先参加完其他运算，然后在进行自身加 1 操作。++自增运算符放在不同位置时的运算示意图如图 3-5 所示。

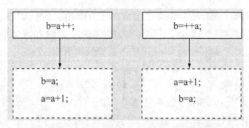

图 3-5　自增运算符放在不同位置时的运算示意图

例如，下面代码演示自增运算符放在变量的不同位置时的运算结果：

```
int i = 0, j = 0;           // 定义 int 类型的 i、j
int post_i, pre_j;          // post_i表示后置形式运算的返回结果，pre_j表示前置形式运算的返回结果
post_i = i++;               // 后置形式的自增，post_i是 0
Console.WriteLine(i);       // 输出结果是 1
pre_j = ++j;                // 前置形式的自增，pre_j是 1
Console.WriteLine(j);       // 输出结果是 1
```

2. 自减运算符

--是自减运算符，它是单目运算符。--在使用时有两种形式，分别是--expr 和 expr--，其中，--expr是前置形式，它表示 expr 自身先减 1，其运算结果是自身修改后的值，再参与其他运算；而 expr--是后置形式，它也表示自身减 1，但其运算结果是自身未修改的值，也就是说，expr--是先参加完其他运算，然后进行自身减 1 操作。--自减运算符放在不同位置时的运算示意图如图 3-6 所示。

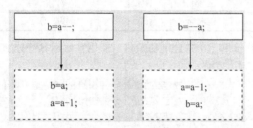

图 3-6　自减运算符放在不同位置时的运算示意图

自增、自减运算符只能作用于变量，因此，下面的形式是不合法的：

```
3++;                        // 不合法，因为3是一个常量
(i+j)++;                    // 不合法，因为i+j是一个表达式
```

3.5.3　赋值运算符

赋值运算符为变量、属性、事件等元素赋新值。赋值运算符主要有=、+=、-=、*=、/=、%=、&=、|=、^=、<<=和>>=运算符。赋值运算符的左操作数必须是变量、属性访问、索引器访问或事件访问类型的表达式，如果赋值运算符两边的操作数的类

赋值运算符

型不一致，就需要首先进行类型转换，然后再赋值。

在使用赋值运算符时，右操作数表达式所属的类型必须可隐式转换为左操作数所属的类型，运算将右操作数的值赋给左操作数指定的变量、属性或索引器元素。所有赋值运算符及其运算规则如表 3-5 所示。

表 3-5　赋值运算符

名称	运算符	运算规则	意义
赋值	=	将表达式赋值给变量	将右边的值给左边
加赋值	+=	x+=y	x=x+y
减赋值	-=	x-=y	x=x-y
除赋值	/=	x/=y	x=x/y
乘赋值	*=	x*=y	x=x*y
模赋值	%=	x%=y	x=x%y
位与赋值	&=	x&=y	x=x&y
位或赋值	|=	x|=y	x=x|y
右移赋值	>>=	x>>=y	x=x>>y
左移赋值	<<=	x<<=y	x=x<<y
异或赋值	^=	x^=y	x=x^y

下面以加赋值（+=）运算符为例，举例说明赋值运算符的用法。例如，声明一个 int 类型的变量 i，并初始化为 927，然后通过加赋值运算符改变 i 的值，使其在原有的基础上增加 112，代码如下：

```
int i = 927;                //声明一个int类型的变量i并初始化为927
i += 112;                   //使用加赋值运算符
Console.WriteLine(i);       //输出最后变量i的值为1039
```

3.5.4　关系运算符

关系运算符可以实现对两个值的比较运算，关系运算符在完成两个操作数的比较运算之后会返回一个代表运算结果的布尔值。常见的关系运算符如表 3-6 所示。

关系运算符

表 3-6　关系运算符

关系运算符	说明	关系运算符	说明
==	等于	!=	不等于
>	大于	>=	大于等于
<	小于	<=	小于等于

下面通过一个实例演示关系运算符的使用。

【例 3-2】　创建一个控制台应用程序，声明 3 个 int 类型的变量，并分别对它们进行初始化，然后分别使用 C#中的各种关系运算符对它们的大小关系进行比较，代码如下：

```
static void Main(string[] args)
{
    int num1 = 4, num2 = 7, num3 = 7;                          //定义3个int变量，并初始化
    Console.WriteLine("num1=" + num1 + " , num2=" + num2 + " , num3=" + num3);
    Console.WriteLine();                                        //换行
    Console.WriteLine("num1<num2的结果: " + (num1 < num2));     //小于操作
```

```
        Console.WriteLine("num1>num2的结果：" + (num1 > num2));    //大于操作
        Console.WriteLine("num1==num2的结果：" + (num1 == num2));   //等于操作
        Console.WriteLine("num1!=num2的结果：" + (num1 != num2));   //不等于操作
        Console.WriteLine("num1<=num2的结果：" + (num1 <= num2));   //小于等于操作
        Console.WriteLine("num2>=num3的结果：" + (num2 >= num3));   //大于等于操作
        Console.ReadLine();
    }
```

程序运行结果如图 3-7 所示。

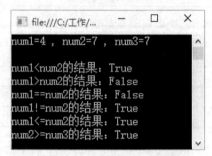

图 3-7　使用关系运算符比较变量的大小关系

 说明　关系运算符一般常用于判断或循环语句中。

3.5.5　逻辑运算符

逻辑运算符

逻辑运算符是对真和假这两种布尔值进行运算，运算后的结果仍是一个布尔值，C#中的逻辑运算符主要包括&（&&）（逻辑与）、|（||）（逻辑或）、!（逻辑非）。在逻辑运算符中，除了"!"是单目运算符之外，其他都是双目运算符。表 3-7 列出了逻辑运算符的用法和说明。

表 3-7　逻辑运算符

运算符	含义	用法	结合方向
&&、&	逻辑与	op1&&op2	左到右
||、|	逻辑或	op1||op2	左到右
!	逻辑非	! op	右到左

使用逻辑运算符进行逻辑运算时，其运算结果如表 3-8 所示。

表 3-8　使用逻辑运算符进行逻辑运算

表达式 1	表达式 2	表达式 1&&表达式 2	表达式 1||表达式 2	！表达式 1
true	true	true	true	false
true	false	false	true	false
false	false	false	false	true
false	true	false	true	true

说明 逻辑运算符 "&&" 与 "&" 都表示 "逻辑与"，那么它们之间的区别在哪里呢？从表 3-8 可以看出，当两个表达式都为 true 时，逻辑与的结果才会是 true。使用 "&" 会判断两个表达式；而 "&&" 则是针对 bool 类型的数据进行判断，当第一个表达式为 false 时则不去判断第二个表达式，直接输出结果从而节省计算机判断的次数。通常将这种在逻辑表达式中从左端的表达式可推断出整个表达式的值称为 "短路"，而那些始终执行逻辑运算符两边的表达式称为 "非短路"。"&&" 属于 "短路" 运算符，而 "&" 则属于 "非短路" 运算符。"||" 与 "|" 的区别跟 "&&" 与 "&" 的区别类似。

【例 3-3】 创建一个控制台应用程序，定义两个 int 类型变量，首先使用关系运算符比较它们的大小关系，然后使用逻辑运算符判断它们的结果是否为 True 或者 Flase。

```
static void Main(string[] args)
{
    int a = 2;                              //声明int型变量a
    int b = 5;                              //声明int型变量b
    //声明bool型变量，用于保存应用逻辑运算符 "&&" 后的返回值
    bool result = ((a > b) && (a != b));
    //声明bool型变量，用于保存应用逻辑运算符 "||" 后的返回值
    bool result2 = ((a > b) || (a != b));
    Console.WriteLine(result);              //将变量result输出
    Console.WriteLine(result2);             //将变量result2输出
    Console.ReadLine();
}
```

程序运行结果为：

False
True

3.5.6 位运算符

位运算符的操作数类型是整型，可以是有符号的也可以是无符号的。C#中的位运算符有位与、位或、位异或和取反运算符，其中位与、位或、位异或为双目运算符，取反运算符为单目运算符。位运算是完全针对位方面的操作，因此，它在实际使用时，需要先将要执行运算的数据转换为二进制，然后才能进行执行运算。

位运算符

1. "位与" 运算

"位与" 运算的运算符为 "&"，"位与" 运算的运算法则是：如果两个整型数据 a、b 对应位都是 1，则结果位才是 1，否则为 0。如果两个操作数的精度不同，则结果的精度与精度高的操作数相同，如图 3-8 所示。

2. "位或" 运算

"按位或" 运算的运算符为 "|"，"位或" 运算的运算法则是：如果两个操作数对应位都是 0，则结果位才是 0，否则为 1。如果两个操作数的精度不同，则结果的精度与精度高的操作数相同，如图 3-9 所示。

3. "位异或" 运算

"位异或" 运算的运算符是 "^"，"位异或" 运算的运算法则是：当两个操作数的二进制表示相同（同时为 0 或同时为 1）时，结果为 0，否则为 1。若两个操作数的精度不同，则结果数的精度与精度高的操作数相同，如图 3-10 所示。

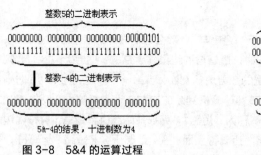

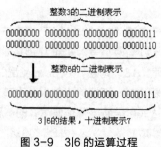

图 3-8　5&4 的运算过程　　　　　　图 3-9　3|6 的运算过程

4."取反"运算

"取反"运算也称"按位非"运算，运算符为"~"。"取反"运算就是将操作数对应二进制中的 1 修改为 0，0 修改为 1，如图 3-11 所示。

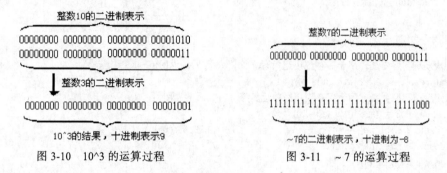

图 3-10　10^3 的运算过程　　　　　　图 3-11　~7 的运算过程

3.5.7　移位运算符

移位运算符

C#中的移位运算符有两个，分别是左移位<<和右移位>>，这两个运算符都是双目运算符，它们主要用来对整数类型数据进行移位操作。移位运算符的右操作数不可以是负数，并且要小于左操作数的位数。下面分别对左移位<<和右移位>>进行讲解。

1. 左移位<<运算符

左移位<<运算符是将一个二进制操作数向左移动指定的位数，左边（高位端）溢出的位被丢弃，右边（低位端）的空位用 0 补充。左移位运算相当于乘以 2 的 n 次幂，其示意图如图 3-12 所示。

图 3-12　左移位运算

例如，int 类型数据 368 对应的二进制数为 101110000，根据左移位运算符的定义可以得出 (101110000<<8)=10111000000000000，所以转换为十进制数就是 94 208（368×2^8）。

2. 右移位>>运算符

右移位>>运算符是将一个二进制操作数向右移动指定的位数，右边（低位端）溢出的位被丢弃，而在填充左边（高位端）的空位时，如果最高位是 0，左移空的位填入 0；如果最高位是 1，左移空的位填入 1。右移位运算相当于除以 2 的 n 次幂，其示意图如图 3-13 所示。

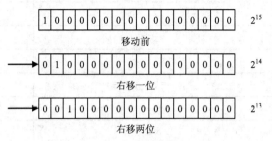

图 3-13　右移位运算

例如，int 类型数据 368 对应的二进制数为 101110000，根据右移位运算符的定义可以得出 (101110000>>2)=1011100，所以转换为十进制数就是 92（$368/2^2$）。

3.5.8　条件运算符

条件运算符用?:表示，它是 C#中仅有的一个三目运算符，该运算符需要 3 个操作数，形式如下：

```
<表达式1> ? <表达式2> : <表达式3>
```

其中，表达式 1 是一个布尔值，可以为真或假，如果表达式 1 为真，则返回表达式 2 的运算结果，如果表达式 1 为假，则返回表达式 3 的运算结果。例如：

```
int  x=5, y=6, max;
max=x<y ? y : x;
```

上面代码的返回值为 6，因为 x<y 这个条件是成立的，所以返回 y 的值。

条件运算符

3.5.9　运算符的优先级与结合性

C#中的表达式是使用运算符连接起来的符合 C#规范的式子，运算符的优先级决定了表达式中运算执行的先后顺序。运算符优先级其实相当于进销存的业务流程，如进货→入库→销售→出库，只能按这个步骤进行操作。运算符的优先级也是这样的，它是按照一定的先后顺序进行计算的，C#中的运算符优先级由高到低的顺序如下。

- ❑　自增、自减运算符。
- ❑　算术运算符。
- ❑　移位运算符。
- ❑　关系运算符。
- ❑　逻辑运算符。
- ❑　条件运算符。
- ❑　赋值运算符。

运算符的优先级与结合性

如果两个运算符具有相同的优先级，则会根据其结合性确定是从左至右运算，还是从右至左运算。表 3-9 列出了运算符从高到低的优先级顺序及结合性。

表 3-9　运算符的优先级顺序

运算符类别	运算符	数目	结合性
单目运算符	++，--，！	单目	←

续表

运算符类别	运算符	数目	结合性
算术运算符	*、/、%	双目	→
	+、-	双目	→
移位运算符	<<、>>	双目	→
关系运算符	>、>=、<、<=	双目	→
	==、!=	双目	→
逻辑运算符	&&	双目	→
	||	双目	→
条件运算符	? :	三目	←
赋值运算符	=、+=、-=、*=、/=、%=	双目	←

表 3-9 中的 "←" 表示从右至左，"→" 表示从左至右，从表 3-9 中可以看出，C#中的运算符中，只有单目、条件和赋值运算符的结合性为从右至左，其他运算符的结合性都是从左至右。

3.5.10 表达式中的类型转换

表达式中的类型转换

C#中程序中对一些不同类型的数据进行操作时，经常用到类型转换，类型转换主要分为隐式类型转换和显式类型转换，下面分别进行讲解。

1. 隐式类型转换

隐式类型转换就是不需要声明就能进行的转换。进行隐式类型转换时，编译器不需要进行检查就能安全地进行转换，表 3-10 列出了可以进行隐式类型转换的数据类型。

表 3-10 隐式类型转换表

源类型	目标类型
sbyte	short、int、long、float、double、decimal
byte	short、ushort、int、uint、long、ulong、float、double 或 decimal
short	int、long、float、double 或 decimal
ushort	int、uint、long、ulong、float、double 或 decimal
int	long、float、double 或 decimal
uint	long、ulong、float、double 或 decimal
char	ushort、int、uint、long、ulong、float、double 或 decimal
float	double
ulong	float、double 或 decimal
long	float、double 或 decimal

从 int、uint、long 或 ulong 到 float，以及从 long 或 ulong 到 double 的转换可能导致精度损失，但不会影响它的数量级。其他的隐式转换不会丢失任何信息。

例如，将 int 类型的值隐式转换成 long 类型，代码如下：

```
int i =5;                               //声明一个整型变量i并初始化为5
long j = i;                             //隐式转换成long类型
```

2. 显式类型转换

显式类型转换也可以称为强制类型转换，它需要在代码中明确地声明要转换的类型。如果在不存在隐式转换的类型之间进行转换，就需要使用显式类型转换。表 3-11 列出了需要进行显式类型转换的数据类型。

表 3-11　显式类型转换表

源类型	目标类型
sbyte	byte、ushort、uint、ulong 或 char
byte	sbyte 和 char
short	sbyte、byte、ushort、uint、ulong 或 char
ushort	sbyte、byte、short 或 char
int	sbyte、byte、short、ushort、uint、ulong 或 char
uint	sbyte、byte、short、ushort、int 或 char
char	sbyte、byte 或 short
float	sbyte、byte、short、ushort、int、uint、long、ulong、char 或 decimal
ulong	sbyte、byte、short、ushort、int、uint、long 或 char
long	sbyte、byte、short、ushort、int、uint、ulong 或 char
double	sbyte、byte、short、ushort、int、uint、ulong、long、char 或 decimal
decimal	sbyte、byte、short、ushort、int、uint、ulong、long、char 或 double

（1）由于显式类型转换包括所有隐式类型转换和显式类型转换，因此总是可以使用强制转换表达式从任何数值类型转换为任何其他的数值类型。

（2）在进行显式类型转换时，可能会导致溢出错误。

例如，将 double 类型的变量 m 进行显式类型转换，转换为 int 类型变量，代码如下：

```
double m = 5.83;                        //声明double类型变量
int n = (int)m;                         //显式转换成整型变量
```

另外，也可以通过 Convert 关键字进行显式类型转换，上面的例子还可以通过下面代码实现。

例如，通过 Convert 关键字实现将 double 类型的变量转换为 int 类型的变量，代码如下：

```
double m = 5.83;                        //声明double类型变量
Console.WriteLine("原double类型数据：" + m);    //输出原数据
int n = Convert.ToInt32(m);             //通过Convert关键字转换
Console.WriteLine("转换成的Int类型数据：" + n);   //输出整型变量
Console.ReadLine();
```

3. 装箱

装箱是将值类型隐式转换成 object 引用类型，例如，下面的代码用来实现装箱操作：

```
int i = 100;                //声明一个int类型变量i，并初始化为100
object obj = i;             //声明一个object类型obj，其初始化值为i
```

装箱示意图如图 3-14 所示。

从程序运行结果可以看出，值类型变量的值复制到装箱得到的对象中，装箱后改变值类型变量的值，并不会影响装箱对象的值。

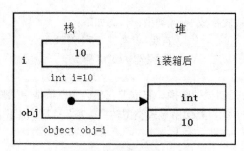

图 3-14　装箱示意图

4. 拆箱

拆箱是装箱的逆过程，它是将 object 引用类型显式转换为值类型，例如，下面的代码用来实现拆箱操作：

```
int i = 100;              //声明一个int类型的变量i，并初始化为100
object obj = i;           //执行装箱操作
int j = (int)obj;         //执行拆箱操作
```

拆箱示意图如图 3-15 所示。

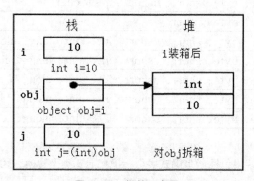

图 3-15　拆箱示意图

查看程序运行结果，不难看出，拆箱后得到的值类型数据的值与装箱对象相等。需要读者注意的是在执行拆箱操作时，要符合类型一致的原则，否则会出现异常。

装箱是将一个值类型转换为一个对象类型（object），而拆箱则是将一个对象类型显式转换为一个值类型。对于装箱而言，它是将被装箱的值类型复制一个副本来转换，而拆箱时，需要注意类型的兼容性，例如，不能将一个 long 类型的装箱对象拆箱为 int 类型。

3.6　选择语句

选择结构是程序设计过程中最常见的一种结构，比如用户登录、条件判断等都需要用到选择结构。C#中的选择语句主要包括 if 语句和 switch 语句两种，本节将分别进行介绍。

3.6.1　if 语句

if 语句是最基础的一种选择结构语句，它主要有 3 种形式，分别为 if 语句、if…

if 语句

else 语句和 if…else if…else 多分支语句，本节将分别对它们进行详细讲解。

1. 最简单的 if 语句

C#语言中使用 if 关键字来组成选择语句，其最简单的语法形式如下：

```
if(表达式)
{
    语句块
}
```

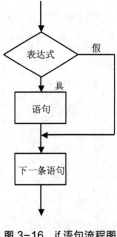

其中，表达式部分必须用()括起来，它可以是一个单纯的布尔变量或常量，也可以是关系表达式或逻辑表达式，如果表达式为真，则执行"语句块"，之后继续执行"下一条语句"；如果表达式的值为假，就跳过"语句块"，执行"下一条语句"，这种形式的 if 语句相当于汉语里的"如果……那么……"，其流程图如图 3-16 所示。

例如，通过 if 语句实现只有年龄大于等于 56 岁，才可以申请退休，代码如下：

```
int Age=50;
if(Age>=56)
{
    允许退休;
}
```

图 3-16 if 语句流程图

2. if…else 语句

如果遇到只能二选一的条件，C#中提供了 if…else 语句解决类似问题，其语法如下：

```
if(表达式)
{
    语句块;
}
else
{
    语句块;
}
```

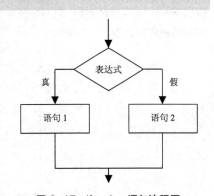

使用 if…else 语句时，表达式可以是一个单纯的布尔变量或常量，也可以是关系表达式或逻辑表达式，如果满足条件，则执行 if 后面的语句块，否则，执行 else 后面的语句块，这种形式的选择语句相当于汉语里的"如果……否则……"，其流程图如图 3-17 所示。

例如，使用 if…else 语句判断用户输入的分数是不是足够优秀，如果大于 90，则表示优秀，否则，输出"继续努力"，代码如下：

图 3-17 if…else 语句流程图

```
int score = Convert.ToInt32(Console.ReadLine());
if (score > 90)     //判断输入是否大于90
    Console.WriteLine("你非常优秀！ ");
else                //不大于90的情况
    Console.WriteLine("希望你继续努力！ ");
```

 说明 建议总是在 if 后面使用大括号{}将要执行的语句括起来，这样可以避免程序代码混乱。

3. if…else if…else 语句

在开发程序时，如果需要针对某一事件的多种情况进行处理，则可以使用 if…else if…else 语句，该语句是一个多分支选择语句，通常表现为"如果满足某种条件，进行某种处理，否则，如果满足另一种条件，则执行另一种处理……"。if…else if…else 语句的语法格式如下：

```
if(表达式1)
{
        语句1;
}
else if(表达式2)
{
        语句2;
}
else if(表达式3)
{
        语句3
}
    ...
else if(表达式m)
{
        语句m
}
else
{
        语句n
}
```

使用 if…else if…else 语句时，表达式部分必须用()括起来，它可以是一个单纯的布尔变量或常量，也可以是关系表达式或逻辑表达式，如果表达式为真，执行语句；而如果表达式为假，则跳过该语句，进行下一个 else if 的判断，只有在所有表达式都为假的情况下，才会执行 else 中的语句。if…else if…else 语句的流程图如图 3-18 所示。

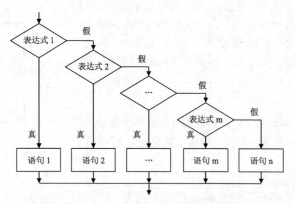

图 3-18　if…else if…else 语句的流程图

例如，使用 if…else if…else 多分支语句实现根据用户输入的年龄输出相应信息提示的功能，代码如下：

```
int YouAge = 0int.Parse(Console.ReadLine());//声明一个int类型的变量YouAge
if (YouAge <= 18)                           //调用if语句判断输入的数据是否小于等于18
        Console.WriteLine("您的年龄还小，要努力奋斗哦！");
else if (YouAge > 18 && YouAge <= 30)       //判断是否大于18岁小于30岁
```

```
    Console.WriteLine("您现在的阶段正是努力奋斗的黄金阶段！");
else if (YouAge > 30 && YouAge <= 50)          //判断输入的年龄是否大于30岁小于等于50岁
    Console.WriteLine("您现在的阶段正是人生的黄金阶段！");
else
    Console.WriteLine("最美不过夕阳红！");
```

4．if 语句的嵌套

前面讲过 3 种形式的 if 选择语句，这 3 种形式的选择语句之间都可以进行互相嵌套。例如，在最简单的 if 语句中嵌套 if…else 语句，形式如下：

```
if(表达式1)
{
    if(表达式2)
            语句1;
    else
            语句2;
}
```

例如，在 if…else 语句中嵌套 if…else 语句，形式如下：

```
if(表达式1)
{
    if(表达式2)
        语句1;
    else
        语句2;
}
else
{
    if(表达式2)
        语句1;
    else
        语句2;
}
```

【例 3-4】 通过 if 语句判断用户输入的用户名和密码是否正确。

```
static void Main(string[] args)
{
    Console.Write("请输入用户名：");
    string strName = Console.ReadLine();              //记录用户输入的用户名
    Console.Write("请输入密码：");
    string strPwd = Console.ReadLine();               //记录用户输入的密码
    if (strName == "mr" && strPwd == "mrsoft")        //判断用户名和密码是否正确
    {
        Console.WriteLine("欢迎进入图书馆管理系统");
    }
    else
    {
        Console.WriteLine("用户名或者密码输入错误！");
    }
    Console.ReadLine();
}
```

运行程序，输入正确的用户名 mr 和密码 mrsoft，效果如图 3-19 所示；当输入的用户名和密码错误时，效果如图 3-20 所示。

图 3-19　输入正确的用户名和密码　　　　图 3-20　输入错误的用户名或者密码

 （1）使用 if 语句嵌套时，要注意 else 关键字要和 if 关键字成对出现，并且遵守临近原则，即 else 关键字总是和自己最近的 if 语句相匹配。

（2）在进行条件判断时，应该尽量使用复合语句，以免产生二义性，导致运行结果和预想的不一致。

3.6.2　switch 语句

switch 语句是多分支条件判断语句，它根据参数的值使程序从多个分支中选择一个用于执行的分支，其基本语法如下：

switch 语句

```
switch(判断参数)
{
    case 常量值1:
        语句块1
        break;
    case 常量值2:
        语句块2
        break;
        …
    case 常量值n:
        语句块n
        break;
    defaul:
        语句块n+1
        break;
        }
```

switch 关键字后面的括号()中是要判断的参数，参数必须是 sbyte、byte、short、ushort、int、uint、long、ulong、char、string、bool 或者枚举类型中的一种，大括号{ }中的代码是由多个 case 子句组成的，每个 case 关键字后面都有相应的语句块，这些语句块都是 switch 语句可能执行的语句块。如果符合常量值，则 case 下的语句块就会被执行，语句块执行完毕后，执行 break 语句，使程序跳出 switch 语句；如果条件都不满足，则执行 default 中的语句块。

 （1）case 后的各常量值不可以相同，否则会出现错误。

（2）case 后面的语句块可以多条语句，不必使用大括号{}括起来。

（3）case 语句和 default 语句的顺序可以改变，但不会影响程序执行结果。

（4）一个 switch 语句中只能有一个 default 语句，而且 default 语句可以省略。

switch 语句的执行流程图如图 3-21 所示。

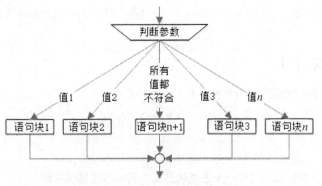

图 3-21　switch 语句的执行过程

【例 3-5】　使用 switch 语句判断用户的操作权限，代码如下：

```
static void Main(string[] args)
{
    Console.Write("请您输入身份：");
    string strPop = Console.ReadLine();            //获取用户输入的数据
    switch (strPop)                                //判断用户输入的权限
    {
        case "管理员":
            Console.WriteLine("您拥有图书馆管理系统的所有操作权限！");
            break;
        case "读者":
            Console.WriteLine("您可以截取图书！");
            break;
        case "用户":
            Console.WriteLine("您可以浏览图书信息！");
            break;
        default:
            Console.WriteLine("您输入的身份信息有误！");
            break;
    }
    Console.ReadLine();
}
```

运行程序，输入一个权限，按回车键，效果如图 3-22 所示。

图 3-22　判断用户的操作权限

 使用 switch 语句时，常量表达式的值绝不可以是浮点类型。

3.7　循环语句

当程序要反复执行某一操作时，就必须使用循环结构，比如遍历二叉树、输出数组元素等。C#中的循环语句主要包括 while 语句、do…while 语句和 for 语句，本节将对这几种循环语句分别进行介绍。

3.7.1 while 循环语句

while 循环语句

while 语句用来实现"当型"循环结构，它的语法格式如下：

```
while(表达式)
{
    语句
}
```

表达式一般是一个关系表达式或一个逻辑表达式，其表达式的值应该是一个逻辑值真或假（true 和 false），当表达式的值为真时，开始循环执行语句；而当表达式的值为假时，退出循环，执行循环外的下一条语句。循环每次都是执行完语句后回到表达式处重新开始判断，重新计算表达式的值。

while 语句的执行流程如图 3-23 所示。

【例 3-6】 使用 while 循环编写程序实现 1 到 100 的累加。

```
static void Main(string[] args)
{
    int iNum = 1;              //iNum从1到100递增
    int iSum = 0;              //记录每次累加后的结果
    while (iNum <= 100)        //iNum <= 100 是循环条件
    {
        iSum += iNum;          //把每次的iNum的值累加到上次累加的结果中
        iNum++;                //每次循环iNum的值加1
    }
    Console.WriteLine("1到100的累加结果是："+ iSum);
    Console.ReadLine();
}
```

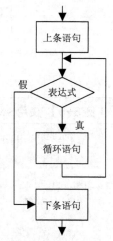

图 3-23　while 循环流程图

3.7.2 do…while 循环语句

do…while 循环语句

有些情况下无论循环条件是否成立，循环体的内容都要被执行一次，这种时候可以使用 d…while 循环。do…while 循环的特点是先执行循环体，再判断循环条件，其语法格式如下：

```
do
{
语句
}
while(表达式);
```

do 为关键字，必须与 while 配对使用。do 与 while 之间的语句称为循环体，该语句是用大括号{}括起来的复合语句。循环语句中的表达式与 while 语句中的相同，也为关系表达式或逻辑表达式，但特别值得注意的是：do…while 语句后一定要有分号";"。

do…while 语句的执行流程如图 3-24 所示。

【例 3-7】 使用 do…while 循环编写程序实现 1 到 100 的累加。

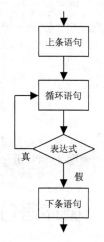

图 3-24　do…while 循环流程图

```
static void Main(string[] args)
{
    int iNum = 1;                          //iNum从1到100递增
    int iSum = 0;                          //记录每次累加后的结果
    do
    {
        iSum += iNum;                      //把每次的iNum的值累加到上次累加的结果中
        iNum++;                            //每次循环iNum的值加1
    } while (iNum <= 100);                 //iNum <= 100 是循环条件
    Console.WriteLine("1到100的累加结果是：" + iSum);
    Console.ReadLine();
}
```

 while 语句和 do…while 语句都用来控制代码的循环，但 while 语句使用于先条件判断，再执行循环结构的场合；而 do…while 语句则适合于先执行循环结构，再进行条件判断的场合。具体来说，使用 while 语句时，如果条件不成立，则循环结构一次都不会执行，而如果使用 do…while 语句时，即使条件不成立，程序也至少会执行一次循环结构。

3.7.3　for 循环语句

　　for 循环是 C#中最常用、最灵活的一种循环结构，for 循环既能够用于循环次数已知的情况，又能够用于循环次数未知的情况。for 循环的常用语法格式如下：

for 循环语句

```
for(表达式1；表达式2；表达式3)
{
    语句组
}
```

for 循环的执行过程如下。

（1）求解表达式 1；

（2）求解表达式 2，若表达式 2 的值为"真"，则执行循环体内的语句组，然后执行下面第（3）步，若值为"假"，转到下面第（5）步；

（3）求解表达式 3；

（4）转回到第（2）步执行；

（5）循环结束，执行 for 循环接下来的语句。

for 语句的执行流程如图 3-25 所示。

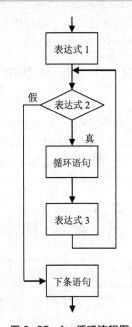

图 3-25　for 循环流程图

【例 3-8】　使用 for 循环编写程序输出所有图书信息。

```
static void Main(string[] args)
{
    //定义数组，存储图书名称
    string[] strName = { "ASP.NET慕课版教材", "ASP.NET项目开发实战入门", "ASP.NET编程词典",
"ASP.NET从入门到精通", "零基础学ASP.NET" };
    for (int i = 0; i < strName.Length; i++)      //遍历所有图书名称
        Console.WriteLine(strName[i]);           //输出遍历到的图书名称
    Console.ReadLine();
}
```

运行程序，效果如图 3-26 所示。

图 3-26　输出所有图书信息

 for 语句的 3 个参数都是可选的，理论上并不一定完全具备。但是如果不设置循环条件，程序就会产生死循环，此时需要通过跳转语句才能退出。

3.8　跳转语句

跳转语句主要用于无条件地转移控制，它会将控制转到某个位置，这个位置就成为跳转语句的目标。如果跳转语句出现在一个语句块内，而跳转语句的目标却在该语句块之外，则称该跳转语句退出该语句块。跳转语句主要包括 break 语句、continue 语句和 goto 语句，本节将对这几种跳转语句分别进行介绍。

3.8.1　break 语句

使用 break 语句可以使流程跳出 switch 多分支结构，实际上，break 语句还可以用来跳出循环体，执行循环体之外的语句。break 语句通常应用在 switch、while、do…while 或 for 语句中，当多个 switch、while、do…while 或 for 语句互相嵌套时，break 语句只应用于最里层的语句。break 语句的语法格式如下：

break 语句

```
break;
```

 break 一般会结合 if 语句进行搭配使用，表示在某种条件下，循环结束。

【例 3-9】 修改【例 3-6】，在 iNum 的值为 50 时，退出循环。

```
static void Main(string[] args)
{
    int iNum = 1;                              //iNum从1到100递增
    int iSum = 0;                              //记录每次累加后的结果
    while (iNum <= 100)                        //iNum <= 100 是循环条件
    {
        iSum += iNum;                          //把每次的iNum的值累加到上次累加的结果中
        iNum++;                                //每次循环iNum的值加1
        if (iNum == 50)                        //判断iNum的值是否为50
            break;                             //退出循环
    }
    Console.WriteLine("1到49的累加结果是：" + iSum);
    Console.ReadLine();
}
```

3.8.2　continue 语句

continue 语句

continue 语句的作用是结束本次循环，它通常应用于 while、do…while 或 for 语句中，用来忽略循环语句内位于它后面的代码而直接开始一次的循环。当多个 while、do…while 或 for 语句互相嵌套时，continue 语句只能使直接包含它的循环开始一次新的循环。continue 的语法格式如下：

```
continue;
```

说明　continue 一般会结合 if 语句进行搭配使用，表示在某种条件下不执行后面的语句，直接开始下一次循环。

【例 3-10】　通过在 for 循环中使用 continue 语句实现 1 到 100 之间的偶数和，代码如下：

```
static void Main(string[] args)
{
    int iSum = 0;
    int iNum = 1;
    for (; iNum <= 100; iNum++)
    {
        if (iNum % 2 == 1)                    //判断是否为奇数
            continue;                         //继续下一次循环
        iSum += iNum;
    }
    Console.WriteLine("1到100之间的偶数的和：" + iSum);
    Console.ReadLine();
}
```

continue 和 break 语句的区别是：continue 语句只结束本次循环，而不是终止整个循环。而 break 是结束整个循环过程，开始执行循环之后的语句。

3.8.3　goto 语句

goto 语句

goto 语句是无条件跳转语句，使用 goto 语句可以无条件地使程序跳转到方法内部的任何一条语句。goto 语句后面带一个标识符，这个标识符是同一个方法内某条语句的标号，标号可以出现在任何可执行语句的前面，并且以一个冒号"："作为后缀。goto 语句的一般语法格式如下：

```
goto 标识符;
```

【例 3-11】　通过 goto 语句实现 1 到 100 的累加。

```
static void Main(string[] args)
{
    int iNum = 0;                            //定义一个整型变量，初始化为0
    int iSum = 0;                            //定义一个整型变量，初始化为0
label:                                       //定义一个标签
    iNum++;                                  //iNum自加1
    iSum += iNum;                            //累加求和
    if (iNum < 100)                          //判断iNum是否小于100
```

```
    {
        goto label;                                      //转向标签
    }
    Console.WriteLine("1到100的累加结果是：" + iSum);
    Console.ReadLine();
}
```

3.9 数组的基本操作

数组是包含若干相同类型的变量的集合。这些变量可以通过索引进行访问。数组的索引从 0 开始。数组中的变量称为数组的元素。数组中的每个元素都具有唯一的索引与其相对应。数组能够容纳元素的数量称为数组的长度。数组的维数即数组的秩。

数组类型是从 System.Array 派生的引用类型。数组可以分为一维、多维和交错数组。

3.9.1 数组的声明

数组可以具有多个维度。一维数组即数组的维数为 1。一维数组声明的语法如下：

```
type[] arrayName;//
```

二维数组即数组的维数为 2，它相当于一个表格。二维数组声明的语法如下：

数组的声明

```
type[,] arrayName;
```

其中，type：数组存储数据的数据类型；arrayName：数组名称。

 数组的长度不是声明的一部分，数组必须在访问前初始化。数组的类型可以是基本数据类型，也可是枚举或其他类型。

3.9.2 初始化数组

数组的初始化有很多形式。可以通过 new 运算符创建数组并将数组元素初始化为它们的默认值。例如：

```
int[] arr = new int[5];                    //arr数组中的每个元素都初始化为0
int[,] array = new int[4, 2];
```

初始化数组

可以在声明数组时将其初始化，并且初始化的值为用户自定义的值。例如：

```
int[] arr1 = new int[5]{1,2,3,4,5};        //一维数组
int[,] arr2 = new int[3,2]{{1,2},{3,4},{5,6}};    //二维数组
```

 数组大小必须与大括号中的元素个数相匹配，否则会产生编辑时错误。

可以声明一个数组变量时不对其初始化，但在对数组初始化时必须使用 new 运算符。例如：

```
//一维数组
string[] arrStr;
arrStr = new string[7]{"Sun", "Mon", "Tue", "Wed", "Thu", "Fri", "Sat"};
//二维数组
int[,] array;
array = new int[,] { { 1, 2 }, { 3, 4 }, { 5, 6 }, { 7, 8 } };
```

实际上，初始化数组时可以省略 new 运算符和数组的长度。编译器将根据初始值的数量来计算数组长度，并创建数组。例如：

```
string[] arrStr = {"Sun", "Mon", "Tue", "Wed", "Thu", "Fri", "Sat"}; //一维数组
int[,] array4 = { { 1, 2 }, { 3, 4 }, { 5, 6 }, { 7, 8 } };        //二维数组
```

3.10　面向对象程序设计

学习面向对象程序设计，第一步就是利用对象建模技术来分析目标问题，抽象出相关对象的共性，对它们进行分类，并分析各类之间的关系，同时使用类来描述同一类问题。

3.10.1　面向对象的概念

面向对象程序设计（Object-Oriented Programming）简称 OOP 技术，是开发计算机应用程序的一种新方法、新思想。过去的面向过程编程常常会导致所有的代码都包含在几个模块中，使程序难以阅读和维护。在做一些修改时常常牵一动百，使以后的开发和维护难以为继。

面向对象的概念

而使用 OOP 技术，常常要使用许多代码模块，每个模块都只提供特定的功能，它们是彼此独立的，这样就增大了代码重用的几率。更加有利于软件的开发、维护和升级。模块化的设计结构常常可以简化任务，因为比较抽象的实体，其构建和使用也是一致的。

在面向对象中，算法与数据结构被看作是一个整体，称作对象，现实世界中任何类的对象都具有一定的属性和操作，也总能用数据结构与算法两者合一地来描述。所以可以用下面的等式来定义对象和程序：

对象=（算法+数据结构），程序=（对象 ＋ 对象 ＋ ……）

从上面的等式可以看出，程序就是许多对象在计算机中相继表现自己，而对象则是一个个程序实体。

3.10.2　类和对象

类是 C#中功能最为强大的数据类型。像结构一样，类也定义了数据类型的数据和行为。然后，程序员可以创建作为此类的实例的对象。与结构不同，类支持继承，而继承是面向对象编程的基础部分。

类和对象

对象是具有数据、行为和标识的编程结构。对象是实例化的，也就是说，对象是从类和结构所定义的模板中所创建出来的。

1.　类和对象的概述

类是对象概念在面向对象编程语言中的反映，是相同对象的集合。类描述了一系列在概念上有相同含义的对象，并为这些对象统一定义了编程语言上的属性和方法。

类是对象的抽象描述和概括。例如：车是一个类，自行车、汽车、火车也是类。但是自行车、汽车、火车都属于车这个类的子类。因为他们有共同的特点都是交通工具，都有轮子，都可以运输。而汽车有颜色，车轮，车门、发动机，这是和自行车、火车不同的地方，是汽车类自己的属性，也是所有汽车共同的属性，所以汽车也是一个类。而具体到某个汽车就是一个对象了，例如：车牌照为古 A123**的黑色小汽车，用具体的属性可以在汽车类中唯一确定自己，并且对象具有类的操作。例如：可以作为交通工具运输，这是所有汽车共同具有的操作。简而言之，类是 C#中功能最为强大的数据类型，它定义了数据类型的数据和行为。

对象是面向对象应用程序的一个组成部件，这个组成部件封装了部分应用程序，这部分程序可以是一个过程、一些数据或一些更抽象的实体。

对象包含变量成员和方法类型，它所包含的变量组成了存储在对象中的数据，而其包含的方法可以访问对象的变量。略为复杂的对象可能不包含任何数据，而只包含方法，并使用方法表示一个过程。例

如，可以使用表示打印机的对象，其中的方法可以控制打印机（允许打印文档和测试页等）。

C#中的对象是从类的定义实例化，这表示创建类的一个实例，"类的实例"和对象表示相同的含义，但需要注意的是，"类"和"对象"是完全不同的概念。

术语"类"和"对象"常常混淆，从一开始就正确区分它们是非常重要的，使用汽车示例有助于区分"类"和"对象"，类可以用来指汽车的模板，或者用于指构建汽车的规划，而汽车本身是这些规划的实例，所以可以看作对象。

2. 定义类并实例化类对象

（1）定义类

C#语言中使用 class 关键字来定义类。其基本结构如下：

```
class Book
{
    //花括号内编写类成员
}
```

上面的代码中，定义了一个 Book 类，默认情况下，类的访问级别为 private（私有型）。如果在其他项目或类中，要访问定义的类，可以声明访问级别为 public 公共类型的，其基本结构如下：

```
public class Book
{
    //花括号内编写类成员
}
```

在 C#语言中，类具有以下特点。

- 与 C++不同，C#只支持单继承——类只能从一个基类继承实现。
- 一个类可以实现多个接口。
- 类定义可在不同的源文件之间进行拆分。
- 静态类是仅包含静态方法的密封类。

（2）实例化类对象

尽管有时类和对象可互换，但它们是不同的概念。类定义对象的类型，但它不是对象本身。对象是基于类的具体实体，有时称为类的实例。

通过使用 new 关键字，后跟对象将基于的类的名称，可以创建对象（也称实例化），如下所示：

```
Customer object1 = new Customer();
```

创建类的实例后，将向程序员传递回对该对象的引用。在上段代码中，object1 是对基于 Customer 的对象的引用。此引用新对象，但不包含对象数据本身。实际上，可以在根本不创建对象的情况下创建对象引用：

```
Customer object2;
```

建议不要创建像这样的不引用对象的对象引用，因为在运行时通过这样的引用来访问对象的尝试将会失败。但是，可以创建这样的引用来引用对象，方法是创建新对象，或者将它分配给现有的对象，如下所示：

```
Customer object3 = new Customer();
Customer object4 = object3;
```

此代码创建了两个对象引用，它们引用同一个对象。因此，通过对 object3 对象所做的任何更改都将反映在随后使用的 object4 中。这是因为基于类的对象是按引用来引用的，因此类称为引用类型。

下面的代码实现了访问 Book 类的对象和对象数据状态，代码如下：

```
public class Book
{
```

```
        public   int bookcode;          //图书编号
        public   string bookname;       //图书名称
        private string author;          //图书作者
        public Book()
        {
        }
        public string Author
        {
            get
            {
                return author;
            }
            set
            {
                author = value;
            }
        }
    }
```

下面代码在一个方法中实例化类对象并设置和访问数据状态，代码如下：

```
private void button2_Click(object sender, EventArgs e)
{
    string pa;
    Book b = new Book();
    b.Author = "明日科技";
    b.bookname = "ASP.NET慕课版";
    pa = b.Author;
}
```

3.10.3　使用 private、protected 和 public 关键字控制访问权限

访问修饰符是一些关键字，用于指定声明的成员或类型的可访问性。本节介绍以下 4 个访问修饰符。

- ❑ public。
- ❑ protected。
- ❑ internal。
- ❑ private。

使用 private、protected 和 public 关键字控制访问权限

使用这些访问修饰符可指定下列 5 个可访问性级别。

- ❑ public：访问不受限制。
- ❑ protected：访问仅限于包含类或从包含类派生的类型。
- ❑ Internal：访问仅限于当前程序集。
- ❑ protected internal：访问仅限于当前程序集或从包含类派生的类型。
- ❑ private：访问仅限于包含类型。

1. public 关键字

public 关键字是类型和类型成员的访问修饰符。公共访问是允许的最高访问级别。对访问公共成员没有限制，代码如下：

```
class SampleClass
{
    public int x;        // 访问类型为无限制访问
}
```

2. private 关键字

private 关键字是一个成员访问修饰符。私有访问是允许的最低访问级别。私有成员只有在声明它们的类和结构体中才是可访问的，如下代码所示：

```
class Employee
{
    private int i;          //访问类型为私有访问
    double d;               //在没有指定访问修饰符时，为默认的私有访问
}
```

同一代码体中（同一个大括号内）的嵌套类型可以访问定义的私有成员。

3. protected 关键字

protected 关键字是一个成员访问修饰符。受保护成员在它的类中可访问并且可由派生类访问。仅当访问通过派生类类型发生时，基类的受保护成员在派生类中才是可访问的。例如：

```
using System;
class A
{
    protected int x = 123;
}
class B : A
{
    static void Main()
    {
        A a = new A();
        B b = new B();
        b.x = 10;
    }
}
```

4. internal 关键字

internal 关键字是类型和类型成员的访问修饰符。只有在同一程序集的文件中，内部类型或成员才是可访问的，代码如下：

```
public class BaseClass
{
    internal static int x = 0;
}
```

内部访问通常用于基于组件的开发，因为它使一组组件能够以私有方式进行合作，而不必向应用程序代码的其余部分公开。例如，用于生成图形用户界面的框架可以提供"控件"类和"窗体"类，这些类通过使用具有内部访问能力的成员进行合作。由于这些成员是内部的，他们不向正在使用框架的代码公开。

3.10.4 构造函数和析构函数

在 C#中定义类时，常常不需要定义相关的构造函数和析构函数，因为基类 System.Object 提供了一个默认的实现方式。构造函数是在第一次创建对象时调用的方法，析构函数是当对象即将从内存中移除时由运行库执行引擎调用的方法。如有需要，程序开发人员可以自己编写构造函数和析构函数，以便初始化对象和清理对象。

构造函数和析构函数具有与类相同的名称，但析构函数名称前方加以"~"符号，实现构造函数和析

构造函数和析构函数

构函数的语法如下：

```
public class Book
{
    public Book()          //实现构造函数
    {
        //编写构造函数中的代码
    }
    ~myClass()            //实现析构函数
    {
                          //编写析构函数中的代码
    }
}
```

3.10.5   定义类成员

定义类成员

本节讲解定义类成员，包括字段、方法、属性。所有的类成员都有自己的访问级别，通过访问修饰符来定义。

public：成员可以由任何代码访问。

private：访问仅限于本身类中的代码（如果不声明访问级别，默认为私有（private）成员）。

Internal：访问仅限于当前程序集。

protected：成员只能由类或派生类中的代码来访问。

另外，字段、方法和属性都可以使用关键字 static 来声明，表示为类的静态成员，而不是对象实例成员。

1. 定义字段

声明字段用标准的变量声明格式和访问修饰符来声明，并且可以对其初始化。例如，在类 Book 中声明一个公共整型类型字段，代码如下：

```
public class Book
{
    public int myField;
}
```

字段可以声明 readonly、static、const 等形式，下面分别使用这 3 种关键字声明字段。

❑ readonly 关键字是可以在字段上使用的修饰符。当字段声明包括 readonly 修饰符时，可以由初始化赋值语句赋值，或者在同一类的构造函数中赋值。例如：

```
public class Book
{
    public readonly int myField;
}
```

❑ static 关键字意义为声明为静态。static 修饰符可用于类、字段、方法、属性、运算符、事件和构造函数，但不能用于索引器、析构函数或类以外的类型。例如，声明静态一个字段代码如下：

```
public class Book
{
    public static int myField;
}
```

❑ const 关键字用于修改字段或局部变量的声明。它指定字段或局部变量的值是常数，不能被修改。例如：

```
public class Book
{
    public const int myField;
}
```

2. 定义方法

方法是包含一系列语句的代码块。在 C#语言中，每个执行指令都是在方法的上下文中完成的。

方法在类中声明，声明时需要指定访问级别、返回值类型、方法名称以及方法中参数。方法参数放在括号中，并用逗号隔开。空括号表示无参数方法。下面的类包含 3 个方法：

```
public class Book
{
    public void GetBookName()          //void为无返回值方法，并且没有参数
    {
        //在方法中编写代码
    }
    public void AddBook(int bookcode)    //有一个int类型参数
    {
        //在方法中编写代码
    }
    public int Read(int bookcode, int speed)  //返回值类型为int，有两个类型为int的参数
    {
        //在方法中编写代码
    }
}
```

调用对象的方法类似于访问字段。在对象名称之后，依次添加句点、方法名称和括号。参数在括号内列出，并用逗号隔开。因此，可以如下所示的代码来调用 Book 类的方法：

```
Book book = new Book();
book.GetBookName();
book.AddBook(15);
book.Read(15, 40);
```

如上面的代码段所示，如果要将参数传递给方法，只需在调用方法时在括号内提供这些参数即可。对于被调用的方法，传入的变量称为"参数"。

方法所接收的参数也是在一组括号中提供的，但必须指定每个参数的类型和名称。该名称不必与参数相同。例如：

```
public static void PassesInteger()
{
    int fortyFour = 44;
    TakesInteger(fortyFour);
}
static void TakesInteger(int i)
{
    i = 33;
}
```

在这里，一个名为 PassesInteger 的方法向一个名为 TakesInteger 的方法传递参数。在 PassesInteger 内，该参数被命名为 fortyFour，但在 TakeInteger 中，它是名为 i 的参数。此参数只存在于 TakesInteger 方法内。其他任意多个变量都可以命名为 i，并且它们可以是任何类型，只要它们不是在此方法内部声明的参数或变量即可。

TakesInteger 方法将新值赋给所提供的参数。有人可能认为一旦 TakeInteger 返回，此更改就会反映在 PassesInteger 方法中，但实际上变量 fortyFour 中的值将保持不变。这是因为 int 是"值类型"。默认情况下，将值类型传递给方法时，传递的是副本而不是对象本身。由于它们是副本，因此对参数所做的任何更改都不会在调用方法内部反映出来。之所以叫做值类型，是因为传递的是对象的副本而不是对象本身。传递的是值，而不是同一个对象。

3. 定义属性

属性的定义的方式与字段定义方式类似，但定义属性比较复杂，属性拥有两个花括号（{ }）代码块，一块用于获取属性值，另一块用于设置属性值，这两块又称访问器，分别用 get 和 set 关键字来定义，可以控制对属性的访问级别。set 和 get 可以单独设置，如果忽略 get 块，创建的是只写属性；如果忽略 set 块，创建的是只读属性。

可以见得，属性提供灵活的机制来读取、编写或计算私有字段的值。可以像使用公共数据成员一样使用属性，但实际上属性是称为"访问器"的特殊方法。这使得数据在可被轻松访问的同时，仍能提供方法的安全性和灵活性。

属性的基本结构包括标准的可访问修饰符（public、private 等）、属性名、get 块和 set 块。例如：

```csharp
public int MyProperty
{
    get
    {
        //获取属性代码
    }
    set
    {
        //设置属性代码
    }
}
```

get 块必须有一个属性类型的返回值，简单的属性一般与一个私有字段相关联，也控制对这个字段的访问，此时 get 块可以直接返回该字段的值。

set 块主要是把一个 value 值赋给字段，其中 value 为 C#中关键字，意义为引用用户提供的属性值。例如：

```csharp
private int bookname
public int BookName
{
    get
    {
        return bookname;
    }
    set
    {
        bookname = value;
    }
}
```

3.10.6 命名空间的使用

命名空间的使用

namespace 关键字用于声明一个范围。此命名空间范围允许您组织代码并为您提供了创建全局唯一类型的方法。

C#语言使用命名空间来组织系统类型（包括类、结构、接口等）或用户定义的数据类型。如果没有明确的声明一个命名空间，则用户代码中所定义的类型将位于一个未命名的全局命名空间中。这个全局命名空间中的类型对于所有的命名空间都是可见的。

不同的命名空间中的类型可以具有相同的名字，但是同一命名空间中的类型的名字不能相同。

用户在编写 C#语言程序时，通常都要先声明一个命名空间，然后在这个命名空间中定义自己的类型。

命名空间的声明非常简单，其语法如下所示：

```
namespace name[.name1] …] {
        type-declarations
}
```

参数：

name, name1

命名空间名可以是任何合法的标识符。

type-declarations

在一个命名空间中，可以声明一个或多个下列类型。

❑ 另一个命名空间。

❑ 类。

❑ 接口。

❑ 结构。

❑ 枚举。

❑ 委托。

例如：

```
namespace myNameSpace
{
    //定义自己的类型
}
```

或

```
namespace myProject.myNameSpace
{
    //定义自己的类型
}
```

或

```
namespace myObject.myProjectmyNameSpace
{
    //定义自己的类型
}
```

在一个命名空间中，只能包含类型定义，并且这些类型具有 Public 访问属性，即可以从命名空间外部来访问。

要使用某个命名空间的类型时，可以使用 using 关键字来指定命名空间。例如：

```
using System;                        //指定System命名空间
using System.Text;                   //指定System.Text命名空间
using MyControl                      //指定用户自定义命名空间
```

如果不指定命名空间，那么需要程序开发人员使用命名空间中的类型时，就需要通过命名空间来引用类型。例如：

```
System.Console.Write("你好！");      //未指定命名空间
Console.Write("你好！");             //在命名空间处，指定了using System;
```

另外，还可以使用 using 关键字为命名空间指定一个别名，这样就可以使用这个别名来引用类型，例如：

```
using mySystem = System;             //指定命名空间时，指定别名
```

```
...
    mySystem.Console.Write("你好！ ");        //通过别名引用类型
...
```

小 结

　　本章首先对 C#语言进行了简单介绍，接着对 C#语言中的基本语法进行了讲解，其中包括数据类型、常量、变量、数据类型转换、运算符、运算符优先级、字符串处理、程序编写规范和序注释等内容。最后对面向对象技术进行了讲解，详细介绍了类、对象、类和对象的关系、属性、方法、构造函数、析构函数，并且用示例来说明和讲解。对于没有 C#语言基础的读者，可以选择学习本章，从而快速地掌握 C#语言相关的内容。

上机指导

　　通过本章所学尝试制作一个简单的客车售票系统，假设客车的坐位数是9 行 4 列，使用一个二维数组记录客车售票系统中的所有座位号，并在每个座位号上都显示"【有票】"，然后用户输入一个坐标位置，按回车键，即可将该座位号显示为"【已售】"。程序运行效果如图 3-27 所示。

上机指导

图 3-27　简单客车售票系统

　　开发步骤如下。

　　（1）打开 Visual Studio 2015 开发环境，创建一个控制台应用程序，命名为 Ticket。

　　（2）打开创建的项目的 Program.cs 文件，使用一个二维数组记录客车的座位号，并在控制台中输出初始的座位号，每个座位号的初始值为"【有票】"；然后使用一个字符串记录用户输入的行号和列号，根据记录的行号和列号，将客车相应的座位号设置为"【已售】"，代码如下：

```
static void Main()                              //入口方法
{
    Console.Title = "简单客车售票系统";            //设置控制台标题
    string[,] zuo = new string[9, 4];           //定义二维数组
    for (int i = 0; i < 9; i++)                  //for循环开始
    {
```

```
            for (int j = 0; j < 4; j++)                          //for循环开始
            {
                zuo[i, j] = "【有票】";                            //初始化二维数组
            }
        }
        string s = string.Empty;                                 //定义字符串变量
        while (true)                                             //开始售票
        {
            System.Console.Clear();                              //清空控制台信息
            Console.WriteLine("\n            简单客车售票系统" + "\n");  //输出字符串
            for (int i = 0; i < 9; i++)
            {
                for (int j = 0; j < 4; j++)
                {
                    System.Console.Write(zuo[i, j]);             //输出售票信息
                }
                System.Console.WriteLine();                      //输出换行符
            }
            System.Console.Write("请输入坐位行号和列号(如：0,2),输入＜Q＞键退出：");
            s = System.Console.ReadLine();                       //售票信息输入
            if (s == "q") break;                                 //输入字符串"q"退出系统
            string[] ss = s.Split(',');                          //拆分字符串
            int one = int.Parse(ss[0]);                          //得到坐位行数
            int two = int.Parse(ss[1]);                          //得到坐位列数
            zuo[one, two] = "【已售】";                           //标记售出票状态
        }
    }
```

完成以上操作后，按〈F5〉键运行程序。

习 题

3-1 C#中的数据类型主要分为哪两种，分别是什么？

3-2 列举出几种主要的变量命名规则。

3-3 说出 X<<N 或 X>>N 形式的运算的含义。

3-4 条件运算符（?:）的运算过程是什么？

3-5 C#中的选择语句主要包括哪两种？

3-6 C#中的循环语句主要包括哪几种？

3-7 简述 do…while 语句与 while 语句的区别。

3-8 尝试定义一个一维数组，并使用冒泡排序算法对其进行排序。

3-9 简述对象、类和实例化的关系。

3-10 方法有几种参数，分别是什么？

第4章

ASP.NET标准控件

■ 服务器控件在 ASP.NET 框架中起着举足轻重的作用，是构建 Web 应用程序最关键、最重要的组成元素。对于一个优秀的开发人员，掌握服务器控件的使用是非常重要的。本章将对ASP.NET中的标准控件及其使用进行详细讲解。

4.1 ASP.NET 页面事件处理

4.1.1 ASP.NET 页面事件

ASP.NET 页面运行时都会遵循一定的生命周期，其生命周期过程是通过按照一定的顺序执行相应的事件来控制的，ASP.NET 页面的处理事件顺序如表 4-1 所示。

ASP.NET 页面
事件

表 4-1　ASP.NET 页面的处理事件顺序

页面处理事件	说明
PreInit 事件	PreInit 事件在页面初始化之前发生。在 PreInit 事件之后，个性化设置信息和页面主题，如果有 PreInit 事件，则会加载
Init 事件	当服务器控件初始化，Init 事件是在其生命周期的第一步
Load 事件	当服务器控件加载到 Page 对象时发生
控件事件	页面中的控件相应事件，例如 Button 控件的 Click 事件

4.1.2 IsPostBack 属性

IsPostBack 属性用于获取一个值，该值指示该页是否正为响应客户端回发而加载，或者是否正被首次加载和访问。

语法如下：

```
public bool IsPostBack { get; }
```

属性值：如果是为响应客户端回发而加载该页，则为 True；否则为 False。

例如，下面的代码使用 IsPostBack 属性控制页面初始化时 Button 控件的状态：

IsPostBack 属性

```
protected void Page_Load(object sender, EventArgs e)
{
    if (Page.IsPostBack)
        Button1.Enabled = false;
    else
        Button1.Enabled = true;
}
```

4.2 服务器控件概述

ASP.NET 中的服务器控件分为两种，分别是 HTML 服务器控件和 Web 服务器控件，这两种服务器控件各有用处，下面分别对它们进行介绍。

4.2.1 HTML 服务器控件简介

HTML 服务器控件是为了更好地将传统 ASP 页面转换为 ASP.NET 页面而提供的，使用这类控件时，实质上是使用 HTML 元素对 ASP.NET 页面进行控制。Visual Studio 2015 开发环境中提

HTML 服务器控件
简介

图 4-1　Visual Studio 2015 开发环境中提供的 HTML 服务器控件

供的 HTML 服务器控件如图 4-1 所示。

例如，在 ASP.NET 页面中添加一个 Input(Button)控件，代码如下：

```
<input id="Button1" type="button" value="button"/>
```

当双击该控件触发其 Click 事件时，会自动出现如下的 javascript 代码：

```
<script language="javascript" type="text/javascript">
// <![CDATA[
    function Button1_onclick() {
    }
// ]]>
    </script>
```

而 Input(Button)控件的声明代码也自动替换如下：

```
<input id="Button1" type="button" value="button" onclick="return Button1_onclick()" />
```

通过上面的例子可以看出，在 ASP.NET 页面中使用 HTML 服务器控件时，HTML 服务器控件会通过相应的 javascript 脚本执行指定的操作。

4.2.2　Web 服务器控件简介

在 ASP.NET 中提到服务器控件时，一般都指的是 Web 服务器控件，Web 服务器控件是指在服务器上执行程序逻辑的组件，这个组件可能生成一定的用户界面，也可能不包括用户界面。每个服务器控件都包含一些成员对象，以便开发人员调用，例如属性、事件、方法等。

Web 服务器控件
简介

通常情况下，Web 服务器控件都包含在 ASP.NET 页面中。当运行页面时，.NET 引擎将根据控件成员对象和程序逻辑定义完成一定的功能。例如在客户端呈现用户界面，这时用户可与控件发生交互行为，当页面被用户提交时，控件可在服务器端引发事件，并由服务器端根据相关事件处理程序来进行事件处理。服务器控件是 Web 编程模型的重要元素，它们构成了一个新的基于控件的表单程序的基础，通过这种方式可以简化 Web 应用程序的开发，提高程序的开发效率。ASP.NET 中常用的 Web 服务器控件如表 4-2 所示。

表 4-2　ASP.NET 中常用的服务器控件

功能	控件	说明
文本	Label	显示文本
	TextBox	接受用户的输入信息，包括文本，数字和日期等
	Literal	显示文本而不添加任何 HTML 元素
按钮（命令）	Button	命令按钮
	ImageButton	包含图像的命令按钮
超链接	HyperLink	超链接控件
	LinkButton	具有超链接外观的命令按钮
选择	RadioButton	单选按钮
	RadioButtonList	单选按钮组，该组中，只能选择一个按钮
	CheckBox	复选框
	CheckBoxList	复选框组
	ListBox	列表，可以多重选择
	DropDownList	下拉列表
图像	Image	显示图像
容器	Panel	用作其他控件的容器，对应 HTML 中的<div>标记
	PalceHoder	占位容器，可以在运行时动态添加内容

续表

功能	控件	说明
文件上传	FileUpload	文件上传控件
导航	TreeView	树型导航
	Menu	下拉菜单导航
	SiteMapPath	显示导航路径
数据绑定控件	GridView	数据表格控件
	DataList	可以使用自定义格式的数据绑定控件
	ListView	使用用户定义的模板显示数据源数据，可以选择、排序、删除、编辑和插入记录
	Repeater	可以为数据绑定列表中显示的每一项重复指定模板
	DetailsView	在表中显示来自数据源的单条记录，其中每个数据行表示该记录的一个字段
	FormView	使用用户定义的模板显示数据源中的单条数据，可以删除、编辑和插入记录
数据源控件	SqlDataSource	绑定到 SQL Server 数据库的数据源
	ObjectDataSource	为多层 Web 应用程序体系结构中的数据绑定控件提供数据的业务对象
数据验证	RequiredFieldValidator	检查某个字段是否输入
	CompareValidator	检查某个字段的内容与指定的对象进行比较
	RangeValidator	检查某个字段的内容是否处在指定的范围内
	RegularExpressionValidator	检查某个字段的内容是否符合指定的格式,如电话号码等
	CustomValidator	自定义验证控件
	ValidationSummary	显示所有的验证报错信息

4.3　文本类型控件

　　文本类型控件主要包括：Label 控件和 TextBox 控件，二者都是用来接收文本信息，本节将对这两个控件进行讲解。

Label 控件

4.3.1　Label 控件

　　Label 控件又称标签控件，主要用来在浏览器上显示文本。在页面中添加静态文本的最简单方法是，直接将文本添加到页面中。但是如果希望在代码中修改页面中显示的文本，那么就需要使用 Label 控件显示文本。

　　Label 控件最主要的属性是 Text 属性,该属性用来设置 Label 控件所显示的文本,例如,在声明 Label 控件时设置其 Text 属性的代码如下：

```
<asp:Label ID="Label1" runat="server" Text="文本"></asp:Label>
```

在.cs 代码中动态设置 Label 控件 Text 属性的代码如下：

```
Label1.Text = "ASP.NET编程词典！ ";
```

说明

　　用户也可以直接在"属性"窗口中设置 Label 控件的 Text 属性值或者其他属性。

4.3.2 TextBox 控件

在 Web 页面中，常常使用文本框控件（TextBox）来接受用户的输入信息，包括文本，数字和日期等。默认情况下，文本框控件是一个单行的文本框，用户只能输入一行内容，但是通过设置它的 TextMode 属性，可以将文本框改为允许输入多行文本或者输入密码的形式。声明 TextBox 控件的代码如下：

TextBox 控件

```
<asp:TextBox ID="TextBox1" runat="server"></asp:TextBox>
```

TextBox 控件常用的属性及说明如表 4-3 所示。

表 4-3 TextBox 控件常用的属性及说明

属性	说明
AutoPostBack	获取或设置一个值，该值指示无论何时用户在 TextBox 控件中按〈Enter〉或〈Tab〉键时，是否自动回发到服务器的操作
CausesValidation	获取或设置一个值，该值当 TextBox 控件设置为在回发发生时进行验证，是否执行验证
Text	控件要显示的文本
TextMode	获取或设置 TextBox 控件的行为模式（单行、多行或密码）
Visible	控件是否可见
ReadOnly	获取或设置一个值，用于指示能否更改 TextBox 控件的内容
Enabled	控件是否可用
MaxLength	可输入的最大字符数

使用表 4-2 中列出的 TextBox 控件属性时，TextMode 属性是比较特殊的一个，该属性用于控制 TextBox 控件的文本显示方式，它的属性值有 3 个枚举值，分别如下。

- ❑ 单行（SingleLine）：用户只能在一行中输入信息，还可以通过设置 TextBox 的 Columns 属性值，限制文本的宽度；通过设置 MaxLength 属性值，限制输入的最大字符数。
- ❑ 多行（MultiLine）：文本很长时，允许用户输入多行文本并执行换行，还可以通过设置 TextBox 的 Rows 属性值，限制文本框显示的行数。
- ❑ 密码（Password）：将用户输入的字符用黑点（●）屏蔽，以隐藏这些信息。

【例 4-1】 制作一个用户登录界面，该界面中有两个 TextBox 控件，分别用来输入登录用户名和登录密码，其中用来输入登录密码的 TextBox 控件，需要设置其 TextMode 属性值为 Password，实例运行结果如图 4-2 所示。

图 4-2 使用 TextBox 控件制作用户登录界面

另外，TextBox 控件还有一个比较常用的事件，即 TextChanged 事件，该事件在用户更改 TextBox 控件中的文本时触发。

> **说明**　在对 TextChanged 事件编程时，首先需要将该控件的 AutoPostBack 属性设为 True。AutoPostBack 属性用于控制 TextBox 控件的事件是否自动提交服务器，系统默认设置为 False。当该属性设置为 True 时，若事件被触发则事件自动被提交到服务器，否则事件在下一次页面提交服务器时才被触发。

4.4　按钮类型控件

按钮类型控件也称为命令控件，这种类型的控件允许用户发送命令，本节主要对 Button 和 ImageButton 这两种按钮类型控件的使用进行讲解。

4.4.1　Button 控件

Button 控件是一个命令按钮控件，该控件可以将 Web 页面回送到服务器，也可以处理控件命令事件，声明 Button 控件的代码如下：

```
<asp:Button ID="Button1" runat="server" Text="Button" />
```

Button 控件常用的属性、方法、事件及说明如表 4-4 所示。

表 4-4　Button 控件常用的属性、方法、事件及说明

属性、方法或事件	说明
Text 属性	获取或设置在 Button 控件中显示的文本标题
CausesValidation 属性	获取或设置一个值，该值指示在单击 Button 控件时是否执行了验证
CommandName 属性	按钮被单击时，该值来指定一个命令名称
CommandArgument 属性	按钮被单击时，将该值传递给 Command 事件
OnClientClick 属性	获取或设置在引发某个 Button 控件的 Click 事件时所执行的客户端脚本
PostBackUrl 属性	获取或设置单击 Button 控件时从当前页发送到的网页的 URL
Focus 方法	使 Button 控件获得鼠标焦点
Click 事件	在单击 Button 控件时引发的事件
Command 事件	在单击 Button 控件时引发的事件（当命令名与控件关联时，通常使用该事件）

【例 4-2】　新建一个 ASP.NET 网站，在 Default.aspx 页面中添加一个 Button 控件，设置其 Text 属性为"Button 按钮"，然后触发其 Click 事件，在该事件中调用 JavaScript 脚本弹出一个信息提示框。

```
protected void Button1_Click(object sender, EventArgs e)
{
    Response.Write("<script>alert('登录成功！')</script>");
}
protected void Button2_Click(object sender, EventArgs e)
{
    TextBox1.Text = TextBox2.Text = "";
}
```

实例运行效果如图 4-3 所示。

图 4-3　单击 Button 弹出对话框

4.4.2　ImageButton 控件

ImageButton 控件为图像按钮控件，它在功能上和 Button 控件相同，只是在呈现外观上包含了图像，该控件的声明代码如下：

```
<asp:ImageButton ID="ImageButton1" runat="server" ImageUrl="~/test.jpg"/>
```

ImageButton 控件 常用的属性及说明如表 4-5 所示。

ImageButton 控件

表 4-5　ImageButton 控件常用的属性及说明

属性	说明
AlternateText	设置在图像无法显示时显示的替换文字
CausesValidation	获取或设置一个值，该值指示在单击 ImageButton 控件时是否执行了验证
ImageUrl	获取或设置在 ImageButton 控件中显示的图像的位置
PostBackUrl	获取或设置单击 ImageButton 控件时从当前页发送到的网页的 URL

【例 4-3】　新建一个 ASP.NET 网站，在 Default.aspx 页面中添加一个 ImageButton 控件，在 HTML 代码中分别设置 ImageButton 控件的 ImageUrl 属性和 PostBackUrl 属性为指定的图像路径和超级链接页面。

```
<asp:ImageButton ID="ImageButton1" runat="server" AlternateText="图像按钮"
        ImageUrl="~/img.gif" PostBackUrl="~/Default2.aspx" />
```

实例运行效果如图 4-4 和图 4-5 所示。

图 4-4　ImageButton 控件

图 4-5　单击 ImageButton 跳转到的链接页面

4.5　链接类型控件

链接类型控件主要包括 HyperLink 和 LinkButton 两个控件，本节将分别对它们的使用进行讲解。

4.5.1　HyperLink 控件

HyperLink 控件又称超链接控件，该控件在功能上和 HTML 的 "<a href="">" 元素相似，它显示模式为超级链接的形式。HyperLink 控件与大多数 Web 服务器控

HyperLink 控件

件不同，当用户单击 HyperLink 控件时并不会在服务器代码中引发事件，它只实现导航功能。HyperLink 控件的声明代码如下：

```
<asp:HyperLink ID="HyperLink1" runat="server">HyperLink</asp:HyperLink>
```

HyperLink 控件常用的属性及说明如表 4-6 所示。

表 4-6　HyperLink 控件常用的属性及说明

属性	说明
Text	获取或设置 HyperLink 控件的文本标题
NavigateUrl	获取或设置单击 HyperLink 控件时链接到的 URL
Target	获取或设置单击 HyperLink 控件时显示链接到的 Web 页内容的目标窗口或框架

使用表 4-5 中列出的 HyperLink 控件属性时，Target 属性是比较特殊的一个，该属性用于获取或设置单击 HyperLink 控件时显示链接到的网页内容的目标窗口或框架，它的属性值有 5 个枚举值，分别如下：

❑ _blank：将内容呈现在一个没有框架的新窗口中。

❑ _parent：将内容呈现在上一个框架中。

❑ _search：在搜索窗格中呈现内容。

❑ _self：将内容呈现在含焦点的框架中。

❑ _top：将内容呈现在没有框架的全窗口中。

【例 4-4】新建一个 ASP.NET 网站，在 Default.aspx 页面中添加一个 HyperLink 控件，在 HTML 代码中首先设置其 NavigateUrl 属性为要跳转到的页面，然后设置其 Target 属性为_top，表示在没有框架的全窗口中查看跳转到的页面。

```
<asp:HyperLink ID="HyperLink1" runat="server" NavigateUrl="~/Default2.aspx"
        Target="_top">超链接</asp:HyperLink>
```

实例运行效果如图 4-6 所示。

图 4-6　HyperLink 超链接控件

4.5.2　LinkButton 控件

LinkButton 控件又称链接按钮控件，该控件在功能上与 Button 控件相似，但在呈现样式上与 HperLink 相似，LinkButton 控件以超链接的形式显示。LinkButton 控件的声明代码如下：

LinkButton 控件

```
<asp:LinkButton ID="LinkButton1" runat="server">LinkButton</asp:LinkButton>
```

LinkButton 控件最常用的一个属性是 PostBackUrl 属性，该属性用来获取或设置单击 LinkButton 控件时从当前页发送到的网页的 URL；其常用的一个事件是 Click 事件，用来在单击该超链接按钮时触发。

【例 4-5】新建一个 ASP.NET 网站，在 Default.aspx 页面中添加一个 LinkButton 控件，设置其 Text 属性为"链接按钮"，然后将其 BackColor 属性设置为#FFFFC0，BorderColor 属性设置为 Black，BorderWidth 属性设置为 2px，Font 属性设置为 18pt，PostBackUrl 属性设置为"~/Default2.aspx"。

```
<asp:LinkButton ID="LinkButton1" runat="server" BackColor="#FFFFC0"
    BorderColor="Black" BorderWidth="2px" PostBackUrl="~/Default2.aspx">链接按钮</asp:LinkButton>
```

实例运行效果如图 4-7 所示。

图 4-7　LinkButton 链接按钮控件

4.6　选择类型控件

选择类型控件就是在控件中可以选择项目，在 ASP.NET 中，常用的选择类型控件主要包括 RadioButton、RadioButtonList、CheckBox、CheckBoxList、ListBox 和 DropDownList 等 6 个控件，本节将分别对它们进行介绍。

4.6.1　RadioButton 控件

RadioButton 控件是一种单选按钮控件，用户可以在页面中添加一组 RadioButton 控件，通过为所有的单选按钮分配相同的 GroupName（组名），来强制执行从给出的所有选项集合中仅选择一个选项。RadioButton 控件的声明代码如下：

RadioButton 控件

```
<asp:RadioButton ID="RadioButton1" runat="server" />
```

RadioButton 控件常用的属性及说明如表 4-7 所示。

表 4-7　RadioButton 控件常用的属性及说明

属性	说明
AutoPostBack	获取或设置一个值，该值指示在单击 RadioButton 控件时，是否自动回发到服务器
Checked	获取或设置一个值，该值指示是否已选中 RadioButton 控件
GroupName	获取或设置单选按钮所属的组名
Text	获取或设置与 RadioButton 关联的文本标签
TextAlign	获取或设置与 RadioButton 控件关联的文本标签的对齐方式

RadioButton 控件最常用的事件是 CheckedChanged 事件，该事件在 RadioButton 控件的选中状态发生改变时触发。

【例 4-6】 使用 RadioButton 控件模拟图书馆管理系统的用户登录角色，实现过程主要通过设置 RadioButton 控件的 GroupName 属性值，并在 RadioButton 控件的 CheckedChanged 事件下，将用户选择的登录角色显示出来。实例运行效果如图 4-8 所示。

图 4-8　使用 RadioButton 控件模拟用户登录角色选择

程序开发步骤如下。

（1）新建一个 ASP.NET 网站，在 Default.aspx 页面中添加 4 个 RadioButton 控件（需要将这 4 个 RadioButton 控件的 AutoPostBack 属性设置为 True，GroupName 属性设置为 Key）、一个 Label 控件，页面设计如图 4-8 所示。

（2）触发每个 RadioButton 控件的 CheckedChanged 事件，该事件中，使用 Checked 属性来判断每个 RadioButton 控件是否已经被选中，如果已经选中，则将其显示出来。代码如下：

```
protected void RadioButton1_CheckedChanged(object sender, EventArgs e)
{
    if (RadioButton1.Checked == true)
    {
        this.Label1.Text = "您选择了：管理员";
    }
}
protected void RadioButton2_CheckedChanged(object sender, EventArgs e)
{
    if (RadioButton2.Checked == true)
    {
        this.Label1.Text = "您选择了：读者";
    }
}
protected void RadioButton3_CheckedChanged(object sender, EventArgs e)
{
    if (RadioButton3.Checked == true)
    {
        this.Label1.Text = "您选择了：注册用户";
    }
}
protected void RadioButton4_CheckedChanged(object sender, EventArgs e)
{
    if (RadioButton4.Checked == true)
    {
        this.Label1.Text = "您选择了：游客";
    }
}
```

4.6.2　RadioButtonList 控件

RadioButtonList 控件表示封装一组单选按钮控件的列表控件，该控件的声明代码如下：

RadioButtonList
控件

```
<asp:RadioButtonList ID="RadioButtonList1" runat="server">
    <asp:ListItem>选项A</asp:ListItem>
    <asp:ListItem>选项B</asp:ListItem>
    <asp:ListItem>选项C</asp:ListItem>
</asp:RadioButtonList>
```

RadioButtonList 控件常用的属性及说明如表 4-8 所示。

表 4-8　RadioButtonList 控件常用的属性及说明

属性	说明
DataSource	获取或设置对象，数据绑定控件从该对象中检索其数据项列表
DataTextField	获取或设置为列表项提供文本内容的数据源字段
DataTextFormatString	获取或设置格式化字符串，该字符串用来控制如何显示绑定到列表控件的数据
DataValueField	获取或设置为各列表项提供值的数据源字段
Items	获取列表控件项的集合
RepeatColumns	获取或设置要在 RadioButtonList 控件中显示的列数
RepeatDirection	获取或设置组中单选按钮的显示方向
RepeatedItemCount	获取 RadioButtonList 控件中的列表项数

RadioButtonList 控件最常用的一个事件是 SelectedIndexChanged 事件，该事件在单选按钮组中的选定项发生更改时触发。

【例 4-7】　使用 RadioButtonList 控件实现【例 4-6】的功能。

程序开发步骤如下。

（1）新建一个 ASP.NET 网站，在 Default.aspx 页面中添加一个 RadioButtonList 控件（将其 AutoPostBack 属性设置为 True）、一个 Label 控件。

（2）触发 RadioButtonList 控件的 SelectedIndexChanged 事件，该事件中，判断单选按钮组中的哪个选项发生了改变，并在 Label 中显示相应的信息。代码如下：

```
protected void RadioButtonList1_SelectedIndexChanged(object sender, EventArgs e)
{
    switch (RadioButtonList1.SelectedIndex)
    {
    case 0:
        this.Label1.Text = "您选择了：管理员";
        break;
    case 1:
        this.Label1.Text = "您选择了：读者";
        break;
    case 2:
        this.Label1.Text = "您选择了：注册用户";
        break;
    case 3:
```

```
        this.Label1.Text = "您选择了：游客";
          break;
      }
  }
```

4.6.3　CheckBox 控件

CheckBox 控件用于在页面上创建复选框，用户可以使用复选框代表一个简单的
yes/no 值。如果将复选框分组，可以使用这些复选框代表一系列不互斥的选项，并
可以同时选择多个复选框。CheckBox 控件的声明代码如下：

CheckBox 控件

```
<asp:CheckBox ID="CheckBox1" runat="server" />
```

CheckBox 控件常用的属性及说明如表 4-9 所示。

表 4-9　CheckBox 控件常用的属性及说明

属性	说明
AutoPostBack	获取或设置一个值，该值指示在单击 CheckBox 控件时，是否自动回发到服务器
Checked	获取或设置一个值，该值指示是否已选中 CheckBox 控件
Text	获取或设置与 CheckBox 关联的文本标签
TextAlign	获取或设置与 CheckBox 控件关联的文本标签的对齐方式

CheckBox 控件最常用的事件是 CheckedChanged 事件，该事件在 CheckBox 控件的选中状态发生
改变时触发。

【例 4-8】　使用 CheckBox 控件模拟借取图书功能，实现过程主要是在 CheckBox 控件的
CheckedChanged 事件下编写逻辑代码来实现。实例运行效果如图 4-9 所示。

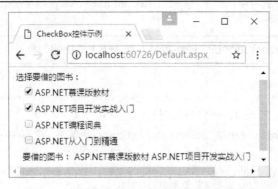

图 4-9　使用 CheckBox 控件模拟借取图书功能

程序开发步骤如下。

（1）新建一个 ASP.NET 网站，在 Default.aspx 页面中添加 4 个 CheckBox 控件（需要将这 4 个
CheckBox 控件的 AutoPostBack 属性设置为 True）、一个 Label 控件，页面设计如图 4-9 所示。

（2）触发每个 CheckBox 控件的 CheckedChanged 事件，该事件中，使用 Checked 属性来判断每个
CheckBox 控件是否已经被选中，如果已经选中，则将其显示出来。代码如下：

```
protected void CheckBox1_CheckedChanged(object sender, EventArgs e)
{
    if (CheckBox1.Checked == true)
    {
        if (Label1.Text.IndexOf(CheckBox1.Text) < 0)
```

```
            this.Label1.Text = Label1.Text + "    " + CheckBox1.Text;
        }
    }
    protected void CheckBox2_CheckedChanged(object sender, EventArgs e)
    {
        if (CheckBox2.Checked == true)
        {
            if (Label1.Text.IndexOf(CheckBox2.Text) < 0)
                this.Label1.Text = Label1.Text + "    " + CheckBox2.Text;
        }
    }
    protected void CheckBox3_CheckedChanged(object sender, EventArgs e)
    {
        if (CheckBox3.Checked == true)
        {
            if (Label1.Text.IndexOf(CheckBox3.Text) < 0)
                this.Label1.Text = Label1.Text + "    " + CheckBox3.Text;
        }
    }
    protected void CheckBox4_CheckedChanged(object sender, EventArgs e)
    {
        if (CheckBox4.Checked == true)
        {
            if (Label1.Text.IndexOf(CheckBox4.Text) < 0)
                this.Label1.Text = Label1.Text + "    " + CheckBox4.Text;
        }
    }
```

4.6.4 CheckBoxList 控件

CheckBoxList 控件表示封装一组复选框控件的列表控件，该控件的声明代码
如下：

CheckBoxList 控件

```
<asp:CheckBoxList ID="CheckBoxList1" runat="server">
    <asp:ListItem>选项A</asp:ListItem>
    <asp:ListItem>选项B</asp:ListItem>
    <asp:ListItem>选项C</asp:ListItem>
</asp:CheckBoxList>
```

CheckBoxList 控件常用的属性及说明如表 4-10 所示。

表 4-10 CheckBoxList 控件常用的属性及说明

属性	说明
DataSource	获取或设置对象，数据绑定控件从该对象中检索其数据项列表
DataTextField	获取或设置为列表项提供文本内容的数据源字段
DataTextFormatString	获取或设置格式化字符串，该字符串用来控制如何显示绑定到列表控件的数据
DataValueField	获取或设置为各列表项提供值的数据源字段
Items	获取列表控件项的集合
RepeatColumns	获取或设置要在 RadioButtonList 控件中显示的列数
RepeatDirection	获取或设置组中单选按钮的显示方向
RepeatedItemCount	获取 RadioButtonList 控件中的列表项数

CheckBoxList 控件最常用的一个事件是 SelectedIndexChanged 事件，该事件在复选框组中的选定项发生更改时触发。

【例 4-9】 使用 CheckBoxList 控件实现【例 4-8】的功能。

程序开发步骤如下。

（1）新建一个 ASP.NET 网站，在 Default.aspx 页面中添加一个 CheckBoxList 控件（将其 AutoPostBack 属性设置为 True）、一个 Label 控件和一个 Button 控件。

（2）触发 CheckBoxList 控件的 SelectedIndexChanged 事件，该事件中，判断复选框组中的哪个选项发生了改变，并在 Label 中显示相应的信息。代码如下：

```
protected void CheckBoxList1_SelectedIndexChanged(object sender, EventArgs e)
{
    string msg = "";
    foreach (ListItem li in CheckBoxList1.Items)
    {
        if (li.Selected == true)
        {
            msg += li.Text+" ";
        }
    }
    Label1.Text = msg;
}
```

4.6.5 ListBox 控件

ListBox 控件用于显示一组列表项，用户可以从中选择一项或多项，如果列表项的总数超出可以显示的项数，则 ListBox 控件会自动添加滚动条。ListBox 控件的声明代码如下：

ListBox 控件

```
<asp:ListBox ID="ListBox1" runat="server">
    <asp:ListItem></asp:ListItem>
    <asp:ListItem></asp:ListItem>
</asp:ListBox>
```

ListBox 控件常用的属性及说明如表 4-11 所示。

表 4-11　ListBox 控件常用的属性及说明

属性	说明
Items	获取列表控件项的集合
SelectionMode	获取或设置 ListBox 控件的选择格式
SelectedIndex	获取或设置列表控件中选定项的最低序号索引
SelectedItem	获取列表控件中索引最小的选中的项
SelectedValue	获取列表控件中选定项的值，或选择列表控件中包含指定值的项
Rows	获取或设置 ListBox 控件中显示的行数
DataSource	获取或设置对象，数据绑定控件从该对象中检索其数据项列表
DataTextField	获取或设置为列表项提供文本内容的数据源字段
DataTextFormatString	获取或设置格式化字符串，该字符串用来控制如何显示绑定到列表控件的数据
DataValueField	获取或设置为各列表项提供值的数据源字段

ListBox 控件常用的一个方法是 DataBind，该方法用来在使用 DataSource 属性附加数据源时，将数据源绑定到 ListBox 控件上；常用的一个事件是 SelectedIndexChanged 事件，该事件在列表控件的选定项在信息发往服务器之间变化时触发。

【例 4-10】 在设计用户授权模块时（例如设置网络空间的访问权限），可以在用户列表框中选择用户然后添加到另一个列表框中，类似这种功能可以使用 ListBox 控件来实现。实例运行效果如图 4-10 所示。

图 4-10 使用 ListBox 控件设置用户授权

程序开发步骤如下。

（1）新建一个 ASP.NET 网站，在 Default.aspx 页面中添加两个 ListBox 控件（需要将这两个 ListBox 控件的 SelectionMode 属性设置为 Multiple）、4 个 Button 控件，页面设计如图 4-10 所示。

（2）页面加载时，首先为 ListBox 控件添加数据，代码如下：

```
protected void Page_Load(object sender, EventArgs e)
{
    if (!IsPostBack)
    {
    lbxSource.Items.Add("Administrator");
    lbxSource.Items.Add("Guest");
    lbxSource.Items.Add("小王");
    lbxSource.Items.Add("小刘");
    lbxSource.Items.Add("小李");
    }
}
```

（3）双击页面中的 ">" 按钮，触发其 Button3_Click 事件，首先应用一个 for 循环判断下用户列表项中的成员是否为选中状态，如果选项为选中状态从源列表框中删除并添加到目的列表框中，实现代码如下：

```
protected void Button3_Click(object sender, EventArgs e)
{
    //获取列表框的选项数
    int count = lbxSource.Items.Count;
    int index = 0;
    //循环判断各个项的选中状态
    for (int i = 0; i < count; i++)
    {
        ListItem Item = lbxSource.Items[index];
        //如果选项为选中状态从源列表框中删除并添加到目的列表框中
        if (lbxSource.Items[index].Selected == true)
        {
            lbxSource.Items.Remove(Item);
```

```
                lbxDest.Items.Add(Item);
                //将当前选项索引值减1
                index--;
            }
            //获取下一个选项的索引值
            index++;
        }
    }
```

（4）按下 ">>" 按钮，则可将 "用户列表" 中的成员全部移动到 "授权" 列表成员中。双击页面中的 ">>" 按钮，触发其 Button1_Click 事件，循环从源列表框中转移到目的列表框中，代码如下：

```
protected void Button1_Click(object sender, EventArgs e)
{
    //获取列表框的选项数
    int count = lbxSource.Items.Count;
    //循环从源列表框中转移到目的列表框中
    for (int i = 0; i < count; i++)
    {
        ListItem Item = lbxSource.Items[0];
        lbxSource.Items.Remove(Item);
        lbxDest.Items.Add(Item);
    }
}
```

 说明

单击页面中的 "<" 按钮则和 ">" 按钮相反：项目会从 "授权" 列表中添加到 "用户列表" 中，并在 "授权" 列表中被删除；单击页面中的 "<<" 按钮则与 ">>" 相反，所有授权列表中的用户将全部移到用户列表框中。

4.6.6　DropDownList 控件

DropDownList 控件与 ListBox 控件的使用类似，但 DropDownList 控件只允许用户每次从列表中选择一项，而且只在框中显示选定项。DropDownList 控件的声明代码如下：

DropDownList
控件

```
<asp:DropDownList ID="DropDownList1" runat="server">
    <asp:ListItem>选项A</asp:ListItem>
    <asp:ListItem>选项B</asp:ListItem>
</asp:DropDownList>
```

DropDownList 控件常用的属性与 ListBox 类似，可以参考表 4-10。

【例 4-11】　本实例在页面的 DropDownList 控件列出了省份名称，当选择其中的某一个选项时会弹出显示选项名称的对话框。实例运行结果如图 4-11 所示。

图 4-11　单击 Button 弹出对话框

程序开发步骤如下。

（1）新建一个 ASP.NET 网站，在 Default.aspx 页面中添加一个 DropDownList 控件，并将其 AutoPostBack 属性设置为 True。

（2）页面加载时，首先为 DropDownList 控件添加数据，代码如下：

```
protected void Page_Load(object sender, EventArgs e)
{
    if (!IsPostBack)
    {
        ArrayList arrls = new ArrayList();
        arrls.Add("北京");
        arrls.Add("河北");
        arrls.Add("吉林");
        arrls.Add("云南");
        DropDownList1.DataSource = arrls;
        DropDownList1.DataBind();
    }
}
```

（3）触发 DropDownList 控件的 SelectedIndexChanged 事件，该事件中，使用 DropDownList1 控件的 SelectedValue 属性获取选中项的值，代码如下：

```
protected void DropDownList1_SelectedIndexChanged(object sender, EventArgs e)
{
    Response.Write("<script language=javascript>alert('你选择了" + DropDownList1.SelectedValue.ToString() + "');</script>");
}
```

4.7 Image 图像控件

Image 图像控件

Image 控件是一个基于 HTML img 元素的控件，主要用来在网页上显示图像，该控件的声明代码如下：

```
<asp:Image ID="Image1" runat="server" ImageUrl="~/test.jpg" />
```

Image 控件常用的属性及说明如表 4-12 所示。

表 4-12 Image 控件常用的属性及说明

属性	说明
AlternateText	获取或设置当图像不可用时，Image 控件中显示的替换文本
ImageAlign	获取或设置 Image 控件相对于网页上其他元素的对齐方式
ImageUrl	获取或设置为要在 Image 控件中显示的图像提供路径的 URL

使用表 4-11 中列出的 Image 控件属性时，ImageAlign 属性是比较特殊的一个，该属性用于设置图像的对齐方式，它的属性值有 10 个枚举值，分别如下：

- □ NotSet：未设定对齐方式。
- □ Left：图像沿网页的左边缘对齐，文字在图像右边换行。
- □ Right：图像沿网页的右边缘对齐，文字在图像左边换行。
- □ Baseline：图像的下边缘与第一行文本的下边缘对齐。
- □ Top：图像的上边缘与同一行上最高元素的上边缘对齐。

- ❑ Middle：图像的中间与第一行文本的下边缘对齐。
- ❑ Bottom：图像的下边缘与第一行文本的下边缘对齐。
- ❑ AbsBottom：图像的下边缘与同一行中最大元素的下边缘对齐。
- ❑ AbsMiddle：图像的中间与同一行中最大元素的中间对齐。
- ❑ TextTop：图像的上边缘与同一行上最高文本的上边缘对齐。

【例 4-12】新建一个 ASP.NET 网站，在 Default.aspx 页面中添加一个 Image 控件，首先设置其 ImageUrl 属性为指定图片的路径，然后设置其 ImageAlign 属性为 Middle，表示图像居中显示。

```
<asp:Image ID="Image1" runat="server" Height="91px" ImageAlign="Middle"
        ImageUrl="~/mr.jpg" Width="131px" />
```

实例运行效果如图 4-12 所示。

图 4-12　使用 Image 控件显示图像

4.8　Panel 容器控件

Panel 控件是一个容器控件，可以将它用作静态文本和其他控件的父级，该控件的声明代码如下：

Panel 容器控件

```
<asp:Panel ID="Panel1" runat="server">
</asp:Panel>
```

Panel 控件最常用的有两个属性，分别是 GroupingText 属性和 ScrollBars 属性，其中，GroupingText 属性用来获取或设置面板控件中包含的控件组的标题；而 ScrollBars 属性用来获取或设置 Panel 控件中滚动条的可见性和位置，该属性的属性值有 5 个枚举值，分别如下：

- ❑ None：不显示任何滚动条。
- ❑ Horizontal：只显示水平滚动条。
- ❑ Vertical：只显示垂直滚动条。
- ❑ Both：同时显示水平滚动条和垂直滚动条。
- ❑ Auto：如有必要，可以显示水平滚动条、垂直滚动条或同时显示这两种滚动条。要不然也可以不显示任何滚动条。

【例 4-13】新建一个 ASP.NET 网站，在 Default.aspx 页面中添加一个 Panel 控件，设置其 ScrollBars 属性为 Both，表示始终显示滚动条；然后在该 Panel 控件分别添加一个 Label 控件、一个 TextBox 控件和一个 Button 控件。

```
<asp:Panel ID="Panel1" runat="server" ScrollBars="Both" Width="215px">
    <asp:Label ID="Label1" runat="server" Text="用户名："></asp:Label>
    <asp:TextBox ID="TextBox1" runat="server"></asp:TextBox>
```

```
<br />
<asp:Button ID="Button1" runat="server" Text="登录" />
</asp:Panel>
```
实例运行效果如图 4-13 所示。

4.9 FileUpload 文件上传控件

FileUpload 控件的主要功能是向指定目录上传文件,该控件包括一个文本和一个浏览按钮。用户可以在文本框中输入完整的文件路径,或者通过按钮浏览并选择需要上传的文件。FileUpload 控件不会自动上传文件,必须设置相关的事件处理程序,并在程序中实现文件上传。FileUpload 控件的声明代码如下:

FileUpload 文件上传控件

图 4-13 Panel 容器控件

```
<asp:FileUpload ID="FileUpload1" runat="server" />
```

FileUpload 控件常用的属性及说明如表 4-13 所示。

表 4-13 FileUpload 控件常用的属性及说明

属性	说明
FileBytes	获取上传文件的字节数组
FileContent	获取指向上传文件的 Stream 对象
FileName	获取上传文件在客户端的文件名称
HasFile	获取一个布尔值,用于表示 FileUpload 控件是否已经包含一个文件
PostedFile	获取一个与上传文件相关的 HttpPostedFile 对象,使用该对象可以获取上传文件的相关属性

FileUpload 控件最常用的一个方法是 SaveAs 方法,该方法用来将文件保存到服务器上的指定路径下。

【例 4-14】 本实例主要是使用 FileUpload 控件上传图片文件,并将原文件路径、文件大小和文件类型显示出来。执行程序,并选择图片路径,然后单击"上传"按钮,将图片的原文件路径、文件大小和文件类型显示出来。运行结果如图 4-14 所示。

图 4-14 使用 FileUpload 控件上传图片文件

程序开发步骤如下。

(1)新建一个网站,默认主页为 Default.aspx,在 Default.aspx 页面上添加一个 FileUpload 上传控件，用于选择上传路径，再添加一个 Button 控件，用于执行将上传图片保存在图片文件夹中，然后再添加一个 Label 控件用于显示原文件路径、文件大小和文件类型。

（2）在"文件上传"按钮的 Click 事件下，添加如下代码，首先判断 FileUpload 控件的 HasFile 属性是否为 True，如果为 True，则表示 FileUpload 控件已经确认上传文件存在；然后再判断文件类型是否符合要求，接着，调用 SaveAs 方法实现上传；最后，利用 FileUpload 控件的属性获取与上传文件相关的信息。

```
protected void Button1_Click(object sender, EventArgs e)
{
    bool fileIsValid = false;
    //如果确认了上传文件，则判断文件类型是否符合要求
    if (this.FileUpload1.HasFile)
    {
        //获取上传文件的后缀
        String fileExtension = System.IO.Path.GetExtension(this.FileUpload1.FileName).ToLower();
        String[] restrictExtension = { ".gif", ".jpg", ".bmp", ".png" };
        //判断文件类型是否符合要求
        for (int i = 0; i < restrictExtension.Length; i++)
        {
            if (fileExtension == restrictExtension[i])
            {
                fileIsValid = true;
            }
        }
        //如果文件类型符合要求,调用SaveAs方法实现上传,并显示相关信息
        if (fileIsValid == true)
        {
            try
            {
                this.Image1.ImageUrl = "~/images/" + FileUpload1.FileName;
                this.FileUpload1.SaveAs(Server.MapPath("~/images/") + FileUpload1.FileName);
                this.Label1.Text = "文件上传成功";
                this.Label1.Text += "<Br/>";
                this.Label1.Text += "<li>" + "原文件路径：" + this.FileUpload1.PostedFile.FileName;
                this.Label1.Text += "<Br/>";
                this.Label1.Text += "<li>" + "文件大小：" + this.FileUpload1.PostedFile.ContentLength + "字节";
                this.Label1.Text += "<Br/>";
                this.Label1.Text += "<li>" + "文件类型：" + this.FileUpload1.PostedFile.ContentType;
            }
            catch(Exception ex)
            {
                this.Label1.Text = "无法上传文件"+ex.Message;
            }
        }
        else
        {
            this.Label1.Text = "只能够上传后缀为.gif,.jpg,.bmp,.png的文件夹";
        }
    }
}
```

小 结

本章主要对 ASP.NET 中的标准控件及其使用进行了详细讲解,在开发 WebForm 网站程序时,使用 ASP.NET 标准控件可以大大提高开发效率,因此,读者一定要熟练掌握本章所讲解的各种控件,尤其是文本类控件、按钮类控件和选择类控件,一定要重点掌握。

上机指导

在某些网站的登录或注册页面,用户需要从两个相互关联的下拉列表框中选择用户所在城市,如果改变第一个下拉列表框的当前选项,那么第二个下拉列表框的选项也将随之改变,本实例在用户登录模块中使用 DropDownList 控件实现了用户所在省份和城市的联动选择功能。实例运行结果如图 4-15 所示。

上机指导

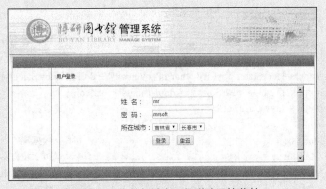

图 4-15 省份与城市二级联动下拉菜单

程序开发步骤如下。

(1)新建一个网站,将其命名为 CityByPro,默认主页名为 Default.aspx。

(2)在 Default.aspx 页面中添加一个 Table 表格,用于布局页面。在该 Table 表格中添加两个 TextBox 控件、两个 DropDownList 控件和两个 Button 控件,并将 DropDownList 控件的 AutoPostBack 属性设置为 True。

(3)在 Default.aspx 页面的 Page_Load 事件中,对 DropDownList 控件进行数据绑定以显示数据库中省市信息,Default.aspx 页面的 Page_Load 事件代码如下:

```
protected void Page_Load(object sender, EventArgs e)
{
    if (!IsPostBack)
    {
        sqlcon = new SqlConnection(strCon);                    //实例化连接对象
        string sqlstr = "select Province from tb_Province";    //声明sql语句
        SqlDataAdapter myda = new SqlDataAdapter(sqlstr, sqlcon); //创建数据适配器
        DataSet myds = new DataSet();                          //创建数据集
        sqlcon.Open();                                         //打开连接
        myda.Fill(myds);                                       //填充数据集
```

```
        ddlProvince.DataSource= myds;                        //设置省份下拉框数据源
        ddlProvince.DataValueField = "Province";             //设置项目Value值绑定的字段
        ddlProvince.DataBind();                              //绑定数据
        //重新声明sql语句根据省份下拉框选择的省份获取该省下的所有市的名称
        string strCity = "select * from tb_City where Province='" + ddlProvince.SelectedItem.Text
+ "'";
        SqlDataAdapter mydaCity = new SqlDataAdapter(strCity, sqlcon);
        DataSet mydsCity = new DataSet();                    //创建数据集
        mydaCity.Fill(mydsCity);                             //填充数据集
        ddlCity.DataSource = mydsCity;                       //设置市下拉框数据源
        ddlCity.DataValueField = "City";                     //设置每一项Value值绑定的字段
        ddlCity.DataBind();                                  //绑定数据
        sqlcon.Close();                                      //关闭连接
    }
}
```

（4）双击表示省份的 DropDownList 控件，在其 SelectedIndexChanged 事件下编写实现 DropDownList 控件联动操作的代码。DropDownList 控件的 SelectedIndexChanged 事件代码如下：

```
protected void ddlProvince_SelectedIndexChanged(object sender, EventArgs e)
{
    sqlcon = new SqlConnection(strCon);                      //创建连接对象
    //重新声明sql语句根据省份下拉框选择的省份获取该省下的所有市的名称
    string sqlstr = "select * from tb_City where Province='" + ddlProvince.SelectedItem.Text+ "'";
    SqlDataAdapter myda = new SqlDataAdapter(sqlstr, sqlcon);
    DataSet myds = new DataSet();                           //创建数据集
    sqlcon.Open();
    myda.Fill(myds);                                       //填充数据集
    ddlCity.DataSource = myds;                             //设置市下拉框数据源
    ddlCity.DataValueField = "City";                        //设置每一项Value值绑定的字段
    ddlCity.DataBind();                                    //绑定数据
    sqlcon.Close();
}
```

习 题

4-1 如何将 TextBox 控件设置为密码文本？

4-2 HyperLink 控件与 LinkButton 控件有何区别？

4-3 简述 RadioButton 与 RadioButtonList 控件的区别。

4-4 RadioButton 和 CheckBox 控件有何区别？

4-5 Panel 控件是否可以显示滚动条？如何可以，需要进行哪些设置？

第5章

ASP.NET验证控件

本章要点:

- ASP.NET窗体验证概述
- RequiredFieldValidator验证控件
- CompareValidator验证控件
- RangeValidator验证控件
- RegularExpressionValidator验证控件
- CustomValidator验证控件
- ValidationSummary验证控件

■ 为了提高 Web 开发人员的开发效率和降低错误出现的几率，ASP.NET 为 Web 开发人员提供了数据验证控件，这些验证控件可以实现非空验证、数据比较验证、数据类型验证、数据格式验证、数据范围验证、验证错误集合和自定义验证等。本章将对ASP.NET中的验证控件进行详细讲解。

5.1 窗体验证概述

窗体验证概述

在开发网站时，经常需要对用户提交的数据进行验证，比如验证用户密码是否符合指定的规则，邮箱、电话是否符合指定的格式等。ASP.NET 中的窗体验证分为客户端验证和服务器端验证两种形式，其验证形式如图 5-1 所示。

图 5-1　ASP.NET 中的两种验证方式

1. 客户端验证

在客户端进行验证响应速度快，在最接近使用的地方进行检查，一旦有错会被浏览器中的 JavaScript 拦截下来，用户必须更正错误，通过验证，才能继续之后的处理。这里所说的执行拦截检查操作的 JavaScript 在 ASP.NET 会自动建立。若要取消客户端验证，可将验证控件的 EnableClientSideScript 属性设置为 False。

说明 目前大部分浏览器都支持 JavaScript 的执行功能。若用户使用的浏览器不支持，或者考虑安全问题而关闭了 JavaScript 执行功能，ASP.NET 仍然会在服务器端进行验证。

2. 服务器端验证

无论是否通过客户端的检查，服务器端的 ASP.NET 程序会对所有提交的数据进行检查，如与服务器端的数据库内容进行核对。在服务器端再重复一次相同的检查仍是必要的，因为"有心"的用户可以通过一些手法，跳过或免除客户端的验证步骤，所以开发 Web 网站其安全性是非常重要的，这就像对重要的物品在存放到仓库中要有两道或多道防盗门一样设置多重防范措施。

5.2 数据验证控件

ASP.NET 提供了一组验证控件，只要通过属性设定，它们便会自动产生相关的 JavaScript，当用户输入时直接在浏览器中检查，不仅响应速度快，而且用户输入的数据也不会不见；另一方面，网页设计人员也不需要额外编写 JavaScript。本节将对 ASP.NET 中的数据验证控件进行讲解。

5.2.1 RequiredFieldValidator 控件

RequiredFieldValidator 验证控件用来验证输入文本中的信息内容是否为空。例如，注册会员信息时，用户名称、密码、电话、住址等较重要的信息为必填项，这时就需要使用 RequiredFieldValidator 控件来进行验证。

RequiredFieldValidator 控件常用的属性及说明如表 5-1 所示。

RequiredFieldVali
dator 控件

表 5-1　RequiredFieldValidator 控件常用的属性及说明

属性	说明
ControlToValidate	表示要进行验证的控件 ID，此属性必须设置为输入控件 ID。如果没有指定有效输入控件，则在显示页面时引发异常。另外该 ID 的控件必须和验证控件在相同的容器中
ErrorMessage	表示当验证不合法时，出现错误的信息
IsValid	获取或设置一个值，用于指示控件验证的数据是否有效。默认值为 true
Display	设置错误信息的显示方式
Text	如果 Display 为 Static，不出错时，显示该文本

【例 5-1】本实例设计一个会员注册时使用 RequiredFieldValidator 控件验证用户是否输入用户名和密码，但 E-mail 地址可以不输入。如果用户名及密码内容为空时，单击"注册"按钮显示错误提示信息。实例运行效果如图 5-2 所示。

图 5-2　RequiredFieldValidator 检查必要的输入

新建一个网站，默认主页为 Default.aspx，在 Default.aspx 页面上添加 3 个 TextBox 控件、两个 RequiredFieldValidator 控件和一个 Button 控件，它们的属性设置如表 5-2 所示。

表 5-2　Default.aspx 页控件属性设置及说明

控件类型	控件名称	主要属性设置	用途
标准/TextBox 控件	txtName	均为默认设置	输入姓名
标准/TextBox 控件	txtPwd	TextMode 属性设为"Password"	输入密码
	txtEmail	均为默认设置	输入密码

续表

控件类型	控件名称	主要属性设置	用途
标准/Button 控件	btnCheck	Text 属性设置为"注册"	执行页面提交的功能
验证/Required Field- Validator 控件	RequiredFieldValidator1	ControlToValidate 属性设置为"txtName"	设置要验证的控件 ID
		ErrorMessage 属性设置为"输入用户名"	显示的错误信息为"输入用户名"
	RequiredFieldValidator2	ControlToValidate 属性设置为"txtPwd"；ErrorMessage 属性设置为"输入密码"	验证密码是否为空

5.2.2　CompareValidator 控件

CompareValidator
控件

CompareValidator 控件为比较验证控件，使用该控件，可以将输入控件的值同常数值或其他输入控件的值相比较，以确定这两个值是否与比较运算符（小于、等于、大于等）指定的关系相匹配；另外，该控件还有一个特殊功能，即数据类型检查，如输入的是否为数字、日期等。

CompareValidator 控件常用的属性及说明如表 5-3 所示。

表 5-3　CompareValidator 控件常用的属性及说明

属性	说明
ControlToCompare	获取或设置用于比较的输入控件的 ID。默认值为空字符串
ControlToValidate	表示要进行验证的控件 ID，此属性必须设置为输入控件 ID。如果没有指定有效输入控件，则在显示页面时引发异常。另外该 ID 的空间必须和验证控件在相同的容器中
ErrorMessage	表示当验证不合法时，出现错误的信息
IsValid	获取或设置一个值，该值指示控件验证的数据是否有效。默认值为 true
Operator	获取或设置验证中使用的比较操作。默认值为 Equal
Display	设置错误信息的显示方式
Text	如果 Display 为 Static，不出错时，显示该文本
Type	获取或设置比较的两个值的数据类型。默认值为 string
ValueToCompare	获取或设置要比较的值

使用 Operator 属性时，该属性有 7 个枚举值，分别如下：

❑ DataTypeCheck：检查两个控件的数据类型是否有效。

❑ Equal：检查两个控件彼此是否相等。

❑ GreaterThan：检查一个控件是否大于另一个控件。

❑ GreaterThanEqual：检查一个控件是否大于或等于另一个控件。

❑ LessThan：检查一个控件是否小于另一个控件。

❑ LessThanEqual：检查一个控件是否小于或等于另一个控件。

❑ NotEqual：检查两个控件彼此是否不相等。

【例 5-2】 本实例应用 CompareValidator 对网页上的两个字段进行比较。如图 5-3 所示，当会员注册时，为避免密码打错、记错，通常会要求用户输入两次密码，此时便可用 CompareValidator 控件检查两次输入的密码是否相同。

图 5-3　注册时两次密码输入必须相符

新建一个网站，默认主页为 Default.aspx，在 Default.aspx 页面上添加 3 个 TextBox 控件、3 个 RequiredFieldValidator 控件、一个 CompareValidator 控件和一个 Button 控件，它们的属性设置如表 5-4 所示。

表 5-4　Default.aspx 页控件属性设置及说明

控件类型	控件名称	主要属性设置	用途
标准/TextBox 控件	txtName	均为默认设置	输入姓名
	txtPwd	TextMode 属性设为 Password	输入密码
	txtRePwd	TextMode 属性设为 Password	确认密码
标准/Button 控件	btnCheck	Text 属性设置为"注册"	提交页面
RequiredField－Validator 控件	RequiredField-Validator1	ControlToValidate 属性设为"txtName"	要验证的控件的 ID 为 txtName
		ErrorMessage 属性设为"姓名不能为空"	显示的错误信息为"姓名不能为空"
		SetFocusOnError 属性设置为 True	验证无效时，在该控件上设置焦点
RequiredField－Validator 控件	RequiredField-Validator2	ControlToValidate 属性设置为"txtPwd"	要验证的控件的 ID 为 txtPwd
		ErrorMessage 属性设置为"密码不能为空"	显示的错误信息为"密码不能为空"
		SetFocusOnError 属性设置为 True	验证无效时，在该控件上设置焦点

续表

控件类型	控件名称	主要属性设置	用途
RequiredField–Validator 控件	RequiredField-Validator3	ControlToValidate 属性设置为"txtRePwd"	要验证的控件的 ID 为 txtRePwd
		ErrorMessage 属性设置为"请重新输入密码"	显示的错误信息为"请重新输入密码"
		SetFocusOnError 属性设置为 True	验证无效时，在该控件上设置焦点
Compare-Validator 控件	Compare-Validator1	ControlToValidate 属性设置为"txtRePwd"	要验证的控件的 ID 为 txtRePwd
		ControlToCompare 属性设置为"txtPwd"	进行比较的控件 ID 为 txtPwd
		ErrorMessage 属性设置为"密码不一致"	显示的错误信息为"密码不一致"

5.2.3　RangeValidator 控件

使用 RangeValidator 控件可以验证用户的输入是否在指定范围内。可以通过对 RangeValidator 控件的上、下限属性以及指定控件要验证的值的数据类型的设置完成这一功能。如果用户的输入无法转换为指定的数据类型，例如，无法转换为日期，则验证将失败。如果用户将控件保留为空白，则此控件将通过范围验证。

RangeValidator 控件常用的属性及说明如表 5-5 所示。

RangeValidator 控件

表 5-5　RangeValidator 控件常用的属性及说明

属性	说明
ControlToValidate	表示要进行验证的控件 ID，此属性必须设置为输入控件 ID。如果没有指定有效输入控件，则在显示页面时引发异常。另外该 ID 的控件必须和验证控件在相同的容器中
ErrorMessage	表示当验证不合法时，出现错误的信息
IsValid	获取或设置一个值，该值指示控件验证的数据是否有效。默认值为 true
Display	设置错误信息的显示方式
MaximumValue	获取或设置要验证的控件的值，该值必须小于或等于此属性的值。默认值为空字符串（""）
MinimumValue	获取或设置要验证的控件的值，该值必须大于或等于此属性的值。默认值为空字符串（""）
Text	如果 Display 为 Static，不出错时，显示该文本
Type	获取或设置一种数据类型，用于指定如何解释要比较的值

【例 5-3】　本实例设计一个用户注册页面，在该页面中要求用户输入出生日期。出生日期并非随便输入的，对其格式和范围要进行验证。本实例中限制出生日期的范围是 1960/1/1 ~ 1992 /12/31，如果超过这个范围则显示提示信息，如图 5-4 所示。

新建一个网站，默认主页为 Default.aspx，在 Default.aspx 页面上添加 4 个 TextBox 控件、一个 RangeValidator 控件和一个 Button 控件，它们的属性设置如表 5-6 所示。

图 5-4 用 RangeValidator 检查输入值是否在某个范围内

表 5-6 Default.aspx 页控件属性设置及说明

控件类型	控件名称	主要属性设置	用途
标准/TextBox 控件	TextBox1	无	输入用户名
	TextBox2	无	输入密码
	TextBox3	无	输入住址
	txtDate	无	输入出生日期
标准/Button 控件	btnCheck	Text 属性设置为"确定"	执行页面提交的功能
验证/ Range-Validator 控件	RangeValidator1	ControlToValidate 属性设置为"txtDate"	要验证的控件的 ID 为 txtDate
		ErrorMessage 属性设置为"日期只能在 1960/1/1~1992/12/31 之间"	显示的错误信息为"日期只能在 1960/1/1~1992/12/31 之间"
		MaximumValue 属性设置为 1992/12/31	最大日期值为 1992/12/31
		MinimumValue 属性设置为 1960/1/1	最小日期值为 1960/1/1
		Type 属性设置为"Date"	日期型比较

5.2.4 RegularExpressionValidator 控件

RegularExpressionValidator 验证控件用来验证输入控件的值是否与某个正则表达式所定义的模式相匹配，如身份证号码、电子邮件地址、电话号码、邮政编码等。

RegularExpressionValidator 控件常用的属性及说明如表 5-7 所示。

RegularExpression Validator 控件

表 5-7 RegularExpressionValidator 控件常用的属性及说明

属性	说明
ControlToValidate	表示要进行验证的控件 ID，此属性必须设置为输入控件 ID。如果没有指定有效输入控件，则在显示页面时引发异常。另外该 ID 的空间必须和验证控件在相同的容器中

续表

属性	说明
ErrorMessage	表示当验证不合法时，出现错误的信息
IsValid	获取或设置一个值，该值指示控件验证的数据是否有效。默认值为 true
Display	设置错误信息的显示方式
Text	如果 Display 为 Static，不出错时，显示该文本
ValidationExpression	获取或设置被指定为验证条件的正则表达式。默认值为空字符串（""）

使用 RegularExpressionValidator 控件时，需要通过其 ValidationExpression 属性指定正则表达式，下面列举 4 个常用的正则表达式。

（1）验证电子邮件

\w+([-+.]\w+)*@\w+([-.]\w+)*\.\w+([-.]\w+)*。
\S+@\S+\.\S+。

（2）验证网址

HTTP://\S+\.\S+。
http(s)?://([\w-]+\.)+[\w-]+(/[\w- ./?%&=]*)?

（3）验证邮政编码

\d{6}。

（4）其他常用正则表达式

[0-9]：表示 0~9 十个数字。

\d*：表示任意个数字。

\d{3,4}-\d{8,8}：表示中国大陆的固定电话号码。

\d{2}-\d{5}：验证由两位数字、一个连字符再加 5 位数字组成的 ID 号。

<\s*(\S+)(\s[^>]*)?>[\s\S]*<\s*\/\1\s*>：匹配 HTML 标记。

【例 5-4】 本实例主要通过 RegularExpressionValidator 控件的 ControlToValidate 属性、Operator 属性和 Type 属性验证用户输入的出生日期与日期类型是否匹配以及 E-mail 格式是否正确；另外，对于用户名的输入自定义了一个正则表达式来限制用户名只能输入字母、下划线及数字。执行程序，故意输入错误的日期格式和 E-mail 格式，单击"确定"按钮，实例运行结果如图 5-5 所示。

图 5-5　RegularExpressionValidator 控件验证示例

新建一个网站，默认主页为 Default.aspx，在 Default.aspx 页面上添加 5 个 TextBox 控件、一个 RequiredFieldValidator 控件、两个 CompareValidator 控件和一个 Button 控件，它们的属性设置如表 5-8 所示。

表 5-8 Default.aspx 页控件属性设置及说明

控件类型	控件名称	主要属性设置	用途
标准/TextBox 控件	txtName	均为默认设置	输入姓名
	txtPwd	TextMode 属性设置为 "Password"	设置为密码格式
	txtRePwd	TextMode 属性设置为 "Password"	设置为密码格式
	txtEmail	均为默认设置	输入 E-mail 地址
	txtBirth	均为默认设置	输入出生日期
标准/Button 控件	btnCheck	Text 属性设置为 "确定"	执行页面提交的功能
验证/RequiredField-Validator 控件	RequiredField-Validator1	ControlToValidate 属性设置为 "txtName"	要验证的控件的 ID 为 txtName
		ErrorMessage 属性设置为 "姓名不能为空"	显示的错误信息为 "姓名不能为空"
		Display 属性设置为 Dynamic	动态调整报错信息出现的位置
验证/Compare-Validator 控件	Compare-Validator1	ControlToValidate 属性设置为 "txtRePwd"	要验证的控件的 ID 为 txtRePwd
		ControlToCompare 属性设置为 "txtPwd"	进行比较的控件 ID 为 txtPwd
		ErrorMessage 属性设置为 "确认密码与密码不匹配"	显示的错误信息为 "确认密码与密码不匹配"
	Compare-Validator2	ControlToValidate 属性设置为 "txtBirth"	要验证的控件的 ID 为 txtBirth
		ErrorMessage 属性设置为 "日期格式错误"	显示的错误信息为 "日期格式错误"
		Operator 属性设置为 "DataTypeCheck"	对值进行数据类型验证
		Type 属性设置为 "Date"	进行日期比较
验证/Regular Expres-sionValidator 控件	RegularExpres-sionValidator1	ControlToValidate 属性设置为 "txtName"	要验证的控件的 ID 为 txtName
		ErrorMessage 属性设置为 "用户名应为输入字母、下划线和数字！"	验证提示信息
		ValidationExpression 属性设置为 "^\w+$"	进行有效性验证的正则表达式
	RegularExpres-sionValidator2	ControlToValidate 属性设置为 "txtEmail"	要验证的控件的 ID 为 txtEmail
		ErrorMessage 属性设置为 "格式有误"	显示的错误信息为 "格式有误"
		ValidationExpression 属性设置为 "\w+([-+.']\w+)*@\w+([-.]\w+)*\.\w+([-.]\w+)*"	验证邮箱格式

5.2.5 CustomValidator 控件

CustomValidator 控件为输入控件提供用户定义的验证功能。例如，可以创建一个验证控件，该控件检查在文本框中输入的值是否为偶数。

CustomValidator 控件常用的属性及说明如表 5-9 所示。

CustomValidator
控件

表 5-9 CustomValidator 控件常用的属性及说明

属性	说明
ClientValidationFunction	设置用于验证的自定义客户端脚本函数的名称
ControlToValidate	设置要验证的输入控件
Display	设置验证控件中错误信息的显示行为
EnableClientScript	设置是否启用客户端验证
ErrorMessage	设置验证失败时显示的错误信息的文本
IsValid	是否通过验证
Visible	该属性获取或设置一个值，该值指示服务器控件是否作为 UI 呈现在页面上

【例 5-5】 开发会员注册页面时，如果希望通过弹出对话框提示用户输入的密码不正确，那么该如何实现呢？ASP.NET 中提供了 CustomValidator 控件，通过该控件可以实现客户端验证。本实例实现的是当用户输入的密码少于 6 位时，弹出提示窗口，如图 5-6 所示。

图 5-6 自定义验证规则弹出提示窗口

具体开发步骤如下。

（1）新建一个网站，默认主页为 Default.aspx。

（2）向窗体中添加所需的控件，并且添加一个 CustomValidator 控件，具体添加的控件请参看源代码。

（3）在 HTML 代码中创建一个 JavaScript 函数 myValidate 用于验证输入的密码是否小于 6 位，代码如下：

```
<script type="text/javascript">
function myValidate()                                //创建JavaScript函数
{
    var v=document.getElementById("txtPwd").value;  //获取输入的密码
    if(v.length<6)                                   //如果长度小于6位
    {
        alert("密码应至少6位");                       //弹出提示
```

```
        }
    }
</script>
```

（4）将 CustomValidator 控件的 ClientValidationFunction 属性设为 myValidate，如图 5-7 所示。

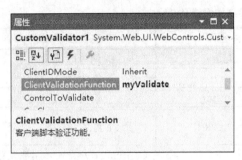

图 5-7 设置 ClientValidationFunction 属性为 myValidate

5.2.6 ValidationSummary 控件

ValidationSummary
控件

ValidationSummary 控件是错误汇总控件，主要用于收集本页中所有验证控件的错误信息，将它们组织好并一起显示出来，错误列表可以通过列表、项目符号列表或单个段落的形式进行显示。

ValidationSummary 控件常用的属性及说明如表 5-10 所示。

表 5-10 ValidationSummary 控件常用的属性及说明

属性	说明
HeaderText	控件汇总信息
DisplayMode	设置错误信息的显示格式
ShowMessageBox	是否以弹出方式显示每个被验证控件的错误信息
ShowSummary	是否使用错误汇总信息
EnableClientScript	是否使用客户端验证，系统默认值为 True
Validate	执行验证并且更新 IsValid 属性

【例 5-6】 本实例主要通过 ValidationSummary 控件将错误信息的摘要一起显示。执行程序，如果输入的用户名、密码为空，确认密码错误，单击"提交"按钮时，就会报错并弹出对话框。实例运行结果如图 5-8 所示。

图 5-8 用 ValidationSummary 集中所有的报错信息，并弹出提示框

新建一个网站，默认主页为 Default.aspx，在 Default.aspx 页面上添加 3 个 TextBox 控件、两个 RequiredFieldValidator、一个 CompareValidator 控件和一个 Button 控件。它们的属性设置如表 5-11 所示。

表 5-11 Default.aspx 页控件属性设置及说明

控件类型	控件名称	主要属性设置	用途
标准/TextBox 控件	txtName	均为默认设置	输入姓名
	txtPwd	均为默认设置	输入密码
	txtConfim	均为默认设置	输入确认密码
标准/Button 控件	btnCheck	Text 属性设置为 "提交"	执行页面提交的功能
验证 /Required-FieldValidator 控件	RequiredFieldValidator1	ControlToValidate 属性设置为 "txtName"	要验证的控件的 ID 为 txtName
		ErrorMessage 属性设置为 "用户名不能为空!"	显示的错误信息为 "用户名不能为空!"
		Text 属性设置为 "*"	显示验证控件文本信息
	RequiredFieldValidator2	ControlToValidate 属性设置为 "txtName"	要验证的控件的 ID 为 txtPwd
		ErrorMessage 属性设置为 "密码不能为空!"	显示的错误信息为 "密码不能为空!"
		Text 属性设置为 "*"	显示验证控件文本信息
验证 /Compare-Validator	CompareValidator1	ControlToCompare 属性设置为 "txtPwd"	所在进行验证比较的控件 ID 为 txtPwd
		ControlToValidate 属性设置为 "txtConfim"	指向所要验证的控件的 ID 为 txtConfim
		ErrorMessage 属性设置为 "确认密码错误!"	错误信息提示为 "确认密码错误!"
		Text 属性设置为 "*"	显示验证控件文本信息
验证 /Validation-Summary 控件	ValidationSummary1	ShowMessageBox 属性设置为 "True"	弹出错误提示框并将错误信息一起显示

小 结

本章重点介绍了 ASP.NET 中的数据验证控件，主要包括 RequiredFieldValidator 控件、CompareValidator 控件、RangeValidator 控件、RegularExpressionValidator 控件、CustomValidator 控件和 ValidationSummary 控件等。通过对这些数据验证控件的学习，读者应该能够熟练地在实际网站开发中掌握数据验证技术，并利用这些数据验证控件进行数据的有效验证。

上机指导

　　一般情况下，用户的密码允许特殊字符，但是，个别情况下可能会对用户注册的密码进行限制，例如，限制用户的密码以字母开头，长度在 6~18 之间，只能包含字符、数字和下划线等，本实例实现的就是对用户输入的密码格式进行验证的功能，效果如图 5-9 所示。

上机指导

图 5-9　验证会员充值系统中会员密码格式

　　程序开发步骤如下。

　　（1）新建一个网站，命名为 ValidatePassWordFormat，默认主页名为 Default.aspx。

　　（2）向窗体中添加所需的控件，并且需要添加一个在 RegularExpressionValidator 控件实现对输入的密码进行验证。

　　（3）在 RegularExpressionValidator 控件的属性窗口中，将 ControlToValidate 属性设为要验证的控件名，如图 5-10 所示。

　　（4）在 RegularExpressionValidator 控件的属性窗口中，设置 ValidationExpression 属性，选择"Custom"，并输入相应的正则表达式，如图 5-11 所示。

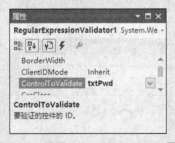

图 5-10　设置 ControlToValidate 属性　　　　　图 5-11　设置 ValidationExpression 属性

习　题

　　5-1　如何验证文本框输入是否为空？

　　5-2　如何验证两次输入的密码是否一致？

　　5-3　如果要验证电话号码、邮箱地址等特殊格式，最好使用哪种验证控件？

　　5-4　是否可以使用自定义的函数对输入数据进行验证？

　　5-5　使用哪种控件可以汇总一个页面上的所有验证信息？

第6章

HTTP请求、响应及状态管理

本章要点:

- ■ Request对象的应用
- ■ Response对象的应用
- ■ Server对象的应用
- ■ ViewState对象及HiddenField 控件
- ■ Cookie对象的应用
- ■ Session对象的应用
- ■ Application对象的应用

■ 在 ASP.NET 网站中,对 HTTP 的请求、响应及状态管理,都是通过 ASP.NET 内置对象实现的,内置对象通过向用户提供基本的请求、响应、会话等处理功能实现了 ASP.NET 的绝大多数功能。ASP.NET 中的内置对象主要包括 Request、Response、Server、ViewState、Cookie、Session、Application 等,本章将分别对它们的使用进行介绍。

6.1 HTTP 请求——Request 对象

当用户打开 Web 浏览器，并从网站请求 Web 页时，Web 服务器接收一个 HTTP 请求，该请求包含用户、用户的计算机、页面以及浏览器的相关信息，这些信息将被完整地封装，在 ASP.NET 中，这些信息都是通过 Request 对象一次性提供的。

Request 对象是 HttpRequest 类的一个实例，它提供对当前页请求的访问，其中包括标题、Cookie、客户端证书、查询字符串等，用户可以使用该类来读取浏览器已经发送的内容。

6.1.1 Request 对象常用属性和方法

Request 对象使用户可以获得 Web 请求的 HTTP 数据包的全部信息，其常用属性及说明如表 6-1 所示。

Request 对象常用
属性和方法

表 6-1 Request 对象常用属性及说明

属性	说明
ApplicationPath	获取服务器上 ASP.NET 应用程序虚拟应用程序的根目录路径
Browser	获取或设置有关正在请求的客户端浏览器的功能信息
ContentLength	指定客户端发送的内容长度（以字节计）
Cookies	获取客户端发送的 Cookie 集合
FilePath	获取当前请求的虚拟路径
Files	获取采用多部分 MIME 格式的由客户端上载的文件集合
Form	获取窗体变量集合
Item	从 Cookies、Form、QueryString 或 ServerVariables 集合中获取指定的对象
Params	获取 QueryString、Form、ServerVariables 和 Cookies 项的组合集合
Path	获取当前请求的虚拟路径
QueryString	获取 HTTP 查询字符串变量集合
UserHostAddress	获取远程客户端 IP 主机地址

Request 对象常用方法及说明如表 6-2 所示。

表 6-2 Request 对象常用方法及说明

方法	说明
MapPath	将当前请求的 URL 中的虚拟路径映射到服务器上的物理路径
SaveAs	将 HTTP 请求保存到磁盘

6.1.2 获取页面间传送的值

获取页面间传送的值可以使用 Request 对象的 QueryString 属性实现，使用 QueryString 属性获得的字符串是指跟在 URL 后面的变量及其值，它们以 "?" 与 URL 进行分割，不同的变量之间以 "&" 分割，例如，从 "http://localhost/BookInfo.aspx?bookcode=100001&bookname=ASP.NET 慕课版教材" 地址中获取图书编号及名称，

获取页面间传送
的值

代码如下：

```
string bookcode = Request.QueryString["bookcode"];
string bookname = Request.QueryString["bookname"];
```

6.1.3　获取客户端浏览器相关信息

获取客户端浏览器相关信息可以借助 Request 对象的 Browser 属性实现。

获取客户端浏览器
相关信息

> 【例 6-1】　新建一个网站，默认主页为 Default.aspx。在 Default.aspx 的 Page_Load 事件中
> 首先定义 HttpBrowserCapabilities 类的对象，用于获取 Request 对象的 Browser 属性的返回值；
> 然后，调用 Request 对象中相关属性获取客户端浏览器相关信息。

```
protected void Page_Load(object sender, EventArgs e)
{
    HttpBrowserCapabilities b = Request.Browser;
    Response.Write("客户端浏览器信息：");
    Response.Write("<hr>");
    Response.Write("类型：" + b.Type + "<br>");
    Response.Write("名称：" + b.Browser + "<br>");
    Response.Write("版本：" + b.Version + "<br>");
    Response.Write("操作平台：" + b.Platform + "<br>");
    Response.Write("是否支持框架：" + b.Frames + "<br>");
    Response.Write("是否支持表格：" + b.Tables + "<br>");
    Response.Write("是否支持Cookies：" + b.Cookies + "<br>");
    Response.Write("<hr>");
    Response.Write("客户端其他信息：");
    Response.Write("<hr>");
    Response.Write("客户端主机名称：" + Request.UserHostName + "<br>");
    Response.Write("客户端主机IP：" + Request.UserHostAddress + "<br>");
    Response.Write("指定页面路径：" + Request.MapPath("Default.aspx") + "<br>");
    Response.Write("原始URL：" + Request.RawUrl + "<br>");
    Response.Write("当前请求的URL：" + Request.Url + "<br>");
    Response.Write("客户端HTTP传输方法：" + Request.HttpMethod + "<br>");
    Response.Write("原始用户代理信息：" + Request.UserAgent + "<br>");
    Response.Write("<hr>");
}
```

实例运行效果如图 6-1 所示。

图 6-1　获取客户端浏览器相关信息

6.2　HTTP 响应——Response 对象

Response 对象用于将数据从服务器发送回浏览器，它允许将数据作为请求的结果发送到浏览器中，并提供有关响应的信息，另外，它还可以用来在页面中输入数据、跳转或者传递页面中的参数。

Response 对象常用属性和方法

6.2.1　Response 对象常用属性和方法

由于 Response 对象映射到 Page 对象的 Response 属性，因此可以直接把它用在 ASP.NET 网页中。Response 对象常用属性及说明如表 6-3 所示。

表 6-3　Response 对象常用属性及说明

属性	说明
Buffer	获取或设置一个值，该值指示是否缓冲输出，并在完成处理整个响应之后将其发送
Cache	获取 Web 页的缓存策略，如：过期时间、保密性、变化子句等
Charset	设定或获取 HTTP 的输出字符编码
Expires	获取或设置在浏览器上缓存的页过期之前的分钟数
Cookies	获取当前请求的 Cookie 集合
IsClientConnected	传回客户端是否仍然和 Server 连接
SuppressContent	设定是否将 HTTP 的内容发送至客户端浏览器，若为 True，则网页将不会传至客户端

Response 对象常用方法及说明如表 6-4 所示。

表 6-4　Response 对象常用方法及说明

方法	说明
AddHeader	将一个 HTTP 头添加到输出流
AppendToLog	将自定义日志信息添加到 IIS 日志文件
Clear	将缓冲区的内容清除
End	将目前缓冲区中所有的内容发送至客户端然后关闭
Flush	将缓冲区中所有的数据发送至客户端
Redirect	将网页重新导向另一个地址
Write	将数据输出到客户端
WriteFile	将指定的文件直接写入 HTTP 内容输出流

6.2.2　在页面中输出指定信息数据

Response 对象通过 Write 方法或 WriteFile 方法在页面上输出数据，输出的对象可以是字符、字符数组、字符串、对象或文件等。

在页面中输出指定信息数据

【例 6-2】本实例主要是使用 Response 对象的 Write 方法和 WriteFile 方法实现在页面上输出数据的功能。新建一个 ASP.NET 网站，默认主页为 Default.aspx。在 Default.aspx 的 Page_Load 事件中定义 4 个变量，分别为字符型变量、字符串变量、字符数组变量和 Page 对象，然后将定义的数据在页面上输出。

```
protected void Page_Load(object sender, EventArgs e)
{
    char c = 'a';                               //定义一个字符变量
    string s = "Hello World!";                  //定义一个字符串变量
                                                //定义一个字符数组
    char[] cArray = { 'H', 'e', 'l', 'l', 'o', ',', ' ', 'w', 'o', 'r', 'l', 'd' };
    Page p = new Page();                        //定义一个Page对象
    Response.Write("输出单个字符：");
    Response.Write(c);
    Response.Write("<br>");
    Response.Write("输出一个字符串：" + s + "<br>");
    Response.Write("输出字符数组：");
    Response.Write(cArray, 0, cArray.Length);
    Response.Write("<br>");
    Response.Write("输出一个对象：");
    Response.Write(p);
    Response.Write("<br>");
    Response.Write("输出一个文件：");
    Response.WriteFile(Server.MapPath(@"TextFile.txt"));
}
```

实例运行效果如图 6-2 所示。

图 6-2　在页面中输出指定信息数据

页面跳转并传递参数

6.2.3　页面跳转并传递参数

使用 Response 对象的 Redirect 方法可以实现页面跳转的功能，并且在跳转页面时可以传递一个或者多个参数。

 在页面跳转中传递参数时，可以使用"？"分隔页面的链接地址和参数，如果有多个参数，参数与参数之间使用"&"分隔。

【例 6-3】本实例主要是使用 Response 对象的 Redirect 方法实现页面跳转并传递参数的功能。运行程序，在 TextBox 文本框中输入姓名并选择性别，单击"确定"按钮，跳转到 welcome.aspx 页面，实例运行效果如图 6-3 和图 6-4 所示。

图 6-3　页面跳转传递参数

图 6-4　地址传值并接收参数值

程序开发步骤如下。

（1）新建一个网站，默认主页为 Default.aspx，在 Default.aspx 页面上添加一个 TextBox 控件、一个 Button 控件和两个 RadioButton 控件。

（2）单击 Default.aspx 页面中的"确定"按钮，触发其 Click 事件，该事件中，实现跳转到 welcome.aspx 页面并传递参数 Name 和 Sex 的功能。代码如下：

```
protected void btnOK_Click(object sender, EventArgs e)
{
    string name = this.txtName.Text;
    string sex = "先生";
    if (rbtnSex2.Checked)
        sex = "女士";
    Response.Redirect("~/welcome.aspx?Name=" + name + "&Sex=" + sex);
}
```

（3）在该网站中，添加一个新页，将其命名为 welcome.aspx。在该页面的加载事件中获取 Response 对象传递过来的参数，并将其输出在页面上。代码如下：

```
protected void Page_Load(object sender, EventArgs e)
{
    string name = Request.Params["Name"];
    string sex = Request.Params["Sex"];
    Response.Write("欢迎" + name + sex + "进入图书馆管理系统!");
}
```

6.3　Server 对象

Server 对象定义了一个与 Web 服务器相关的类，提供对服务器上的方法和属性的访问，用于访问服务器上的资源。

6.3.1　Server 对象常用属性和方法

Server 对象常用属性及说明如表 6-5 所示。

Server 对象常用属性和方法

表 6-5　Server 对象常用属性及说明

属性	说明
MachineName	获取服务器的计算机名称
ScriptTimeout	获取和设置请求超时值（以秒计）

Server 对象常用方法及说明如表 6-6 所示。

表 6-6　Server 对象常用方法及说明

方法	说明
Execute	在当前请求的上下文中执行指定资源的处理程序，然后将控制返回给该处理程序
HtmlDecode	对已被编码以消除无效 HTML 字符的字符串进行解码
HtmlEncode	对要在浏览器中显示的字符串进行编码
MapPath	返回与 Web 服务器上的指定虚拟路径相对应的物理文件路径
UrlDecode	对字符串进行解码，该字符串为了进行 HTTP 传输而进行编码并在 URL 中发送到服务器
UrlEncode	编码字符串，以便通过 URL 从 Web 服务器到客户端进行可靠的 HTTP 传输
Transfer	终止当前页的执行，并为当前请求开始执行新页

6.3.2　获取服务器的物理地址

获取服务器的物理地址

MapPath 方法用来返回与 Web 服务器上的指定虚拟路径相对应的物理文件路径，其语法格式如下：

```
public string MapPath(string path)
```
参数说明如下：

❑ path：表示 Web 服务器上的虚拟路径。

❑ 返回值：与 path 相对应的物理文件路径，如果 path 值为空，则该方法返回包含当前应用程序的完整物理路径。

例如，在浏览器中输出"Default.aspx"的物理文件路径，代码如下：

```
Response.Write(Server.MapPath("Default.aspx"));
```

不能将相对路径语法与 MapPath 方法一起使用，即不能将"."或".."作为指向指定文件或目录的路径。

6.3.3　对字符串进行编码和解码

对字符串进行编码和解码

使用 Server 对象的 UrlEncode 方法和 UrlDecode 方法可以分别对字符串进行编码和解码，下面分别对这两个方法进行讲解。

1. UrlEncode 方法

Server 对象的 UrlEncode 方法用于对通过 URL 传递到服务器的数据进行编码，其语法格式如下：

```
public string UrlEncode(string s )
```
参数说明如下：

❑ s：要进行 URL 编码的文本。

❑ 返回值：URL 编码的文本。

例如，下面代码使用 Server 对象的 UrlEncode 方法对网址 http://Default.aspx 进行编码，代码如下：

```
Response.Write(Server.UrlEncode("http://Default.aspx"));
```
编码后的输出结果为："http%3a%2f%2fDefault.aspx"。

UrlEncode 方法的编码规则如下。

❑ 空格将被加号"+"字符所代替。

❑ 字段不被编码。

❑ 字段名将被指定为关联的字段值。

❑ 非 ASCII 字符将被转义码所替代。

2. UrlDecode 方法

Server 对象的 UrlDecode 方法用来对字符串进行 URL 解码并返回已解码的字符串，其语法格式如下：

```
public string UrlDecode(string s)
```

参数说明如下：

❑ s：要解码的文本字符串。

❑ 返回值：已解码的文本。

例如，下面代码使用 Server 对象的 UrlDecode 方法对文本字符串 "http%3a%2f%2fDefault.aspx" 进行解码，代码如下：

```
Response.Write(Server.UrlDecode("http%3a%2f%2fDefault.aspx"));
```

解码后的输出结果为："http://Default.aspx"。

6.4 状态管理

状态管理主要分为客户端和服务器端两种，其中，客户端状态管理主要是将数据保存到本地计算机上，当客户端向服务器端发送请求时，数据随之发送到服务器，具体实现时，可以使用 ViewState、HiddenField 和 Cookie 等；而服务器端状态管理是将数据保存到服务器，具体实现时，可以使用 Session 和 Application 等。本节将对 ASP.NET 网站中的状态管理进行讲解。

6.4.1 ViewState 对象

ViewState 又称为视图状态，它主要用来获取状态信息的字典允许用户保存，然后恢复服务器控件的视图状态跨多个同一页的请求。

ViewState 对象

服务器控件的视图状态是全部属性值的累计，为保持在 HTTP 请求中的这些值，ASP.NET 服务器控件使用此属性存储属性值，在后续请求处理时，值随后将用作变量对 HTML 隐藏的输入元素。

默认情况下，视图状态的所有服务器控件启用视图状态，但是，对于没有必要维持状态的页面和控件，可以禁用 ViewState，这主要通过设置 EnableViewState 属性为 False 实现，例如，禁用整个页面的 ViewState，代码如下：

```
<%@ Page  EnableViewState="false" Language="C#" AutoEventWireup="true"  CodeFile="Default.aspx.cs" Inherits="_Default" %>
```

禁用 TextBox 控件的 ViewState，代码如下：

```
<asp:TextBox ID="TextBox1" runat="server" EnableViewState="false"></asp:TextBox>
```

如果页面上的控件很多，在客户端和服务器端传输大量状态数据时，可能会对网站的性能造成影响，这时可以禁用 ViewState。

6.4.2 HiddenField 控件

HiddenField 控件提供了一种在页面中存储信息但不显示信息的方法。例如，可以在 HiddenField 控件中存储用户首选项设置。若要将信息放入 HiddenField 控件中，请在两次回发之间将其 Value 属性设置为要存储的值。

HiddenField 控件

与任何其他 Web 服务器控件一样，HiddenField 控件中的信息在回发期间可用，这些信息在该页之外无法保留。

6.4.3 Cookie 对象

Cookie 对象用于保存客户端浏览器请求的服务器页面，也可以用它存放非敏感性的用户信息，信息保存的时间可以根据用户的需要进行设置，Cookie 中的数据信息是以文本的形式保存在客户端计算机中。

Cookie 对象

> 并非所有的浏览器都支持 Cookie。

Cookie 对象的常用属性及说明如表 6-7 所示。

表 6-7　Cookie 对象常用属性及说明

属性	说明
Expires	设定 Cookie 变量的有效时间，默认为 1000 分钟，若设为 0，则可以实时删除 Cookie 变量
Name	取得 Cookie 变量的名称
Value	获取或设置 Cookie 变量的内容值
Path	获取或设置 Cookie 适用于的 URL

Cookie 对象常用方法及说明如表 6-8 所示。

表 6-8　Cookie 对象常用方法及说明

方法	说明
Equals	确定指定 Cookie 是否等于当前的 Cookie
ToString	返回 Cookie 对象的一个字符串表示形式
Clear	清除所有的 Cookie

> 【例 6-4】 在各种网站的用户登录页面中经常会看到类似"记住密码"、"有效期 xxx 天"等功能，类似这些功能，可以借助 ASP.NET 中的 Cookie 内置对象来实现。在本实例中，当用户第一次登录输入用户名和密码，并选中"记住密码"复选框后，程序会将用户的用户名和密码存储到 Cookie 中，在用户以后登录时，当输入用户名后，程序会查找 Cookie 中是否存在该用户名，并获取相应的密码，从而实现用户密码的记忆功能。实例运行结果如图 6-5 所示。

图 6-5　实现用户密码记忆功能

程序开发步骤如下。

（1）新建一个网站，命名为 RememberME，默认主页名为 Default.aspx。

（2）在 Default.aspx 页中添加两个 TextBox 控件、两个 Button 控件和一个 CheckBox 控件。分别用于输入用户名和密码、登录或重置以及选择是否记住密码。

（3）输入用户名和密码后，单击"登录"按钮，在"登录"按钮的 Click 事件中，首先判断输入的用户名和密码是否正确，然后判断是否选中了"记住密码"复选框，如果复选框被选中，则判断是否存在名为"username"的 Cookie 对象，如果不存在，则将用户名和密码存入 Cookie 中，并设置 Cookie 的有效时间，代码如下：

```
protected void Button1_Click(object sender, EventArgs e)
{
    if (txtname.Text.Trim().Equals("mr") && txtpwd.Text.Trim().Equals("mrsoft"))
    {
        Session["username"] = txtname.Text.Trim();
        if (ckbauto.Checked)
        {
            if (Request.Cookies["username"] == null)
            {
                Response.Cookies["username"].Expires = DateTime.Now.AddDays(30);
                Response.Cookies["userpwd"].Expires = DateTime.Now.AddDays(30);
                Response.Cookies["username"].Value = txtname.Text.Trim();
                Response.Cookies["userpwd"].Value = txtpwd.Text.Trim();
            }
        }
        Response.Redirect("admin.aspx");
    }
    else
    {
        ClientScript.RegisterStartupScript(this.GetType(),"","alert('用户名或密码错误！');",true);
    }
}
```

（4）当用户再次登录时，输入用户名后，会触发 TextBox 控件的 TextChanged 事件，在该事件中判断名为"username"的 Cookie 对象是否存在，如果存在，则判断该对象中存储的值是否与用户输入的相同。如果相同，则获取上次输入的密码并显示在密码文本框中，代码如下：

```
protected void txtname_TextChanged(object sender, EventArgs e)
{
    if (Request.Cookies["username"] != null)
    {
        if (Request.Cookies["username"].Value.Equals(txtname.Text.Trim()))
        {
            txtpwd.Attributes["value"] = Request.Cookies["userpwd"].Value;
        }
    }
}
```

6.4.4 Session 对象

Session 对象用来存储跨网页程序的变量或者对象，它中止于联机机器离线时，也就是当网页使用者关掉浏览器或超过设定 Session 变量的有效时间时，Session 对象才会消失。

Session 对象

Session 对象是 Page 对象的成员，因此可直接在网页中使用。使用 Session 对象存放信息的语法格式如下：

```
Session["变量名"]= "内容";
```

从会话中读取 Session 信息的语法格式如下：

```
VariablesName=Session["变量名"];
```

Session 对象是与特定用户相联系的，针对某一个用户赋值的 Session 对象和其他用户的 Session 对象是完全独立的，不会相互影响。换句话说，这里面针对每一个用户保存的信息是每一个用户自己独享的，不会产生共享情况。

Session 对象的常用集合及说明如表 6-9 所示。

表 6-9　Session 对象的集合及说明

集合	说明
Contents	用于确定指定会话项的值或遍历 Session 对象的集合
StaticObjects	确定某对象指定属性的值或遍历集合，并检索所有静态对象的所有属性

Session 对象的常用属性及说明如表 6-10 所示。

表 6-10　Session 对象常用属性及说明

属性	说明
TimeOut	传回或设定 Session 对象变量的有效时间，当使用者超过有效时间没有动作，Session 对象就会失效。默认值为 20 分钟

Session 对象常用方法及说明如表 6-11 所示。

表 6-11　Session 对象常用方法及说明

方法	说明
Abandon	此方法结束当前会话，并清除会话中的所有信息。如果用户随后访问页面，可以为它创建新会话（"重新建立"非常有用，这样用户就可以得到新的会话）
Clear	此方法清除全部的 Session 对象变量，但不结束会话

【例 6-5】 开发网站登录模块时，当用户登录后，有时会根据其登录身份（如管理员）来记录该用户相关信息，而该信息是其他用户不可见，并且不可访问的，这就需要使用 Session 对象进行存储。本实例介绍如何使用 Session 对象保存当前登录用户的信息，同时也应用了 Application 对象来记录网站的访问人数。程序运行结果分别如图 6-6 和图 6-7 所示。

图 6-6　用户登录界面

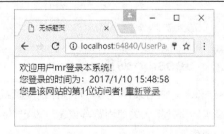

图 6-7　使用 Session 对象记录用户登录名

程序开发步骤如下。

（1）新建一个网站，默认主页 Default.aspx，将其修改为 Login.aspx。在 Login.aspx 页面上添加两个 TextBox 控件和两个 Button 控件，它们的属性设置如表 6-12 所示。

表 6-12　Default.aspx 页面中控件属性设置及用途

控件类型	控件名称	主要属性设置	用途
[abl] TextBox	txtUserName	无	输入用户名
	txtPwd	TextMode 属性设置为 Password	输入密码
[ab] Button	Button1	Text 属性设置为 "登录"	登录按钮
	Button2	Text 属性设置为 "取消"	取消按钮

（2）双击 Login.aspx 页面中的 "提交" 按钮，触发其 Click 事件，实现将用户登录名及登录时间存储到 Session 对象中的功能，代码如下：

```
protected void Button1_Click(object sender, EventArgs e)
{
    if (txtName.Text == "mr" && txtPwd.Text == "mrsoft")
    {
        Session["UserName"] = txtName.Text;          //使用Session变量记录用户名
        Session["TimeLogin"] = DateTime.Now;         //使用Session变量记录用户登录系统的时间
        Response.Redirect("~/UserPage.aspx");        //跳转到主页
    }
    else
    {
        Response.Write("<script>alert('登录失败！请返回查找原因');location='Login.aspx'</script>");
    }
}
```

（3）在该网站中，添加一个新页，将其命名为 UserPage.aspx。在 UserPage.aspx 页面的加载事件中，将登录页中保存的用户登录信息显示在页面上，同时将在线访问人数显示在该页面中。代码如下：

```
protected void Page_Load(object sender, EventArgs e)
{
    Response.Write("欢迎用户" + Session["UserName"].ToString() + "登录本系统!<br>");
    Label1.Text = "您是该网站的第" + Application["count"].ToString() + "位访问者!";
    Response.Write("您登录的时间为：" + Session["TimeLogin"].ToString());
}
```

6.4.5　Application 对象

Application 对象用于共享应用程序级信息，即多个用户共享一个 Application 对象。具体使用时，在第一个用户请求 ASP.NET 文件时，将启动应用程序并创建 Application 对象，一旦 Application 对象被创建，它就可以共享和管理整个应用程序的信息；在应用程序关闭之前，Application 对象将一直存在，所以，Application 对象是用于启动和管理 ASP.NET 应用程序的主要对象。

Application 对象

Application 对象的常用集合及说明如表 6-13 所示。

表 6-13　Application 对象的集合及说明

集合	说明
Contents	用于访问应用程序状态集合中的对象名
StaticObjects	确定某对象指定属性的值或遍历集合，并检索所有静态对象的属性

Application 对象的常用属性及说明如表 6-14 所示。

表 6-14　Application 对象常用属性及说明

属性	说明
AllKeys	返回全部 Application 对象变量名到一个字符串数组中
Count	获取 Application 对象变量的数量
Item	允许使用索引或 Application 变量名称传回内容值

Application 对象常用方法及说明如表 6-15 所示。

表 6-15　Application 对象常用方法及说明

方法	说明
Add	新增一个 Application 对象变量
Clear	清除全部 Application 对象变量
Lock	锁定全部 Application 对象变量
Remove	使用变量名称移除一个 Application 对象变量
RemoveAll	移除全部 Application 对象变量
Set	使用变量名称更新一个 Application 对象变量的内容
UnLock	解除锁定的 Application 对象变量

【例 6-6】　本实例主要是在 Global.asax 文件中通过对 Application 对象进行设置，实现统计网站访问量的功能。实例运行效果如图 6-8 所示。

图 6-8　统计网站的访问量

Global.asax 文件是一个全局程序集文件，该文件包含响应 ASP.NET 或 HTTP 模块所引发的应用程序级别和会话级别事件的代码。

程序开发步骤如下。

（1）新建一个网站，默认主页名为 Default.aspx，右键单击该网站名称，在弹出的快捷菜单中选择"添加新项"选项，添加一个"全局应用程序类（即 Global.asax 文件）"。

（2）在 Global.asax 文件的 Application_Start 事件中首先将在访问数初始化为 0，代码如下：

```
void Application_Start(object sender, EventArgs e)
{
    // 在应用程序启动时运行的代码
    Application["count"] = 0;
}
```

（3）当有新的用户访问网站时，将建立一个新的 Session 对象，并在 Session 对象的 Session_Start 事件中对 Application 对象加锁，以防止因为多个用户同时访问页面造成并行，同时将访问人数加 1；当用户退出该网站时，关闭该用户的 Session 对象，同理对 Application 对象加锁，然后将访问人数减 1。代码如下：

```
void Session_Start(object sender, EventArgs e)
{
    //在新会话启动时运行的代码
    Application.Lock();
    Application["count"] = (int)Application["count"] + 1;
    Application.UnLock();
}
void Session_End(object sender, EventArgs e)
{
    //在会话结束时运行的代码
    // 注意：只有在 Web.config 文件中的 sessionstate 模式设置为
    // InProc 时，才会引发 Session_End 事件。如果会话模式
    //设置为 StateServer 或 SQLServer，则不会引发该事件。
    Application.Lock();
    Application["count"] = (int)Application["count"] – 1;
    Application.UnLock();
}
```

（4）对 Global.asax 文件进行设置后，需要将访问人数在网站的默认主页 Default.aspx 中显示出来。在 Default.aspx 页面上添加了一个 Label 控件，用于显示访问人数。代码如下：

```
protected void Page_Load(object sender, EventArgs e)
{
    Label1.Text = "您是该网站的第 <B>" + Application["count"].ToString() + "</B> 位访问者！";
}
```

小 结

本章主要对 ASP.NET 中对 HTTP 请求、响应和状态管理进行操作的内置对象进行了详细讲解，内置对象在 ASP.NET 网站开发中经常用到，尤其是 Request 请求对象、Response 响应对象、Session 对象及 Cookie 对象，读者一定要重点掌握。

上机指导

在图书馆管理系统中对数据进行分析时，可以统计每本图书的受欢迎程度，本节实现一个简单的网上投票系统。运行本实例，在"在线投票"页面中选择某选项，单击"投票"按钮，系统会提示投票成功，单击"查看"按钮，跳转到"查看投票结果"页面，该页面中显示每本图书所占投票总数的百分比。程序运行结果分别如图 6-9 和图 6-10 所示。

上机指导

程序开发步骤如下。

（1）新建一个网站，默认主页名为 Default.aspx。

（2）在 Default.aspx 页面中添加一个 Table 表格，用来布局页面；在该 Table 表格中添加一个 RadioButtonList 控件和两个 Button 控件，分别用来供用户选择投票、执行投票操作和查看投票结果功能。

（3）在该网站中添加一个 Web 页面，命名为 Default2.aspx，该页面主要用来显示投票结果；在该网站的虚拟目录下新建 4 个记事本文件 count1.txt、count2.txt、count3.txt 和

count4.txt，分别用来记录各投票选项的投票数量。

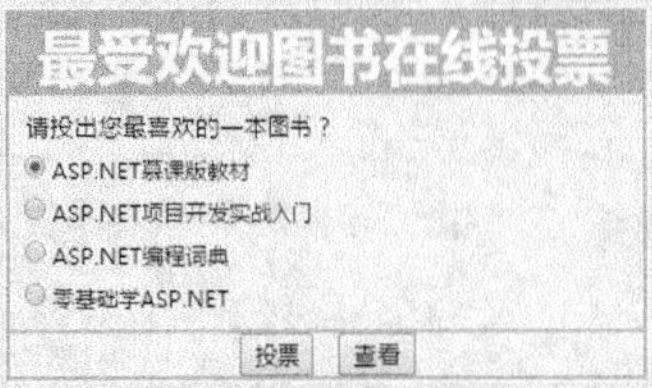

图 6-9　在线投票页面 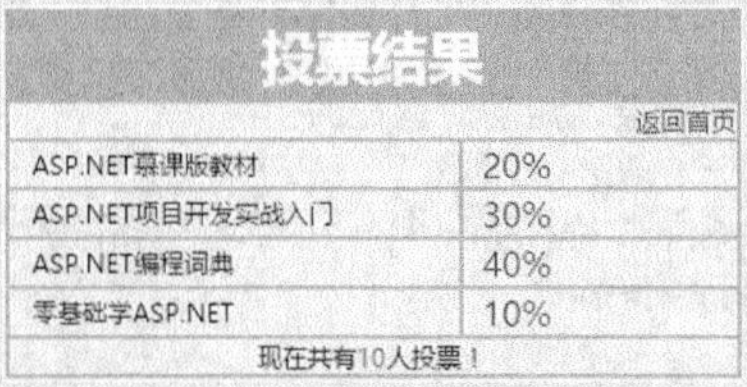　　　　　　　　　图 6-10　查看投票结果页面

（4）为了提高代码的重用率，本系统在实现各功能之前，首先新建了一个公共类文件 count.cs，该类主要用来对 txt 文本文件进行读取和写入操作。在 count.cs 类文件中，定义了两个方法 readCount 和 addCount，其中，readCount 方法用来从 txt 文件中读取投票数量，addCount 方法用来向 txt 文本文件中写入投票数量。readCount 方法实现代码如下：

```
/// <summary>
/// 从txt文件中读取投票数
/// </summary>
/// <param name="P_str_path">要读取的txt文件的路径及名称</param>
/// <returns>返回一个int类型的值，用来记录投票数</returns>
public static int readCount(string P_str_path)
{
    int P_int_count = 0;                                //记录读取的内容
    StreamReader streamread;                            //创建读取流对象
    streamread = File.OpenText(P_str_path);             //打开文件
    while (streamread.Peek() != -1)                     //开始读取数据
    {
        P_int_count = int.Parse(streamread.ReadLine()); //获取文件中的内容
    }
    streamread.Close();                                 //关闭读取流
    return P_int_count;                                 //返回获取到的投票数
}
```

addCount 方法实现代码如下：

```
/// <summary>
/// 写入投票数量
/// </summary>
/// <param name="P_str_path">要操作的txt文件的路径及名称</param>
public static void addCount(string P_str_path)
{
    int P_int_count = readCount(P_str_path);                         //获取原投票数
    P_int_count += 1;                                                //投票数加1
    StreamWriter streamwriter = new StreamWriter(P_str_path, false); //创建写入流对象
    streamwriter.WriteLine(P_int_count);                             //将新数写入文件中
    streamwriter.Close();                                            //关闭写入流对象
}
```

页面 Default.aspx 中，单击"投票"按钮，程序首先判断用户是否已投过票，如果用户已投票，则弹出信息提示框，否则，利用 Cookie 对象保存用户的 IP 地址，并弹出对话框提示用户投票成功。"投票"按钮的 Click 事件代码如下：

```
protected void Button1_Click(object sender, EventArgs e)
{
    string P_str_IP = Request.UserHostAddress.ToString();            //获取客户端IP地址
```

```
HttpCookie oldCookie = Request.Cookies["userIP"];          //创建Cookie对象
if (oldCookie == null)                                     //判断Cookie是否为空
{
    if (RadioButtonList1.SelectedIndex == 0)               //判断第1个选项是否选中
    {
        count.addCount(Server.MapPath("count1.txt"));      //写入第1个文件
    }
    if (RadioButtonList1.SelectedIndex == 1)               //判断第2个选项是否选中
    {
        count.addCount(Server.MapPath("count2.txt"));      //写入第2个文件
    }
    if (RadioButtonList1.SelectedIndex == 2)               //判断第3个选项是否选中
    {
        count.addCount(Server.MapPath("count3.txt"));      //写入第3个文件
    }
    if (RadioButtonList1.SelectedIndex == 3)               //判断第4个选项是否选中
    {
        count.addCount(Server.MapPath("count4.txt"));      //写入第4个文件
    }
    Response.Write("<script>alert('投票成功，谢谢您的参与！')</script>");
    HttpCookie newCookie = new HttpCookie("userIP");       //定义新的Cookie对象
    newCookie.Expires = DateTime.MaxValue;                 //设置Cookie过期时间
    //添加新的Cookie变量IPaddress，值为P_str_IP
    newCookie.Values.Add("IPaddress", P_str_IP);
    Response.AppendCookie(newCookie);                      //将变量写入Cookie文件中
}
else
{
    string P_str_oldIP = oldCookie.Values["IPaddress"];    //获取Cookie中的IP地址
    if (P_str_IP.Trim() == P_str_oldIP.Trim())             //判断客户端IP是否已经存在
    {
        Response.Write("<script>alert('一个IP地址只能投一次票，谢谢您的参与！');</script>");
    }
    else
    {
        HttpCookie newCookie = new HttpCookie("userIP");//创建Cookie对象
        newCookie.Values.Add("IPaddress", P_str_IP);       //添加Cookie值
        newCookie.Expires = DateTime.MaxValue;             //设置Cookie过期时间
        Response.AppendCookie(newCookie);                  //将Cookie添加到服务器相应位置
        if (RadioButtonList1.SelectedIndex == 0)           //判断第1个选项是否选中
        {
            count.addCount("count1.txt");                  //写入第1个文件
        }
        if (RadioButtonList1.SelectedIndex == 1)           //判断第2个选项是否选中
        {
            count.addCount("count2.txt");                  //写入第2个文件
        }
        if (RadioButtonList1.SelectedIndex == 2)           //判断第3个选项是否选中
        {
            count.addCount("count3.txt");                  //写入第3个文件
        }
        if (RadioButtonList1.SelectedIndex == 3)           //判断第4个选项是否选中
        {
```

```
            count.addCount("count4.txt");            //写入第4个文件
        }
        Response.Write("<script>alert('投票成功，谢谢您的参与！')</script>");
    }
  }
}
```

Default2.aspx 页面中，声明 4 个 string 类型的全局变量，用来记录各选项投票数量的百分比，代码如下：

```
protected string M_str_rate1;                    //记录第1项的投票数
protected string M_str_rate2;                    //记录第2项的投票数
protected string M_str_rate3;                    //记录第3项的投票数
protected string M_str_rate4;                    //记录第4项的投票数
```

为了更直观地显示投票结果，在 Default2.aspx 页面中将以百分比的形式来显示。实现此功能时，首先需要将用来记录各选项百分比的全局变量绑定到 Table 表格的单元格中，实现代码如下：

```
<td style="color: #ff0000; background-color: lightcyan">  <% =M_str_rate1%></td>
```

Default2.aspx 页面在加载时，定义了 5 个 int 类型的变量，分别用来记录各选项的投票数量和总的投票数量，然后判断总投票数量是否为 0，如果为 0，弹出信息提示框，说明还没有人投过票，否则，计算各选项所占的百分比，并将其分别赋值给对应的全局变量。Default2.aspx 页面的 Page_Load 事件代码如下：

```
protected void Page_Load(object sender, EventArgs e)
{
    int P_int_count1 = count.readCount(Server.MapPath("count1.txt"));
    int P_int_count2 = count.readCount(Server.MapPath("count2.txt"));
    int P_int_count3 = count.readCount(Server.MapPath("count3.txt"));
    int P_int_count4 = count.readCount(Server.MapPath("count4.txt"));
    int P_int_count = P_int_count1 + P_int_count2 + P_int_count3 + P_int_count4;
    if (P_int_count == 0)
    {
        Response.Write("<script>alert('还没有人投过票！')</script>");
        Label1.Text = "0";
    }
    else
    {
        M_str_rate1 = Convert.ToString(P_int_count1 * 100 / P_int_count) + "%";
        M_str_rate2 = Convert.ToString(P_int_count2 * 100 / P_int_count) + "%";
        M_str_rate3 = Convert.ToString(P_int_count3 * 100 / P_int_count) + "%";
        M_str_rate4 = Convert.ToString(P_int_count4 * 100 / P_int_count) + "%";
        Label1.Text = P_int_count.ToString();
    }
}
```

习 题

6-1 ASP.NET 常用的 6 个内置对象是什么？

6-2 使用 Request 对象接收地址栏传值时，需要用到它的什么属性？

6-3 简述 Server 对象的作用。

6-4 如何在使用 Response 对象跳转页面时传递多个参数？

6-5 如何设置 Cookie 对象的过期时间？

6-6 简述 Application 对象和 Session 对象的区别。

PART 07

第7章

ADO.NET数据访问技术

本章要点：

- 数据库基础
- ADO.NET对象模型及数据访问命名空间
- Connection数据连接对象
- Command命令执行对象
- DataReader数据读取对象
- DataSet对象与DataAdapter对象

■ 开发 Web 应用程序时，为了使客户端能够访问服务器中的数据库，经常需要用到对数据库的各种操作，而这其中，ADO.NET 技术是一种最常用的数据库操作技术。ADO.NET 技术是一组向.NET 程序员公开数据访问服务的类，它为创建分布式数据共享应用程序提供了一组丰富的组件。本章将对 ADO.NET 数据访问技术进行详细讲解。

7.1 数据库基础

数据库概述

7.1.1 数据库概述

数据库是按照数据结构来组织、存储和管理数据的仓库，是存储在一起的相关数据的集合。使用数据库可以减少数据的冗余度，节省数据的存储空间。其具有较高的数据独立性和易扩充性，实现了数据资源的充分共享。计算机系统中只能存储二进制的数据，而数据存在的形式却是多种多样的。数据库可以将多样化的数据转换成二进制的形式，使其能够被计算机识别。同时，可以将存储在数据库中的二进制数据以合理的方式转化为人们可以识别的逻辑数据。

随着数据库技术的发展，为了进一步提高数据库存储数据的高效性和安全性，随之产生了关系型数据库。关系型数据库是由许多数据表组成的，数据表又是由许多条记录组成的，而记录又是由许多的字段组成的，每个字段对应一个对象。根据实际的要求，设置字段的长度、数据类型、是否必须存储数据。

数据库的种类有很多，常见的分类有以下 3 种。

❑ 按照是否支持联网分为单机版数据库和网络版数据库。

❑ 按照存储的容量分为小型数据库、中型数据库、大型数据库和海量数据库。

❑ 按照是否支持关系分为非关系型数据库和关系型数据库。

常见的数据库有 SQL Server、Oracle、MYSQL、Access、Sqllite 和 DB2 等。

7.1.2 数据库的创建及删除

数据库主要用于存储数据及数据库对象（如表、索引）。下面以 Microsoft SQL Server 2014 为例，介绍如何通过管理器来创建和删除数据库。

数据库的创建及
删除

1. 创建数据库

（1）找到 SQL Server 2014 的 SQL Server Management Studio，单击打开如图 7-1 所示的"连接到服务器"对话框，在该对话框中选择登录的服务器名称和身份验证方式，然后输入登录用户名和登录密码。

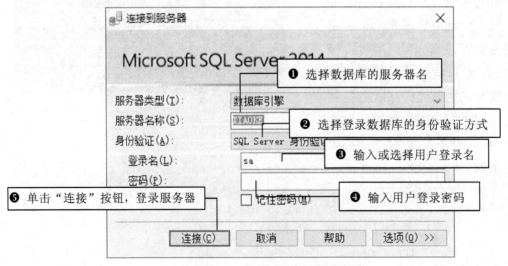

图 7-1 "连接到服务器"对话框

（2）单击"连接"按钮，连接到指定的 SQL Server 2014 服务器，然后展开服务器节点，选中"数据库"节点，单击鼠标右键，在弹出的快捷菜单中选择"新建数据库"命令，打开图 7-2 所示的"新建数据库"对话框，在该对话框中输入新建的数据库的名称，这里输入 db_LibraryMS，表示图书馆管理系统数据库，选择数据库所有者和存放路径，这里的数据库所有者一般为默认。

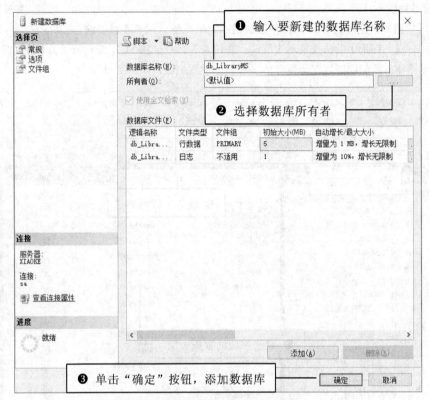

图 7-2 "新建数据库"对话框

（3）单击"确定"按钮，即可新建一个数据库，如图 7-3 所示。

图 7-3 新建的数据库

2. 删除数据库

删除数据库的方法很简单，只需在要删除的数据库上单击鼠标右键，在弹出的快捷菜单中选择"删除"命令即可。

7.1.3 数据表的创建及删除

数据库创建完毕，接下来要在数据库中创建数据表。下面还是以上述的数据库为
例，介绍如何在数据库中创建和删除数据表。

1. 创建数据表

（1）单击数据库名左侧的"+"，打开该数据库的子项目，在子项目中的"表"
项上单击鼠标右键，在弹出的快捷菜单中选择"新建表"命令，在 SQL Server 2014 管理器的右边显示
一个新表，这里输入要创建的表中所需要的字段，并设置主键，如图 7-4 所示。

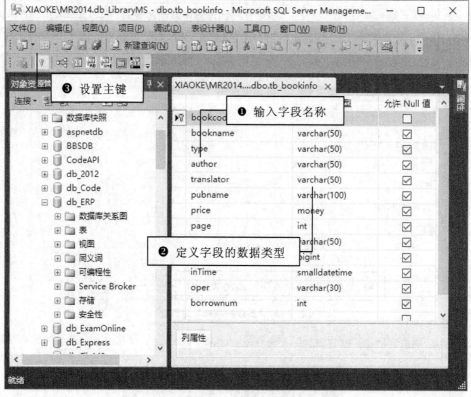

图 7-4　添加字段

（2）单击"保存"按钮，弹出"选择名称"对话框，如图 7-5 所示，输入要新建的数据表的名称，
这里输入 tb_bookinfo，表示库存商品信息表，单击"确定"按钮，即可在数据库中添加一个 tb_bookinfo
数据表。

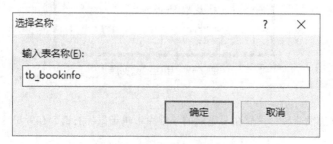

图 7-5　"选择名称"对话框

在创建表结构时，有些字段可能需要设置初始值（如 int 型字段），可以在默认值文本框中输入相应的值。

2. 删除数据表

如果要删除数据库中的某个数据表，只需右键单击数据表，在弹出的快捷菜单中选择"删除"命令即可。

7.1.4　结构化查询语言（SQL）

结构化查询语言（SQL）

SQL 是一种数据库查询和程序设计语言，用于存取数据以及查询、更新和管理关系型数据库系统。SQL 的含义是"结构化查询语言（Structured Query Language）"。目前，SQL 语言有两个不同的标准，分别是美国国家标准学会（ANSI）和国际标准化组织（ISO）。SQL 是一种计算机语言，可以用它与数据库交互。SQL 本身不是一个数据库管理系统，也不是一个独立的产品。但 SQL 是数据库管理系统不可缺少的组成部分，它是与 DBMS 通信的一种语言和工具。由于它功能丰富，语言简洁，使用方法灵活，所以备受用户和计算机业界的青睐，被众多计算机公司和软件公司采用。经过多年的发展，SQL 语言已成为关系型数据库的标准语言。

通过 SQL 语句，可以实现对数据库进行查询、插入、更新和删除操作。使用的 SQL 语句分别是 SELECT 语句、INSERT 语句、UPDATE 语句和 DELETE 语句。下面简单介绍使用这 4 种语句对数据进行的操作。

1. 查询数据

通常使用 SELECT 语句查询数据，SELECT 语句是从数据库中检索数据并查询，并将查询结果以表格的形式返回。

语法如下：

```
SELECT select_list
[ INTO new_table ]
FROM table_source
[ WHERE search_condition ]
[ GROUP BY group_by_expression ]
[ HAVING search_condition ]
[ ORDER BY order_expression [ASC| DESC ]]
```

语法中的参数说明如表 7-1 所示。

表 7-1　SELECT 语句参数说明

参数	说明
Select_list	指定由查询返回的列。它是一个逗号分隔的表达式列表。每个表达式同时定义格式（数据类型和大小）和结果集列的数据来源。每个选择列表表达式通常是对从中获取数据的源表或视图的列的引用，但也可能是其他表达式，例如常量或 T-SQL 函数。在选择列表中使用 * 表达式指定返回源表中的所有列
INTO new_table_name	创建新表并将查询行从查询插入新表中。new_table_name 指定新表的名称
FROM table_list	指定从其中检索行的表。这些来源可能包括基表、视图和链接表。From 子句还可包含连接说明，该说明定义了 SQL Server 用来在表之间进行导航的特定路径。FROM 子句还用在 DELETE 和 UPDATE 语句中，以定义要修改的表

参数	说明
WHERE search_conditions	WHERE 子句指定用于限制返回的行的搜索条件。WHER 子句还用在 DELETE 和 UPDATE 语句中以定义目标表中要修改的行
GROUP BY group_by_list	GROUP BY 子句根据 group_by_list 列中的值将结果集分成组。例如，student 表在"性别"中有两个值。GROUP BY ShipVia 子句将结果集分成两组，每组对应于 ShipVia 的一个值
HAVING search_condition	HAVING 子句是指定组或聚合的搜索条件。逻辑上讲，HAVING 子句从中间结果集对行进行筛选，这些中间结果集是用 SELECT 语句中的 FROM、WHERE 或 GROUP BY 子句创建的。HAVING 子句通常与 GROUP BY 子句一起使用，尽管 HAVING 子句前面不必有 GROUP BY 子句
ORDER BY order_list [ASC | DESC]	ORDER BY 子句定义结果集中的行排列的顺序。order_list 指定组成排序列表的结果集的列。ASC 和 DESC 关键字用于指定行是按升序还是按降序排序。ORDER BY 之所以重要，是因为关系理论规定除非已经指定 ORDER BY，否则不能假设结果集中的行带有任何序列。如果结果集行的顺序对于 SELECT 语句来说很重要，那么在该语句中就必须使用 ORDER BY 子句

为使读者更好地了解 SELECT 语句的用法，下面举例说明如何使用 SELECT 语句。

例如，使用 SELECT 语句查询数据表 tb_bookinfo 中名称为 "ASP.NET 慕课版教材"的图书信息，代码如下：

```
select * from tb_bookinfo where fullname='ASP.NET慕课版教材'
```

2．添加数据

在 SQL 语句中，使用 INSERT 语句向数据表中添加数据。

语法如下：

```
INSERT[INTO]
    {table_name WITH(<table_hint_limited>[...n])
|view_name
|rowset_function_limited
}
{[(column_list)]
    {VALUES
      ({DEFAULT|NULL|expression}[,..n])
      |derived_table
      |execute_statement
    }
}
|DEFAULT VALUES
```

语法中的参数说明如表 7-2 所示。

表 7-2　INSERT 语句参数说明

参数	说明
[INTO]	一个可选的关键字，可以将它用在 INSERT 和目标表之前
table_name	将要接收数据的表或 table 变量的名称
view_name	视图的名称及可选的别名。通过 view_name 来引用的视图必须是可更新的
(column_list)	要在其中插入数据的一列或多列的列表。必须用圆括号将 clumn_list 括起来，并且用逗号进行分隔

参数	说明
VALUES	引入要插入的数据值的列表。对于 column_list（如果已指定）中或者表中的每个列，都必须有一个数据值。必须用圆括号将值列表括起来。如果 VALUES 列表中的值、表中的值与表中列的顺序不相同，或者未包含表中所有列的值，那么必须使用 column_list 明确地指定存储每个传入值的列
DEFAULT	强制 SQL Server 装载为列定义的默认值。如果对于某列并不存在默认值，并且该列允许 NULL，那么就插入 NULL
expression	一个常量、变量或表达式。表达式不能包含 SELECT 或 Execute 语句
derived_table	任何有效的 SELECT 语句，它将返回装载到表中的数据行

例如，使用 INSERT 语句向数据表 tb_bookinfo 中添加一条新的图书信息，代码如下：

insert into tb_bookinfo values('111111', 'ASP.NET慕课版教材','程序设计','明日科技','小王','明日出版社',59,400,'书架1',4000,2017-01-01,01,50)

3．更新数据

使用 UPDATE 语句更新数据，可以修改一个列或者几个列中的值，但一次只能修改一个表。

语法如下：

```
UPDATE
    { table_name WITH(<table_hint_limited>[,…n])
    |view_name
    |rowset_function_limited
    }
    SET
    {column_name={expression|DEFAULT|NULL}
    |@variable=expression
    |@variable=column=expression}[,…n]
    {{[FROM{<table_source>}[,…n]]
    [WHERE
        <search_condition>]}
    |
    [WHERE CURRENT OF
    {{[GLOBAL]cursor_name}|cursor_variable_name}
    ]}
    [OPTION(<query_hint>[,…n])]
```

语法中的参数说明如表 7-3 所示。

表 7-3　UPDATE 语句参数说明

参数	说明
table_name	需要更新的表的名称。如果该表不在当前服务器或数据库中，或不为当前用户所有，那么这个名称可用链接服务器、数据库和所有者名称来限定
WITH（<table_hint_limited>[,…n]）	指定目标表所允许的一个或多个表提示。需要有 WITH 关键字和圆括号。不允许有 READPAST、NOLOCK 和 READUNCOMMITTED
view_name	要更新的视图的名称。通过 view_name 来引用的视图必须是可更新的。用 UPDATE 语句进行的修改，至多只能影响视图的 FROM 子句所引用的基表中的一个

参数	说明
rowset_function_limited	OPENQUERY 或 OPENROWSET 函数，视提供程序功能而定
SET	指定要更新的列或变量名称的列表
column_name	含有要更改数据的列的名称。column_name 必须驻留于 UPDATE 子句中所指定的表或视图中。标识列不能进行更新
expression	变量、字面值、表达式或加上括弧的返回单个值的 SELECT 语句。expression 返回的值将替换 column_name 或@variable 中的现有值
DEFAULT	指定使用列定义的默认值替换列中的现有值。如果该列没有默认值并且定义为允许空值，也可用来将列更改为 NULL
@variable	已声明的变量，该变量将设置为 expression 所返回的值
FROM <table_source>	指定用表来为更新操作提供准则
WHERE	指定条件来限定所更新的行
<search_condition>	为要更新行指定需满足的条件。搜索条件也可以是联接所基于的条件。对搜索条件中可以包含的谓词数量没有限制
CURRENT OF	指定更新在指定游标的当前位置进行
GLOBAL	指定 cursor_name 指的是全局游标
cursor_name	要从中进行提取的开放游标的名称。如果同时存在名为 cursor_name 的全局游标和局部游标，则在指定了 GLOBAL 时，cursor_name 指的是全局游标；如果未指定 GLOBAL，则 cursor_name 指局部游标。游标必须允许更新
cursor_variable_name	游标变量的名称。cursor_variable_name 必须引用允许更新的游标
OPTION(<query_hint>[,…n])	指定优化程序提示用于自定义 SQL Server 的语句处理

例如，由于新进库存，所以将名称为"ASP.NET 慕课版教材"的图书库存量修改为 100，代码如下：

```
update tb_bookinfo set storage=100 where bookname='ASP.NET慕课版教材'
```

4. 删除数据

使用 DELETE 语句删除数据，可以使用一个单一的 DELETE 语句删除一行或多行。当表中没有行满足 Where 子句中指定的条件时，就没有行会被删除，也没有错误产生。

语法如下：

```
DELETE
    [ FROM ]
        { table_name WITH ( < table_hint_limited > [ ,…n ] )
        | view_name
        | rowset_function_limited
        }
        [ FROM { < table_source > } [ ,…n ] ]
    [ WHERE
        { < search_condition >
        | { [ CURRENT OF
            { { [ GLOBAL ] cursor_name }
                | cursor_variable_name
            }
        ] } }
    }
```

]
[OPTION (< query_hint > [,…n])]

语法中的参数说明如表 7-4 所示。

表 7-4　DELETE 语句参数说明

参数	说明
table_name	需要更新的表的名称。如果该表不在当前服务器或数据库中，或不为当前用户所有，那么这个名称可用链接服务器、数据库和所有者名称来限定
WITH(<table_hint_limited>[,…n])	指定目标表所允许的一个或多个表提示。需要有 WITH 关键字和圆括号。不允许有 READPAST、NOLOCK 和 READUNCOMMITTED
view_name	要更新的视图的名称。通过 view_name 来引用的视图必须是可更新的。用 UPDATE 语句进行的修改，至多只能影响视图的 FROM 子句所引用的基表中的一个
rowset_function_limited	OPENQUERY 或 OPENROWSET 函数，视提供程序功能而定
FROM<table_source>	指定用表来为更新操作提供准则
WHERE	指定条件来限定所更新的行
<search_condition>	为要更新行指定需满足的条件。搜索条件也可以是连接所基于的条件。对搜索条件中可以包含的谓词数量没有限制
CURRENT OF	指定更新在指定游标的当前位置进行
GLOBAL	指定 cursor_name 指的是全局游标
cursor_name	要从中进行提取的开放游标的名称。如果同时存在名为 cursor_name 的全局游标和局部游标，则在指定了 GLOBAL 时，cursor_name 指的是全局游标；如果未指定 GLOBAL，则 cursor_name 指局部游标。游标必须允许更新
cursor_variable_name	游标变量的名称。cursor_variable_name 必须引用允许更新的游标
OPTION(<query_hint>[,…n])	指定优化程序提示用于自定义 SQL Server 的语句处理

例如，删除 tb_bookinfo 数据表中图书名称为 "ASP.NET 慕课版教材" 的图书信息，代码如下：
delete from tb_bookinfo where bookname='ASP.NET慕课版教材'

7.2　ADO.NET 概述

ADO.NET 是微软.NET 数据库的访问架构，它是数据库应用程序和数据源之间沟通的桥梁，主要提供一个面向对象的数据访问架构，用来开发数据库应用程序。

7.2.1　ADO.NET 对象模型

为了更好地理解 ADO.NET 架构模型的各个组成部分，这里对 ADO.NET 中的相关对象进行图示理解，如图 7-6 所示为 ADO.NET 对象模型。

ADO.NET 对象模型

ADO.NET 技术主要包括 Connection、Command、DataReader、DataAdapter、DataSet 和 DataTable 等 6 个对象，下面分别进行介绍。

（1）Connection 对象主要提供与数据库的连接功能。

（2）Command 对象用于返回数据、修改数据、运行存储过程以及发送或检索参数信息的数据库命令。

（3）DataReader 对象通过 Command 对象提供从数据库检索信息的功能，它以一种只读的、向前的、快速的方式访问数据库。

（4）DataAdapter 对象提供连接 DataSet 对象和数据源的桥梁，它主要使用 Command 对象在数据源中执行 SQL 命令，以便将数据加载到 DataSet 数据集中，并确保 DataSet 数据集中数据的更改与数据源保持一致。

（5）DataSet 对象是 ADO.NET 的核心概念，它是支持 ADO.NET 断开式、分布式数据方案的核心对象。DataSet 对象是一个数据库容器，可以把它当作是存在于内存中的数据库，无论数据源是什么，它都会提供一致的关系编程模型。

（6）DataTable 对象表示内存中数据的一个表。

图 7-6　ADO.NET 对象模型

7.2.2　数据访问命名空间

在.NET 中，用于数据访问的命名空间如下。

（1）System.Data：提供对表示 ADO.NET 结构的类的访问。通过 ADO.NET 可以生成一些组件，用于有效管理多个数据源的数据。

数据访问命名空间

（2）System.Data.Common：包含由各种.NET Framework 数据提供程序共享的类。

（3）System.Data.Odbc：ODBC.NET Framework 数据提供程序，描述用来访问托管空间中的 ODBC 数据源的类集合。

（4）System.Data.OleDb：OLE DB.NET Framework 数据提供程序，描述了用于访问托管空间中的 OLE DB 数据源的类集合。

（5）System.Data.SqlClient：SQL 服务器.NET Framework 数据提供程序，描述了用于在托管空间中访问 SQL Server 数据库的类集合。

（6）System.Data.SqlTypes：提供 SQL Server 中本机数据类型的类，SqlTypes 中的每个数据类型在 SQL Server 中具有其等效的数据类型。

（7）System.Data.OracleClient：用于 Oracle 的.NET Framework 数据提供程序，描述了用于在托管空间中访问 Oracle 数据源的类集合。

7.3　Connection 数据连接对象

所有对数据库的访问操作都是从建立数据库连接开始的。在打开数据库之前，必须先设置好连接字符串（ConnectionString），然后再调用 Open 方法打开连接，此时便可对数据库进行访问，最后调用 Close 方法关闭连接。

7.3.1　熟悉 Connection 对象

Connection 对象用于连接到数据库和管理对数据库的事务，它的一些属性描述数据源和用户身份验证。Connection 对象还提供一些方法允许程序员与数据源建立连接或者断开连接。并且微软公司提供了 4 种数据提供程序的连接对象，分别为以下 4 项。

熟悉 Connection 对象

 ❑ SQL Server .NET 数据提供程序的 SqlConnection 连接对象，命名空间 System.Data.SqlClient.SqlConnection。

- OLE DB .NET 数据提供程序的 OleDbConnection 连接对象，命名空间 System.Data.OleDb. OleDbConnection。
- ODBC .NET 数据提供程序的 OdbcConnection 连接对象，命名空间 System.Data.Odbc.Odbc Connection。
- Oracle .NET 数据提供程序的 OracleConnection 连接对象，命名空间 System.Data.OracleClient. OracleConnection。

 本章所涉及到的关于 ADO.NET 相关技术的所有实例都将以 SQL Server 数据库为例，引入的命名空间即 System.Data.SqlClient。

7.3.2 数据库连接字符串

为了让连接对象知道欲访问的数据库文件在哪里，用户必须将这些信息用一个字符串加以描述。数据库连接字符串中需要提供的必要信息包括服务器的位置、数据库的名称和数据库的身份验证方式（Windows 集成身份验证或 SQL Server 身份验证），另外，还可以指定其他信息（诸如连接超时等）。

数据库连接字符串

数据库连接字符串常用的参数及说明如表 7-5 所示。

表 7-5 数据库连接字符串常用的参数及说明

参数	说明
Provider	这个属性用于设置或返回连接提供程序的名称，仅用于 OleDbConnection 对象
Connection Timeout	在终止尝试并产生异常前，等待连接到服务器的连接时间长度（以秒为单位）。默认值是 15 秒
Initial Catalog 或 Database	数据库的名称
Data Source 或 Server	连接打开时使用的 SQL Server 名称，或者是 Microsoft Access 数据库的文件名
Password 或 pwd	SQL Server 账户的登录密码
User ID 或 uid	SQL Server 登录账户
Integrated Security	此参数决定连接是否是安全连接。可能的值有 True，False 和 SSPI（SSPI 是 True 的同义词）

下面分别以连接 SQL Server 2014 数据库和 Access 数据库为例介绍如何书写数据库连接字符串。

（1）连接 SQL Server 数据库

语法格式如下：

```
string connectionString="Server=服务器名;User Id=用户;Pwd=密码;DataBase=数据库名称"
```

例如，通过 ADO.NET 技术连接本地 SQL Server 的 db_LibraryMS 数据库，代码如下：

```
//创建连接数据库的字符串
string SqlStr = "Server= mrwxk\\mrwxk;User Id=sa;Pwd=;DataBase=db_LibraryMS";
```

（2）连接 Access 数据库

语法格式如下：

```
string connectionString= "provide=提供者; Data Source=Access文件路径";
```

例如，连接 C 盘根目录下的 db_access.mdb 数据库，代码如下：

```
String connectionStirng= "provide=Microsoft.Jet.OLEDB.4.0;"+@"Data Source=C:\ db_access.mdb";
```

7.3.3 应用 SqlConnection 对象连接数据库

调用 Connection 对象的 Open 方法或 Close 方法可以打开或关闭数据库连接，而且必须在设置好数据库连接字符串后才能调用 Open 方法，否则 Connection 对象不知道要与哪一个数据库建立连接。

应用
SqlConnection 对
象连接数据库

数据库联机资源是有限的，因此在需要的时候才打开连接，且一旦使用完就应该尽早地关闭连接，把资源归还给系统。

下面通过一个例子看一下如何使用 SqlConnection 对象连接 SQL Server 2014 数据库。

> 【例 7-1】 创建一个 Web 应用程序，在页面中添加两个 Label 控件，分别用来显示数据库连接的打开和关闭状态，然后在窗体的加载事件中，通过 SqlConnection 对象的 State 属性来判断数据库的连接状态。

```
protected void Page_Load(object sender, EventArgs e)
{
    //创建数据库连接字符串
    string SqlStr = "Server=(local);User Id=sa;Pwd=;DataBase=db_LibraryMS";
    SqlConnection con = new SqlConnection(SqlStr);        //创建数据库连接对象
    con.Open();                                           //打开数据库连接
    if (con.State == ConnectionState.Open)                //判断连接是否打开
    {
        Label1.Text = "SQL Server数据库连接开启！";
        con.Close();                                      //关闭数据库连接
    }
    if (con.State == ConnectionState.Closed)              //判断连接是否关闭
    {
        Label2.Text = "SQL Server数据库连接关闭！";
    }
}
```

 上面的程序中由于用到 SqlConnection 类，所以首先需要添加 System.Data.SqlClient 命名空间，下面遇到这种情况时将不再说明。

程序运行结果如图 7-7 所示。

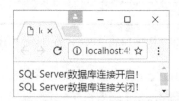

图 7-7　使用 SqlConnection 对象连接数据库

7.4　Command 命令执行对象

7.4.1　熟悉 Command 对象

使用 Connection 对象与数据源建立连接后，可以使用 Command 对象对数据源执行查询、添加、删除和修改等各种操作，操作实现的方式可以是使用 SQL 语句，也可以是使用存储过程。根据.NET Framework 数据提供程序的不同，Command 对象也可以分成 4 种，分别是 SqlCommand、OleDbCommand、OdbcCommand 和 OracleCommand，在实际的编程过程中应该根据访问的数据源不同，选择相对应的 Command 对象。

Command 对象的常用属性及说明如表 7-6 所示。

熟悉 Command
对象

表 7-6　Command 对象的常用属性及说明

属性	说明
CommandType	获取或设置 Command 对象要执行命令的类型
CommandText	获取或设置要对数据源执行的 SQL 语句或存储过程名或表名
CommandTimeOut	获取或设置在终止对执行命令的尝试并生成错误之前的等待时间
Connection	获取或设置 Command 对象使用的 Connection 对象的名称
Parameters	获取 Command 对象需要使用的参数集合

例如，使用 SqlCommand 对象对 SQL Server 数据库执行查询操作，代码如下：

```
//创建数据库连接对象
SqlConnection conn = new SqlConnection("Server=(local);User Id=sa;Pwd=;DataBase=db_LibraryMS");
SqlCommand comm = new SqlCommand();                    //创建对象SqlCommand
comm.Connection = conn;                                //指定数据库连接对象
comm.CommandType = CommandType.Text;                   //设置要执行命令类型
comm.CommandText = "select * from tb_bookinfo";        //设置要执行的SQL语句
```

Command 对象的常用方法及说明如表 7-7 所示。

表 7-7　Command 对象的常用方法及说明

方法	说明
ExecuteNonQuery	用于执行非 SELECT 命令，比如 INSERT、DELETE 或者 UPDATE 命令，并返回 3 个命令所影响的数据行数；另外也可以用来执行一些数据定义命令，比如新建、更新、删除数据库对象（如表、索引等）
ExecuteScalar	用于执行 SELECT 查询命令，返回数据中第一行第一列的值，该方法通常用来执行那些用到 COUNT 或 SUM 函数的 SELECT 命令
ExecuteReader	执行 SELECT 命令，并返回一个 DataReader 对象，这个 DataReader 对象是一个只读向前的数据集

说明

表 7-7 中这 3 种方法非常重要，如果要使用 ADO.NET 完成某种数据库操作，一定会用到上面这些方法，这 3 种方法没有任何的优劣之分，只是使用的场合不同罢了，所以一定要弄清楚它们的返回值类型以及使用方法，以便适当地使用它们。

7.4.2　应用 Command 对象操作数据

以操作 SQL Server 数据库为例，向数据库中添加记录时，首先要创建 SqlConnection 对象连接数据库，然后定义添加数据的 SQL 字符串，最后调用 SqlCommand 对象的 ExecuteNonQuery 方法执行数据的添加操作。

应用 Command 对
象操作数据

【例 7-2】 创建一个 Web 应用程序，在页面中添加两个 TextBox 控件、一个 Label 控件和一个 Button 控件，其中，TextBox 控件用来输入要添加的信息，Label 控件用来显示添加成功或失败信息，Button 控件用来执行数据添加操作。代码如下：

```
protected void Button1_Click(object sender, EventArgs e)
{
    SqlConnection conn = new SqlConnection("Server=(local);User Id=sa;Pwd=;DataBase=db_LibraryMS");
                                                      //创建数据库连接对象
    //定义添加数据的SQL语句
    string strsql = "insert into tb_bookinfo(bookcode,bookname) values('" + TextBox1.Text + "','"
+TextBox2.Text + "')";
    SqlCommand comm = new SqlCommand(strsql, conn);    //创建SqlCommand对象
    if (conn.State == ConnectionState.Closed)          //判断连接是否关闭
    {
        conn.Open();                                   //打开数据库连接
    }
    //判断ExecuteNonQuery方法返回的参数是否大于0，大于0表示添加成功
    if (Convert.ToInt32(comm.ExecuteNonQuery()) > 0)
    {
        Label1.Text = "添加成功！";
    }
    else
    {
        Label1.Text = "添加失败！";
    }
    conn.Close();                                      //关闭数据库连接
}
```

程序运行结果如图 7-8 所示。

图 7-8　使用 Command 对象添加数据

7.4.3　应用 Command 对象调用存储过程

存储过程可以使管理数据库和显示数据库信息等操作变得非常容易，它是 SQL 语句和可选控制流语句的预编译集合，它存储在数据库内，在程序中可以通过 Command 对象来调用，其执行速度比 SQL 语句快，同时还保证了数据的安全性和完整性。

应用 Command 对
象调用存储过程

【例 7-3】 创建一个 Web 应用程序，在页面中添加两个 TextBox 控件、一个 Label 控件和一个 Button 控件，其中，TextBox 控件用来输入要添加的信息，Label 控件用来显示添加成功或失败信息，Button 控件用来调用存储过程执行数据添加操作。

```
protected void Button1_Click(object sender, EventArgs e)
{
    //创建数据库连接对象
    SqlConnection sqlcon = new SqlConnection("Server=(local);User Id=sa;Pwd=;DataBase=db_LibraryMS");
    SqlCommand sqlcmd = new SqlCommand();                    //创建SqlCommand对象
    sqlcmd.Connection = sqlcon;                              //指定数据库连接对象
    sqlcmd.CommandType = CommandType.StoredProcedure;        //指定执行对象为存储过程
    sqlcmd.CommandText = "proc_AddData";                     //指定要执行的存储过程名称
    //为@name参数赋值
    sqlcmd.Parameters.Add("@bookcode", SqlDbType.VarChar, 30).Value = TextBox1.Text;
    //为@money参数赋值
    sqlcmd.Parameters.Add("@bookname", SqlDbType.VarChar, 50).Value = TextBox2.Text;
    if (sqlcon.State == ConnectionState.Closed)              //判断连接是否关闭
    {
        sqlcon.Open();                                       //打开数据库连接
    }
    //判断ExecuteNonQuery方法返回的参数是否大于0，大于0表示添加成功
    if (Convert.ToInt32(sqlcmd.ExecuteNonQuery()) > 0)
    {
        Label1.Text = "添加成功！";
    }
    else
    {
        Label1.Text = "添加失败！";
    }
    sqlcon.Close();                                          //关闭数据库连接
}
```

本实例用到的存储过程代码如下：

```
CREATE proc proc_AddData
(
@bookcode varchar(30),
@bookname varchar(50)
)
as
insert into tb_bookinfo(bookcode,bookname) values(@bookcode,@bookname)
GO
```

程序运行结果与例 7-2 类似，请参见图 7-8。

> proc_AddData 存储过程中使用了以@符号开头的两个参数——@bookcode 和@bookname，
> 对于存储过程参数名称的定义，通常会参考数据表中的列的名称（本实例用到的数据表
> tb_bookinfo 中的列分别为 bookcode 和 bookname），这样可以比较方便地知道这个参数
> 是套用在哪个列的。当然，参数名称可以自定义，但一般都参考数据表中的列进行定义。

7.5 DataReader 数据读取对象

DataReader 对象
概述

7.5.1 DataReader 对象概述

DataReader 对象是一个简单的数据集，它主要用于从数据源中读取只读的数据

集，其常用于检索大量数据。根据.NET Framework 数据提供程序的不同，DataReader 对象也可以分为
SqlDataReader、OleDbDataReader、OdbcDataReader 和 OracleDataReader 等 4 大类。

 由于 DataReader 对象每次只能在内存中保留一行，所以使用它的系统开销非常小。

使用 DataReader 对象读取数据时，必须一直保持与数据库的连接，所以也被称为连线模式，其架构
如图 7-9 所示（这里以 SqlDataReader 为例）。

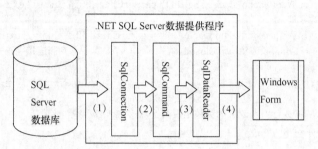

图 7-9　使用 SqlDataReader 对象读取数据

 DataReader 对象是一个轻量级的数据对象，如果只需要将数据读出并显示，那么它是最合
适的工具，因为它的读取速度比稍后要讲解到的 DataSet 对象要快，占用的资源也更少；但
是，一定要牢记：DataReader 对象在读取数据时，要求数据库一直保持在连接状态，只有
在读取完数据之后才能断开连接。

开发人员可以通过 Command 对象的 ExecuteReader 方法从数据源中检索数据来创建 DataReader
对象，DataReader 对象的常用属性及说明如表 7-8 所示。

表 7-8　DataReader 对象常用属性及说明

属性	说明
HasRows	判断数据库中是否有数据
FieldCount	获取当前行的列数
RecordsAffected	获取执行 SQL 语句所更改、添加或删除的行数

DataReader 对象的常用方法及说明如表 7-9 所示。

表 7-9　DataReader 对象常用方法及说明

方法	说明
Read	使 DataReader 对象前进到下一条记录
Close	关闭 DataReader 对象
Get	用来读取数据集的当前行的某一列的数据

7.5.2　使用 DataReader 对象检索数据

使用 DataReader 对象读取数据时，首先需要使用其 HasRows 属性判断是否有数据可供读取，如果

有数据，返回 True，否则返回 False；然后再使用 DataReader 对象的 Read 方法来
循环读取数据表中的数据；最后通过访问 DataReader 对象的列索引来获取读取到的
值，例如，sqldr["ID"]用来获取数据表中 ID 列的值。

使用 DataReader
对象检索数据

> 【例 7-4】 创建一个 Web 应用程序，在页面中添加两个 TextBox 控件，分别
> 用来输入开始日期和截止日期；添加一个 Button 控件，用来执行查询操作；添加
> 一个 GridView 控件，用来显示查询到的指定时间段的图书借取记录。

```
protected void Button1_Click(object sender, EventArgs e)
{
    SqlConnection sqlcon = new SqlConnection("Server=(local);User Id=sa;Pwd=;DataBase=db_LibraryMS");
                                                    //创建数据库连接对象

    //创建SqlCommand对象
    SqlCommand sqlcmd = new SqlCommand("select * from tb_borrowandback where borrowTime between
'" + Convert.ToDateTime(TextBox1.Text) + "' and '" + Convert.ToDateTime(TextBox2.Text) + "'", sqlcon);
    if (sqlcon.State == ConnectionState.Closed)     //判断连接是否关闭
    {
      sqlcon.Open();                                //打开数据库连接
    }
    //使用ExecuteReader方法的返回值创建SqlDataReader对象
    SqlDataReader sqldr = sqlcmd.ExecuteReader();
    GridView1.DataSource = sqldr;
    GridView1.DataBind();
    sqldr.Close();                                 //关闭SqlDataReader对象
    sqlcon.Close();                                //关闭数据库连接
}
```

程序运行结果如图 7-10 所示。

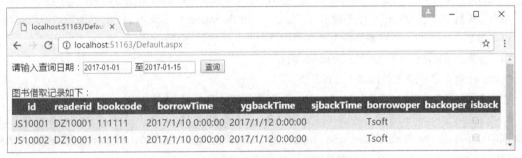

图 7-10 根据日期查询图书借还信息

说明

使用 DataReader 对象读取数据之后，务必将其关闭，否则如果 DataReader 对象未关闭，
则其所使用的 Connection 对象将无法再执行其他的操作。

7.6 DataSet 对象和 DataAdapter 对象

DataSet 对象

7.6.1 DataSet 对象

DataSet 对象是 ADO.NET 的核心成员，它是支持 ADO.NET 断开式、分布式数

据方案的核心对象，也是实现基于非连接的数据查询的核心组件。DataSet
对象是创建在内存中的集合对象，它可以包含任意数量的数据表以及所有表
的约束、索引和关系等，它实质上相当于在内存中的一个小型关系数据库。
一个 DataSet 对象包含一组 DataTable 对象和 DataRelation 对象，其中每
个 DataTable 对象都由 DataColumn、DataRow 和 Constraint 集合对象组
成，如图 7-11 所示。

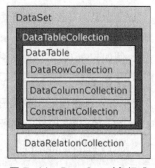

对于 DataSet 对象，可以将其看作是一个数据库容器，它将数据库中的
数据复制了一份放在了用户本地的内存中，供用户在不连接数据库的情况下
读取数据，以便充分利用客户端资源，降低数据库服务器的压力。

图 7-11　DataSet 对象组成

如图 7-12 所示，当把 SQL Server 数据库的数据通过起"桥梁"作用的 SqlDataAdapter 对象填充
到 DataSet 数据集中后，就可以对数据库进行一个断开连接、离线状态的操作，所以图 7-12 中的"标记
④"这一步骤就可以忽略不使用。

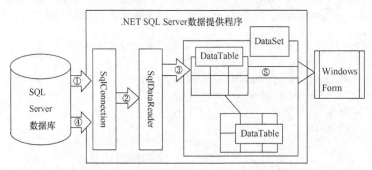

图 7-12　离线模式访问 SQL Server 数据库

DataSet 对象的用法主要有以下几种，这些用法可以单独使用，也可以综合使用。

- ❑ 以编程方式在 DataSet 中创建 DataTable、DataRelation 和 Constraint，并使用数据填充表；
- ❑ 通过 DataAdapter 对象用现有关系数据源中的数据表填充 DataSet；
- ❑ 使用 XML 文件加载和保持 DataSet 内容。

DataSet 数据集中主要包括以下几种子类。

1. 数据表集合（DataTableCollection）和数据表（DataTable）

DataTableCollection 表示 DataSet 的表的集合，它包含特定 DataSet 的所有 DataTable 对象，如果
要访问 DataSet 的 DataTableCollection，需要使用 Tables 属性。DataTableCollection 有以下常用属性。

- ❑ Count：获取集合中的元素的总数。
- ❑ Item[Int32]：获取位于指定索引位置的 DataTable 对象。
- ❑ Item[String]：获取具有指定名称的 DataTable 对象。
- ❑ Item[String, String]：获取指定命名空间中具有指定名称的 DataTable 对象。

DataTableCollection 有以下常用方法。

- ❑ Add：向 DataTableCollection 中添加数据表。
- ❑ Clear：清除所有 DataTable 对象的集合。
- ❑ Contains：指示 DataTableCollection 中是否存在具有指定名称的 DataTable 对象。
- ❑ IndexOf：获取指定 DataTable 对象的索引。
- ❑ Remove：从集合中移除指定的 DataTable 对象。
- ❑ RemoveAt：从集合中移除位于指定索引位置的 DataTable 对象。

DataTableCollection 中的每个数据表都是一个 DataTable 对象，DataTable 表示一个内存中的数据表。DataTable 是 ADO.NET 库中的核心对象，当访问 DataTable 对象时，请注意它们是按条件区分大小写的。例如，如果一个 DataTable 被命名为"mydatatable"，另一个被命名为"Mydatatable"，则用于搜索其中一个表的字符串被认为是区分大小写的。

DataTable 有以下常用属性。

- ❑ Columns：获取属于该表的列的集合。
- ❑ DataSet：获取此表所属的 DataSet。
- ❑ DefaultView：获取可能包括筛选视图或游标位置的表的自定义视图。
- ❑ HasErrors：获取一个值，该值指示该表所属的 DataSet 的任何表的任何行中是否有错误。
- ❑ PrimaryKey：获取或设置充当数据表主键的列的数组。
- ❑ Rows：获取属于该表的行的集合。
- ❑ TableName：获取或设置 DataTable 的名称。

DataTable 有以下常用方法。

- ❑ Clear：清除所有数据的 DataTable。
- ❑ Copy：复制该 DataTable 的结构和数据。
- ❑ Merge：将指定的 DataTable 与当前的 DataTable 合并。
- ❑ NewRow：创建与该表具有相同架构的新 DataRow。

2．数据列集合（DataColumnCollection）和数据列（DataColumn）

DataColumnCollection 表示 DataTable 的 DataColumn 对象的集合，它定义 DataTable 的架构，并确定每个 DataColumn 可以包含什么种类的数据。可以通过 DataTable 对象的 Columns 属性访问 DataColumnCollection。DataColumnCollection 有以下常用属性。

- ❑ Count：获取集合中的元素的总数。
- ❑ Item[Int32]：获取位于指定索引位置的 DataColumn。
- ❑ Item[String]：获取具有指定名称的 DataColumn。

DataColumnCollection 有以下常用方法。

- ❑ Add：向 DataColumnCollection 中添加 DataColumn。
- ❑ Clear：清除集合中的所有列。
- ❑ Contains：检查集合是否包含具有指定名称的列。
- ❑ IndexOf：获取按名称指定的列的索引。
- ❑ Remove：从集合中移除指定的 DataColumn 对象。
- ❑ RemoveAt：从集合中移除指定索引位置的列。

数据表中的每个字段都是一个 DataColumn 对象，它是用于创建 DataTable 的架构的基本构造块。通过向 DataColumnCollection 中添加一个或多个 DataColumn 对象来生成这个架构。

DataColumn 有以下常用属性。

- ❑ Caption：获取或设置列的标题。
- ❑ ColumnName：获取或设置 DataColumnCollection 中的列的名称。
- ❑ DataType：获取或设置存储在列中的数据的类型。
- ❑ DefaultValue：在创建新行时获取或设置列的默认值。
- ❑ MaxLength：获取或设置文本列的最大长度。
- ❑ Table：获取列所属的 DataTable。

3．数据行集合（DataRowCollection）和数据行（DataRow）

DataRowCollection 是 DataTable 的主要组件，当 DataColumnCollection 定义表的架构时，

DataRowCollection 中包含表的实际数据，在该表中，DataRowCollection 中的每个 DataRow 表示单行。

DataRowCollection 有以下常用属性。

- ❑ Count：获取该集合中 DataRow 对象的总数。
- ❑ Item：获取指定索引处的行。

DataRowCollection 有以下常用方法。

- ❑ Add：将指定的 DataRow 添加到 DataRowCollection 对象中。
- ❑ Clear：清除所有行的集合。
- ❑ Contains：该值指示集合中任何行的主键中是否包含指定的值。
- ❑ Find：获取包含指定的主键值的行。
- ❑ IndexOf：获取指定 DataRow 对象的索引。
- ❑ InsertAt：将新行插入到集合中的指定位置。
- ❑ Remove：从集合中移除指定的 DataTable 对象。
- ❑ RemoveAt：从集合中移除位于指定索引位置的 DataTable 对象。

DataRow 表示 DataTable 中的一行数据，它和 DataColumn 对象是 DataTable 的主要组件。使用 DataRow 对象及其属性和方法可以检索、评估、插入、删除和更新 DataTable 中的值。

DataRow 有以下常用属性。

- ❑ HasErrors：获取一个值，该值指示某行是否包含错误。
- ❑ Item[DataColumn]：获取或设置存储在指定的 DataColumn 中的数据。
- ❑ Item[Int32]：获取或设置存储在由索引指定的列中的数据。
- ❑ Item[String]：获取或设置存储在由名称指定的列中的数据。
- ❑ ItemArray：通过一个数组来获取或设置此行的所有值。
- ❑ Table：获取该行拥有其架构的 DataTable。

DataRow 有以下常用方法。

- ❑ BeginEdit：对 DataRow 对象开始编辑操作。
- ❑ CancelEdit：取消对该行的当前编辑。
- ❑ Delete：删除 DataRow。
- ❑ EndEdit：终止发生在该行的编辑。
- ❑ IsNull：指示指定的 DataColumn 是否包含 null 值。

7.6.2 DataAdapter 对象

DataAdapter 对象（即数据适配器）是一种用来充当 DataSet 对象与实际数据源之间桥梁的对象，可以说只要有 DataSet 对象的地方就有 DataAdapter 对象，它也是专门为 DataSet 对象服务的。DataAdapter 对象的工作步骤一般有两种：一种是通过 Command 对象执行 SQL 语句，从而从数据源中检索数据，并将检索到的结果集填充到 DataSet 对象中；另一种是把用户对 DataSet 对象做出的更改写入到数据源中。

DataAdapter 对象

在.NET Framework 中使用 4 种 DataAdapter 对象，即 OleDbDataAdapter、SqlData Adapter、ODBCDataAdapter 和 OracleDataAdapter，其中，OleDbDataAdapter 对象适用于 OLEDB 数据源；SqlDataAdapter 对象适用于 SQL Server 7.0 或更高版本的数据源；ODBCDataAdapter 对象适用于 ODBC 数据源；OracleDataAdapter 对象适用于 Oracle 数据源。

DataAdapter 对象常用属性及说明如表 7-10 所示。

表 7-10　DataAdapter 对象常用属性及说明

属性	说明
SelectCommand	获取或设置用于在数据源中选择记录的命令
InsertCommand	获取或设置用于将新记录插入到数据源中的命令
UpdateCommand	获取或设置用于更新数据源中记录的命令
DeleteCommand	获取或设置用于从数据集中删除记录的命令

由于 DataSet 对象是一个非连接的对象，它与数据源无关，也就是说该对象并不能直接跟数据源产生联系，而 DataAdapter 对象则正好负责填充它并把它的数据提交给一个特定的数据源，它与 DataSet 对象配合使用来执行数据查询、添加、修改和删除等操作。

例如，对 DataAdapter 对象的 SelectCommand 属性赋值，从而实现数据的查询操作，代码如下：

```
SqlConnection con=new SqlConnection(strCon);            //创建数据库连接对象
SqlDataAdapter ada = new SqlDataAdapter();              //创建SqlDataAdapter对象
//给SqlDataAdapter的SelectCommand赋值
ada.SelectCommand=new SqlCommand("select * from tb_bookinfo",con);
…                                                      //省略后继代码
```

同样，可以使用上述方法给 DataAdapter 对象的 InsertCommand、UpdateCommand 和 DeleteCommand 属性赋值，从而实现数据的添加、修改和删除等操作。

例如，对 DataAdapter 对象的 UpdateCommand 属性赋值，从而实现数据的修改操作，代码如下：

```
SqlConnection con=new SqlConnection(strCon);            //创建数据库连接对象
SqlDataAdapter da = new SqlDataAdapter();               //创建SqlDataAdapter对象
//给SqlDataAdapter的UpdateCommand属性赋值，指定执行修改操作的SQL语句
da.UpdateCommand = new SqlCommand("update tb_bookinfo set bookname = @bookname where bookcode=@bookcode", con);
da.UpdateCommand.Parameters.Add("@bookname", SqlDbType.VarChar, 50).Value = textBox1.Text;
                                                       //为@bookname参数赋值
da.UpdateCommand.Parameters.Add("@bookcode", SqlDbType.VarChar, 30).Value = Convert.ToInt32
(comboBox1.Text);                                      //为@bookcode参数赋值
…                                                      //省略后继代码
```

DataAdapter 对象常用方法及说明如表 7-11 所示。

表 7-11　DataAdapter 对象的常用方法及说明

方法	说明
Fill	从数据源中提取数据以填充数据集
Update	更新数据源

 使用 DataAdapter 对象的 Fill 方法填充 DataSet 数据集时，其中的表名称可以自定义，而并不是必须与原数据库中的表名称相同。

7.6.3　填充 DataSet 数据集

使用 DataAdapter 对象填充 DataSet 数据集时，需要用到其 Fill 方法，该方法最常用的 3 种重载形

式如下。

- int Fill(DataSet dataset)：添加或更新参数所指定的 DataSet 数据集，返回值是影响的行数。
- int Fill(DataTable datatable)：将数据填充到一个数据表中。
- int Fill(DataSet dataset, String tableName)：填充指定的 DataSet 数据集中的指定表。

填充 DataSet 数据集

【例 7-5】创建一个 Web 应用程序，在页面中添加一个 GridView 控件，用来显示使用 DataAdapter 对象填充后的 DataSet 数据集中的数据。

```
protected void Page_Load(object sender, EventArgs e)
{
    //定义数据库连接字符串
    string strCon = "Server=(local);User Id=sa;Pwd=;DataBase=db_LibraryMS";
    SqlConnection sqlcon = new SqlConnection(strCon);        //创建数据库连接对象
    //创建数据库桥接器对象
    SqlDataAdapter sqlda = new SqlDataAdapter("select * from tb_bookinfo", sqlcon);
    DataSet myds = new DataSet();                            //创建数据集对象
    sqlda.Fill(myds, "tabName");                             //填充数据集中的指定表
    GridView1.DataSource = myds.Tables["tabName"];           //为GridView1指定数据源
    GridView1.DataBind();
}
```

程序运行结果如图 7-13 所示。

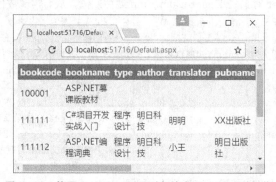

图 7-13　使用 DataAdapter 对象填充 DataSet 数据集

7.6.4　DataSet 对象与 DataReader 对象的区别

ADO.NET 中提供了两个对象用于检索关系数据——DataSet 对象与 DataReader 对象，其中，DataSet 对象是将用户需要的数据从数据库中"复制"下来存储在内存中，用户是对内存中的数据直接操作；而 DataReader 对象则像一根管道，连接到数据库上，"抽"出用户需要的数据后，管道断开，所以用户在使用 DataReader 对象读取数据时，一定要保证数据库的连接状态是开启的，而使用 DataSet 对象时就没有这个必要。

DataSet 对象与 DataReader 对象的区别

小　结

本章主要对如何使用 ASP.NET 操作数据库进行了详细讲解，具体讲解时，首先介绍了数

据库的基础知识；然后重点对 ADO.NET 数据访问技术进行了详细讲解。在 ADO.NET 中提供了连接数据库对象（Connection 对象）、执行 SQL 语句对象（Command 对象）、读取数据对象（DataReader 对象）、数据适配器对象（DataAdapter 对象）以及数据集对象（DataSet 对象），这些对象是 ASP.NET 操作数据库的主要对象，需要读者重点掌握。

上机指导

数据的批量更新是 ASP.NET 网站中经常用到的技术，它可以大大提高工作效率。本实例实现了批量更新图书馆管理系统中的图书入库日期。程序运行结果如图 7-14 所示。

图 7-14　批量更新图书入库时间

程序开发步骤如下。

（1）新建一个网站，将其命名为 UpdateDates，默认主页名为 Default.aspx。

（2）在 Default.aspx 页面中添加两个 CheckBox 控件，分别用来实现单条数据的选择、全选/反选操作；添加一个 GridView 控件，用来显示供求信息；添加一个 Button 控件，用来执行批量更新操作。GridView 控件的设计代码如下：

上机指导

```
<asp:GridView ID="GridView1" runat="server" AutoGenerateColumns="False"
        OnRowDataBound="GridView1_RowDataBound"
        OnSelectedIndexChanging="GridView1_SelectedIndexChanging" Font-Size="9pt"
        AllowPaging="True" EmptyDataText="没有相关数据可以显示！"
        OnPageIndexChanging="GridView1_PageIndexChanging" CellPadding="3"
        ForeColor="Black" GridLines="Vertical" BackColor="White" BorderColor="#999999"
        BorderStyle="Solid" BorderWidth="1px">
    <Columns>
        <asp:TemplateField>
                <ItemTemplate>
                    <asp:CheckBox ID="cbSingleOrMore" runat="server" />
                </ItemTemplate>
        </asp:TemplateField>
        <asp:BoundField DataField="bookcode" HeaderText="图书编码" />
        <asp:BoundField DataField="bookname" HeaderText="图书名称" />
        <asp:BoundField DataField="type" HeaderText="所属分类" />
        <asp:BoundField DataField="author" HeaderText="作者" />
        <asp:BoundField DataField="pubname" HeaderText="出版社" />
        <asp:BoundField DataField="storage" HeaderText="库存量" />
```

```
                        <asp:BoundField DataField="inTime" HeaderText="入库时间"
                            DataFormatString="{0:d}" />
                    </Columns>
                    <FooterStyle BackColor="#CCCCCC" />
                    <SelectedRowStyle BackColor="#000099" Font-Bold="True" ForeColor="White" />
                    <PagerStyle BackColor="#999999" ForeColor="Black" HorizontalAlign="Center" />
                    <HeaderStyle BackColor="Black" Font-Bold="True" ForeColor="White" />
                    <AlternatingRowStyle BackColor="#CCCCCC" />
                    <SortedAscendingCellStyle BackColor="#F1F1F1" />
                    <SortedAscendingHeaderStyle BackColor="#808080" />
                    <SortedDescendingCellStyle BackColor="#CAC9C9" />
                    <SortedDescendingHeaderStyle BackColor="#383838" />
                </asp:GridView>
```

（3）单击页面中的"全选/反选"复选框，触发其 CheckedChanged 事件，在该事件中实现全选或反选所有数据行的功能。代码如下：

```
protected void cbAll_CheckedChanged(object sender, EventArgs e)
{
    for (int i = 0; i <= GridView1.Rows.Count - 1; i++)          //遍历
    {
        CheckBox cbox = (CheckBox)GridView1.Rows[i].FindControl("cbSingleOrMore");
        if (cbAll.Checked == true)
        {
            cbox.Checked = true;
        }
        else
        {
            cbox.Checked = false;
        }
    }
}
```

（4）单击页面中的"更新发布时间"按钮，在其 Click 事件中实现批量更新选中的图书入库时间的功能，代码如下：

```
protected void btnUpdateTime_Click(object sender, EventArgs e)
{
    sqlcon = new SqlConnection(strCon);                         //创建数据库连接
    SqlCommand sqlcom;                                         //创建命令对象变量
    int result = 0;
    for (int i = 0; i <= GridView1.Rows.Count - 1; i++)          //循环遍历GridView控件每一项
    {
        CheckBox cbox = (CheckBox)GridView1.Rows[i].FindControl("cbSingleOrMore");
        if (cbox.Checked == true)
        {
            string strSql = "Update tb_bookinfo set inTime=@inTime where bookcode=@bookcode";
            if (sqlcon.State.Equals(ConnectionState.Closed))
                sqlcon.Open();                                 //打开数据库连接
            sqlcom = new SqlCommand(strSql, sqlcon);
            //实例化事务，注意实例化事务必须在数据库连接开启状态下
            SqlTransaction tran = sqlcon.BeginTransaction();
            sqlcom.Transaction = tran;                         //将命令对象与连接对象关联
            try
            {
                SqlParameter[] prams = {
```

```
                                new SqlParameter("@inTime",SqlDbType.SmallDateTime),
                                new SqlParameter("@bookcode",SqlDbType.VarChar,30)
                                };
                prams[0].Value = DateTime.Now;
                prams[1].Value = GridView1.DataKeys[i].Value;
                foreach (SqlParameter parameter in prams)
                {
                    sqlcom.Parameters.Add(parameter);
                }
                result = sqlcom.ExecuteNonQuery();        //接收影响的行数
                tran.Commit();                            //提交事务
            }
            catch (SqlException ex)
            {
                StrHelper.Alert(string.Format("SQL语句发生了异常,异常如下所示:\n{0}", ex.Message));
                tran.Rollback();                          //出现异常,即回滚事务,防止出现脏数据
                return;
            }
            finally
            {
                sqlcon.Close();
            }
        }
    }
    StrHelper.Alert("数据更新成功! ");
    GV_DataBind();                                        //重新绑定控件数据
}
```

（5）上面的代码中用到了 GV_DataBind 自定义方法，该方法用来对 GridView 控件进行数据绑定，代码如下：

```
public void GV_DataBind()
{
    string sqlstr = "select * from tb_bookinfo";
    sqlcon = new SqlConnection(strCon);
    SqlDataAdapter da = new SqlDataAdapter(sqlstr, sqlcon);
    DataSet ds = new DataSet();
    sqlcon.Open();
    da.Fill(ds, "tb_bookinfo");
    sqlcon.Close();
    this.GridView1.DataSource = ds;
    this.GridView1.DataKeyNames = new string[] { "bookcode" };
    this.GridView1.DataBind();
    if (GridView1.Rows.Count > 0)
    {
        return;                                           //有数据,不要处理
    }
    else                                                  //显示表头并显示没有数据的提示信息
    {
        StrHelper.GridViewHeader(GridView1);
    }
}
```

习 题

7-1　对数据表执行添加、修改和删除操作时，分别使用什么语句？

7-2　ADO.NET 中主要包含哪几个对象？

7-3　如何连接 SQL Server 数据库？

7-4　DataSet 对象主要包括哪几个子类？

7-5　DataAdapter 对象和 DataSet 对象有什么关系？

7-6　如何访问 DataSet 数据集中的指定数据表？

7-7　简述 DataSet 对象与 DataReader 对象的区别。

第8章

使用LINQ进行数据访问

本章要点：

■ LINQ的基本概念
■ var和Lanbda表达式的使用
■ LINQ查询表达式的常用操作
■ 使用LINQ查询SQL Server数据库
■ 使用LINQ更新SQL Server数据库
■ LinqDataSource控件的使用

■ LINQ（Language-Integrated Query，语言集成查询）能够将查询功能直接引入到.NET Framework所支持的编程语言中。查询操作可以通过编程语言自身来传达，而不是以字符串形式嵌入到应用程序代码中。本章将主要对 LINQ 查询表达式基础及如何使用 LINQ 操作 SQL Server 数据库进行详细讲解。

8.1 LINQ 基础

LINQ 概述

8.1.1 LINQ 概述

语言集成查询（LINQ）可以为 C#和 Visual Basic 提供强大的查询功能。LINQ 引入了标准的、易于学习的查询和更新数据模式，可以对其技术进行扩展以支持几乎任何类型的数据存储。Visual Studio 2012 包含了 LINQ 提供程序的程序集，这些程序集支持将 LINQ 与.NET Framework 集合、SQL Server 数据库、ADO.NET 数据集和 XML 文档一起使用，从而在对象领域和数据领域之间架起了一座桥梁。

LINQ 主要由 3 部分组成：LINQ to ADO.NET、LINQ to Objects 和 LINQ to XML。其中，LINQ to ADO.NET 可以分为两部分：LINQ to SQL 和 LINQ to DataSet。LINQ 可以查询或操作任何存储形式的数据，其组成说明如下。

❑ LINQ to SQL 组件，可以查询基于关系数据库的数据，并对这些数据进行检索、插入、修改、删除、排序、聚合、分区等操作。

❑ LINQ to DataSet 组件，可以查询 DataSet 对象中的数据，并对这些数据进行检索、过滤、排序等操作。

❑ LINQ to Objects 组件，可以查询 Ienumerable 或 Ienumerable<T>集合，也就是可以查询任何可枚举的集合，如数据（Array 和 ArrayList）、泛型列表 List<T>、泛型字典 Dictionary<T>等，以及用户自定义的集合，而不需要使用 LINQ 提供程序或 API。

❑ LINQ to XML 组件，可以查询或操作 XML 结构的数据（如 XML 文档、XML 片段、XML 格式的字符串等），并提供了修改文档对象模型的内存文档和支持 LINQ 查询表达式等功能，以及处理 XML 文档的全新的编程接口。

LINQ 可以查询或操作任何存储形式的数，如对象（集合、数组、字符串等）、关系（关系数据库、ADO.NET 数据集等）以及 XML。LINQ 架构如图 8-1 所示。

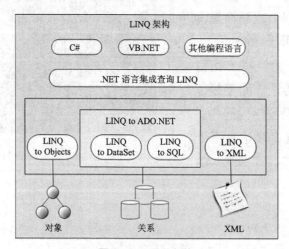

图 8-1　LINQ 架构

8.1.2 LINQ 查询

语言集成查询（LINQ）是一组技术的名称，这些技术建立在将查询功能直接集成到 C#语言（以及

Visual Basic 和可能的任何其他.NET 语言）的基础上。借助于 LINQ，查询现在已是高级语言构造，就如同类、方法和事件等。

LINQ 查询

对于编写查询的开发人员来说，LINQ 最明显的"语言集成"部分是查询表达式。查询表达式是使用 C#中引入的声明性查询语法编写的。通过使用查询语法，开发人员可以使用最少的代码对数据源执行复杂的筛选、排序和分组操作，使用相同的基本查询表达式模式来查询和转换 SQL 数据库、ADO.NET 数据集、XML 文档和流以及.NET 集合中的数据等。

使用 LINQ 查询表达式时，需要注意以下 8 点。

- ❑ 查询表达式可用于查询和转换来自任意支持 LINQ 的数据源中的数据。例如，单个查询可以从 SQL 数据库检索数据，并生成 XML 流作为输出。
- ❑ 查询表达式容易掌握，因为它们使用许多常见的 C#语言构造。
- ❑ 查询表达式中的变量都是强类型的，但许多情况下不需要显式提供类型，因为编译器可以推断类型。
- ❑ 在循环访问 foreach 语句中的查询变量之前，不会执行查询。
- ❑ 在编译时，根据 C#规范中设置的规则将查询表达式转换为"标准查询运算符"方法调用。任何可以使用查询语法表示的查询都可以使用方法语法表示，但是多数情况下查询语法更易读和简洁。
- ❑ 作为编写 LINQ 查询的一项规则，建议尽量使用查询语法，只在必须的情况下才使用方法语法。
- ❑ 一些查询操作，如 Count 或 Max 等，由于没有等效的查询表达式子句，因此必须表示为方法调用。
- ❑ 查询表达式可以编译为表达式目录树或委托，具体取决于查询所应用到的类型。其中，IEnumerable<T>查询编译为委托，IQueryable 和 IQueryable<T>查询编译为表达式目录树。

LINQ 查询表达式包含 8 个基本子句，分别为 from、select、group、where、orderby、join、let 和 into，其说明如表 8-1 所示。

表 8-1　LINQ 查询表达式子句及说明

子句	说明
from	指定数据源和范围变量
select	指定当执行查询时返回的序列中的元素将具有的类型和形式
group	按照指定的键值对查询结果进行分组
where	根据一个或多个由逻辑"与"和逻辑"或"运算符（&&或||）分隔的布尔表达式筛选源元素
orderby	基于元素类型的默认比较器按升序或降序对查询结果进行排序
join	基于两个指定匹配条件之间的相等比较来连接两个数据源
let	引入一个用于存储查询表达式中的子表达式结果的范围变量
into	提供一个标识符，它可以充当对 join、group 或 select 子句的结果的引用

【例 8-1】　创建一个控制台应用程序，首先定义一个字符串数组，然后使用 LINQ 查询表达式查找数组中长度小于 11 的所有项并输出。

```
static void Main(string[] args)
{
    //定义一个字符串数组
    string[] strName = new string[] { "明日科技","ASP.NET编程词典", "ASP.NET从入门到精通", "ASP.NET
慕课版" };
    //定义LINQ查询表达式，从数组中查找长度小于7的所有项
    IEnumerable<string> selectQuery =
        from Name in strName
```

```
        where Name.Length<11
        select Name;
    //执行LINQ查询，并输出结果
    foreach (string str in selectQuery)
    {
        Console.WriteLine(str);
    }
    Console.ReadLine();
}
```

程序运行结果如图 8-2 所示。

图 8-2　LINQ 查询表达式的使用

8.1.3　使用 var 创建隐型局部变量

使用 var 创建隐型
局部变量

在 C#中声明变量时，可以不明确指定其数据类型，而使用关键字 var 来声明。var 关键字用来创建隐型局部变量，它指示编译器根据初始化语句右侧的表达式推断变量的类型。推断类型可以是内置类型、匿名类型、用户定义类型、.NET Framework 类库中定义的类型或任何表达式。

例如，使用 var 关键字声明一个隐型局部变量，并赋值为 2017。代码如下：

```
var number = 2017;                                      //声明隐型局部变量
```

在很多情况下，var 是可选的，它只是提供了语法上的便利。但在使用匿名类型初始化变量时，需要使用它，这在 LINQ 查询表达式中很常见。由于只有编译器知道匿名类型的名称，因此必须在源代码中使用 var。如果已经使用 var 初始化了查询变量，则还必须使用 var 作为对查询变量进行循环访问的 foreach 语句中迭代变量的类型。

【例 8-2】 创建一个控制台应用程序，首先定义一个字符串数组，然后通过定义隐型查询表达式将字符串数组中的单词分别转换为大写和小写，最后循环访问隐型查询表达式，并输出相应的大小写单词。

```
static void Main(string[] args)
{
    string[] strWords = { "MingRi", "XiaoKe", "MRBccd" };          //定义字符串数组
    //定义隐型查询表达式
    var ChangeWord =
        from word in strWords
        select new { Upper = word.ToUpper(), Lower = word.ToLower() };
    //循环访问隐型查询表达式
    foreach (var vWord in ChangeWord)
    {
        Console.WriteLine("大写：{0}，小写：{1}", vWord.Upper, vWord.Lower);
    }
    Console.ReadLine();
}
```

程序运行结果如图 8-3 所示。

图 8-3 var 关键字的使用

使用隐式类型的变量时，需要遵循以下规则。

❑ 只有在同一语句中声明和初始化局部变量时，才能使用 var；不能将该变量初始化为 null。

❑ 不能将 var 用于类范围的域。

❑ 由 var 声明的变量不能用在初始化表达式中，比如 var v = v++;，这样会产生编译时错误。

❑ 不能在同一语句中初始化多个隐式类型的变量。

❑ 如果一个名为 var 的类型位于范围中，则当尝试用 var 关键字初始化局部变量时，将产生编译时错误。

8.1.4 Lambda 表达式的使用

Lambda 表达式是一个匿名函数，它可以包含表达式和语句，并且可用于创建委托或表达式目录树类型。所有 Lambda 表达式都使用 Lambda 运算符 "=>"，（读为 goes to）。Lambda 运算符的左边是输入参数（如果有），右边包含表达式或语句块。例如，Lambda 表达式 x => x * x 读作 x goes to x times x。Lambda 表达式的基本形式如下：

Lambda 表达式的使用

```
(input parameters) => expression
```

其中，input parameters 表示输入参数，expression 表示表达式。

（1）Lambda 表达式用在基于方法的 LINQ 查询中，作为诸如 Where 和 Where(IQueryable, String, Object[])等标准查询运算符方法的参数。

（2）使用基于方法的语法在 Enumerable 类中调用 Where 方法时（像在 LINQ to Objects 和 LINQ to XML 中那样），参数是委托类型 Func<T, TResult>，使用 Lambda 表达式创建委托最为方便。

【例 8-3】 创建一个控制台应用程序，首先定义一个字符串数组，然后通过使用 Lambda 表达式查找数组中包含 "ASP.NET" 的字符串。

```
static void Main(string[] args)
{
    //声明一个数组并初始化
    string[] strLists = new string[] { "明日科技", "ASP.NET编程词典", "ASP.NET慕课版教材" };
    //使用Lambda表达式查找数组中包含"ASP.NET"的字符串
    string[] strList = Array.FindAll(strLists, s => (s.IndexOf("ASP.NET") >= 0));
    //使用foreach语句遍历输出
    foreach (string str in strList)
    {
        Console.WriteLine(str);
```

```
        }
        Console.ReadLine();
    }
```

程序运行结果如图 8-4 所示。

图 8-4 Lambda 表达式的使用

下列规则适用于 Lambda 表达式中的变量范围。

❑ 捕获的变量将不会被作为垃圾回收，直至引用变量的委托超出范围为止。

❑ 在外部方法中看不到 Lambda 表达式内引入的变量。

❑ Lambda 表达式无法从封闭方法中直接捕获 ref 或 out 参数。

❑ Lambda 表达式中的返回语句不会导致封闭方法返回。

❑ Lambda 表达式不能包含其目标位于所包含匿名函数主体外部或内部的 goto 语句、break 语句
或 continue 语句。

8.2 LINQ 查询表达式

本节将对在 LINQ 查询表达式中常用的操作进行讲解。

获取数据源

8.2.1 获取数据源

在 LINQ 查询中，第一步是指定数据源。像在大多数编程语言中一样，在 C# 中，必须先声明变量，
才能使用它。在 LINQ 查询中，最先使用 from 子句的目的是引入数据源和范围变量。

例如，从图书信息表（tb_bookinfo）中获取所有图书信息，代码如下：

```
var queryStock = from Info in tb_bookinfo
        select Info;
```

范围变量类似于 foreach 循环中的迭代变量，但在查询表达式中，实际上不发生
迭代。执行查询时，范围变量将用作对数据源中的每个后续元素的引用。因为编译器
可以推断 cust 的类型，所以不必显式指定此类型。

8.2.2 筛选

筛选

最常用的查询操作是应用布尔表达式形式的筛选器，该筛选器使查询只返回那些
表达式结果 true 的元素。使用 where 子句生成结果，实际上，筛选器指定从源序列中排除哪些元素。

例如，查询图书信息表（tb_bookinfo）中名称为"ASP.NET 慕课版教材"的详细信息，代码如下：

```
var query = from Info in tb_bookinfo
        where Info.bookname == "ASP.NET慕课版教材"
        select Info;
```

也可以使用熟悉的 C# 逻辑与、或运算符来根据需要在 where 子句中应用任意数量的筛选表达式。例
如，如果要只返回商品名称为"ASP.NET 慕课版教材"并且分类为"程序设计"的图书信息，可以将
where 修改如下：

```
where Info.bookname == "ASP.NET慕课版教材" && Info.type == "程序设计"
```

而如果要返回商品名称为 "ASP.NET 慕课版教材" 或者 "ASP.NET 编程词典" 的商品信息，可以将 where 修改如下：

```
where Info.bookname == "ASP.NET慕课版教材" || Info.bookname == "ASP.NET编程词典"
```

8.2.3 排序

排序

通常可以很方便地将返回的数据进行排序，orderby 子句将使返回的序列中的元素按照被排序的类型的默认比较器进行排序。

例如，在图书信息表（tb_bookinfo）中查询信息时，按入库时间降序排序，代码如下：

```
var query = from Info in tb_bookinfo
        orderby Info.inTime descending
        select Info;
```

如果要对查询结果升序排序，则使用 orderby…ascending 子句。

8.2.4 分组

分组

使用 group 子句可以按指定的键分组结果。例如，使用 LINQ 查询表达式按所属分类分组图书，代码如下：

```
var query = from item in ds.Tables["tb_bookinfo"].AsEnumerable()
        group item by item.Field<string>("type") into g
        select new
        {
            图书编码 = g.bookcode,
            图书名称 = g.bookname,
            所属分类 = g.type
        };
```

> **说明**
> 在使用 group 子句结束查询时，结果采用列表的列表形式。列表中的每个元素是一个具有 Key 成员及根据该键分组的元素列表的对象。在循环访问生成组序列的查询时，必须使用嵌套的 foreach 循环，其中，外部循环用于循环访问每个组，内部循环用于循环访问每个组的成员。

8.2.5 联接

联接

联接运算可以创建数据源中没有显式建模的序列之间的关联，例如，可以通过执行联接来查找位于同一地点的所有客户和经销商。在 LINQ 中，join 子句始终针对对象集合而非直接针对数据库表运行。

例如，通过联接查询对图书信息表（tb_bookinfo）与书架信息表（tb_bookcase）进行查询，获取图书详细信息，代码如下：

```
var innerJoinQuery =
    from info in tb_bookinfo
    join case in tb_bookcase on info.bcase equals case.id
    select new
        {   图书编码 = info.bookcode,
            图书名称 = info.bookname,
```

```
        所属分类 = info.type,
        作者 = info.author,
        出版社 = info.pubname,
        价格 = info.price,
        书架 = case.name};
```

8.2.6 选择（投影）

选择（投影）

select 子句生成查询结果并指定每个返回的元素的"形状"或类型。例如，可以指定结果包含的是整个对象、仅一个成员、成员的子集，还是某个基于计算或新对象创建的完全不同的结果类型。当 select 子句生成除源元素副本以外的内容时，该操作称为"投影"。使用投影转换数据是 LINQ 查询表达式的一种强大功能。

例如，8.2.5 节代码中的 select 子句就是一个投影操作，它将联接查询的结果生成了一个新的对象（新对象中用中文列名代替了原先的英文列名），代码如下：

```
select new
    {   图书编码 = info.bookcode,
        图书名称 = info.bookname,
        所属分类 = info.type,
        作者 = info.author,
        出版社 = info.pubname,
        价格 = info.price,
        书架 = case.name};
```

8.3 LINQ 操作 SQL Server 数据库

8.3.1 使用 LINQ 查询 SQL Server 数据库

使用 LINQ 查询
SQL Server 数据库

使用 LINQ 查询 SQL 数据库时，首先需要创建 LinqToSql 类文件。创建 LinqToSql 类文件的步骤如下。

（1）启动 Visual Studio 2015 开发环境，创建一个 Windows 窗体应用程序。

（2）在"解决方案资源管理器"窗口中选中当前项目，单击右键，在弹出的快捷菜单中选择"添加"→"添加新项"命令，弹出"添加新项"对话框，如图 8-5 所示。

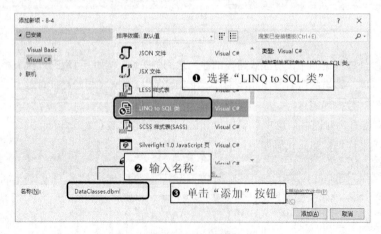

图 8-5 添加新项

（3）在图 8-5 所示的"添加新项"对话框中选择"LINQ to SQL 类"，并输入名称，单击"添加"按钮，添加一个 LinqToSql 类文件。

（4）在"服务器资源管理器"窗口中连接 SQL Server 数据库，然后将指定数据库中的表映射到.dbml 中（可以将表拖曳到设计视图中），如图 8-6 所示。

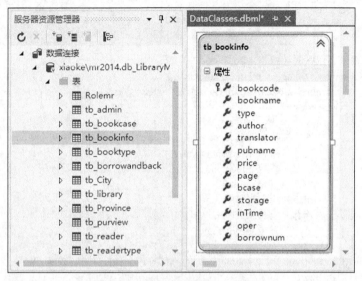

图 8-6　数据表映射到 dbml 文件

（5）.dbml 文件将自动创建一个名称为 DataContext 的数据上下文类，为数据库提供查询或操作数据库的方法，LINQ 数据源创建完毕。

创建完 LinqToSql 类文件之后，接下来就可以使用它了。下面通过一个例子讲解如何使用 LINQ 查询 SQL Server 数据库。

【例 8-4】创建一个 Web 应用程序，通过使用 LINQ 技术根据图书名称查询图书信息。在 Default 网页中添加一个 TextBox 控件，用来输入查询关键字；添加一个 Button 控件，用来执行查询操作；添加一个 GridView 控件，用来显示查询到的图书信息。

定义一个 BindInfo 方法，该方法为自定义的无返回值类型方法，主要用来使用 LinqToSql 技术根据指定条件查询图书信息，并将查询结果显示在 GridView 控件中。代码如下：

```
private void BindInfo()
{
    DataClassesDataContext linq = new DataClassesDataContext(System.Configuration.Configuration
Manager.ConnectionStrings["db_LibraryMSConnectionString"].ToString());    //创建Linq连接对象
    if (TextBox1.Text == "")
    {
        //获取所有图书信息
        var result = from info in linq.tb_bookinfo
                    select new
                    {
                        图书编码 = info.bookcode,
                        图书名称 = info.bookname,
                        所属分类 = info.type,
                        作者 = info.author,
```

```
                        出版社  = info.pubname,
                        库存  = info.storage,
                        入库时间  = info.inTime
                     };
        GridView1.DataSource = result;              //对GridView1控件进行数据绑定
        GridView1.DataBind();
    }
    else
    {
        //根据名称查询图书信息
        var resultname = from info in linq.tb_bookinfo
                        where info.bookname.Contains(TextBox1.Text)
                        select new
                        {
                            图书编码  = info.bookcode,
                            图书名称  = info.bookname,
                            所属分类  = info.type,
                            作者  = info.author,
                            出版社  = info.pubname,
                            库存  = info.storage,
                            入库时间  = info.inTime
                        };
        GridView1.DataSource = resultname;           //对GridView1控件进行数据绑定
        GridView1.DataBind();
    }
}
```

Default 页面加载时，首先将数据库中的所有图书信息显示到 GridView 控件中。实现代码如下：

```
protected void Page_Load(object sender, EventArgs e)
{
    if (!IsPostBack)
        BindInfo();
}
```

单击"查询"按钮，调用 BindInfo 方法根据输入的查询关键字查询图书信息，并将查询结果显示到 GridView 控件中。"查询"按钮的 Click 事件代码如下：

```
protected void Button1_Click(object sender, EventArgs e)
{
    BindInfo();
}
```

程序运行结果如图 8-7 所示。

图 8-7　使用 LINQ 查询 SQL Server 数据库

8.3.2 使用 LINQ 更新 SQL Server 数据库

使用 LINQ 更新 SQL Server 数据库时，主要有添加、修改和删除 3 种操作，本节将分别进行详细讲解。

1. 添加数据

使用 LINQ 向 SQL Server 数据库中添加数据时，需要用到 InsertOnSubmit 方法和 SubmitChanges 方法。其中，InsertOnSubmit 方法用来将处于 pending insert 状态的实体添加到 SQL 数据表中。其语法格式如下：

```
void InsertOnSubmit(Object entity)
```

其中，entity 表示要添加的实体。

SubmitChanges 方法用来记录要插入、更新或删除的对象，并执行相应命令以实现对数据库的更改。其语法格式如下：

```
public void SubmitChanges()
```

> 【例 8-5】 本实例在图书馆管理系统的留言页面上，输入留言标题、E-mail 地址以及留言内容，通过 LINQ 技术可以将留言信息保存到数据库中。实例运行效果如图 8-8 所示。

图 8-8 LINQ 向数据库中添加数据

程序开发步骤如下。

（1）新建一个网站，默认主页为 Default.aspx。

（2）建立 LINQ 数据源。

（3）在 Default.aspx 页面中添加 3 个 TextBox 控件以及相应的验证控件和两个 Button 控件。

（4）输入完信息后，单击"发表"按钮，触发该按钮的 Click 事件，该事件中，首先声明 LinqDBDataContext 类对象 lqDB，声明实体类对象 info，并设置该类对象中实体属性，为实体属性赋值；然后调用 InsertOnSubmit 方法将实体类对象 info 添加到 lqDB 对象的 tb_Info 表中；最后调用 SubmitChanges 方法将实体类中数据添加到数据库中。代码如下：

```
protected void btnSend_Click(object sender, EventArgs e)
{
    LinqDBDataContext lqDB = new LinqDBDataContext(ConfigurationManager.ConnectionStrings["db_
LibraryMSConnectionString"].ConnectionString.ToString());
    Leaveword info = new Leaveword();
    //要添加的内容
    info.Title = tbTitle.Text;
    info.Email = tbEmail.Text;
    info.Message = tbMessage.Text;
    //执行添加
    lqDB.Leaveword.InsertOnSubmit(info);
    lqDB.SubmitChanges();
```

```
        Page.ClientScript.RegisterStartupScript(GetType(), "", "alert('留言成功!');location.href='Default.aspx';",
true);
    }
```

 如果修改了数据表的定义，可以重新建立 LINQ 数据源，以确保操作数据的准确性。

2．修改数据

使用 LINQ 修改 SQL Server 数据库中的数据时，需要用到 SubmitChanges 方法。该方法在 "添加数据" 中已经作过详细介绍，在此不再赘述。

【例 8-6】 本实例通过使用 LINQ 技术修改留言信息表中 id 值为 1 的留言标题。修改前数据表中的数据和修改后数据表中的数据分别如图 8-9 和图 8-10 所示。

	id	Title	Message	AddDate	Email	IP	Status
▶	1	我的留言	一切皆有可能 ...	2016/9/3	aaa@bbb.com	127.0.0.1	0
	2	今天的事今天做	Just in time	2016/9/4	1@1.com	192.168.1.222	0
*	NULL	NULL	NULL	NULL	NULL	NULL	NULL

图 8-9　修改前数据表中的数据

	id	Title	Message	AddDate	Email	IP	Status
🖉	1	没有做不到的事情	一切皆有可能 ...	2016/9/3	aaa@bbb.com	127.0.0.1	0
	2	今天的事今天做	Just in time	2016/9/4	1@1.com	192.168.1.222	0
*	NULL	NULL	NULL	NULL	NULL	NULL	NULL

图 8-10　修改后数据表中的数据

程序开发步骤如下。

（1）新建一个网站，默认主页为 Default.aspx。

（2）建立 LINQ 数据源。

（3）Default.aspx 页面加载时，首先声明 LinqDBDataContext 类对象 lqDB，然后使用 LINQ 查询表达式从数据表中查询出要修改的记录，并存储到一个 var 变量中；最后对查找到的记录的 Title 实体重新赋值，并调用 SubmitChanges 方法将数据更改提交到数据库中。代码如下：

```
protected void Page_Load(object sender, EventArgs e)
{
    LinqDBDataContext lqDB = new
LinqDBDataContext(ConfigurationManager.ConnectionStrings["db_LibraryMSConnectionString"].Connection
String.ToString());
    var result = from r in lqDB.Leaveword
            where r.id == 1
            select r;                          //设置修改该数据
    foreach (Leaveword info in result)
    {
        info.Title = "没有做不到的事情";
    }
    lqDB.SubmitChanges();                       //将修改的数据保存到数据库中
}
```

3．删除数据

使用 LINQ 删除 SQL Server 数据库中的数据时，需要用到 DeleteAllOnSubmit 方法和 SubmitChanges

方法。其中 SubmitChanges 方法在 "添加数据" 中已经作过详细介绍，这里主要讲解 DeleteAllOnSubmit 方法。

DeleteAllOnSubmit 方法用来将集合中的所有实体置于 pending delete 状态，其语法格式如下。

```
void DeleteAllOnSubmit(IEnumerable entities)
```

其中，entities 表示要移除的所有项的集合。

【例 8-7】 本实例通过使用 LINQ 技术删除留言信息表中 id 值为 1 的记录。

程序开发步骤如下。

（1）新建一个网站，默认主页为 Default.aspx。

（2）建立 LINQ 数据源。

（3）Default.aspx 页面加载时，首先声明 LinqDBDataContext 类对象 lqDB，然后使用 LINQ 查询表达式从数据表中查询出要删除的记录，并存储到一个 var 变量中；最后调用 LINQ 实体类的 DeleteAllOnSubmit 方法删除指定的记录，并调用 SubmitChanges 方法将数据删除操作提交到数据库中。代码如下：

```
protected void Page_Load(object sender, EventArgs e)
{
    LinqDBDataContext lqDB = new
LinqDBDataContext(ConfigurationManager.ConnectionStrings["db_LibraryMSConnectionString"].Connection
String.ToString());
    //查询要删除的记录
    var result = from r in lqDB.Leaveword
                where r.id == 1
                select r;
    //删除数据，并提交到数据库中
    lqDB.Leaveword.DeleteAllOnSubmit(result);
    lqDB.SubmitChanges();
}
```

8.3.3 灵活运用 LinqDataSource 控件

LinqDataSource 是一个新的数据源绑定控件，通过该控件可以直接插入、更新和删除 DataContext 实体类下的数据，从而实现操作数据库中数据的功能。

灵活运用
LinqDataSource
控件

 .NET 下的所有数据绑定控件都可以通过 LinqDataSource 控件进行数据绑定。

下面介绍如何使用 LinqDataSource 控件配置数据源，从而通过数据绑定控件来查询或操作数据。

【例 8-8】 本实例在 ASP.NET 网站中首先建立 LINQ 数据源，然后使用 LinqDataSource 控件配置数据源，并作为 GridView 控件的绑定数据源。实例运行效果如图 8-11 所示。

图 8-11　使用 LinqDataSource 控件配置数据源

程序开发步骤如下。

（1）新建一个网站，默认主页为 Default.aspx。

（2）建立 LINQ 数据源。

（3）在 Default.aspx 页面上添加一个 LinqDataSource 控件，单击该控件右上角的"<"按钮，选择"配置数据源"命令。

（4）在打开的"选择上下文对象"界面中，选择步骤（2）中创建的上下文对象，如图 8-12 所示。

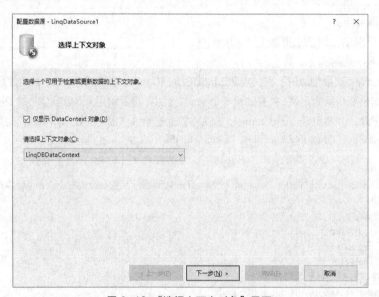

图 8-12 "选择上下文对象"界面

（5）单击"下一步"按钮，在"配置数据选择"界面中选择数据表和字段（这里选择"*"），如图 8-13 所示。

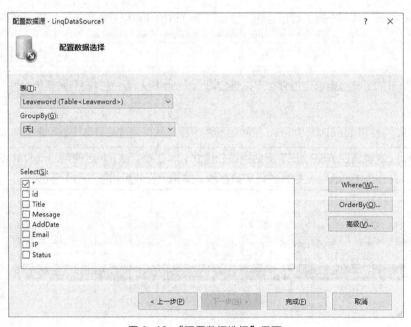

图 8-13 "配置数据选择"界面

在 Select 列表框中必须选择*, 或者选择所有字段, 这样才能正常使用 LinqDataSource 控件, 也就是说, 不能选择部分字段, 否则 LinqDataSource 控件将不支持自动插入、更新、删除等功能。

（6）单击"高级"按钮, 在"高级选项"对话框中选中所有选项（如图 8-14 所示）, 单击"确定"按钮返回到"配置数据选择"界面。

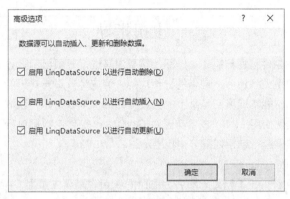

图 8-14 "高级选项"对话框

在"配置数据选择"界面中单击 Where(W)按钮或 OrderBy(O)按钮可以自定义查询语句。

（7）在"配置数据选择"界面中单击"完成"按钮完成配置数据源。

（8）在 Default.aspx 页面上添加一个 GridView 控件, 设置绑定的数据源为 LinqDataSource1 即可。

开发人员可以将 LINQ 查询结果绑定到 DropDownList 控件, 具体步骤为: 首先声明 LinqDBDataContext 类对象 lqDB; 然后创建 LINQ 查询表达式, 并将查询结果保存到 result 变量中; 最后将 result 变量中存储的结果设置为 DropDownList 控件的数据源, 并指定要在 DropDownList 控件中显示的字段。关键代码如下:

```
LinqDBDataContext lqDB = new
LinqDBDataContext(ConfigurationManager.ConnectionStrings
["db_CSharpConnectionString"].
ConnectionString.ToString());
//查询要删除的记录
var result = from r in lqDB.Leaveword
        where r.id > 0
        select new
        {
            Title = r.Title,
};
//设置绑定字段
DropDownList1.DataTextField = "Title";
//绑定查询结果
DropDownList1.DataSource = result;
DropDownList1.DataBind();
```

小 结

　　本章主要对 LINQ 查询表达式的常用操作及如何使用 LINQ 操作 SQL Server 数据库进行了详细讲解，LINQ 技术是一种非常实用的操作数据的技术，通过使用 LINQ 技术，可以在很大程度上方便程序开发人员对各种数据的访问。通过本章的学习，读者应熟练掌握 LINQ 技术的基础语法及 LINQ 查询表达式的常用操作，并掌握如何使用 LINQ 对 SQL Server 数据库进行操作。

上机指导

　　使用 GridView 控件呈现数据时，一般都需要对其进行分页显示，分页方式上通常采用的是 GridView 自带的分页功能，但这种分页方式扩展性差，最主要的是它不能实现真正意义上的分页，即每次从数据库只读取当前页的数据。本实例使用 LINQ 技术实现对 GridView 控件中数据进行分页显示的功能，实例运行结果如图 8-15 所示。

上机指导

　　程序开发步骤如下。

　　（1）新建一个 ASP.NET 网站，命名为 LinqPager，默认主页为 Default.aspx。

图 8-15　使用 LINQ 实现数据分页

　　（2）在 Default.aspx 页面中添加一个 GridView 控件，用来显示数据库中的图书信息；添加 4 个 LinkButton 控件，分别用来作为首页、上一页、下一页和尾页按钮。

　　（3）按照 8.3.1 节的步骤建立 LINQ 数据源，数据源为 db_LibraryMS 数据库中的 tb_bookinfo 数据表。

　　（4）Default.aspx 页面的后台代码中，首先创建 LINQ 对象，并定义每页显示的记录数，代码如下：

```
LinqDBDataContext ldc = new LinqDBDataContext();        //创建LINQ对象
int pageSize = 3;                                       //设置每页显示3行记录
```

　　（5）自定义一个 getCount 方法，该方法用来计算表中的数据一共可以分为多少页。在该方法中，首先获取总的数据行数，并通过总数据行数除以每页显示的行数获取可分的页数；然后使用计算出的总数据行数对每页显示的行数求余，如果求余大于 0，将获取 1，否则获取 0；最后将两个数相加并返回。代码如下：

```
protected int getCount()
{
    int sum=ldc.tb_bookinfo.Count();                    //设置总数据行数
    int s1 = sum / pageSize;                             //获取可以分的页面
```

```
                //当总行数对页数求余后是否大于0，如果大于获取1否则获取0
                int s2=sum%pageSize>0?1:0;
                int count=s1+s2;                        //计算出总页数
                return count;
            }
```

（6）自定义一个 bindGrid 方法，该方法用来对数据表中的数据进行分页操作，并将分页后的结果绑定到 GridView 控件上。代码如下：

```
    protected void bindGrid()
    {
        //获取当前页数
        int pageIndex = Convert.ToInt32(ViewState["pageIndex"]);
        //使用LINQ查询，并对查询的数据进行分页
        var result = (from v in ldc.tb_bookinfo
                    select new
                    {
                        图书编码 = v.bookcode,
                        图书名称 = v.bookname,
                        所属分类 = v.type,
                        库存数量 = v.storage
                    }).Skip(pageSize * pageIndex).Take(pageSize);
        //设置GridView控件的数据源
        gvGoods.DataSource = result;
        //绑定GridView控件
        gvGoods.DataBind();
        lnkbtnBottom.Enabled = true;
        lnkbtnFirst.Enabled = true;
        lnkbtnUp.Enabled = true;
        lnkbtnDown.Enabled = true;
        //判断是否为第一页，如果为第一页，隐藏首页和上一页按钮
        if (Convert.ToInt32(ViewState["pageIndex"])==0)
        {
            lnkbtnFirst.Enabled = false;
            lnkbtnUp.Enabled = false;
        }
        //判断是否为最后一页，如果为最后一页，隐藏尾页和下一页按钮
        if (Convert.ToInt32(ViewState["pageIndex"]) == getCount()-1)
        {
            lnkbtnBottom.Enabled = false;
            lnkbtnDown.Enabled = false;
        }
    }
```

（7）Default.aspx 页面加载时，首先设置当前的页数，然后调用自定义 bindGrid 方法实现分页功能。代码如下：

```
    protected void Page_Load(object sender, EventArgs e)
    {
        if (!IsPostBack)
        {
            ViewState["pageIndex"] = 0;                  //设置当前页面
            //调用自定义bindGrid方法绑定GridView控件
            bindGrid();
        }
    }
```

在 ASP.NET 中，ViewState 是 ASP.NET 页在页面切换时保留页和控件属性值的默认方法。本实例将当前页码保存在了 ViewState["pageIndex"]中。

（8）在"首页""上一页""下一页""尾页"超链接的单击事件中，通过设置当前的页数来控制所要跳转到的页数，设置当前的页数后，需要重新调用自定义 bindGrid 方法对 GridView 控件进行数据绑定。代码如下：

```
protected void lnkbtnFirst_Click(object sender, EventArgs e)
{
    ViewState["pageIndex"] = 0;                          //设置当前页面为首页
    //调用自定义bindGrid方法绑定GridView控件
    bindGrid();
}
protected void lnkbtnUp_Click(object sender, EventArgs e)
{
    //设置当前页数为当前页数减一
    ViewState["pageIndex"] = Convert.ToInt32(ViewState["pageIndex"]) - 1;
    //调用自定义bindGrid方法绑定GridView控件
    bindGrid();
}
protected void lnkbtnDown_Click(object sender, EventArgs e)
{
    //设置当前页数为当前页数加一
    ViewState["pageIndex"] = Convert.ToInt32(ViewState["pageIndex"]) + 1;
    //调用自定义bindGrid方法绑定GridView控件
    bindGrid();
}
protected void lnkbtnBottom_Click(object sender, EventArgs e)
{
    ViewState["pageIndex"] = getCount()-1;               //设置当前页数为总页面减一
    //调用自定义bindGrid方法绑定GridView控件
    bindGrid();
}
```

习 题

8-1　简述 LINQ 相对于 ADO.NET 的优势。

8-2　Lambda 表达式的标准格式是什么？

8-3　对 LINQ 查询表达式进行筛选操作时，需要使用什么关键字？

8-4　对 LINQ 查询表达式进行联接操作时，需要使用什么关键字？

8-5　什么是投影？

8-6　使用 LINQ 对 SQL Server 数据库进行添加、修改和删除操作时，主要用到哪些方法？

第9章

数据绑定

本章要点：

- 简单数据绑定的实现
- ListControl类控件的绑定
- GridView控件的使用
- DataList控件的使用
- ListView控件的使用

■ ASP.NET 提供了多种数据绑定控件，用于在 Web 页中显示数据，这些控件具有丰富的功能，例如分页、排序、编辑等。开发人员只需要简单配置一些属性，就能够在几乎不编写代码的情况下，快速、正确地完成任务；另外，ASP.NET 还支持属性、表达式、集合、方法的绑定。本章将对 ASP.NET 中的数据绑定技术进行详细讲解。

9.1 数据绑定概述

数据绑定是指从数据源获取数据或向数据源写入数据，数据绑定有两种形式，分别是简单数据绑定和数据控件绑定，其中，简单数据绑定可以是对变量或属性的绑定，数据控件绑定主要是对 ASP.NET 中的数据绑定控件进行绑定，例如 ListControl 类控件、GridView 控件、DataList 控件、ListView 控件等。

数据绑定概述

9.2 简单数据绑定

ASP.NET 中的简单数据绑定主要包括属性绑定、表达式绑定、集合绑定和方法绑定等，下面分别对它们进行讲解。

属性绑定

9.2.1 属性绑定

基于属性的数据绑定所涉及的属性必须包含 get 访问器，因为在数据绑定过程中，数据显示控件需要通过属性的 get 访问器从属性中读取数据。

简单属性绑定的语法如下：

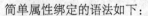

<%# 属性名称%>

然后需要调用 Page 类的 DataBind 方法才能执行绑定操作。

DataBind 方法通常在 Page_Load 事件中调用。

【例 9-1】 本实例主要介绍如何绑定简单属性。实例运行效果如图 9-1 所示。

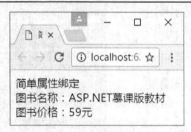

图 9-1 简单属性绑定

程序开发步骤如下。

（1）新建一个网站，默认主页为 Default.aspx。在 Default.aspx 页的后台代码文件中定义两个公共属性，这两个属性作为数据绑定时的数据源。代码如下：

```
public string BookName
{
    get
    {
        return "ASP.NET慕课版教材";
    }
}
public string BookPrice
```

```
{
    get
    {
        return "59";
    }
}
```

（2）设置完数据绑定中的数据源，现在即可将它与显示控件之间建立绑定关系。将视图切换到源视图，具体代码如下：

```
<div>
    简单属性绑定<br />
    图书名称：<%# BookName   %><br />
    图书价格：<%# BookPrice   %>元</div>
```

（3）绑定完成后，只需要在页面的 Page_Load 事件中调用 Page 类的 DataBind 方法来实现在页面加载时读取数据，代码如下：

```
protected void Page_Load(object sender, EventArgs e)
{
    Page.DataBind();
}
```

9.2.2　表达式绑定

将数据绑定到显示控件之前，通常要对数据进行处理，也就是说，需要使用表达式做简单处理后，再将执行结果绑定到显示控件上。

表达式绑定

【例 9-2】 本实例主要介绍如何将单价与数量相乘的结果绑定到 Label 控件上。实例运行效果如图 9-2 所示。

图 9-2　表达式绑定

程序开发步骤如下。

（1）新建一个网站，默认主页为 Default.aspx，在 Default.aspx 页中添加两个 TextBox 控件、一个 Button 控件、一个 Label 控件和两个 CompareValidator 验证控件，它们的属性设置如表 9-1 所示。

表 9-1　Default.aspx 页面中控件属性设置及其用途

控件类型	控件名称	主要属性设置	用途
标准/TextBox 控件	TextBox1	Text 属性设置为 0	输入默认值
	TextBox2	Text 属性设置为 0	输入默认值
标准/Button 控件	btnOk	Text 属性设置为"确定"	将页面提交至服务器

续表

控件类型	控件名称	主要属性设置	用途
验证/CompareValidator 控件	CompareValidator1	ControlToValidate 属性设置为 TextBox1	需要验证的控件 ID
		ErrorMessage 属性设置为"输入数字"	显示的错误信息
		Operator 属性设置为 DataTypeCheck	数据类型比较
		Type 属性设置为 Double	用于比较的数据类型为 Double
	CompareValidator2	ControlToValidate 属性设置为 TextBox2	需要验证的控件 ID
		ErrorMessage 属性设置为"输入数字"	显示的错误信息
		Operator 属性设置为 DataTypeCheck	数据类型比较
		Type 属性设置为 Integer	用于比较的数据类型为 Integer
标准/Label 控件	Label1	Text 属性设置为 0	显示总金额

（2）将视图切换到源视图，将表达式绑定到 Label 控件的 Text 属性上，具体代码如下：

```
<asp:Label ID="Label1" runat="server" Text='<%#"总金额为："+Convert.ToString(Convert.ToDecimal
(TextBox1.Text)*Convert.ToInt32(TextBox2.Text)) %>'></asp:Label></td>
```

通过以上代码会发现 Label 控件的 Text 属性值是使用单引号限定的，这是因为<%#数据绑定表达式%>中的数据绑定表达式包含双引号，所以推荐使用单引号限定此 Text 属性值。

（3）最后，在页面的 Page_Load 事件中调用 Page 类的 DataBind 方法执行数据绑定表达式，代码如下：

```
protected void Page_Load(object sender, EventArgs e)
{
    Page.DataBind();
}
```

9.2.3 集合绑定

有一些服务器控件是多记录控件，如 DropDownList 控件，这类控件即可使用集合作为数据源对其进行绑定。通常情况下，集合数据源主要包括 ArrayList、Hashtabel、DataView、DataReader 等。下面就以 ArrayList 集合绑定 DropDownList 控件为例进行具体介绍。

集合绑定

【例 9-3】 本实例主要介绍如何将 ArrayList 绑定至 DropDownList 控件。实例运行效果如图 9-3 所示。

图 9-3 集合绑定

程序开发步骤如下。

新建一个网站，默认主页为 Default.aspx，在 Default.aspx 页中添加一个 DropDownList 控件作为显示控件，并在 Default.aspx 页的 Page_Load 事件中先定义一个 ArrayList 数据源，然后将数据绑定到显示控件上，最后调用 DataBind 方法执行数据绑定并显示数据。代码如下：

```
protected void Page_Load(object sender, EventArgs e)
{
    System.Collections.ArrayList arraylist = new ArrayList();//定义集合数组，作为数据源
    arraylist.Add("程序设计");                        //向数组集合中添加数据
    arraylist.Add("数据库");
    arraylist.Add("网页制作");
    DropDownList1.DataSource = arraylist;             //实现数据绑定
    DropDownList1.DataBind();                         //调用DataBind方法执行数据绑定
}
```

 说明 使用 ArrayList 类，需要引入或者指明命名空间 System.Collections。

9.2.4 方法绑定

定义一个方法，其中可以定义表达式计算的几种方式，在数据绑定表达式中通过传递不同的参数得到调用方法的结果。

【例 9-4】 本实例主要介绍如何将方法的返回值绑定到显示控件属性上。实例例运行效果如图 9-4 所示。

方法绑定

图 9-4　绑定方法调用的结果

程序开发步骤如下。

（1）新建一个网站，默认主页为 Default.aspx，在 Default.aspx 页中添加两个 TextBox 控件、一个 Button 控件、一个 Label 控件、两个 CompareValidator 验证控件和一个 DropDownList 控件，它们的属性设置如表 9-2 所示。

表 9-2　Default.aspx 页面中控件属性设置及用途

控件类型	控件名称	主要属性设置	用途
标准/TextBox 控件	txtNum1	Text 属性设置为 0	输入默认值
	txtNum2	Text 属性设置为 0	输入默认值
标准/DropDownList 控件	ddlOperator	Items	显示 "+" "-" "*" "/"
标准/Button 控件	btnOk	Text 属性设置为 "确定"	将页面提交至服务器

续表

控件类型	控件名称	主要属性设置	用途
验证 /CompareValidator 控件	CompareValidator1	ControlToValidate 属性设置为 txtNum1	需要验证的控件 ID
		ErrorMessage 属性设置为 "输入 数字"	显示的错误信息
		Operator 属性设置为 DataTypeCheck	数据类型比较
		Type 属性设置为 Double	用于比较的数据类型为 Double
	CompareValidator2	ControlToValidate 属性设置为 txtNum2	需要验证的控件 ID
		ErrorMessage 属性设置为 "输入 数字"	显示的错误信息
		Operator 属性设置为 DataTypeCheck	数据类型比较
		Type 属性设置为 Double	用于比较的数据类型为 Integer
标准/Label 控件	Label1		显示运算结果

（2）在后台代码中编写求两个数的运算结果的方法，代码如下：

```
public string operation(string VarOperator)
{
    double num1=Convert.ToDouble (txtNum1.Text);
    double num2=Convert.ToDouble (txtNum2.Text);
    double result = 0;
    switch (VarOperator)
    {
        case "+":
            result = num1 + num2;
            break ;
        case "-":
            result = num1 - num2;
            break ;
        case "*":
            result = num1 * num2;
            break ;
        case "/":
            result = num1 / num2;
            break ;
    }
    return result.ToString ();
}
```

（3）在源视图中，将方法的返回值绑定到 Label 控件的 Text 属性的代码如下：

```
<asp:Label ID="Label1" runat="server" Text='<%#operation(ddlOperator.SelectedValue) %>'/>
```

（4）在 Default.aspx 页的 Page_Load 事件中调用 DataBind 方法执行数据绑定并显示数据，代码如下：

```
protected void Page_Load(object sender, EventArgs e)
```

```
    {
        Page.DataBind();
    }
```

说明 对于数据控件的绑定，是在数据绑定表达式中使用 Eval 和 Bind 方法进行数据绑定，语法如下：

    <%#Eval("数据字段名称")%>

或

    <%#Bind("数据字段名称")%>

值得注意的是，Eval 与 Bind 方法的区别是：Eval 方法是定义单向（只读）绑定，也就是具有读取功能；Bind 方法是定义双向（可更新）绑定，也就是具有读取与写入功能。

9.3 ListControl 类控件

ListControl 类用作定义所有列表类型控件通用的属性、方法和事件的抽象基类，这类控件主要有 DropDownList 控件、ListBox 控件、CheckBoxList 控件、RadioButtonList 控件等。ListControl 类的属性允许您指定用来填充列表控件的数据源。其中，与数据库绑定相关的属性主要有 DataSource 属性、DataTextField 属性和 DataValueField 属性等，其中，DataSource 属性用来获取或设置数据的数据源列表数据项的对象，DataTextField 属性用来获取或设置为列表项提供文本内容的数据源字段，DataValueField 属性用来获取或设置为各列表项提供值的数据源字段。

ListControl 类控件

【例 9-5】 本实例主要获取图书名称列表，并根据选中项获取其相应的图书编码。实例运行效果如图 9-5 所示。

图 9-5 获取图书名称及其编码信息

程序开发步骤如下。

（1）新建一个 ASP.NET 网站，在 Default.aspx 页面中添加一个 DropDownList 控件，将其 AutoPostBack 属性设置为 True，用来显示图书名称列表。

（2）Default.aspx 页面加载时，从图书信息表中获取图书编码和名称信息，并绑定到 DropDownList 控件，代码如下：

```
protected void Page_Load(object sender, EventArgs e)
{
    if (!IsPostBack)
    {
        //创建数据库连接对象
        SqlConnection con = new SqlConnection("Data Source=(local);Database=db_LibraryMS;Uid=sa;Pwd=;");
```

```
            SqlDataAdapter da = new SqlDataAdapter("select bookcode,bookname from tb_bookinfo", con);
                                                    //查询图书编码和名称
            DataSet ds = new DataSet();
            da.Fill(ds);                            //填充数据集
            DropDownList1.DataSource = ds;          //指定数据源
            DropDownList1.DataTextField = "bookname";   //显示图书名称
            DropDownList1.DataValueField = "bookcode";  //绑定主键值
            DropDownList1.DataBind();               //数据绑定
        }
    }
```

（3）触发 DropDownList 控件的 SelectedIndexChanged 事件，该事件中，当用户选择某个图书名称时，显示其相应的图书编码。代码如下：

```
protected void DropDownList1_SelectedIndexChanged(object sender, EventArgs e)
{
    //显示选中项的主键值和显示值
    Response.Write("图书编码：" + DropDownList1.SelectedValue + "  图书名称：" + DropDownList1.
SelectedItem.Text);
}
```

9.4 GridView 控件

GridView 控件可称为数据表格控件，它以表格的形式显示数据源中的数据，每列表示一个字段，而每行表示一条记录。GridView 控件是 ASP.NET 1.x 中 DataGrid 控件的改进版本，其最大的特点是自动化程度比 DataGrid 控件高。使用 GridView 控件时，可以在不编写代码的情况下实现分页、排序等功能。GridView 控件支持下面的功能。

- ❑ 绑定至数据源控件，如 SqlDataSource。
- ❑ 内置排序功能。
- ❑ 内置更新和删除功能。
- ❑ 内置分页功能。
- ❑ 内置行选择功能。
- ❑ 以编程方式访问 GridView 对象模型以动态设置属性、处理事件等。
- ❑ 多个键字段。
- ❑ 用于超链接列的多个数据字段。
- ❑ 可通过主题和样式自定义外观。

9.4.1 GridView 控件常用的属性、方法和事件

如果要使用 GridView 控件完成更强大的功能，那么在程序中就需要用到 GridView 控件的属性、方法、事件等，只有通过它们的辅助，才能够更加灵活地使用 GridView 控件。

GridView 控件的常用属性及说明如表 9-3 所示。

GridView 控件常用的属性、方法和事件

表 9-3 GridView 控件常用属性及说明

属性	说明
AllowPaging	获取或设置一个值，该值指示是否启用分页功能
AllowSorting	获取或设置一个值，该值指示是否启用排序功能

续表

属性	说明
DataKeyNames	获取或设置一个数组,该数组包含了显示在 GridView 控件中的项的主键字段的名称
DataKeys	获取一个 DataKey 对象集合,这些对象表示 GridView 控件中的每一行的数据键值
DataSource	获取或设置对象,数据绑定控件从该对象中检索其数据项列表
DataSourceID	获取或设置控件的 ID,数据绑定控件从该控件中检索其数据项列表
HorizontalAlign	获取或设置 GridView 控件在页面上的水平对齐方式
PageCount	获取在 GridView 控件中显示数据源记录所需的页数
PageIndex	获取或设置当前显示页的索引
PageSize	获取或设置 GridView 控件在每页上所显示的记录的数目
SortDirection	获取正在排序的列的排序方向

GridView 控件的常用方法及说明如表 9-4 所示。

表 9-4　GridView 控件常用方法及说明

方法	说明
DataBind	将数据源绑定到 GridView 控件
DeleteRow	从数据源中删除位于指定索引位置的记录
Sort	根据指定的排序表达式和方向对 GridView 控件进行排序
UpdateRow	使用行的字段值更新位于指定行索引位置的记录

GridView 控件的常用事件及说明如表 9-5 所示。

表 9-5　GridView 控件常用事件及说明

事件	说明
PageIndexChanged	在 GridView 控件处理分页操作之后发生
PageIndexChanging	在 GridView 控件处理分页操作之前发生
RowCancelingEdit	单击编辑模式中某一行的"取消"按钮以后,在该行退出编辑模式之前发生
RowCommand	当单击 GridView 控件中的按钮时发生
RowDeleted	单击某一行的"删除"按钮时,在 GridView 控件删除该行之后发生
RowDeleting	单击某一行的"删除"按钮时,在 GridView 控件删除该行之前发生
RowEditing	单击某一行的"编辑"按钮以后,GridView 控件进入编辑模式之前发生
RowUpdated	单击某一行的"更新"按钮,在 GridView 控件对该行进行更新之后发生
RowUpdating	单击某一行的"更新"按钮以后,GridView 控件对该行进行更新之前发生
SelectedIndexChanged	单击某一行的"选择"按钮,GridView 控件对相应的选择操作进行处理之后发生
SelectedIndexChanging	单击某一行的"选择"按钮后,GridView 控件对相应的选择操作进行处理之前发生

说明

在使用 GridView 控件中的 RowCommand 事件时，需要设置 GridView 控件中的按钮（如 Button 按钮）的 CommandName 属性值，CommandName 属性值及其说明如下。

- ❑ Cancel：取消编辑操作，并将 GridView 控件返回为只读模式。
- ❑ Delete：删除当前记录。
- ❑ Edit：将当前记录置于编辑模式。
- ❑ Page：执行分页操作，将按钮的 CommandArgument 属性设置为"First""Last"、"Next" "Prev" 或页码，以指定要执行的分页操作类型。
- ❑ Select：选择当前记录。
- ❑ Sort：对 GridView 控件进行排序。
- ❑ Update：更新数据源中的当前记录。

9.4.2 使用 GridView 控件绑定数据源

对 GridView 控件进行数据源绑定时，需要指定其 DataSource 属性，并且使用 DataBind 方法进行绑定。

使用 GridView 控件
绑定数据源

【例 9-6】本实例使用 GridView 控件显示图书馆管理系统中的所有图书信息。实例运行效果如图 9-6 所示。

bookcode	bookname	type	author	translator	pubname	price	page	bcase	storage	inTime	oper	borrownum
111111	C#项目开发实战入门	程序设计	明日科技	明明	XX出版社	50.0000	1000	书架1	20	2017/1/10 0:00:00	01	2
111112	ASP.NET编程词典	程序设计	明日科技	小王	明日出版社	298.0000	800	书架1	50	2017/1/10 0:00:00	01	5
111113	C#编程词典	程序设计	明日科技	小王	明日出版社	59.0000	400	书架1	50	2017/1/10 0:00:00	01	5
111114	ASP.NET幕课版	程序设计	明日科技	小王	明日出版社	298.0000	800	书架1	50	2017/1/10 0:00:00	01	5
111115	ASP.NET从入门到精通	程序设计	明日科技	小王	明日出版社	298.0000	800	书架1	50	2017/1/10 0:00:00	01	5

图 9-6　显示图书馆管理系统中的所有图书信息

程序开发步骤如下。

（1）新建一个 ASP.NET 网站，在 Default.aspx 页面中添加一个 GridView 控件。

（2）页面加载时，获取 tb_bookinfo 数据表中的所有数据，显示在 GridView 控件上，代码如下：

```
protected void Page_Load(object sender, EventArgs e)
{
    SqlConnection sqlcon = new SqlConnection("Data Source=(local);Database=db_LibraryMS;Uid=sa;Pwd=;");
    SqlDataAdapter sqlda = new SqlDataAdapter("select * from tb_bookinfo", sqlcon);
    DataSet ds = new DataSet();
    sqlda.Fill(ds);
    GridView1.DataSource = ds;
    GridView1.DataBind();
}
```

9.4.3 自定义 GridView 控件的列

自定义 GridView 控
件的列

GridView 控件中的每一列由一个 DataControlField 对象表示。默认情况下，AutoGenerateColumns 属性被设置为 true，为数据源中的每一个字段创建一个 AutoGeneratedField 对象。将 AutoGenerateColumns 属性设置为 false 时，可以自定义数据绑定列。GridView 控件共包括 7 种类型的列，分别为：BoundField（普通数据绑定列）、CheckBoxField（复选框数据绑定列）、CommandField（命令数据绑定列）、ImageField（图片数据绑定列）、HyperLinkField（超链接数据绑定列）、ButtonField（按钮数据绑定列）、TemplateField（模板数据绑定列），它们的作用分别如下。

- ❑ BoundField 列：默认的数据绑定类型，通常用于显示普通文本。
- ❑ CheckBoxField 列：显示布尔类型的数据。绑定数据为 true 时，复选框数据绑定列为选中状态；绑定数据为 false 时，则显示未选中状态。在正常情况下，CheckBoxField 显示在表格中的复选框控件处于只读状态。只有 GridView 控件的某一行进入编辑状态后，复选框才恢复为可修改状态。
- ❑ CommandField 列：显示用来执行选择、编辑或删除操作的预定义命令按钮。这些按钮可以显示为普通按钮、超链接、图片等外观。
- ❑ ImageField 列：在 GridView 控件所在的表格中显示图片列。通常 ImageField 绑定的内容是图片的路径。
- ❑ HyperLinkField 列：允许将所绑定的数据以超链接的形式显示出来。开发人员可自定义绑定超链接的显示文字、超链接的 URL 以及打开窗口的方式等。
- ❑ ButtonField 列：为 GridView 控件创建命令按钮，开发人员可以通过按钮来操作其所在行的数据。
- ❑ TemplateField 列：允许以模板形式自定义数据绑定列的内容。

 要对 GridView 控件进行自定义列，必须先取消 GridView 自动产生字段的功能，这里只要将 GridView 的 AutoGenerateColumns 属性设置为 false 即可。

【例 9-7】 本实例主要演示如何在 GridView 控件中添加 BoundField 列，从而进行数据绑定，实例运行效果如图 9-7 所示。

图 9-7　为 GridView 控件添加 BoundField 列

程序开发步骤如下。

（1）新建一个 ASP.NET 网站，在 Default.aspx 页面中添加一个 GridView 控件和一个 SqlDataSource 控件。

（2）按照智能提示为 SqlDataSource 控件配置数据源，并将 SqlDataSource 控件指定给 GridView 控件的 DataSourceID 属性。

（3）单击 GridView 控件上方的 > 按钮，在弹出的快捷菜单中选择"编辑列"，弹出"字段"对话框，该对话框中可以自定义 GridView 控件的列，这里添加 4 个 BoundField 列，并通过 DataField 属性为各个列设置要绑定的字段，如图 9-8 所示。

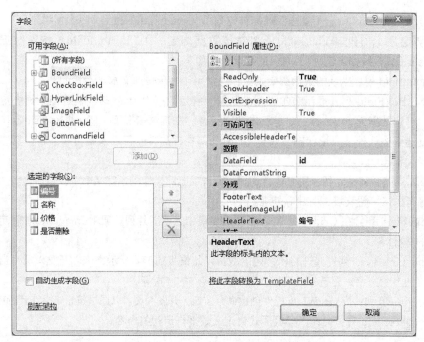

图 9-8　添加 BoundField 列并设置要绑定的字段

GridView 控件的设计代码如下：

```
<asp:GridView ID="GridView1" runat="server" AutoGenerateColumns="False"
    DataSourceID="SqlDataSource1" BackColor="White" BorderColor="#999999"
    BorderStyle="Solid" BorderWidth="1px" CellPadding="3" DataKeyNames="id"
    ForeColor="Black" GridLines="Vertical">
    <AlternatingRowStyle BackColor="#CCCCCC" />
    <Columns>
        <asp:BoundField DataField="bookcode" HeaderText="图书编码" InsertVisible="False"  Read
Only="True" />
        <asp:BoundField DataField="bookname" HeaderText="图书名称" />
        <asp:BoundField DataField="author" HeaderText="作者" />
        <asp:BoundField DataField="price" HeaderText="价格" />
    </Columns>
    <FooterStyle BackColor="#CCCCCC" />
    <HeaderStyle BackColor="Black" Font-Bold="True" ForeColor="White" />
    <PagerStyle BackColor="#999999" ForeColor="Black" HorizontalAlign="Center" />
    <SelectedRowStyle BackColor="#000099" Font-Bold="True" ForeColor="White" />
    <SortedAscendingCellStyle BackColor="#F1F1F1" />
    <SortedAscendingHeaderStyle BackColor="#808080" />
    <SortedDescendingCellStyle BackColor="#CAC9C9" />
    <SortedDescendingHeaderStyle BackColor="#383838" />
</asp:GridView>
```

9.4.4　使用 GridView 控件分页显示数据

GridView 控件有一个内置分页功能，可支持基本的分页功能。在启用其分页机制前需要设置 AllowPaging 和 PageSize 属性，AllowPaging 决定是否启用分页功能，PageSize 决定分页时每页显示几条记录（默认值为 12）。

使用GridView控件
分页显示数据

【例 9-8】 本实例利用 GridView 控件的内置分页功能实现分页查看数据的功能。实例运行效果如图 9-9 所示。

bookcode	bookname	type	author	price
111111	C#项目开发实战入门	程序设计	明日科技	50.0000
111112	ASP.NET编程词典	程序设计	明日科技	298.0000
111113	C#编程词典	程序设计	明日科技	59.0000

1 2

图 9-9　使用 GridView 控件分页显示数据

程序开发步骤如下。

（1）新建一个 ASP.NET 网站，在 Default.aspx 页面中添加一个 GridView 控件，用来分页显示数据。

（2）将 GridView 控件的 AllowPaging 属性设置为 true，表示允许分页；然后将其 PageSize 属性设置为 3，表示每页最多显示 3 条数据。

（3）Default.aspx 页面加载时，将数据表中的数据绑定到 GridView 控件中，代码如下：

```
protected void Page_Load(object sender, EventArgs e)
{
    //定义数据库连接字符串
    string strCon = @"Data Source=(local);database=db_LibraryMS;uid=sa;pwd=;";
    string sqlstr = "select bookcode,bookname,type,author,price from tb_bookinfo";
    SqlConnection con = new SqlConnection(strCon);              //创建数据库连接对象
    SqlDataAdapter da = new SqlDataAdapter(sqlstr, con);        //创建数据适配器
    DataSet ds = new DataSet();                                 //创建数据集
    da.Fill(ds);                                                //填充数据集
    //设置GridView控件的数据源为创建的数据集ds
    GridView1.DataSource = ds;
    //将数据库表中的主键字段放入GridView控件的DataKeyNames属性中
    GridView1.DataKeyNames = new string[] { "bookcode" };
    GridView1.DataBind();                                       //绑定数据库表中数据
}
```

（4）触发 GridView 控件的 PageIndexChanging 事件，该事件中，设置当前页的索引值，并重新绑定 GridView 控件，从而实现 GridView 控件的分页功能。代码如下：

```
protected void GridView1_PageIndexChanging(object sender, GridViewPageEventArgs e)
{
    GridView1.PageIndex = e.NewPageIndex;                       //获取当前分页的索引值
    GridView1.DataBind();                                       //重新绑定数据
}
```

9.4.5　以编程方式实现选中、编辑和删除 GridView 数据项

在 GridView 控件的按钮列中包括一组"编辑、更新、取消"的按钮，这 3 个按钮分别触发 GridView 控件的 RowEditing、RowUpdating、RowCancelingEdit 事件，从而可以实现对指定项的编辑、更新和取消操作的功能；通过 GridView 控件中的"选择"列，可自动实现选中某一行数据的功能；通过 GridView 控件中的"删除"列，并结合 RowDeleting 事件，可实现删除某条记录的功能。

以编程方式实现选中、编辑和删除 GridView 数据项

【例 9-9】 本实例利用 GridView 控件的 CommandField 列中的 "选择" "编辑、更新、取消" 和 "删除" 命令按钮，实现选中、编辑和删除 GridView 数据项的功能。实例运行效果如图 9-10 所示。

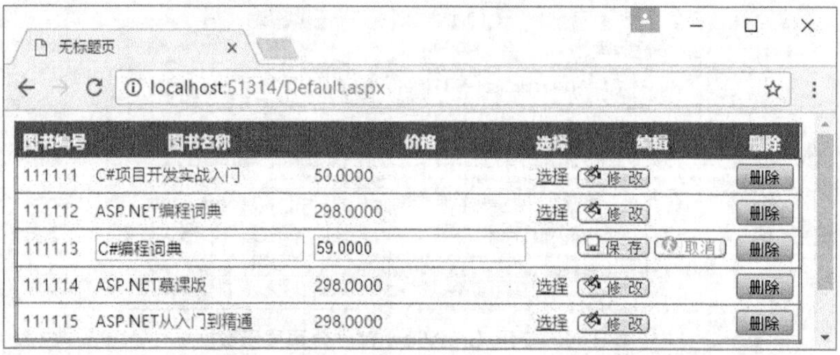

图 9-10　选中、编辑和删除 GridView 数据项

程序开发步骤如下。

（1）新建一个 ASP.NET 网站，在 Default.aspx 页面中添加一个 GridView 控件，用来显示数据库中的数据。

（2）打开 GridView 控件的编辑列窗口，首先为其添加 3 个 BoundField 列，分别用来绑定数据表中的指定字段；然后分别添加 "选择" "编辑、更新、取消" 和 "删除" 这 3 个 CommandField 列。

（3）Default.aspx 页面加载时，调用自定义方法 BindData 实现对 GridView 控件的数据绑定功能，代码如下：

```
protected void Page_Load(object sender, EventArgs e)
{
    if (!IsPostBack)
    {
        //调用自定义方法绑定数据到控件
        BindData();
    }
}
public void BindData()
{
    //定义数据库连接字符串
    string strCon = @"Data Source=(local);database=db_LibraryMS;uid=sa;pwd=;";
    //定义执行查询操作的SQL语句
    string sqlstr = "select bookcode,bookname,price from tb_bookinfo";
    SqlConnection con = new SqlConnection(strCon);              //创建数据库连接对象
    SqlDataAdapter da = new SqlDataAdapter(sqlstr, con);       //创建数据适配器
    DataSet ds = new DataSet();                                //创建数据集
    da.Fill(ds);                                               //填充数据集
    //设置GridView控件的数据源为创建的数据集ds
    GridView1.DataSource = ds;
    //将数据库表中的主键字段放入GridView控件的DataKeyNames属性中
    GridView1.DataKeyNames = new string[] { "bookcode" };
    GridView1.DataBind();                                      //绑定数据库表中数据
}
```

（4）当用户单击 "修改" 按钮时，触发 GridView 控件的 RowEditing 事件。该事件中，将 GridView 控件的编辑项索引设置为当前选择项的索引，并重新绑定数据。代码如下：

```
protected void GridView1_RowEditing(object sender, GridViewEditEventArgs e)
{
    GridView1.EditIndex = e.NewEditIndex;                    //设置编辑页
    BindData();
}
```

（5）在"编辑"状态下，当用户单击"保存"按钮时，触发 GridView 控件的 RowUpdating 事件。该事件中，首先获得编辑行的主键字段的值，并记录各文本框中的值，然后将数据更新至数据库，最后重新绑定数据。代码如下：

```
protected void GridView1_RowUpdating(object sender, GridViewUpdateEventArgs e)
{
    //取得编辑行的关键字段的值
    string bccdID = GridView1.DataKeys[e.RowIndex].Value.ToString();
    //取得文本框中输入的内容
    string bccdName = ((TextBox)(GridView1.Rows[e.RowIndex].Cells[1].Controls[0])).Text.ToString().Trim();
    string bccdPrice = ((TextBox)(GridView1.Rows[e.RowIndex].Cells[2].Controls[0])).Text.ToString().Trim();
    //定义更新操作的SQL语句
    string update_sql = "update tb_bookinfo set bookname='" + bccdName + "',price='" + bccdPrice + "' where bookcode='" + bccdID + "'";
    bool update = ExceSQL(update_sql);                    //调用ExceSQL执行更新操作
    if (update)
    {
        Response.Write("<script language=javascript>alert('修改成功！')</script>");
        //设置GridView控件的编辑项的索引为－1，即取消编辑
        GridView1.EditIndex = -1;
        BindData();
    }
    else
    {
        Response.Write("<script language=javascript>alert('修改失败！');</script>");
    }
}
```

（6）上述的代码中调用了一个自定义方法 ExceSQL，该方法主要用来执行更新和删除的 SQL 语句，代码如下：

```
public bool ExceSQL(string strSqlCom)
{
    //定义数据库连接字符串
    string strCon = @"Data Source=(local);database=db_LibraryMS;uid=sa;pwd=;";
    //创建数据库连接对象
    SqlConnection sqlcon = new SqlConnection(strCon);
    SqlCommand sqlcom = new SqlCommand(strSqlCom, sqlcon);
    try
    {
        if (sqlcon.State == System.Data.ConnectionState.Closed)        //判断数据库是否为连接状态
        { sqlcon.Open(); }
        sqlcom.ExecuteNonQuery();                            //执行SQL语句
        return true;
    }
    catch
    {
        return false;
    }
```

```
    finally
    {
        sqlcon.Close();                              //关闭数据库连接
    }
}
```

（7）在"编辑"状态下，当用户单击"取消"按钮时，触发 GridView 控件的 RowCancelingEdit 事件，该事件中，将当前编辑项的索引设置为-1，表示返回到原始状态下，并重新对 GridView 控件进行数据绑定。代码如下：

```
protected void GridView1_RowCancelingEdit(object sender, GridViewCancelEditEventArgs e)
{
    //设置GridView控件的编辑项的索引为 - 1，即取消编辑
    GridView1.EditIndex = -1;
    BindData();
}
```

（8）当用户单击"删除"按钮时，触发 GridView 控件的 RowDeleting 事件，该事件中，使用自定义的 ExceSQL 方法执行 delete 删除语句，从而删除指定的记录。代码如下：

```
protected void GridView1_RowDeleting(object sender, GridViewDeleteEventArgs e)
{
    string delete_sql = "delete from tb_bookinfo where bookcode='" + GridView1.DataKeys[e.RowIndex].
Value.ToString() + "'";
    bool delete = ExceSQL(delete_sql);          //调用ExceSQL执行删除操作
    if (delete)
    {
        Response.Write("<script language=javascript>alert('删除成功！')</script>");
        BindData();                              //调用自定义方法重新绑定控件中数据
    }
    else
    {
        Response.Write("<script language=javascript>alert('删除失败！')</script>");
    }
}
```

9.5 DataList 控件

DataList 控件是一个常用的数据绑定控件，可以称之为迭代控件，该控件能够以某种设定好的模板格式循环显示多条数据，这种模板格式是可以根据需要进行自定义的。相比 GridView 控件，虽然 GridView 控件功能非常强大，但它始终只能以表格的形式显示数据，而使用 DataList 控件则灵活性非常强，其本身就是一个富有弹性的控件。

DataList 控件可以使用模板与定义样式来显示数据，并可以进行数据的选择、删除以及编辑。DataList 控件的最大特点就是一定要通过模板来定义数据的显示格式。正因为如此，DataList 控件显示数据时更具灵活性，开发人员个人发挥的空间也比较大。DataList 控件支持的模板如下。

❏ AlternatingItemTemplate：如果已定义，则为 DataList 中的交替项提供内容和布局；如果未定义，则使用 ItemTemplate。

❏ EditItemTemplate：如果已定义，则为 DataList 中的当前编辑项提供内容和布局；如果未定义，则使用 ItemTemplate。

❏ FooterTemplate：如果已定义，则为 DataList 的脚注部分提供内容和布局；如果未定义，将不显示脚注部分。

- ❑ HeaderTemplate：如果已定义，则为 DataList 的页眉节提供内容和布局；如果未定义，将不显示页眉节。
- ❑ ItemTemplate：为 DataList 中的项提供内容和布局所要求的模板。
- ❑ SelectedItemTemplate：如果已定义，则为 DataList 中的当前选定项提供内容和布局；如果未定义，则使用 ItemTemplate。
- ❑ SeparatorTemplate：如果已定义，则为 DataList 中各项之间的分隔符提供内容和布局；如果未定义，将不显示分隔符。

9.5.1 DataList 控件常用的属性、方法和事件

DataList 控件的常用属性及说明如表 9-6 所示。

DataList 控件常用的属性、方法和事件

表 9-6　DataList 控件常用属性及说明

属性	说明
DataKeyField	获取或设置由 DataSource 属性指定的数据源中的键字段
DataKeys	获取 DataKeyCollection 对象，它存储数据列表控件中每个记录的键值
DataKeysArray	获取 ArrayList 对象，它包含数据列表控件中每个记录的键值
DataMember	获取或设置多成员数据源中要绑定到数据列表控件的特定数据成员
DataSource	获取或设置数据源，该数据源包含用于填充控件中的项的值列表
DataSourceID	获取或设置数据源控件的 ID 属性，数据列表控件应使用它来检索其数据源
EditItemIndex	获取或设置 DataList 控件中要编辑的选定项的索引号
GridLines	当 RepeatLayout 属性设置为 RepeatLayout.Table 时，获取或设置 DataList 控件的网格线样式
Items	获取表示控件内单独项的 DataListItem 对象的集合
RepeatColumns	获取或设置要在 DataList 控件中显示的列数
RepeatDirection	获取或设置 DataList 控件是垂直显示还是水平显示
SelectedIndex	获取或设置 DataList 控件中的选定项的索引
SelectedItem	获取 DataList 控件中的选定项
SelectedValue	获取所选择的数据列表项的键字段的值

DataList 控件的常用方法及说明如表 9-7 所示。

表 9-7　DataList 控件常用方法及说明

方法	说明
CreateItem	创建一个 DataListItem 对象
DataBind	将数据源绑定到 DataList 控件

DataList 控件的常用事件及说明如表 9-8 所示。

表 9-8　DataList 控件常用事件及说明

事件	说明
CancelCommand	对 DataList 控件中的某项单击 Cancel 按钮时发生
DeleteCommand	对 DataList 控件中的某项单击 Delete 按钮时发生
EditCommand	对 DataList 控件中的某项单击 Edit 按钮时发生
ItemCommand	当单击 DataList 控件中的任一按钮时发生

续表

事件	说明
ItemDataBound	当项被数据绑定到 DataList 控件时发生
SelectedIndexChanged	在两次服务器发送之间，在数据列表控件中选择了不同的项时发生
UpdateCommand	对 DataList 控件中的某项单击 Update 按钮时发生

9.5.2 分页显示 DataList 控件中的数据

在 DataList 控件实现分页显示数据时，需要借助 PagedDataSource 类来实现，该类封装了数据绑定控件（如 GridView、DataList、DetailsView 和 FormView 等）的与分页相关的属性，以允许这些数据绑定控件执行分页操作。PagedDataSource 类的常用属性及说明如表 9-9 所示。

分页显示 DataList
控件中的数据

表 9-9　PagedDataSource 类常用属性及说明

属性	说明
AllowCustomPaging	获取或设置一个值，指示是否在数据绑定控件中启用自定义分页
AllowPaging	获取或设置一个值，指示是否在数据绑定控件中启用分页
AllowServerPaging	获取或设置一个值，指示是否启用服务器端分页
Count	获取要从数据源使用的项数
CurrentPageIndex	获取或设置当前页的索引
DataSource	获取或设置数据源
DataSourceCount	获取数据源中的项数
FirstIndexInPage	获取页面中显示的首条记录的索引
IsCustomPagingEnabled	获取一个值，该值指示是否启用自定义分页
IsFirstPage	获取一个值，该值指示当前页是否是首页
IsLastPage	获取一个值，该值指示当前页是否是最后一页
IsPagingEnabled	获取一个值，该值指示是否启用分页
IsServerPagingEnabled	获取一个值，指示是否启用服务器端分页支持
PageCount	获取显示数据源中的所有项所需的总页数
PageSize	获取或设置要在单页上显示的项数
VirtualCount	获取或设置在使用自定义分页时数据源中的实际项数

【例 9-10】 本实例主要演示如何使用 SQL 语句从数据库中查询数据的功能。实例运行效果如图 9-11 所示。

图 9-11　分页显示 DataList 控件中的数据

程序开发步骤如下。

（1）新建一个 ASP.NET 网站，在 Default.aspx 页面中添加一个 DataList 控件，用来分页显示数据库中的数据。

（2）单击 DataList 控件右上方的 ⟩ 按钮，在弹出的快捷菜单中的选择"编辑模板"选项。打开"DataList 任务-模板编辑模式"，在"显示"下拉列表框中选择"ItemTemplate"选项，以便对该模板进行编辑，如图 9-12 所示。

图 9-12　DataList 控件的 ItemTemplate 模板

ItemTemplate 模板中编写的 HTML 代码如下：

```
<ItemTemplate>
    <table>
        <tr style="border-bottom-style: groove; border-bottom-width: medium; border-bottom-color:
#FFFFFF">
        <td rowspan="3" align="center" class="style3">
        <a href='#'>
                        <img border="0" height="80"
                            src='images/showimg.gif'
                            width="80"> </img></a>
        </td>
        <td align="left">
            <asp:Image ID="Image4" runat="server" ImageUrl="~/images/ico2.gif" />
            <a><%#Eval("bookname")%></a>
        </td>
        <td align="left">
             </td>
        <td>
             </td>
    </tr>
    <tr>
        <td align="left">
            图书编码：<a><%#Eval("bookcode") %></a></td>
        <td align="left">
            ——出版时间：<a><%#Eval("inTime","{0:D}") %></a></td>
        <td>
             </td>
    </tr>
    <tr>
        <td align="left" colspan="3">
            出版社：<a ><%#Eval("pubname").ToString().Length > 10 ? Eval("pubname").ToString().
Substring(0, 10) + "…" : Eval("pubname")%></a></td>
    </tr>
```

```
        </table>
    </ItemTemplate>
```

（3）按照与步骤（2）同样的方式在"编辑模板"中选择 FootTemplate 模板，在该模板中添加两个 Label 控件和 4 个 LinkButton 控件。Label 控件的 ID 属性分别为：labPageCount 和 labCurrentPage，主要用来显示总页数和当前页码；LinkButton 控件的 ID 属性分别为：lnkbtnFirst、lnkbtnFront、lnkbtnNext、lnkbtnLast，分别用来显示首页、上一页、下一页、尾页。如图 9-13 所示。

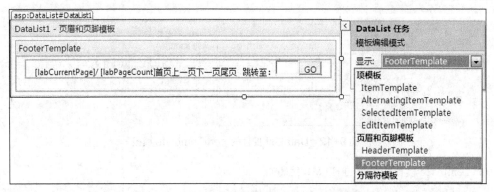

图 9-13   DataList 控件的 FootTemplate 模板

（4）Default.aspx 页面的后台代码中，首先定义两个全局变量对象，代码如下：

```
//创建一个分页数据源的对象，且一定要声明为静态
static PagedDataSource pds = new PagedDataSource();
SqlConnection conn = new SqlConnection(@"server=(local);database=db_LibraryMS;uid=sa;pwd=;");
```

（5）Default.aspx 页面加载时，调用自定义方法 BindDataList 对 DataList 控件进行数据绑定，代码如下：

```
protected void Page_Load(object sender, EventArgs e)
{
    if (!IsPostBack)
    {
        BindDataList(0);
    }
}
```

（6）上面的代码用到了 BindDataList 方法，该方法用来借助 PagedDataSource 类的相关属性实现数据的分页功能，并将分页后的数据绑定到 DataList 控件上。代码如下：

```
private void BindDataList(int currentpage)
{
    pds.AllowPaging = true;                              //允许分页
    pds.PageSize = 3;                                    //每页显示3条数据
    pds.CurrentPageIndex = currentpage;                  //当前页为传入的一个int型值
    string strSql = "SELECT * FROM tb_bookinfo";         //定义一条SQL语句
    conn.Open();                                         //打开数据库连接
    SqlDataAdapter sda = new SqlDataAdapter(strSql,conn);
    DataSet ds = new DataSet();
    sda.Fill(ds);                                        //把执行得到的数据放在数据集中
    pds.DataSource = ds.Tables[0].DefaultView;           //把数据集中的数据放入分页数据源中
    DataList1.DataSource = pds;                          //绑定Datalist
    DataList1.DataBind();
    conn.Close();
```

```
}
```

（7）当数据绑定到 DataList 控件上时，触发其 ItemDataBound 事件，该事件中，首先在 Label 控件中显示当前页码和总页码，然后设置分页按钮的可用状态。代码如下：

```
protected void DataList1_ItemDataBound(object sender, DataListItemEventArgs e)
{
    if (e.Item.ItemType == ListItemType.Footer)
    {
        //以下6个为得到脚模板中的控件，并创建变量
        Label CurrentPage = e.Item.FindControl("labCurrentPage") as Label;
        Label PageCount = e.Item.FindControl("labPageCount") as Label;
        LinkButton FirstPage = e.Item.FindControl("lnkbtnFirst") as LinkButton;
        LinkButton PrePage = e.Item.FindControl("lnkbtnFront") as LinkButton;
        LinkButton NextPage = e.Item.FindControl("lnkbtnNext") as LinkButton;
        LinkButton LastPage = e.Item.FindControl("lnkbtnLast") as LinkButton;
        CurrentPage.Text = (pds.CurrentPageIndex + 1).ToString();//绑定显示当前页
        PageCount.Text = pds.PageCount.ToString();                //绑定显示总页数
        if (pds.IsFirstPage)                                      //如果是第一页，首页和上一页不能用
        {
            FirstPage.Enabled = false;
            PrePage.Enabled = false;
        }
        if (pds.IsLastPage)                                       //如果是最后一页，"下一页"和"尾页"按钮不能用
        {
            NextPage.Enabled = false;
            LastPage.Enabled = false;
        }
    }
}
```

（8）触发 DataList 控件的 ItemCommand 事件，该事件中，主要对用户单击"首页""上一页""下一页"和"尾页"分页按钮，及在文本框内输入页数并跳转到指定页面时的操作进行处理。代码如下：

```
protected void DataList1_ItemCommand(object source, DataListCommandEventArgs e)
{
    switch (e.CommandName)
    {
        case "first":                                    //首页
            pds.CurrentPageIndex = 0;
            BindDataList(pds.CurrentPageIndex);
            break;
        case "pre":                                      //上一页
            pds.CurrentPageIndex = pds.CurrentPageIndex - 1;
            BindDataList(pds.CurrentPageIndex);
            break;
        case "next":                                     //下一页
            pds.CurrentPageIndex = pds.CurrentPageIndex + 1;
            BindDataList(pds.CurrentPageIndex);
            break;
        case "last":                                     //最后一页
            pds.CurrentPageIndex = pds.PageCount - 1;
            BindDataList(pds.CurrentPageIndex);
            break;
```

```
            case "search":                              //页面跳转页
                if (e.Item.ItemType == ListItemType.Footer)
                {
                    int PageCount = int.Parse(pds.PageCount.ToString());
                    TextBox txtPage = e.Item.FindControl("txtPage") as TextBox;
                    int MyPageNum = 0;
                    if (!txtPage.Text.Equals(""))
                        MyPageNum = Convert.ToInt32(txtPage.Text.ToString());
                    if (MyPageNum <= 0 || MyPageNum > PageCount)
                        Response.Write("<script>alert('请输入页数并确定没有超出总页数！')</script>");
                    else
                        BindDataList(MyPageNum - 1);
                }
                break;
        }
}
```

9.6 ListView 控件

ListView 控件用于显示数据，它提供了编辑、删除、插入、分页与排序等功能，ListView 控件可以
理解为 GridView 控件与 DataList 控件的融合，它具有 GridView 控件编辑数据的功
能，同时又具有 DataList 控件灵活布局的功能。ListView 控件的分页功能需要通过
DataPager 控件来实现。

9.6.1 ListView 控件常用的属性、方法和事件

ListView 控件常用
的属性、方法和事件

ListView 控件的常用属性及说明如表 9-10 所示。

表 9-10 ListView 控件常用属性及说明

属性	说明
DataKeyNames	获取或设置一个数组，该数组包含了显示在 ListView 控件中的项的主键字段的名称
DataKeys	获取一个 DataKey 对象集合，这些对象表示 ListView 控件中的每一项的数据键值
DataMember	获取或设置对象，数据绑定控件从该对象中检索其数据项列表
DataSourceID	获取或设置控件的 ID，数据绑定控件从该控件中检索其数据项列表
EditIndex	获取或设置所编辑的项的索引
EditItem	获取 ListView 控件中处于编辑模式的项
InsertItem	获取 ListView 控件的插入项
InsertItemPosition	获取或设置 InsertItemTemplate 模板在作为 ListView 控件的一部分呈现时的位置
Items	获取一个 ListViewDataItem 对象集合，这些对象表示 ListView 控件中的当前数据页的数据项
MaximumRows	获取要在 ListView 控件的单个页上显示的最大项数
SelectedDataKey	获取 ListView 控件中的选定项的数据键值

续表

属性	说明
SelectedIndex	获取或设置 ListView 控件中的选定项的索引
SelectedValue	获取 ListView 控件中的选定项的数据键值
SortDirection	获取要排序的字段的排序方向
SortExpression	获取与要排序的字段关联的排序表达式
StartRowIndex	获取 ListView 控件中的数据页上显示的第一条记录的索引

ListView 控件的常用方法及说明如表 9-11 所示。

表 9-11 ListView 控件常用方法及说明

方法	说明
CreateInsertItem	在 ListView 控件中创建一个插入项
CreateItem	创建一个具有指定类型的 ListViewItem 对象
DataBind	将数据源绑定到 ListView 控件
DeleteItem	从数据源中删除位于指定索引位置的记录
InsertNewItem	将当前记录插入到数据源中
RemoveItems	删除 ListView 控件的项或容器中的所有子控件
SelectItem	选择 ListView 控件中处于编辑模式的项
SetEditItem	在 ListView 控件中将指定项设置为编辑模式
SetPageProperties	设置 ListView 控件中的数据页的属性
Sort	根据指定的排序表达式和方向对 ListView 控件进行排序
UpdateItem	更新数据源中指定索引处的记录

ListView 控件的常用事件及说明如表 9-12 所示。

表 9-12 ListView 控件常用事件及说明

事件	说明
ItemCanceling	在请求取消操作之后、ListView 控件取消插入或编辑操作之前发生
ItemCommand	当单击 ListView 控件中的按钮时发生
ItemDataBound	在数据项绑定到 ListView 控件中的数据时发生
ItemDeleted	在请求删除操作且 ListView 控件删除项之后发生
ItemDeleting	在请求删除操作之后、ListView 控件删除项之前发生
ItemEditing	在请求编辑操作之后、ListView 项进入编辑模式之前发生
ItemInserted	在请求插入操作且 ListView 控件在数据源中插入项之后发生
ItemInserting	在请求插入操作之后、ListView 控件执行插入之前发生
ItemUpdated	在请求更新操作且 ListView 控件更新项之后发生
ItemUpdating	在请求更新操作之后、ListView 控件更新项之前发生
PagePropertiesChanged	在页属性更改且 ListView 控件设置新值之后发生
PagePropertiesChanging	在页属性更改之后、ListView 控件设置新值之前发生

9.6.2 ListView 控件的模板

ListView 控件显示的项可以由模板定义，利用 ListView 控件，可以逐项显示数据，也可以按组显示数据。ListView 控件支持的模板如下。

ListView 控件的
模板

- ❑ LayoutTemplate：标识定义控件的主要布局的根模板。它包含一个占位符对象，例如表行（tr）、div 或 span 元素。此元素将由 ItemTemplate 模板或 GroupTemplate 模板中定义的内容替换。它还可能包含一个 DataPager 对象。
- ❑ ItemTemplate：标识要为各个项显示的数据绑定内容。
- ❑ ItemSeparatorTemplate：标识要在各个项之间呈现的内容。
- ❑ GroupTemplate：标识组布局的内容。它包含一个占位符对象，例如表单元格（td）、div 或 span。该对象将由其他模板（例如 ItemTemplate 和 EmptyItemTemplate 模板）中定义的内容替换。
- ❑ GroupSeparatorTemplate：标识要在项组之间呈现的内容。
- ❑ EmptyItemTemplate：标识在使用 GroupTemplate 模板时为空项呈现的内容。例如，如果将 GroupItemCount 属性设置为 5，而从数据源返回的总项数为 8，则 ListView 控件显示的最后一行数据将包含 ItemTemplate 模板指定的 3 个项以及 EmptyItemTemplate 模板指定的 2 个项。
- ❑ EmptyDataTemplate：标识在数据源未返回数据时要呈现的内容。
- ❑ SelectedItemTemplate：标识为区分所选数据项与显示的其他项，而为该所选项呈现的内容。
- ❑ AlternatingItemTemplate：标识为便于区分连续项，而为交替项呈现的内容。
- ❑ EditItemTemplate：标识要在编辑项时呈现的内容。对于正在编辑的数据项，将呈现 EditItemTemplate 模板以替代 ItemTemplate 模板。
- ❑ InsertItemTemplate：标识要在插入项时呈现的内容。将在 ListView 控件显示的项的开始或末尾处呈现 InsertItemTemplate 模板，以替代 ItemTemplate 模板。通过使用 ListView 控件的 InsertItemPosition 属性，可以指定 InsertItemTemplate 模板的呈现位置。

使用 ListView 服务
器控件对数据进行
显示、分页和排序

9.6.3 使用 ListView 服务器控件对数据进行显示、分页和排序

【例 9-11】 本实例主要演示使用 SQL 语句从数据库中查询数据的功能。实例运行效果如图 9-14 所示。

图 9-14 使用 ListView 服务器控件对数据进行显示、分页和排序

程序开发步骤如下。

（1）新建一个 ASP.NET 网站，在 Default.aspx 页面中添加一个 ListView 控件。

（2）按照智能提示为 SqlDataSource 控件配置数据，并将 SqlDataSource 控件指定给 ListView 控

件的 DataSourceID 属性。

（3）单击 ListView 控件右上方的 ▷ 按钮，在弹出的快捷菜单中的选择"配置 ListView"选项，弹出"配置 ListView"对话框，该对话框中设置 ListView 的样式，并选中"启用分页"复选框，如图 9-15 所示。

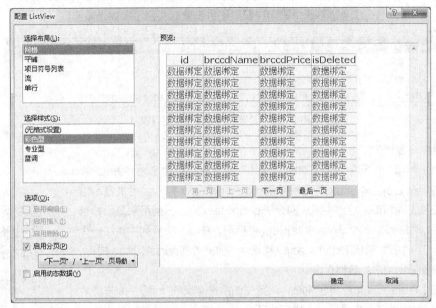

图 9-15 "配置 ListView"对话框

（4）再次单击 ListView 控件右上方的 ▷ 按钮，在弹出的快捷菜单中的选择一个视图来编辑 Layout Template 模板（如 ItemTemplate）。这里选择分页控件 DataPager 所在的位置，从"工具箱"的"标准"选项卡中，将两个 Button 控件拖到控件的底部。

 在拖放 Button 控件时，可以切换到 HTML 源代码，在 HTML 源代码中找到 DataPager 所在位置，然后在该控件之后放置 Button 控件。

（5）分别打开两个 Button 控件的"属性"窗口，按照以下方式更改这两个 Button 控件的属性。

❑ 将第一个 Button 控件的 Text 属性设置为"按编号排序"，将 CommandName 属性设置为 Sort，将 CommandArgument 设置为 bookcode。

❑ 将第二个按钮的 Text 属性设置为"按价格排序"，将 CommandName 属性设置为 Sort，将 CommandArgument 设置为 price。

通过以上步骤即完成了在 ListView 控件中分页显示数据，并分别按编号和按价格对所显示的数据进行排序的功能。

小 结

本章主要对 ASP.NET 中的数据绑定技术进行了详细讲解，包括属性、表达式、集合和方法等简单数据绑定方式，以及常用的几种数据绑定控件，本章所讲解的内容在开发 Web 应用程序时比较常用，尤其是 GridView 控件和 DataList 控件的使用，读者一定要熟练掌握。

上机指导

用户权限的设置在 ASP.NET 网站中是经常用到的，例如在线考试系统中，主要包括 3 种角色，即考生、教师和管理员，而教师和管理员可以有相应的管理权限。本实例演示如何借助 GridView 控件对在线考试系统中的用户权限进行设置。实例运行效果如图 9-16 所示。

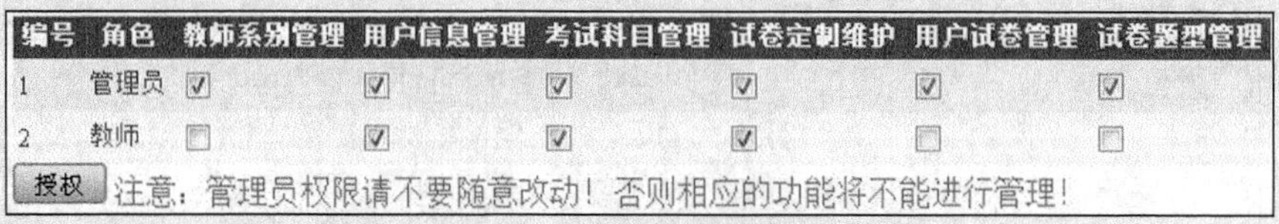

编号	角色	教师系别管理	用户信息管理	考试科目管理	试卷定制维护	用户试卷管理	试卷题型管理
1	管理员	☑	☑	☑	☑	☑	☑
2	教师	☐	☑	☑	☑	☐	☐

授权 注意：管理员权限请不要随意改动！否则相应的功能将不能进行管理！

图 9-16 设置在线考试系统管理权限

程序开发步骤如下。

（1）新建一个网站，将其命名为 SetPOP，默认主页名为 Default.aspx。

（2）在 Default.aspx 页面中添加一个 GridView 控件，用来显示信息，在该 GridView 控件中添加两个 BoundField 列，分别用来显示编号和角色；然后添加 6 个 TemplateField 模板列，在每个模板列中添加一个 CheckBox 控件。再向 Default.aspx 页面中添加一个 ImageButton 控件，用来设置指定用户的管理权限。

上机指导

（3）Default.aspx 页面加载时，首先调用自定义的 InitData 方法对 GridView 控件进行数据绑定。代码如下：

```
protected void Page_Load(object sender, EventArgs e)
{
    if (!IsPostBack)
        InitData();
}
//自定义方法InitData()进行权限设置
private void InitData()
{
    //创建一个DataTable类型的变量存储哈希表中数据
    DataTable dt = hash.Query(new Hashtable());
    //将创建的dt作为数据源
    GV.DataSource = dt;
    //从数据库中绑定GridView控件中数据
    GV.DataBind();
    //循环GridView控件中的CheckBox控件
    for (int i = 0; i < dt.Rows.Count; i++)
    {
        //部门管理
        if (sqldb.ValidateDataRow_N(dt.Rows[i], "HasDuty_DepartmentManage") == 1)
            ((CheckBox)GV.Rows[i].FindControl("chkDepartmentManage")).Checked = true;
        //用户管理
        if (sqldb.ValidateDataRow_N(dt.Rows[i], "HasDuty_UserManage") == 1)
            ((CheckBox)GV.Rows[i].FindControl("chkUserManage")).Checked = true;
        //考试科目管理
        if (sqldb.ValidateDataRow_N(dt.Rows[i], "HasDuty_CourseManage") == 1)
```

```
            ((CheckBox)GV.Rows[i].FindControl("chkCourseManage")).Checked = true;
        //试卷制定维护
        if (sqldb.ValidateDataRow_N(dt.Rows[i], "HasDuty_PaperSetup") == 1)
            ((CheckBox)GV.Rows[i].FindControl("chkPaperSetup")).Checked = true;
        //用户试卷管理
        if (sqldb.ValidateDataRow_N(dt.Rows[i], "HasDuty_UserPaperList") == 1)
            ((CheckBox)GV.Rows[i].FindControl("chkUserPaperList")).Checked = true;
        //试题类别管理
        if (sqldb.ValidateDataRow_N(dt.Rows[i], "HasDuty_SingleSelectManage") == 1)
            ((CheckBox)GV.Rows[i].FindControl("chkTypeManage")).Checked = true;
    }
}
```

（4）当在 GridView 控件中修改了指定用户的权限后，单击"授权"按钮，即可将选中的权限指定给用户，并将最新的权限信息更新到数据库中。代码如下：

```
protected void ImageButtonGiant_Click(object sender, ImageClickEventArgs e)
{
    //定义一个哈希表ht
    Hashtable ht = new Hashtable();
    string where = "";
    //应用foreach循环GridView控件中的CheckBox控件
    foreach (GridViewRow row in GV.Rows)
    {
        //先清空下哈希表中的数据
        ht.Clear();
        //应用FindControl方法查找GridView控件中CheckBox控件，并判断是否选中了用户权限
        ht.Add("HasDuty_DepartmentManage",
((CheckBox)row.FindControl("chkDepartmentManage")).Checked == true ? 1 : 0);
        ht.Add("HasDuty_UserManage",
((CheckBox)row.FindControl("chkUserManage")).Checked == true ? 1 : 0);
        ht.Add("HasDuty_RoleManage",
((CheckBox)row.FindControl("chkUserManage")).Checked == true ? 1 : 0);
        ht.Add("HasDuty_Role",    ((CheckBox)row.FindControl("chkUserManage")).Checked ==
true ? 1 : 0);
        ht.Add("HasDuty_CourseManage",
((CheckBox)row.FindControl("chkCourseManage")).Checked == true ? 1 : 0);
        ht.Add("HasDuty_PaperSetup",    ((CheckBox)row.FindControl("chkPaperSetup")).Checked
== true ? 1 : 0);
        ht.Add("HasDuty_PaperLists",    ((CheckBox)row.FindControl("chkPaperSetup")).Checked
== true ? 1 : 0);
        ht.Add("HasDuty_UserPaperList",
((CheckBox)row.FindControl("chkUserPaperList")).Checked == true ? 1 : 0);
        ht.Add("HasDuty_UserScore",
((CheckBox)row.FindControl("chkUserPaperList")).Checked == true ? 1 : 0);
        ht.Add("HasDuty_SingleSelectManage",
((CheckBox)row.FindControl("chkTypeManage")).Checked == true ? 1 : 0);
        ht.Add("HasDuty_MultiSelectManage",
((CheckBox)row.FindControl("chkTypeManage")).Checked == true ? 1 : 0);
        ht.Add("HasDuty_FillBlankManage",
((CheckBox)row.FindControl("chkTypeManage")).Checked == true ? 1 : 0);
        ht.Add("HasDuty_JudgeManage",
```

```
((CheckBox)row.FindControl("chkTypeManage")).Checked == true ? 1 : 0);
        ht.Add("HasDuty_QuestionManage",
((CheckBox)row.FindControl("chkTypeManage")).Checked == true ? 1 : 0);
        //定义一个查询的条件语句
        where = " Where RoleId=" + row.Cells[0].Text;
        //调用公共类中的Update方法修改角色权限信息
        sqldb.Update(ht, where);
        Response.Write("<script>alert('授权成功！')</script>");
    }
}
```

习 题

9-1　简述 GridView 控件的作用。

9-2　如何对 GridView 控件进行数据绑定？

9-3　如何在 GridView 控件实现编辑和删除功能？

9-4　简述 DataList 控件的作用。

9-5　如何在 DataList 控件中分页显示数据？

9-6　ListView 和 GridView 有何区别？

9-7　如何在 ListView 控件中分页显示数据？

9-8　如何对 ListView 控件中的数据进行排序？

第10章

用户和角色管理

本章要点：

■ 身份验证和授权的介绍
■ Forms验证的3种方式
■ CreateUserWizard控件的使用
■ Login控件的使用
■ LoginName控件的使用
■ LoginStatus控件的使用
■ LoginView控件的使用
■ ChangePassword控件的使用
■ PasswordRecovery控件的使用

■ 对于 Web 网站来说，安全性非常重要，.NET 中的安全机制提供了身份验证和授权来保障程序的安全；另外，通过结合登录系列控件使用 Forms 身份验证，可以提供更加完善的用户管理功能，从而较好地提供授权管理功能。本章将对 ASP.NET 中的用户和角色管理进行详细讲解，包括 ASP.NET 网站的身份验证、授权，以及登录系列控件的使用。

10.1　身份验证和授权

ASP.NET 开发的 Web 应用程序的安全性主要依赖验证和授权（Authorization）两项功能。验证指的是根据用户的验证信息识别其身份，而授权旨在确定通过验证的用户可以访问哪些资源，本节将分别介绍身份验证和授权。

10.1.1　身份验证

Web 安全处理的第一步便是验证（Authentication），即对于请求信息的用户验证其身份，用户使用其证件来表明其身份。证件的种类各种各样，最常用的是用户名和密码。验证能够辨别用户身份是否真实，如果证件有效，则用户将被允许进入系统，并被赋予一个合法的已知身份（Identity）。如银行系统的工作人员必须进行刷卡身份验证方可进入银行工作室。

身份验证

ASP.NET 验证是通过验证提供程序（Authentication Provider）来实现的，此提供程序是通过 Web.config 配置文件使用<authentication>进行控制的，其基本的使用语法如下：

```
<configuration>
    <system.web>
        <authentication mode="Windows/Forms/Passport" />
    </system.web>
</configuration>
```

ASP.NET 提供了 3 种基本的验证用户的方法，每一种验证方法都是通过一个独立的验证提供程序来实现的。3 种验证方法分别为 Windows、Forms 和 Passport。Windows 验证是通过 IIS 实现的；Forms 验证是在开发人员自己的服务器上实现的；Passport 验证则是通过微软公司的订阅服务实现的。本节主要对常用 Forms 验证进行介绍。

在 ASP.NET 中，可以选择由 ASP.NET 应用程序通过窗体验证（Form authentication）进行身份验证，而不是通过 IIS。窗体验证是 ASP.NET 验证服务，它能够让应用程序拥有自己的登录界面，当用户试图访问被限制的资源时便会重定向到该登录界面，而不是弹出登录对话框。在登录页面中，可以自行编写代码来验证用户的证件资料。

1. 安全处理流程

如果在 ASP.NET 中采用窗体验证模式，则其安全处理流程如图 10-1 所示。

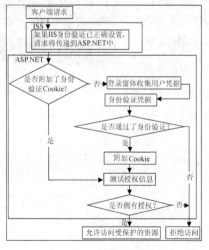

图 10-1　安全处理流程

安全处理流程的说明如下。

（1）客户端向站点请求被保护的页面。

（2）服务器接受请求，如果请求没有包含有效的验证 Cookie，Web 服务器把用户重定向到在 Web.config 文件中 authentication 元素的 loginURL 属性指定的 URL，该 URL 包含一个供用户登录的页面。

（3）用户在登录界面中输入用户证件资料，并且提交窗体。如果证件有效，则 ASP.NET 将在客户端创建一个验证 Cookie。验证 Cookie 被设置后，以后的请求都将自动验证，直到用户关闭浏览器为止，也可以将 Cookie 设置为永不过期，这样用户将总是能通过验证。

（4）通过验证后，便检查用户是否有访问所请求的资源的权限，如果允许访问，则将该用户重新定向至所请求的网页。

2．验证用户证件资料

在登录界面的提交按钮的 Click 事件处理程序中，可以进行用户输入的证件资料检查，从而判断证件资料是否正确，也就是身份验证的过程。根据正确证件资料的存放位置的不同，可以将验证方式划分为以下 3 种，即在代码中直接验证、利用数据库实现验证和利用配置文件实现验证，下面分别介绍。

◆ 在代码中直接验证

开发人员可以将正确的用户证件资料直接写入代码中，然后与用户输入的证件资料一一对比，从而判断用户证件资料是否正确。下面通过一个实例来说明如何在代码中直接验证。

> 【例 10-1】 在代码中直接验证，执行程序并输入用户名和密码，运行结果如图 10-2 所示。当单击"登录"按钮时，首先判断用户输入的信息是否与代码中的资料相符。如果相符则跳转到另一页，如图 10-3 所示；否则，将会弹出消息对话框，提示用户重新输入，如图 10-4 所示。

图 10-2　运行结果

图 10-3　合法用户登录

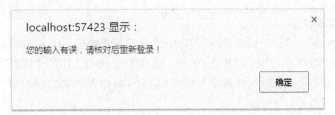

图 10-4　非法用户登录

程序实现的主要步骤如下。

（1）新建一个网站，默认主页为 Default.aspx，在 Default.aspx 页面上添加两个 TextBox 控件和一个 Button 控件，分别用于输入用户名、密码及执行登录操作。

（2）在该网站中再创建一个 Default2.aspx 页，当用户输入正确的信息时，跳转到该页。

（3）在 Web.config 文件中，将其配置为使用基本窗体身份验证。首先将<authentication>节设置为 Forms 模式，并在<authentication>节下的<forms>节中，配置要使用的 Cookie 名称和登录页的 URL；然后在<authorization>节下的<deny>节中，设置为拒绝匿名用户访问资源。代码如下：

```
<configuration>
    <system.web>
        <authentication mode="Forms">
            <!--设置验证属性-->
            <forms name="AuthCookie" loginUrl="Default.aspx"/>
        </authentication>
        <authorization>
            <!--设置资源为受保护，匿名不允许访问-->
            <deny users="?"/>
        </authorization>
    </system.web>
</configuration>
```

（4）在 Default.aspx 页中，需要在"登录"按钮的 Click 事件下编写代码对用户证件进行验证。首先将正确的用户证件资料直接写入代码中，用来进行身份验证；然后当用户身份验证成功时，会调用 FormsAuthentication 对象的 SetAuthCookie()方法来创建存储用户证件资料的 Cookie。其中，SetAuthCookie()方法的第 1 个参数为用户名，第 2 个参数指定用户关闭该浏览器后是否保留 Cookie，如果为 true，则下一次当用户再次启动浏览器来访问该站点上受保护的网页资源时，可以使用 Cookie 中保留的证件资料直接自动登录。"登录"按钮的 Click 事件代码如下：

```
protected void btnLogin_Click(object sender, EventArgs e)
{
    //逐一比较，判断用户输入的信息是否与代码中的用户信息相同
    if ((txtUserName.Text == "mr" && txtUserPwd.Text == "mrsoft") || (txtUserName.Text == "明日" &&
txtUserPwd.Text == "明日软件"))
    {
        FormsAuthentication.SetAuthCookie(txtUserName.Text, false);
        Response.Redirect("Default2.aspx");
    }
    else
    {
        Response.Write("<script>alert('您的输入有误，请核对后重新登录！')</script>");
    }
}
```

♦ 利用数据库实现验证

在代码中直接对比用户验证的证件资料，不仅麻烦而且缺乏弹性，代码也难以维护。一般情况下，都需要在数据库中存储用户的用户名和密码。例如，修改【例 10-1】中的"登录"按钮的 Click 事件，对用户输入的密码做散列变换，并与数据库中的用户密码（数据库中存放的密码已做散列变换）进行对比，从而判断验证是否通过。代码如下：

```
protected void btnLogin_Click(object sender, EventArgs e)
{
    //确保用户输入必要的信息
    if (txtUserName.Text == "" || txtUserPwd.Text == "")
    {
        Response.Write("<script>alert('请输入必要的信息！')</script>");
```

```
        }
        else
        {
            //获取数据库中的用户密码（在数据库中存储的用户密码已进行了SHA1加密）
            string strSql = "select pwd from tb_admin where
                        name='"+txtUserName.Text.Trim()+"'";
            SqlConnection myConn = new
        SqlConnection("server=(local);database=db_LibraryMS;UId=sa;password='"");
            myConn.Open();
            SqlDataReader rd = new SqlCommand(strSql, myConn).ExecuteReader();
            if (rd.Read())
            {
                //对用户输入的密码进行SHA1加密
                string hashed = FormsAuthentication.HashPasswordForStoringInConfigFile(txtUserPwd.Text,
"SHA1");
                //判断用户密码是否存在
                if (hashed == rd["pwd"].ToString())
                {
                    //如果存在，创建存储用户证件资料的Cookie，并跳转到Default2.aspx页
                    FormsAuthentication.SetAuthCookie(txtUserName.Text, false);
                    Response.Redirect("Default2.aspx");
                }
                else
                {
                    Response.Write("<script>alert('密码输入有误，请核对后重新登录！')</script>");
                }
            }
            else
            {
                Response.Write("<script>alert('该用户不存在！')</script>");
            }
            rd.Dispose();
            myConn.Close();
        }
    }
```

 如果将用户名和密码保存到数据库中，可以考虑加密密码，这样密码就不会以明文出现在数据库的字段中，从而确保其安全性。在.NET 的 Forms 验证中使用 FormsAuthentication 类的一个静态方法 HashPasswordForStoringInConfigFile，将明文密码换成一串毫无意义的字符串。HashPasswordForStoringInConfigFile 方法的声明如下：

```
public static string HashPasswordForStoringInConfigFile (
    string password,
    string passwordFormat)
```

参数说明如下。

❑ password：要使用哈希运算的密码。

❑ passwordFormat：要使用的哈希算法。passwordFormat是一个String，表示Forms Auth-Pass wordFormat的枚举值之一。

FormsAuthPasswordFormat 的枚举值如表 10-1 所示。

表 10-1　FormsAuthPasswordFormat 的枚举值

成员名称	说明
Clear	指定不加密密码
MD5	指定使用 MD5 哈希算法加密密码
SHA1	指定使用 SHA1 哈希算法加密密码

passwordFormat 支持 SHA1 和 MD5 两种散列算法，如下面的代码：

```
string hashed = FormsAuthentication.HashPasswordForStoringInConfigFile("mrsoft", "SHA1");
```

字符串 mrsoft 经过 SHA1 散列变换之后，值就等于如下字符串：

```
42AD2A83B8C3FCA8F47E4E7D523609D6931CBE06
```

◆　利用配置文件实现验证

在配置文件中，使用\<forms\>子元素的\<credentials\>项来定义用户名和密码。当用户登录时，单击"登录"按钮，在"登录"按钮的 Click 事件处理程序中调用 FormsAuthentication.Authenticate()方法，系统便会自动将用户输入的证件资料与\<credentials\>项中的用户名与密码相比较，如果相符，则通过验证。

例如，下面通过对【例 10-1】中的"Web.config 文件中的配置"和"登录按钮的 Click 事件"做相应的修改，完成利用配置文件实现验证功能。

（1）通过配置文件来实现验证时，需要对例 10.1 中的 Web.config 配置文件作如下设置：

```
<configuration>
    <system.web>
        <authentication mode="Forms">
            <!--设置验证属性-->
        <forms name="AuthCookie" loginUrl="Default.aspx">
            <credentials passwordFormat ="SHA1">
                <user name ="mr" password ="42AD2A83B8C3FCA8F47E4E7D523609D6931CBE06"/>
            </credentials>
        </forms>
        </authentication>
        <authorization>
            <!--设置资源为受保护，匿名不允许访问-->
            <deny users="?"/>
        </authorization>
    </system.web>
</configuration>
```

 （1）\<credentials\>配置中包含验证 ASP.NET 用户的有效身份信息。passwordFormat 指定了客户端浏览器在发送证件资料给服务器时采用的加密方法，该属性有 Clear（密码存储在明文中）、SHA1（密码以 SHA1 摘要形式存储）和 MD5（密码以 MD5 摘要形式存储）3 种取值。

（2）在\<credentials\>标记中可以利用\<user\>元素来加入有效用户证件资料，它包含 name 和 password 两个属性，分别用于指定有效的用户名和密码，这里可以包含任意数目的\<user\>元素。

（2）对【例 10-1】中的"登录"按钮的 Click 事件代码进行修改。

```
protected void btnLogin_Click(object sender, EventArgs e)
```

```
    {
        if(FormsAuthentication.Authenticate(txtUserName.Text,txtUserPwd.Text))
        {
            //如果存在，创建存储用户证件资料的Cookie，并跳转到Default2.aspx页
            FormsAuthentication.SetAuthCookie(txtUserName.Text, false);
            Response.Redirect("Default2.aspx");
        }
        else
        {
            Response.Write("<script>alert('该用户不存在！')</script>");
        }
    }
```

 说明

程序中调用 FormsAuthentication 对象的 Authenticate()方法，系统便会自动将用户输入的证件资料与<credentials>项中的用户名与密码相比较，如果用户提供的证件资料与<credentials>中的任何一个<user>元素匹配，则 Authenticate()方法返回 true，通过验证。

3. 使用 FormsAuthentication 类

FormsAuthentication 类提供了一些静态方法，使用它们可以操纵身份验证凭证和执行基本的身份验证操作。其常用的方法及说明如表 10-2 所示。

表 10-2 FormsAuthentication 类常用的方法及说明

名称	说明
Authenticate	对照存储在应用程序配置文件中的凭据来验证用户名和密码
GetAuthCookie	为给定的用户名创建身份验证 Cookie
GetRedirectUrl	返回重定向到登录页的原始请求的 URL
HashPasswordForStoringInConfigFile	根据指定的密码和哈希算法生成一个适合于存储在配置文件中的哈希密码
RedirectFromLoginPage	将经过身份验证的用户重定向回最初请求的 URL 或默认 URL
SetAuthCookie	为提供的用户名创建一个身份验证票证，并将其添加到响应的 Cookie 集合或 URL
SignOut	从浏览器删除 Forms 身份验证票证

例如，在"注销"按钮的 Click 事件下实现注销用户的功能，代码如下：

```
protected void btnOut_Click(object sender, EventArgs e)
{
    FormsAuthentication.SignOut();
}
```

10.1.2 授权

ASP.NET 提供了两种授权方式：文件授权（File Authorization）和 URL 授权，下面分别介绍。

授权

- ❑ 文件授权：由 FileAuthorizationModule 类（验证远程用户是否具有访问所请求的文件的权限）执行。它通过检查.aspx 或.asmx 处理程序文件的访问控制列表（ACL），来确定用户是否应该具有对文件的访问权限。
- ❑ URL 授权：由 UrlAuthorizationModule 类（验证用户是否具有访问所请求的 URL 的权限）执

行，它将用户和角色映射到 ASP.NET 应用程序的 URL 中。

下面将主要介绍 URL 授权。

URL 授权可以显式允许或拒绝某个用户名或角色对特定目录的访问权限。要启用 URL 授权，必须在 Web.config 配置文件中设置<authorization>配置节，其使用语法如下：

```
<authorization>
  <allow  users=" 逗号分割的用户列表 "
     roles=" 逗号分割的角色列表 "
     verbs=" 逗号分割的HTTP请求列表 " />
  <deny  users=" 逗号分割的用户列表 "
     roles=" 逗号分割的角色列表 "
     verbs=" 逗号分割的HTTP请求列表 " />
</authorization>
```

allow 和 deny 元素分别用于授予访问权限和撤销访问权限。每个元素都支持表 10-3 所示的属性。

表 10-3　allow 和 deny 元素的属性

属性	说明
users	标识此元素的目标身份（用户账户）。用问号（?）标识匿名用户，用星号（*）指定所有经过身份验证的用户
roles	为被允许或被拒绝访问资源的当前请求标识一个角色（RolePrincipal 对象）
verbs	定义操作所要应用到的 HTTP 谓词，如 GET、HEAD 和 POST。默认值为"*"，它指定了所有谓词

例如，允许 Admins 角色的 Kim 用户访问页面，对 John 标识（除非 Admins 角色中包含 John 标识）和所有匿名用户拒绝访问，代码如下：

```
<authorization>
  <allow users="Kim"/>
  <allow roles="Admins"/>
  <deny users="John"/>
  <deny users="?"/>
</authorization>
```

可以使用逗号分隔的列表定义多个用户被授权或禁止，代码如下：

```
<authorization>
  <allow users="Kim,Sun"/>
</authorization>
```

下面的示例允许所有用户对某个资源执行 HTTP GET 操作,但是只允许 Kim 标识执行 POST 操作,代码如下：

```
<authorization>
  <allow verbs="GET" users="*"/>
  <allow verbs="POST" users="Kim"/>
  <deny verbs="POST" users="*"/>
</authorization>
```

10.2　登录控件

在以往的网站程序中，创建用户、管理用户、验证用户身份、更新密码、显示用户登录名和登录状态，完全是靠开发人员编写代码来实现，但在 ASP.NET 中提供了一组登录系列控件可以完成上述功能。

本节将介绍登录控件在程序中的应用。

10.2.1 CreateUserWizard 控件

CreateUserWizard 控件用于创建新网站用户账户的用户界面，该控件与成员
资格功能紧密集成，能够快速在成员数据库中创建新用户。

CreateUserWizard
控件

【例 10-2】 本实例使用 CreateUserWizard 控件创建成员资格用户。

（1）创建成员资格用户使用 ASP.NET 成员服务来完成。要使用 ASP.NET.提供的成员资格服务，首先
要创建数据库和创建配置文件。要创建数据库，可以使用 ASP.NET 的配置工具，也可以使用命令行命
令 aspnet_regsql.exe。本实例使用命令行来完成。打开"VS2015 开发人员命令提示"窗口，输入命令
提示符 "aspnet_regsql.exe"命令，如图 10-5 所示。

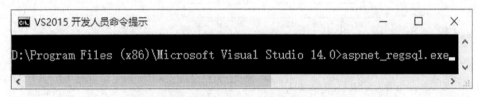

图 10-5 "VS 2015 开发人员命令提示"窗口

（2）输入完命令后按〈Enter〉键，弹出"ASP.NET SQL Server 安装向导"窗口，单击"下一
步"按钮，在弹出的"选择安装项"对话框中选择"为应用程序服务配置 SQL Server"选项，如图 10-6
所示。

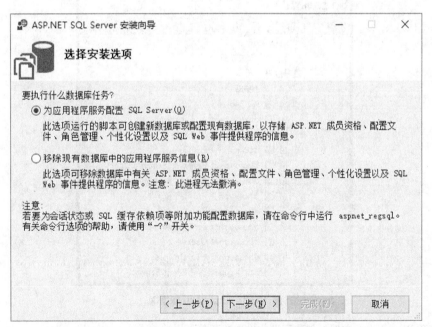

图 10-6 选择"为应用程序服务配置 SQL Server"选项

（3）单击"下一步"按钮，弹出"选择服务器和数据库"对话框，在"服务器"文本框中输入本机
数据库服务器名称，在"数据库"下拉列表框中选择"默认"选项，如图 10-7 所示。

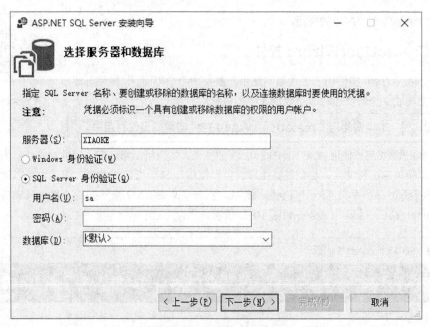

图 10-7　选择服务器和数据库

（4）按照提示依次单击"下一步"按钮和"完成"按钮，aspnetdb 数据库创建成功。系统在数据库中会自动创建一些用户表，如图 10-8 所示。

图 10-8　aspnetdb 数据库

（5）打开 Web.confg 文件，创建配置文件，代码如下：

```xml
<?xml version="1.0"?>
<configuration xmlns="http://schemas.microsoft.com/.NetConfiguration/v2.0">
    <appSettings/>
  <connectionStrings>
    <remove name="LocalSqlServer" />
```

```
        <add name="LocalSqlServer"
connectionString="server=XIAOKE;database=aspnetdb;uid=sa;pwd=;"/>
    </connectionStrings>
      <system.web>
          <compilation debug="true"/>
          <authentication mode="Forms"/>
      </system.web>
  </configuration>
```

 <add>标记的 name 属性必须设置为 LocalSqlServer，否则会出现错误。

（6）将 CreateUserWizard 控件拖曳到页面上，此时一个注册新用户页面就创建成功了。CreateUserWizard 控件界面设计代码如下：

```
    <asp:CreateUserWizard ID="CreateUserWizard1" runat="server" BackColor="#F7F7DE" BorderColor="#CCCC99"
BorderStyle="Solid" BorderWidth="1px" Font-Names="Verdana" Font-Size="10pt" OnCreatedUser="Create
UserWizard1_CreatedUser" ContinueDestinationPageUrl="~/Default.aspx">
              <WizardSteps>
                  <asp:CreateUserWizardStep runat="server">
                  </asp:CreateUserWizardStep>
                  <asp:CompleteWizardStep runat="server">
                  </asp:CompleteWizardStep>
              </WizardSteps>
              <SideBarStyle BackColor="#7C6F57" BorderWidth="0px" Font-Size="0.9em" VerticalAlign="Top" />
              <TitleTextStyle BackColor="#6B696B" Font-Bold="True" ForeColor="White" />
              <SideBarButtonStyle BorderWidth="0px" Font-Names="Verdana" ForeColor="White" />
              <NavigationButtonStyle BackColor="#FFFBFF" BorderColor="#CCCCCC" BorderStyle="Solid"
                  BorderWidth="1px" Font-Names="Verdana" ForeColor="#284775" />
              <HeaderStyle BackColor="#6B696B" Font-Bold="True" ForeColor="White" HorizontalAlign=
"Center" />
              <CreateUserButtonStyle BackColor="#FFFBFF" BorderColor="#CCCCCC" BorderStyle=
"Solid"
                  BorderWidth="1px" Font-Names="Verdana" ForeColor="#284775" />
              <ContinueButtonStyle BackColor="#FFFBFF" BorderColor="#CCCCCC" BorderStyle="Solid"
                  BorderWidth="1px" Font-Names="Verdana" ForeColor="#284775" />
              <StepStyle BorderWidth="0px" />
          </asp:CreateUserWizard>
```

 使用 PasswordRegularExpression 属性设置密码时，设置的密码必须包括大写和小写字母、数字以及标点，且长度至少为 8 个字符。

运行实例，填写完整数据：用户名为 "mr"，密码为 "mr.sott"，单击 "创建用户" 按钮。效果如图 10-9 和图 10-10 所示。

10.2.2　Login 控件

Login 控件是一个复合控件，它有效集成了登录验证页面中常见的用户界面元素和功能。通常情况下，Login 控件会在页面中呈现 3 个核心元素，即用于输入用户名的文本框、用于输入密码的文本框和用于提交用户凭证的按钮。Login 控件与成员资格管理功能集成，无须编写任何代码就能够实现用户登录功能。

Login 控件

图 10-9　创建用户

图 10-10　创建成功

Login 控件还具有很强的自定义扩展能力，主要包括以下 5 个方面。

- ❏ 自定义获取密码页面的提示文字和超链接。
- ❏ 自定义帮助页面的提示文字和超链接。
- ❏ 自定义创建新用户页面的提示文字和超链接。
- ❏ 自定义"下次登录时记住"的 CheckBox 控件。
- ❏ 自定义各种提示信息和操作，如未填写用户凭证的提示、登录失败的提示、登录成功之后的操作等。

 说明 默认情况下，Login 控件使用 Web.config 配置文件中定义的成员资格提供程序。

【例 10-3】　本实例使用 Login 控件，实现成员资格用户登录网站验证用户名和密码。运行程序，输入用户名"mr"，密码"mr.soft"登录网站。实例运行效果如图 10-11 和图 10-12 所示。

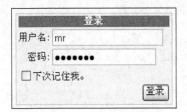

图 10-11　Login 控件登录

mr您已通过身份验证成功登录

图 10-12　Login 控件登录成功

Login 控件设计代码如下：

```
<asp:Login ID="Login1" runat="server" BackColor="#F7F7DE" BorderColor="#CCCC99" BorderStyle=
"Solid" BorderWidth="1px" DestinationPageUrl="~/Default.aspx" Font-Names="Verdana" Font-Size="10pt">
    <TitleTextStyle BackColor="#6B696B" Font-Bold="True" ForeColor="#FFFFFF" />
</asp:Login>
```

 说明 本实例的 Web.config 文件代码请参见 10.2.1 节中步骤（5）。

10.2.3　LoginName 控件

LoginName 控件显示用户的登录名，如果应用程序使用 Windows 身份验证，该控件则显示用户的域名和账户名；如果应用程序使用 Forms 身份验证，则显示数据库中 Membership 的账号。

LoginName 控件

例如，使用 LoginName 控件实现显示成员资格用户登录的用户名称。运行实例"Login.aspx"页，输入用户名"mr"，密码"mr.soft"登录网站。在网站的主页会显示"欢迎您：mr"，主要代码如下：

```
<asp:LoginName ID="LoginName1" runat="server" FormatString="欢迎您：{0}" />
```

10.2.4　LoginStatus 控件

LoginStatus 控件有两种状态："已登录网站"和"已从网站注销"，对于上述任何一种或两种状态，都可以为其显示文本，也可以为其显示图像。

LoginStatus 控件

如果用户没有登录站点，LoginStatus 控件提供指向应用程序配置设置中定义的登录页的链接。如果用户已登录网站，LoginStatus 控件提供一个用于从网站注销的链接。从网站注销的操作会清除用户的身份验证状态。如果使用 Cookie，该操作还会清除用户的客户端计算机中的 Cookie。以后每次访问网站时，LoginStatus 控件都会显示登录提示。

【例 10-4】　本实例使用 LoginStatus 控件显示成员资格用户状态。运行程序，单击"登录"按钮，进入登录界面，输入用户名"mr"和密码"mr.soft"，登录网站。实例运行效果如图 10-13～图 10-15 所示。

图 10-13　登录状态

图 10-14　登录界面

图 10-15　注销状态

Default.aspx 页面设计代码如下：

```
<form id="form1" runat="server">
<div>
    <table >
      <tr>
          <td style="width: 166px">
          <asp:LoginName ID="LoginName1" runat="server" FormatString="{0}账户已登录" />
          </td>
          <td style="width: 126px">
          <asp:LoginStatus  ID="LoginStatus1" runat="server" OnLoggingOut="LoginStatus1_LoggingOut"
OnLogged Out= "LoginStatus1_LoggedOut" />
          </td>
      </tr>
    </table>
</div>
    <asp:Label ID="Label1" runat="server" Text="Label"></asp:Label>
</form>
```

说明

本实例的 Web.config 文件代码请参见 10.2.1 节中步骤（5）。

10.2.5　LoginView 控件

LoginView 控件根据用户是否经过身份验证以及属于哪个网站角色（如果用户经过身份验证），为不同的用户显示不同的网站内容模板（或者"视图"）。

存储在 AnonymousTemplate 属性中的模板向所有未在网站中登录的访问者显示。用户登录后，网站或者显示与 RoleGroups 属性中该用户的某个角色相关联的模板，或者显示 LoggedInTemplate 属性中指定的默认模板。

LoginView 控件

为 LoginView 类的以下 3 个模板属性中的任何一个属性分配了模板后，LoginView 控件将管理不同模板之间的切换。

- ❑ AnonymousTemplate 指定向未登录到网站的用户显示的模板。登录用户永远看不到此模板。
- ❑ LoggedInTemplate 指定向登录到网站，但不属于任何具有已定义模板的角色组的用户显示的默认模板。
- ❑ RoleGroups 指定向已登录且是具有已定义角色组模板的角色的成员显示的模板。内容模板与 RoleGroup 实例中的特定角色集相关联。

【例 10-5】 本实例使用 LoginView 控件实现登录用户和匿名用户显示不同的内容。运行程序，如果用户没有登录，则给出提示。单击链接进入登录页面，输入用户名"mr"，密码"mr.soft"登录网站。实例运行效果如图 10-16~图 10-18 所示。

图 10-16　匿名用户显示内容　　　　图 10-17　用户登录　　　　图 10-18　登录用户显示内容

LoginName 控件与 Login 控件设计代码如下：

```
<asp:LoginView ID="LoginView1" Runat="server">
  <LoggedInTemplate>
   <asp:LoginName ID="LoginName1" Runat="server"
               FormatString ="{0}：欢迎登录本站" Width="218px" />
      <br />
     <asp:LoginStatus ID="LoginStatus1" runat="server" Width="38px" />
  </LoggedInTemplate>
  <AnonymousTemplate>
      <asp:HyperLink ID="HyperLink1" runat="server" Height="35px" NavigateUrl="~/Login.aspx"
          Width="254px">请您登录本网站，登录</asp:HyperLink>
  </AnonymousTemplate>
</asp:LoginView>
```

说明　本实例的 Web.config 文件代码请参见 10.2.1 节中步骤（5）。

10.2.6　ChangePassword 控件

ChangePassword
控件

ChangePassword 控件可实现快速修改密码。该控件支持两种情况，一种是当用户登录后，提交旧密码和新密码来完成修改密码工作。另一种是用户不登录站点，直接修改指定用户密码。在这个过程中，不仅需要提交旧密码和新密码，而且必须提交用户名称。同时还必须允许匿名用户具有访问修改密码页面的权限。ChangePassword 控件内置两个视图状态，一个是更改密码视图，另一个是成功视图。

【例 10-6】 本实例使用 ChangePassword 控件修改已登录成员资格用户的密码。运行程序，进入登录页面，输入用户名 "mr"，密码 "mr.soft" 登录网站，进入修改密码页面，输入旧密码 "mr.soft"，再输入要修改的密码后，单击 "更改密码" 按钮。实例运行效果如图 10-19～图 10-21 所示。

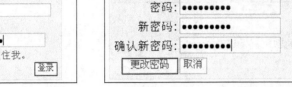

图 10-19 用户登录	图 10-20 修改密码	图 10-21 修改成功

ChangePassword 控件设计代码如下：

```
<asp:ChangePassword ID="ChangePassword1" runat="server" BackColor="#FFFBD6" BorderColor="#FFDFAD"
Border Padding="4" BorderStyle="Solid" BorderWidth="1px" Font-Names="Verdana" Font-Size="0.8em">
    <CancelButtonStyle BackColor="White" BorderColor="#CC9966" BorderStyle="Solid" BorderWidth=
"1px"  Font-Names="Verdana" Font-Size="0.8em" ForeColor="#990000" />
    <InstructionTextStyle Font-Italic="True" ForeColor="Black" />
    <PasswordHintStyle Font-Italic="True" ForeColor="#888888" />
    <ChangePasswordButtonStyle  BackColor="White"  BorderColor="#CC9966"  BorderStyle="Solid"
BorderWidth="1px" Font-Names="Verdana" Font-Size="0.8em" ForeColor="#990000" />
    <ContinueButtonStyle BackColor="White" BorderColor="#CC9966" BorderStyle="Solid"
                BorderWidth="1px" Font-Names="Verdana" Font-Size="0.8em" ForeColor="#990000" />
    <TitleTextStyle BackColor="#990000" Font-Bold="True" Font-Size="0.9em" ForeColor="White" />
    <TextBoxStyle Font-Size="0.8em" />
</asp:ChangePassword>
```

10.2.7 PasswordRecovery 控件

PasswordRecovery 控件

PasswordRecovery 控件在该应用程序中启用密码恢复，此时，应用程序将会向用户发送其当前的密码或新密码，具体情况视成员资格提供程序的配置方式而定。默认情况下，ASP.NET 会使用不可逆的加密方案对密码进行哈希处理，然后将新密码发送给用户。如果成员资格提供程序经过配置，可以对密码进行加密或以明文形式（不建议使用）存储密码，将会发送该用户的当前密码。若要恢复密码，应用程序必须可以向用户发送电子邮件。因此，必须使用 SMTP 服务器的名称对应用程序进行配置，使应用程序可以向该服务器转发电子邮件。PasswordRecovery 控件有以下 3 种状态（或视图）。

❑ 用户名视图——询问用户注册的用户名。

❑ 提示问题视图——要求用户提供存储的提示问题的答案以重置密码。

❑ 成功视图——告诉用户密码恢复或重置是否成功。

仅当 MembershipProvider 属性中定义的成员资格提供程序支持密码提示问题和答案时，Password Recovery 控件才显示 "提示问题" 视图。

【例 10-7】 本实例使用 PasswordRecovery 控件把成员资格用户的密码发送到电子邮箱中。运行程序，输入用户名，单击 "提交" 按钮，在 "标识确认" 页面中输入答案，单击 "提交" 按钮，提示密码已发送到邮箱中。实例运行效果如图 10-22、图 10-23 和图 10-24 所示。

图 10-22　输入用户名　　　　　图 10-23　输入密码提示问题

您的密码已发送给您。

图 10-24　密码已发送

在 Web.confin 文件的<mailSettings>节中配置电子邮件节，提供电子邮件服务器的 IP、机器名和密码，这里使用局域网服务器来测试。Web.config 配置文件主要代码如下：

```xml
<?xml version="1.0"?>
<configuration>
    <appSettings/>
    <connectionStrings>
        <remove name="LocalSqlServer"/>
        <add name="LocalSqlServer" connectionString="server=XIAOKE;database=aspnetdb;uid=sa;pwd=;"/>
    </connectionStrings>
    <system.web>
        <compilation debug="true"/>
        <authentication mode="Forms"/>
    </system.web>
    <system.net>
        <mailSettings>
        <smtp deliveryMethod="network">
        <network host="192.168.1.97" port="25" userName="Administrator" password="1"/>
        </smtp>
        </mailSettings>
    </system.net>
</configuration>
```

PasswordRecovery 控件设计代码如下：

```
<asp:PasswordRecovery ID="PasswordRecovery1" runat="server" >
    <MailDefinition BodyFileName="~/mima.txt" From="localhost@163.com" Subject="mima">
    </MailDefinition>
</asp:PasswordRecovery>
```

设置 MailDefinition 属性，其中 From="localhost@163.com" 是"zhy"用户注册时使用的邮件地址；BodyFileName="~/mima.txt"设置发送邮件的内容。本实例使用局域网服务器来测试，机器需要安装 POP3 服务。

mima.txt 文件代码如下：

您已经选择重置用户密码。当前，您的用户名是：<% UserName %>，密码是：<% Password %>

小 结

本章主要对 Web 网站中的用户和角色管理相关的知识进行了详细讲解，包括用户身份验证、授权、登录系统控件的使用等。在进行身份验证时，Forms 验证是最常用的验证方式，本章中进行了详细讲解；另外，在学习本章时，重点需要熟悉登录系列控件的使用方法，以便在开发中提高自己的开发效率。

上机指导

用户注册和登录是网站中必备的功能。本节将使用 CreateUserWizard 控件和 Login 控件模拟实现图书馆管理系统中的用户注册与登录功能。运行程序，在用户注册页面（如图 10-25 所示）输入正确的注册信息后，单击"创建用户"按钮，如果注册成功，则会出现如图 10-26 所示的页面效果，单击"继续"按钮将跳转到用户登录页面（如图 10-27 所示），在该页面中输入用户名和密码，单击"登录"按钮进行登录，如果登录成功将跳转到如图 10-28 所示的页面。在用户登录页面单击"注册"按钮将跳转到用户注册页面。

上机指导

注册新账户
用户名: mrsoft
密码: ●●●●●●●
确认密码: ●●●●●●●
电子邮件: ningrisoft@mingrisoft.com
安全提示问题: mr
安全答案: mingri
创建用户

图 10-25 用户注册页面

完成
已成功创建您的账户。
继续

图 10-26 注册成功

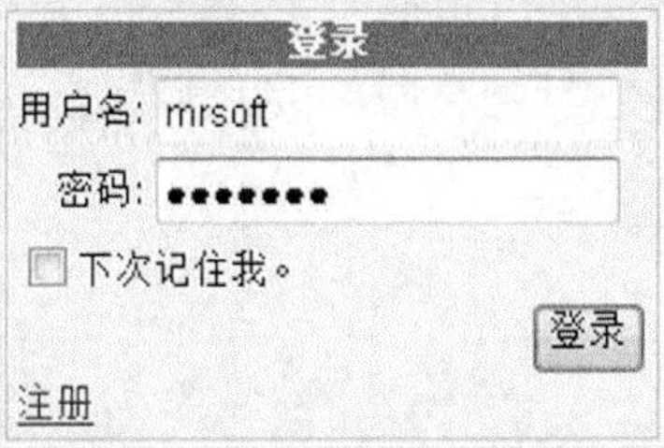

登录
用户名: mrsoft
密码: ●●●●●●●
☐ 下次记住我。
登录
注册

图 10-27 用户登录页面

mrsoft 登录成功:-)

图 10-28 登录成功

程序开发步骤如下。

（1）新建一个网站，将主页命名为 Default.aspx。

（2）打开 Web.confg 文件，设置<connectionStrings>标记及<system.web>标记下的<compilation>和<authentication>标记，代码如下：

```
<configuration xmlns="http://schemas.microsoft.com/.NetConfiguration/v2.0">
    ...
<connectionStrings>
<remove name="LocalSqlServer" />
<add name="LocalSqlServer"
connectionString="server=XIAOKE;database=aspnetdb;uid=sa;pwd=;"/>
</connectionStrings>
    <system.web>
        <compilation debug="true"/>
        <authentication mode="Forms"/>
    </system.web>
</configuration>
```

（3）在 Default.aspx 页面上添加一个 CreateUserWizard 控件，单击控件右上角的 ▷ 按钮，在弹出的菜单中选择"自动套用格式"命令，在打开的对话框中选择"典雅型"选项；在"步骤"下拉列表框中选择"完成"选项，该项也设置自动套用格式为"典雅型"；设置 CreateUserWizard 控件的 ContinueDestinationPageUrl 属性值为"~/Login.aspx"，这里是设定注册成功单击"继续"按钮时跳转的文件路径。代码如下：

```
<asp:CreateUserWizard ID="CreateUserWizard1" runat="server" BackColor="#F7F7DE"
    BorderColor="#CCCC99" BorderStyle="Solid" BorderWidth="1px"
    ContinueDestinationPageUrl="~/Login.aspx" Font-Names="Verdana" Font-Size="10pt">
    <SideBarStyle BackColor="#7C6F57" BorderWidth="0px" Font-Size="0.9em"
        VerticalAlign="Top" />
    <SideBarButtonStyle BorderWidth="0px" Font-Names="Verdana"
        ForeColor="#FFFFFF" />
    <ContinueButtonStyle BackColor="#FFFBFF" BorderColor="#CCCCCC"
        BorderStyle="Solid" BorderWidth="1px" Font-Names="Verdana"
        ForeColor="#284775" />
    <NavigationButtonStyle BackColor="#FFFBFF" BorderColor="#CCCCCC"
        BorderStyle="Solid" BorderWidth="1px" Font-Names="Verdana"
        ForeColor="#284775" />
    <HeaderStyle BackColor="#6B696B" Font-Bold="True" ForeColor="#FFFFFF"
        HorizontalAlign="Center" />
    <CreateUserButtonStyle BackColor="#FFFBFF" BorderColor="#CCCCCC"
        BorderStyle="Solid" BorderWidth="1px" Font-Names="Verdana"
        ForeColor="#284775" />
    <TitleTextStyle BackColor="#6B696B" Font-Bold="True" ForeColor="#FFFFFF" />
    <StepStyle BorderWidth="0px" />
    <WizardSteps>
        <asp:CreateUserWizardStep runat="server" />
        <asp:CompleteWizardStep runat="server" />
    </WizardSteps>
</asp:CreateUserWizard>
```

（4）添加一个 Web 窗体，命名为 Login.aspx，将该页设置为起始页，在该页面上添加一个 Login 登录控件。Login 控件的属性设置如表 10-4 所示。

表 10-4　Login 控件属性设置

属性名称	属性值
ID	Login1
CreateUserText	注册
CreateUserUrl	~/Default.aspx
DestinationPageUrl	~/CheckLogin.aspx

（5）添加一个 Web 窗体，命名为 CheckLogin.aspx，切换到 CheckLogin.aspx.cs 页面，编写如下代码，以输出登录提示信息：

```
protected void Page_Load(object sender, EventArgs e)
{
    Response.Write(User.Identity.Name + " 登录成功 :-)");
}
```

习　题

10-1　常见的验证模式有哪 3 种？

10-2　简单描述授权的作用。

10-3　在使用 CreateUserWizard 控件注册用户时，密码有什么要求？

10-4　列举常用的 5 种登录控件。

10-5　使用哪种登录控件可以实现找回密码功能？

第11章
主题、母版、用户控件和Web部件

本章要点：

- 主题的基本概念
- 创建和使用主题
- 母版页和内容页的创建
- 访问母版页的控件和属性
- 用户控件的创建和使用
- 常用的Web部件

■ 开发网站时，有很多内容是公共的，比如网站的主题、Banner、页尾、登录模块、导航等。ASP.NET对网站的公共部分提供了很好的技术支持，比如，主题技术可以通过网站的外观显示，母版页可以统一网站的风格和布局，用户控件则用于对网站中常用的功能进行封装，Web部件的Visual Studio开发环境为用户提供的一组集成控件，允许用户进行个性化设置。本章将讲解以上技术的使用。

11.1 主题

主题概述

11.1.1 主题概述

1. 组成元素

主题由外观、级联样式表（CSS）、图像和其他资源组成，主题中至少要包含外观，它是在网站或 Web 服务器上的特殊目录中定义的，如图 11-1 所示。

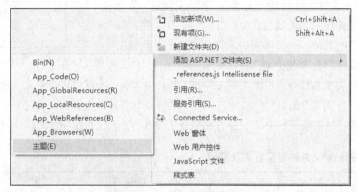

图 11-1　添加主题文件夹

在制作网站中的网页时，有时对控件、对页面设置要进行重复的设计，主题的出现就是将重复的工作简单化，不仅提高制作效率，更重要的是能够统一网站的外观。例如，一款家具的设计框架是一样的，但是整体颜色、零件色彩（把手等）可以是不同的，这就相当于一个网站可以通过不同的主题呈现出不同的外观。

（1）外观

外观文件是主题的核心内容，用于定义页面中服务器控件的外观，它包含各个控件（如 Button、TextBox 或 Calendar 控件）的属性设置。控件外观设置类似于控件标记本身，但只包含要作为主题的一部分来设置的属性。例如，下面的代码定义了 TextBox 控件的外观：

```
<asp:TextBox runat="server" BackColor="PowderBlue" ForeColor="RoyalBlue"/>
```

控件外观的设置与控件声明代码类似。在控件外观设置中只能包含作为主题的属性定义。上述代码中设置了 TextBox 控件的前景色和背景色属性。如果将以上控件外观应用到单个 Web 页上，那么页面内所有 TextBox 控件都将显示所设置的控件外观。

主题中至少要包含外观。

（2）级联样式表（CSS）

主题还可以包含级联样式表（.css 文件）。将.css 文件放在主题目录中时，样式表自动作为主题的一部分应用。使用文件扩展名.css 在主题文件夹中定义样式表。

主题中可以包含一个或多个级联样式表。

（3）图像和其他资源

主题还可以包含图形和其他资源，如脚本文件或视频文件等。通常，主题的资源文件与该主题的外观文件位于同一个文件夹中，但也可以在 Web 应用程序中的其他地方，如主题目录的某个子文件夹中。

2．文件存储和组织方式

在 Web 应用程序中，主题文件必须存储在根目录的 App_Themes 文件夹下（除全局主题之外），开发人员可以手动或者使用 Visual Studio 2015 在网站的根目录下创建该文件夹。图 11-2 所示为 App_Themes 文件夹的示意图。

在 App_Themes 文件夹中包括"主题 1"和"主题 2"两个文件夹。每个主题文件夹中都可以包含外观文件、CSS 文件和图像文件等。通常 APP_Themes 文件夹中只存储主题文件及与主题有关的文件，尽量不存储其他类型文件。

图 11-2　App_Themes 文件夹的示意图

外观文件是主题的核心部分，每个主题文件夹下都可以包含一个或者多个外观文件，如果主题较多，页面内容较复杂时，外观文件的组织就会出现问题。这样就需要开发人员在开发过程中根据实际情况对外观文件进行有效管理。通常根据 SkinID、控件类型及文件 3 种方式进行组织，具体说明如表 11-1 所示。

表 11-1　3 种常见的外观文件的组织方式及说明

组织方式	说明
根据 SkinID	在对控件外观设置时，将具有相同 SkinID 的外观放在同一个外观文件中，这种方式适用于网站页面较多、设置内容复杂的情况
根据控件类型	组织外观文件时，以控件类型进行分类，这种方式适用于页面中包含控件较少的情况
根据文件	组织外观文件时，以网站中的页面进行分类，这种方式适用于网站中页面较少的情况

11.1.2　创建主题

1．创建外观文件

在创建外观文件之前，先介绍有关创建外观文件的知识。

创建主题

外观文件分为"默认外观"和"已命名外观"两种类型。如果控件外观没有包含 SkinID 属性，那么就是默认外观。此时，向页面应用主题，默认外观自动应用于同一类型的所有控件。已命名外观是设置了 SkinID 属性的控件外观。已命名外观不会自动按类型应用于控件，而应当通过设置控件的 SkinID 属性将其显式应用于控件。通过创建已命名外观，可以为应用程序中同一控件的不同实例设置不同的外观。

控件外观设置的属性可以是简单属性，也可以是复杂属性。简单属性是控件外观设置中最常见的类型，如控件背景颜色（BackColor）、控件的宽度（Width）等。复杂属性主要包括集合属性、模板属性和数据绑定表达式（仅限于<%#Eval%>或<%#Bind%>）等类型。

外观文件的后缀为.skin。

下面通过示例来介绍如何创建一个简单的外观文件。

【例 11-1】　本示例主要通过两个 TextBox 控件分别介绍如何创建默认外观和命名外观。实例运行效果如图 11-3 所示。

图 11-3　创建外观文件示例图

程序开发步骤如下。

（1）新建一个网站，应用程序根目录下创建一个 App_Themes 文件夹用于存储主题。添加一个主题，在 App_Themes 文件夹上右击，在弹出的快捷菜单中选择"添加 ASP.NET 文件夹"/"主题"命令，主题名为 TextBoxSkin。在主题下新建一个外观文件，名称为 TextBoxSkin.skin，用来设置页面中 TextBox 控件的外观。TextBoxSkin.skin 外观文件的源代码如下：

```
<asp:TextBox runat="server" Text="Hello World!" BackColor="#FFE0C0" BorderColor="#FFC080"
Font-Size="12pt" ForeColor="#C04000" Width="149px"/>
<asp:TextBox SkinId="textboxSkin" runat="server" Text="Hello World!" BackColor="#FFFFC0"
BorderColor="Olive" BorderStyle="Dashed" Font-Size="15pt" Width="224px"/>
```

在代码中创建了两个 TextBox 控件的外观，其中没有添加 SkinID 属性的是 Button 的默认外观，另外一个设置了 SkinID 属性的是 TextBox 控件的命名外观，它的 SkinID 属性为 textboxSkin。

 任何控件的 ID 属性都不可以在外观文件中出现。如果向外观文件中添加了不能设置主题的属性，将会导致错误发生。

（2）在网站的默认页 Default.aspx 中添加两个 TextBox 控件，应用 TextBoxSkin.skin 中的控件外观。首先在<%@ Page%>标签中设置一个 Theme 属性用来应用主题。如果为控件设置默认外观，则不用设置控件的 SkinID 属性；如果为控件设置了命名外观，则需要设置控件的 SkinID 属性。Default.aspx 文件的源代码如下：

```
<%@ Page Language="C#" AutoEventWireup="true" CodeFile="Default.aspx.cs" Inherits="_Default"
Theme="TextBoxSkin"%>         应用主题
<!DOCTYPE html PUBLIC "-//W3C//DTD XHTML 1.0 Transitional//EN"
"http://www.w3.org/TR/xhtml1/DTD/xhtml1-transitional.dtd">
<html xmlns="http://www.w3.org/1999/xhtml" >
<head runat="server">
    <title>创建一个简单的外观</title>
</head>
<body>
    <form id="form1" runat="server">
    <div>
        <table>
            <tr>
                <td style="width: 100px">
                    默认外观: </td>
                <td style="width: 247px">
                    <asp:TextBox ID="TextBox1" runat="server"></asp:TextBox></td>
            </tr>                                           默认外观
```

```
            <tr>
                <td style="width: 100px">
                    命名外观: </td>
                <td style="width: 247px">
                    <asp:TextBox ID="TextBox2" runat="server" SkinID ="textboxSkin"> </asp:
TextBox></td>
            </tr>
        </table>
    </div>
    </form>
</body>
</html>
```

如果在控件代码中添加了与控件外观相同的属性，则页面最终显示以控件外观的设置效果为主。

2. 为主题添加 CSS 样式

主题中的样式表主要用于设置页面和普通 HTML 控件的外观样式。

 说明 主题中的 .css 样式表是自动作为主题的一部分加以应用的。

【例 11-2】 本示例主要对页面背景、页面中的普通文字、超链接文本以及 HTML 提交按钮创建样式。实例运行效果如图 11-4 所示。

图 11-4 为主题添加 CSS 样式

程序开发步骤如下。

（1）新建一个网站，在应用程序根目录下创建一个 App_Themes 文件夹，用于存储主题。添加一个名为 MyTheme 的主题。在 MyTheme 主题下添加一个样式表文件，默认名称为 StyleSheet.css。

页面中共有 3 处被设置的样式，一是页面背景颜色、文本对齐方式及文本颜色；二是超文本的外观、悬停效果；三是 HTML 按钮的边框颜色。StyleSheet.css 文件的源代码如下：

```
body
{
    text-align :center;
    color :Yellow ;
    background-color :Navy;
}
A:link
{
    color:White ;
    text-decoration:underline;
}
```

```
A:visited
{
    color:White;
    text-decoration:underline;
}
A:hover
{
    color :Fuchsia;
    text-decoration:underline;
     font-style :italic ;
}
input
{
    border-color :Yellow;
}
```

主题中的 CSS 文件与普通的 CSS 文件没有任何区别，但主题中包含的 CSS 文件主要针对页面和普通的 HTML 控件进行设置，并且主题中的 CSS 文件必须保存在主题文件夹中。

（2）在网站的默认网页 Default.aspx 中，应用主题中的 CSS 文件样式的源代码如下：

```
<%@ Page Language="C#" AutoEventWireup="true"  CodeFile="Default.aspx.cs" Inherits="_Default"
Theme ="myTheme" %>
<!DOCTYPE html PUBLIC "-//W3C//DTD XHTML 1.0 Transitional//EN"
"http://www.w3.org/TR/xhtml1/DTD/xhtml1-transitional.dtd">
<html xmlns="http://www.w3.org/1999/xhtml" >
<head runat="server">
    <title>为主题添加CSS样式</title>
</head>
<body>
    <form id="form1" runat="server">
    <div>
        为主题添加CSS文件
        <table>
            <tr>
                <td style="width: 100px">
                <a href ="Default.aspx">明日科技</a>
                </td>
                <td style="width: 100px">
                <a href ="Default.aspx">明日科技</a>
                </td>
            </tr>
            <tr>
                <td style="width: 100px">
                    <input id="Button1" type="button" value="button" /></td>
                <td style="width: 100px">
                 </td>
            </tr>
        </table>
    </div>
    </form>
</body>
</html>
```

> 在主题中应用CSS文件，必须保证在页面头部定义<head runat="server">

（1）如何将主题应用于母版页中

不能直接将 ASP.NET 主题应用于母版页。如果向@Master 指令添加一个主题属性，则页在运行时会引发错误。

但是，主题在下面这些情况中会应用于母版页。

❑ 如果主题是在内容页中定义的，母版页在内容页的上下文中解析，因此内容页的主题也会应用于母版页。

❑ 通过在 Web.config 文件中的 pages 元素内设置主题定义可以将整个站点都应用主题。

（2）创建主题的简便方法

在创建控件外观时，一个简单的方法就是：将控件添加到.aspx 页面中，然后利用 Visual Studio 2015 的属性面板及可视化设计功能对控件进行设置，最后再将控件代码复制到外观文件中并做适当的修改。

11.1.3 使用主题

使用主题

在前面的几个示例中，简单说明了应用主题的方法，即在每个页面头部的<%@ Page%>标签中设置 Theme 属性为主题名。在本节中将更加深入地学习主题的应用。

可以对页或网站应用主题，还可以对全局应用主题。在网站级设置主题会对站点上的所有页和控件应用样式和外观，除非对个别页重写主题。在页面级设置主题会对该页及其所有控件应用样式和外观。默认情况下，主题重写本地控件设置，或者可以设置一个主题作为样式表主题，以便该主题仅应用于未在控件上显式设置的控件设置。

1. 为单个页面指定和禁用主题

为单个页面指定主题可以将@ Page 指令的 Theme 或 StyleSheetTheme 属性设置为要使用的主题的名称，代码如下：

```
<%@ Page Theme="ThemeName" %>
```

或

```
<%@ Page StyleSheetTheme="ThemeName" %>
```

StyleSheetTheme 属性的工作方式与普通主题（使用 Theme 设置的主题）类似，不同的是当使用 StyleSheetTheme 时，控件外观的设置可以被页面中声明的同一类型控件的相同属性所代替。例如，如果使用 Theme 属性指定主题，该主题指定所有的 Button 控件的背景都是黄色，那么即使在页面中个别的 Button 控件的背景设置了不同颜色，页面中的所有 Button 控件的背景仍然是黄色。如果需要改变个别 Button 控件的背景，这种情况下就需要使用 StyleSheetTheme 属性指定主题。

禁用单个页面的主题，只要将@Page 指令的 EnableTheming 属性设置为 false 即可，代码如下：

```
<%@ Page EnableTheming="false" %>
```

如果想要禁用控件的主题，只要将控件的 EnableTheming 属性设置为 false 即可。以 Button 控件为例，代码如下：

```
<asp:Button id="Button1" runat="server" EnableTheming="false" />
```

2. 为应用程序指定和禁用主题

为了快速地为整个网站的所有页面设置相同的主题，可以设置 Web.config 文件中的<pages>配置节的内容。Web.config 文件的配置代码如下：

```
<configuration>
  <system.web >
    <pages theme ="ThemeName"></pages>
  </system.web>
<connectionStrings/>
```

或

```
<configuration>
  <system.web >
    <pages StylesheetTheme=" ThemeName "></pages>
  </system.web>
<connectionStrings/>
```

禁用整个应用程序的主题设置，只要将<pages>配置节中的 Theme 属性或者 StylesheetTheme 属性值设置为空（""）即可。

11.2　母版页

11.2.1　母版页概述

母版页概述

母版页的主要功能是为 ASP.NET 应用程序创建统一的用户界面和样式，实际上母版页是由两部分构成，即一个母版页和一个（或多个）内容页，这些内容页与母版页合并以将母版页的布局与内容页的内容组合在一起输出。

使用母版页，简化了以往重复设计每个 Web 页面的工作。母版页中承载了网站的统一内容、设计风格，减轻了网页设计人员的工作量，提高了工作效率。如果将母版页比喻为未签名的名片，那么在这张名片上签字后就代表着签名人的身份，这就相当于为母版页添加内容页后呈现出的各种网页效果。

1.　母版页

母版页为具有扩展名.master（如 MyMaster.master）的 ASP.NET 文件，它具有可以包括静态文本、HTML 元素和服务器控件的预定义布局。母版页由特殊的@Master 指令识别，该指令替换了用于普通.aspx 页的@ Page 指令。

2.　内容页

内容页与母版页关系紧密，内容页主要包含页面中的非公共内容。通过创建各个内容页来定义母版页的占位符控件的内容，这些内容页为绑定到特定母版页的 ASP.NET 页（.aspx 文件以及可选的代码隐藏文件）。

使用母版页，必须首先创建母版页再创建内容页。

3.　母版页运行机制

在运行时，母版页按照下面的步骤处理。

（1）用户通过输入内容页的 URL 来请求某页。

（2）获取该页后，读取@Page 指令。如果该指令引用一个母版页，则也读取该母版页。如果是第一次请求这两个页，则两个页都要进行编译。

（3）包含更新的内容的母版页合并到内容页的控件树中。

（4）各个 Content 控件的内容合并到母版页中相应的 ContentPlaceHolder 控件中。

（5）浏览器中呈现得到的合并页。

从编程的角度来看，这两个页用作其各自控件的独立容器。内容页用作母版页的容器。但是，在内容页中可以从代码中引用公共母版页成员。

4．母版页的优点

使用母版页，可以为 ASP.NET 应用程序页面创建一个通用的外观。开发人员可以利用母版页创建一个单页布局，然后将其应用到多个内容页中。母版页具有以下优点。

- ❑ 使用母版页可以集中处理页的通用功能，以便只在一个位置上进行更新，在很大程度上提高了工作效率。
- ❑ 使用母版页可以方便地创建一组公共控件和代码，并将其应用于网站中所有引用该母版页的网页。例如，可以在母版页上使用控件来创建一个应用于所有页的功能菜单。
- ❑ 可以通过控制母版页中的占位符 ContentPlaceHolder 对网页进行布局。
- ❑ 由内容页和母版页组成的对象模型，能够为应用程序提供一种高效、易用的实现方式，并且这种对象模型的执行效率比以前的处理方式有了很大的提高。

在母版页中不能直接使用主题（参考第 7 章的介绍），可以在 pages 元素中进行设置。例如，在网站的 Web.config 文件中配置 pages 元素的代码如下：

```
<configuration>
  <system.web>
    <pages styleSheetTheme="ThemeName" />
```

11.2.2　创建母版页

创建母版页

母版页中包含的是页面的公共部分，因此，在创建母版页之前，必须判断哪些内容是页面的公共部分。如图 11-5 所示为图书馆管理系统的首页 Index.aspx，该网页是由 3 部分组成的，即页头、页尾和内容页。经过分析可知，其中，页头和页尾是图书馆管理系统中页面的公共部分。内容页是图书馆管理系统的非公共部分，是
Index.aspx 页面所独有的。结合母版页和内容页的相关知识可知，如果使用母版和内容页创建页面 Index.aspx，那么必须创建一个母版页 MasterPage.master 和一个内容页 Index.aspx，其中，母版页包含页头和页尾，内容页则包含要显示的内容。

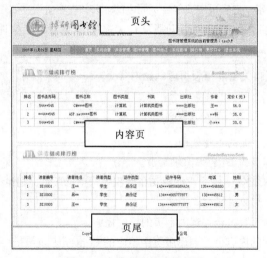

图 11-5　企业绩效系统首页

创建母版页的具体步骤如下。

（1）在网站的解决方案下右击网站名称，在弹出的快捷菜单中选择"添加新项"命令。

（2）打开"添加新项"对话框，如图 11-6 所示。选择"母版页"，默认名为 MasterPage.master。
单击"添加"按钮即可创建一个新的母版页。

图 11-6　创建母版页

（3）母版页 MasterPage.master 中的代码如下：

```
<%@ Master Language="C#" AutoEventWireup="true" CodeFile="MasterPage.master.cs"
Inherits="MasterPage" %>

<!DOCTYPE html PUBLIC "-//W3C//DTD XHTML 1.0 Transitional//EN"
"http://www.w3.org/TR/xhtml1/DTD/xhtml1-transitional.dtd">

<html xmlns="http://www.w3.org/1999/xhtml">
<head runat="server">
    <title>无标题页</title>
    <asp:ContentPlaceHolder id="head" runat="server">
    </asp:ContentPlaceHolder>
</head>
<body>
    <form id="form1" runat="server">
    <div>
        <asp:ContentPlaceHolder id="ContentPlaceHolder1" runat="server">

        </asp:ContentPlaceHolder>
    </div>
    </form>
</body>
</html>
```

以上代码中 ContentPlaceHolder 控件为占位符控件，它所定义的位置可替换为内容出现的区域。

 说明 母版页中可以包括一个或多个 ContentPlaceHolder 控件。

11.2.3　创建内容页

创建内容页

创建完母版页后，接下来就要创建内容页。内容页的创建与母版页类似，具体创建步骤如下。

（1）在网站的解决方案下右击网站名称，在弹出的快捷菜单中选择"添加新项"命令。

（2）打开"添加新项"对话框，如图 11-7 所示。在对话框中选择"Web 窗体"并为其命名，同时选中"将代码放在单独的文件中"和"选择母版页"复选框，单击"添加"按钮，弹出图 11-8 所示的"选择母版页"对话框，在其中选择一个母版页，单击"确定"按钮，即可创建一个新的内容页。

图 11-7　创建内容页

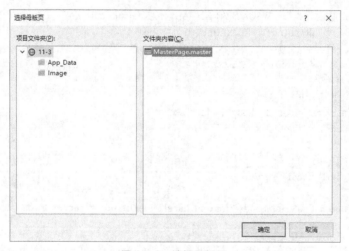

图 11-8　选择母版页

（3）内容页中的代码如下：

```
<%@ Page Language="C#" MasterPageFile="~/MasterPage.master" AutoEventWireup="true"
CodeFile="Default2.aspx.cs" Inherits="Default2" Title="无标题页" %>
<asp:Content ID="Content1" ContentPlaceHolderID="head" Runat="Server">
</asp:Content>
<asp:Content ID="Content2" ContentPlaceHolderID="ContentPlaceHolder1" Runat="Server">
```

```
</asp:Content>
```

通过以上代码可以发现，母版页中有几个 ContentPlaceHolder 控件，在内容页中就会有几个 Content 控件生成，Content 控件的 ContentPlaceHolderID 属性值对应着母版页 ContentPlaceHolder 控件的 ID 值。

 说明 添加内容页的其他方法：在母版页中右击，在弹出的快捷菜单中选择"添加内容页"命令即可。或者右击"解决方案资源管理器"中母版页的名称，在弹出的快捷菜单中选择"添加内容页"命令。

11.2.4 访问母版页的控件和属性

内容页中引用母版页中的属性、方法和控件有一定的限制。对于属性和方法的规则是：如果它们在母版页上被声明为公共成员，则可以引用它们，这包括公共属性和公共方法。在引用母版页上的控件时，没有只能引用公共成员的这种限制。

访问母版页的控件
和属性

1. 使用 Master.FindControl()方法访问母版页上的控件

在内容页中，Page 对象具有一个公共属性 Master，该属性能够实现对相关母版页基类 MasterPage 的引用。母版页中的 MasterPage 相当于普通 ASP.NET 页面中的 Page 对象，因此，可以使用 MasterPage 对象实现对母版页中各个子对象的访问，但由于母版页中的控件是受保护的，不能直接访问，那么就必须使用 MasterPage 对象的 FindControl 方法实现。

【例11-3】下面的示例主要通过使用 FindControl 方法，获取母版页中用于显示系统时间的 Label 控件。实例运行效果如图 11-9 所示。

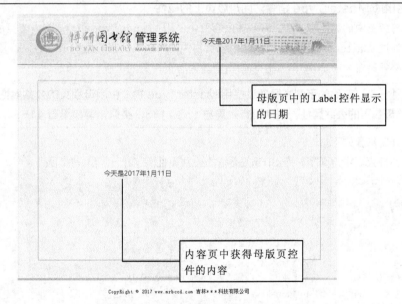

图 11-9 访问母版页上的控件

程序开发步骤如下。

（1）新建一个网站，首先添加一个母版页，默认名称为 MasterPage.master，再添加一个 Web 窗体，命名为 Default.aspx，作为母版页的内容页。

（2）分别在母版页和内容页上添加一个 Label 控件。母版页的 Label 控件的 ID 属性为 labMaster，用来显示系统日期。内容页的 Label 控件的 ID 属性为 labContent，用来显示母版页中的 Label 控件值。

（3）在 MasterPage.master 母版页的 Page_Load 事件中，使母版页的 Label 控件显示当前系统日期的代码如下：

```
protected void Page_Load(object sender, EventArgs e)
{
    this.labMaster.Text=" 今 天 是 "+DateTime.Today.Year+" 年 "+DateTime.Today.Month+" 月 "+DateTime.
Today.Day+"日";
}
```

（4）在 Default.aspx 内容页中的 Page_LoadComplete 事件中，使内容页的 Label 控件显示母版页中的 Label 控件值的代码如下：

```
protected void Page_LoadComplete(object sender, EventArgs e)
{
    Label MLable1 = (Label)this.Master.FindControl("labMaster");
    this.labContent.Text = MLable1.Text;
}
```

由于在母版页的 Page_Load 事件引发之前，内容页 Page_Load 事件已经引发，所以，此时从内容页中访问母版页中的控件比较困难。所以，本示例使用 ASP.NET 2.0（及以上版本）新增的 Page_LoadComplete 事件，利用 FindControl() 方法来获取母版页的控件，其中 Page_LoadComplete 事件是在生命周期内和网页加载结束时触发。当然还可以在 Label 控件的 PreRender 事件下完成此功能。

2. 引用@MasterType 指令访问母版页上的属性

引用母版页中的属性和方法，需要在内容页中使用 MasterType 指令，将内容页的 Master 属性强类型化，即通过 MasterType 指令创建与内容页相关的母版页的强类型引用。另外，在设置 MasterType 指令时，必须设置 VirtualPath 属性以便指定与内容页相关的母版页存储地址。

【例 11-4】下面的示例主要通过使用 MasterType 指令引用母版页的公共属性，并将 Welcome 字样赋给母版页的公共属性。程序运行效果与【例 11-3】类似，请参见图 11-9。

程序开发步骤如下。

（1）在母版页中定义了一个 String 类型的公共属性 MValue，代码如下：

```
public partial class MasterPage : System.Web.UI.MasterPage
{
    string mValue = "";
    public string MValue
    {
        get
        {
            return mValue;
        }
        set
        {
            mValue = value;
        }
    }
}
```

并且通过<%= MValue %>显示在母版面中，代码如下：

```
<td style="background-image: url(Image/baner.jpg); height: 153px" align="center">
<asp:Label ID="labMaster" runat="server"></asp:Label>
<%=this.MValue%>
</td>
```

（2）在内容页代码头的设置中，增加了<%@MasterType%>，并在其中设置了 VirtualPath 属性，用于设置被强类型化的母版页的 URL 地址。代码如下：

```
<%@    Page    Language="C#"    MasterPageFile="~/MasterPage.master"    AutoEventWireup="true"
CodeFile="Default.aspx.cs" Inherits="_Default" Title="Untitled Page" %>
    <%@ MasterType VirtualPath ="~/MasterPage.master" %>
    <asp:Content ID="Content1" ContentPlaceHolderID="ContentPlaceHolder1" Runat="Server">
        <table align="center">
            <tr>
                <td style="width: 86px; height: 21px;">
                    <asp:Label ID="labContent" runat="server" Width="351px" ></asp:Label></td>
            </tr>
        </table>
    </asp:Content>
```

引用@ MasterType指令

（3）在内容页的 Page_Load 事件下，通过 Master 对象引用母版页中的公共属性，并将 Welcome 字样赋给母版页中的公共属性。代码如下：

```
protected void Page_Load(object sender, EventArgs e)
{
    Master.MValue = "Welcome";
}
```

11.3 用户控件

用户控件概述

11.3.1 用户控件概述

用户控件是一种复合控件，其工作原理非常类似于 ASP.NET 网页，同时可以向用户控件添加现有的 Web 服务器控件和标记，并定义控件的属性和方法，然后可以将控件嵌入 ASP.NET 网页中充当一个单元。

1．用户控件与普通的 Web 页比较

ASP.NET Web 用户控件（.ascx 文件）与完整的 ASP.NET 网页（.aspx 文件）相似，同样具有用户界面和代码，开发人员可以采取与创建 ASP.NET 页相似的方法创建用户控件，然后向其中添加所需的标记和子控件。用户控件可以像 ASP.NET 页一样对包含的内容进行操作（包括执行数据绑定等任务）。

用户控件与 ASP.NET 网页有以下区别。

❑ 用户控件的文件扩展名为.ascx。

❑ 用户控件中没有@Page 指令，而是包含@Control 指令，该指令对配置及其他属性进行定义。

❑ 用户控件不能作为独立文件运行，而必须像处理任何控件一样，将它们添加到 ASP.NET 页中。

❑ 用户控件中没有 html、body 或 form 元素。

2．用户控件的优点

用户控件提供了一个面向对象的编程模型，在一定程度上取代了服务器端文件包含（<!--#include-->）指令，并且提供的功能比服务器端包含文件提供的功能多。使用用户控件的优点如下。

❑ 可以将常用的内容或者控件以及控件的运行程序逻辑设计为用户控件，然后便可以在多个网页中重复使用该用户控件，从而省去许多重复性的工作。如网页上的导航栏，几乎每个页都需要相

同的导航栏，可以将其设计为一个用户控件，在多个页中使用。

❑ 如果网页内容需要改变，只需修改用户控件中的内容，其他添加使用该用户控件的网页会自动随之改变，因此网页的设计以及维护变得简单易行。

与 Web 页面一样，用户控件可以在第一次请求时被编译并存储在服务器内存中，这样就缩短以后请求的响应时间。但是，不能独立请求用户控件，用户控件必须被包含在 Web 网页内才能使用。

11.3.2 创建用户控件

创建用户控件

尽管 ASP.NET 提供的服务器控件具有十分强大的功能，但在实际应用中，遇到的问题总是复杂多样的（例如，使用服务器控件不能完成复杂的、能在多处使用的导航控件）。为了满足不同的特殊功能需求，ASP.NET 允许程序开发人员根据实际需要制作适用的控件。通过本节的学习，读者将会了解到如何创建 Web 用户控件、如何将制作好的 Web 用户控件添加到网页中以及 Web 用户控件在实际开发中的应用。

1. 创建 Web 用户控件

创建用户控件的方法与创建 Web 网页大致相同，其主要操作步骤如下。

（1）打开解决方案资源管理器，在项目名称中右击，然后在弹出的快捷菜单中选择"添加新项"命令，将会弹出如图 11-10 所示的"添加新项"对话框。在该对话框中选择"Web 用户控件"选项，并为其命名，单击"添加"按钮将 Web 用户控件添加到项目中。

图 11-10 "添加新项"对话框

（2）打开已创建好的 Web 用户控件（用户控件的文件扩展名为.ascx），在.ascx 文件中可以直接往页面上添加各种服务器控件及静态文本、图片等。

（3）双击页面上的任何位置，或者直接按〈F7〉键，可以将视图切换到后台代码文件，程序开发人员可以直接在文件中编写程序控制逻辑，包括定义各种成员变量、方法以及事件处理程序等。

创建好用户控件后，必须添加到其他 Web 页中才能显示出来，不能直接作为一个网页来显示，因此也就不能设置用户控件为"起始页"。

2．将 Web 网页转化为用户控件

用户控件与 Web 网页的设计几乎完全相同，因此，如果某个 Web 网页完成的功能可以在其他 Web 页中重复使用，可以直接将 Web 网页转化成用户控件，而无须再重新设计。

将 Web 网页转化成用户控件，需要进行以下操作。

（1）在.aspx（Web 网页的扩展名）文件的 HTML 视图中，删除\<html>、\<head>、\<body>以及\<form>等标记。

（2）将@Page 指令修改为@Control，并将 Codebehind 属性修改成以.ascx.cs 为扩展名的文件。例如，原 Web 网页中的代码如下：

```
<%@ Page Language="C#" AutoEventWireup="true"  CodeFile="Default.aspx.cs" Inherits="_Default" %>
```

需要修改为：

```
<%@ Control Language="C#" AutoEventWireup="true" CodeFile="Default.ascx.cs" Inherits="WebUserControl" %>
```

（3）在后台代码中，将 public class 声明的页类删除，改为用户控件的名称，并且将 System.Web.UI.Page 改为 System.Web.UI.UserControl。例如：

```
public partial class _Default : System.Web.UI.Page
```

需要修改为：

```
public partial class WebUserControl : System.Web.UI.UserControl
```

（4）最后，在解决方案资源管理器中，将文件的扩展名从.aspx 修改为.ascx，其代码后置文件会随之改变，从.aspx.cs 改变为.ascx.cs。

不能将用户控件放入网站的 App_Code 文件夹中，如果放入其中，则运行包含该用户控件的网页时将发生分析错误。另外，用户控件属于 System.web.UI.UserControl 类型，它直接继承于 System.web.UI.Control。

11.3.3 使用用户控件

使用用户控件

如果已经设计好了 Web 用户控件，可以将其添加到一个或者多个网页中。在同一个网页中也可以重复使用多次，各个用户控件会以不同 ID 来标识。将用户控件添加到网页可以使用"Web 窗体设计器"。

使用 Web 窗体设计器可以在设计视图下，将用户控件以拖放的方式直接添加到网页上，其操作与将标准控件从工具箱中拖放到网页上一样。在网页中添加用户控件的步骤如下。

（1）在解决方案资源管理器中单击要添加至网页的用户控件。

（2）按住鼠标左键，移动鼠标指针到网页上，然后释放鼠标左键即可。

当将用户控件拖曳到 Default.aspx 页后，在 HTML 视图顶端将会自动生成如下所示的一行代码：

```
<%@ Register Src="WebUserControl.ascx" TagName="WebUserControl" TagPrefix="uc1" %>
```

参数说明如下：

❑ Src：该属性是用来定义包括用户控件文件的虚拟路径。
❑ TagName：该属性将名称与用户控件相关联。此名称将包括在用户控件元素的开始标记中。
❑ TagPrefix：该属性将前缀与用户控件相关联。此前缀将包括在用户控件元素的开始标记中。

（3）在已添加的用户控件上单击右键，在弹出的快捷菜单中选择"属性"命令，打开属性面板，如图 11-11 所示，用户可以在属性面板中修改用户控件的属性。

图 11-11　用户控件的属性面板

11.4　Web 部件

Web 部件是一组集成控件，允许浏览者进个性化设置。使用 Web 部件创建的网站可以使浏览者直接在浏览器中修改网页的内容、外观和行为并进行保存，当浏览者再次访问该页面时，仍可以保持修改后的设置。

11.4.1　Web 部件概述

在 Visual Stuido 2015 开发环境的工具箱中提供了 WebParts 选项卡，其中包括了 ASP.NET 中所有的 Web 部件，其说明如表 11-2 所示。

Web 部件概述

表 11-2　Web 部件的说明

Web 部件名称	作用
WebPartManager	用作 Web 的核心类部件控件集，管理网页上发生的所有 Web 部件控件、方法和事件
WebPartZone	包含 WebPart 控件，后者构成 Web 部件应用程序的主用户界面（UI）
EditorZone	包含 EditorPart 系列控件
AppearanceEditorPart	编辑影响关联 WebPart 或其他服务器控件的外观的属性
BehaviorEditorPart	编辑会影响关联 WebPartGenericWebPart 控件的行为的属性
LayoutEditorPart	编辑会影响关联 WebPart 或 GenericWebPart 控件的布局的属性
PropertyGridEditorPart	当网页处于编辑模式以及用户选择某一特定的 WebPart 或服务器控件进行编辑时变为可见
CatalogZone	提供用户可以添加到页的控件的列表或目录
DeclarativeCatalogPart	提供一种以声明方式向网页上的目录添加一组服务器控件的方法
PageCatalogPart	提供一个目录，该目录保存的是对用户在单个 Web 部件页上关闭的，所有 WebPart 控件的引用
ImportCatalogPart	使用户可以导入说明文件，该文件描述了用户希望添加到 WebPart ZoneBase 区域的 WebPart 控件或服务器控件的设置
ConnectionsZone	生成一个用户界面，该用户界面使用户能够连接页面上满足形成连接所需条件的，任何服务器控件或是断开这些控件的连接
ProxyWebPartManager	提供一种在内容页中声明静态连接的方法

> 由于 Web 部件比较多，而且有的用法比较类似，下面讲分别对比较常用的 Web 部件的使用进行讲解。

11.4.2　WebPartManager 控件

WebPartManager 控件用作 Web 部件应用程序的中心或控制中心，在使用 Web 部件控件的每一页上，都必须有且仅有一个 WebPartManager 控件实例。与 Web 部件应用程序的大多数方面一样，WebPartManager 控件仅用于已验证身份的用户。此外，该控件的功能几乎可完全用于 Web 部件区域中从 WebZone 类继承的服务器控件。

WebPartManager
控件

WebPartManager 控件主要用来在页面上跟踪、添加和移除 Web 部件、管理连接、对控件和页面进行个性化设置等。

WebPartManager 控件的显示模式是使用 DisplayMode 属性控制的，该属性获取或设置包含 Web 部件控件的网页的活动显示模式。其语法如下：

```
public virtual WebPartDisplayModeDisplayMode { get; set; }
```

属性值：确定页显示模式的 WebPartDisplayMode。WebPartDisplayMode 的显示模式及说明如表 11-3 所示。

表 11-3　WebPartDisplayMode 显示模式及说明

显示模式	说明
BrowseDisplayMode	在最终用户查看页所使用的普通模式中显示 Web 部件控件和 UI 元素
DesignDisplayMode	显示区域 UI 元素并使用户能够拖动 Web 部件控件以更改页面布局
EditDisplayMode	显示特殊的编辑 UI 元素并使最终用户能够在页面上编辑控件
CatalogDisplayMode	显示特殊的目录 UI 元素并使最终用户能够添加和移除页面控件
ConnectDisplayMode	显示特殊的连接 UI 元素并使最终用户能够连接 Web 部件控件

例如：要设置页面的显示模式为目录模式，只要设置 DisplayMode 属性即可。代码如下：

```
WebPartManager1.DisplayMode = WebPartManager.CatalogDisplayMode;
```

【例 11-5】　本示例设置 WebPartManager 控件 DisplayMode 属性来动态的改变页面的布局。运行程序，单击"DisplayMode 属性"按钮，可以执行最小化和关闭 Web 部件操作。实例运行效果如图 11-12 和图 11-13 所示。

图 11-12　DisplayMode 属性启动前

图 11-13　DisplayMode 属性启动后

程序开发步骤如下。

（1）配置 Web.config 文件，将 WebPart 的个人设置信息存在 aspnetdb 数据库中，Web.config 文件主要代码如下：

```
<?xml version="1.0"?>
```

```
<configuration xmlns="http://schemas.microsoft.com/.NetConfiguration/v2.0">
    <appSettings/>
    <connectionStrings>
        <remove name="LocalSqlServer"/>
        <add name="LocalSqlServer" connectionString="server=(local);database=aspnetdb;uid=sa;pwd=;"/>
    </connectionStrings>
    <system.web>
        <webParts enableExport="true">
            <personalization defaultProvider="AspNetSqlPersonalizationProvider">
            </personalization>
        </webParts>
    <authentication mode="Forms">
      <forms name="auth" loginUrl="Login.aspx"></forms>
    </authentication>
    <membership>
      <providers>
        <clear/>
        <add connectionStringName="LocalSqlServer" applicationName="/" name="AspNetSqlMembershipProvider"
type="System.Web.Security.SqlMembershipProvider,System.Web,Version=2.0.0.0,Culture=neutral,PublicKey
Token=b03f5f7f11d50a3a"/>
      </providers>
    </membership>
        <compilation debug="true"/>
    </system.web>
</configuration>
```

（2）新建一个 Login.aspx 页面，该页面中实现验证用户的功能，代码如下：

```
protected void Page_Load(object sender, EventArgs e)
{
    FormsAuthentication.SetAuthCookie("admin", true);
    Response.Redirect("Default.aspx");
}
```

（3）在 Default.aspx 页面中，单击"DisplayMode 属性"按钮时，使页面处于可编辑状态，代码如下：

```
protected void Button1_Click(object sender, EventArgs e)
{
        WebPartManager1.DisplayMode = WebPartManager.DesignDisplayMode;
}
```

11.4.3 WebPartZone 控件

WebPartZone 控件包含 WebPart 控件，后者构成 Web 部件应用程序的主用户界面（UI）。可以在网页上以持久性格式声明 WebPartZone 控件，以允许开发人员将其作为模板使用并在 asp:webpartzone 元素内添加其他服务器控件。对于任何类型的服务器控件，如果将其添加到 WebPartZone 区域，则都可以在运行时用作 WebPart 控件，无论添加的控件是 WebPart 控件、用户控件、自定义控件还是 ASP.NET 控件都是如此。

WebPartZone 控件的常用属性及说明如表 11-4 所示。

WebPartZone 控件

表 11-4　WebPartZone 控件的常用属性及说明

属性	说明
BackImageUrl	获取或设置指向区域的背景图像的 URL
DisplayTitle	获取在某个 WebPartZoneBase 区域本身可见时被用作该区域标题的文本的当前值
LayoutOrientation	获取或设置指示区域中的控件是垂直排列还是水平排列的值
MenuVerbStyle	获取对服务器控件的命名容器的引用
TemplateControl	获取或设置对包含该控件的模板的引用
TitleBarVerbButtonType	获取或设置用于 WebPart 控件的标题栏中的谓词的按钮类型
WebParts	获取区域中包含的 Web 部件控件的集合
WebPartVerbRenderMode	获取或设置指示应该如何在区域中的 WebPart 控件上呈现谓词的值，Menu 表示谓词呈现在标题栏中的快捷菜单中，TitleBar 表示谓词在标题栏中直接呈现为链接

例如，下面代码用来通过设置 WebPartZone 控件 WebPartVerbRenderMode 属性，改变该区域中的 WebPart 控件显示内容，代码如下：

```
protected void Page_Load(object sender, EventArgs e)
{
    this.WebPartZone1.WebPartVerbRenderMode = WebPartVerbRenderMode.Menu;
    this.WebPartZone2.WebPartVerbRenderMode = WebPartVerbRenderMode.TitleBar;
}
```

11.4.4　EditorZone 控件

EditorZone 控件

EditorZone 控件在 Web 部件页面切入编辑模式时才变为可见，而在其他显示模式下是不可见的。在编辑模式下，WebPart 控件的操作菜单中增加了一个"编辑"项，单击该项，这时包含在 EditorPart 控件中的 EditorZone 控件将随同 WebPart 控件一起显示出来。EditorZone 控件定义了什么类型的 EditorPart 系列控件，那么用户就能够进行该类型的编辑。EditorPart 系列控件包括 AppearanceEditorPart、BehaviorEditorPart、LayoutEditorPart、PropertyGridEditorPart 等控件。需要注意的是，由于 EditorZone 控件用户界面中的按钮需要客户端脚本支持，因此，如果客户端浏览器禁用了脚本，那么将无法通过 EditorZone 的用户界面进行操作。

EditorZone 控件中只能包含 EditorPart 系列控件，除此之外，其他的服务器控件均不允许放置在 EditorZone 控件中。同时 EditorPart 系列控件也只能在 EditorZone 控件或者继承自 EditorZone 类的自定义控件中使用。

【例 11-6】 本示例演示 EditorZone 控件的使用。运行程序，单击"编辑模式"按钮，此时 WebPartZone 控件的操作菜单栏中，就会添加一个"编辑"项，单击"编辑"项，弹出 EditorZone 控件。实例运行效果如图 11-14～图 11-16 所示。

图 11-14　运行界面

图 11-15　启动编辑模式

图 11-16　EditorZone 控件

Web.Config 文件代码和 Login.aspx 页面的设计请参见【例 11-5】，Default.aspx 页面设计代码如下：

```
<form id="form1" runat="server">
    <div>
        <asp:WebPartManager ID="WebPartManager1" runat="server">
        </asp:WebPartManager>
    </div>
        <table style="width: 479px">
            <tr>
                <td style="width: 153px">
                    <asp:WebPartZone ID="WebPartZone1" runat="server" WebPartVerbRenderMode="TitleBar">
                        <ZoneTemplate>
                            <asp:Image ID="Image1" runat="server" title="EditorZone控件应用"   ImageUrl=
"~/fjtp.jpg" />
                        </ZoneTemplate>
                    </asp:WebPartZone>
                </td>
                <td style="width: 166px">
                    <asp:EditorZone ID="EditorZone1" runat="server">
                    </asp:EditorZone>
                </td>
            </tr>
            <tr>
                <td colspan="2">
                    <asp:Button ID="Button1" runat="server" Text="编辑模式" Width="118px" OnClick=
"Button1_Click" /></td>
            </tr>
        </table>
</form>
```

Default.aspx 页面中，单击"编辑模式"按钮，使页面处于可编辑状态，代码如下：

```
protected void Button1_Click(object sender, EventArgs e)
{
    this.WebPartManager1.DisplayMode = WebPartManager.EditDisplayMode;
}
```

11.4.5　AppearanceEditorPart 控件

AppearanceEditorPart 编辑器控件，用于编辑影响关联 WebPart 或其他服务器
控件的外观的属性。AppearanceEditorPart 控件使最终用户能够编辑 WebPart 控件
的用户界面属性。显示在页中用于编辑每个属性值的控件的类型如表 11-5 所示。

AppearanceEditor
Part 控件

表 11-5　用于编辑每个属性值的控件的类型

属性	用于编辑属性的控件
标题（Title）	一个 TextBox 控件用于设置标题的文本
镶边类型（ChromeType）	一个 DropDownList 控件用于选择所使用的标题和边框选项的类型
方向（Direction）	一个 DropDownList 控件用于选择内容在页上的流动方向
高度（Height）	一个 TextBox 控件用于设置高度的数值，一个 DropDownList 控件则用于选择单位
宽度（Width）	一个 TextBox 控件用于设置宽度的数值，一个 DropDownList 控件则用于选择单位
隐藏（Hidden）	一个 CheckBox 控件用于指示该控件是否已隐藏

仅当 Web 部件页处于编辑模式并且已选择一个特定 WebPart 控件用于编辑时，Appearance-EditorPart 控件才会变得可见。AppearanceEditorPart 控件 (与所有其他 EditorPart 控件一样) 位于一个 EditorZone 区域中。

【例 11-7】 本示例演示 AppearanceEditorPart 控件的使用。运行程序，单击 WebPatrZone1 控件中的操作菜单中的 "编辑" 项，弹出 AppearanceEditorPart 控件，在标题中输入 "自定义"，并设置其他选项，然后单击 "确定" 按钮。实例运行效果如图 11-17 所示。

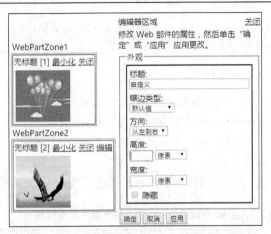

图 11-17　AppearanceEditorPart 控件应用效果

Web.Config 文件代码和 Login.aspx 页面的设计请参见【例 11-5】，Default.aspx 页面设计代码如下：

```
<form id="form1" runat="server">
    <div>
        <asp:WebPartManager ID="WebPartManager1"    runat="server">
        </asp:WebPartManager>
    </div>
    <table style="width: 332px">
        <tr>
            <td style="width: 189px; height: 362px">
                 <asp:WebPartZone ID="WebPartZone1" runat="server" WebPartVerbRenderMode="TitleBar">
                    <ZoneTemplate>
                     <asp:Image ID="Image1" runat="server" ImageUrl="~/fjtp3.jpg" />
                    </ZoneTemplate>
                </asp:WebPartZone>
                <asp:WebPartZone ID="WebPartZone2" runat="server" WebPartVerbRenderMode="TitleBar">
                    <ZoneTemplate>
                     <asp:Image ID="Image2" runat="server" ImageUrl="~/fjtp.jpg" />
                    </ZoneTemplate>
                </asp:WebPartZone>
             </td>
            <td style="height: 362px">
                <asp:EditorZone ID="EditorZone1" runat="server">
                    <ZoneTemplate>
                        <asp:AppearanceEditorPart ID="AppearanceEditorPart1" runat="server"
BorderWidth="2px" />
```

261

```
                    </ZoneTemplate>
                </asp:EditorZone>
            </td>
        </tr>
    </table>
</form>
```

Default.aspx 页面主要代码如下：

```
protected void Page_Load(object sender, EventArgs e)
{
    WebPartManager1.DisplayMode = WebPartManager.EditDisplayMode;
}
```

11.4.6　LayoutEditorPart 控件

LayoutEditorPart 编辑器控件，用于编辑会影响关联 WebPart 或 GenericWebPart 控件的布局的属性。Web 部件控件集中的工具部件具有以下两个显著特征。

LayoutEditorPart
控件

❑　它们是帮助器控件，最终用户可用来个性化 Web 部件页上的控件。

❑　它们只在某些显示模式下可见。

LayoutEditorPart 控件主要用于编辑 WebPart 控件的下列用户界面属性，如表 11-6 所示。

表 11-6　LayoutEditorPart 控件编辑 WebPart 控件的下列用户界面属性

属性	用于编辑属性的控件
镶边状态（ChromeState）	一个 DropDownList 控件显示和编辑 WebPart 的镶边状态
区域（Zone）	一个 DropDownList 控件显示和编辑 WebPart 控件所在区域的名称
区域索引（ZoneIndex）	一个 TextBox 控件显示和编辑 WebPart 控件所在区域的索引

【例 11-8】　本示例演示 LayoutEditorPart 控件的使用。运行程序，单击 WebPatrZone1 控件中的操作菜单中的"编辑"项，弹出 LayoutEditorPart 控件，此时即可对 Web 部件进行设置。实例运行效果如图 11-18 所示。

图 11-18　LayoutEditorPart 控件设置效果

Web.Config 文件代码和 Login.aspx 页面的设计请参见【例 11-5】，Default.aspx 页面设计代码如下：

```
<form id="form1" runat="server">
    <div>
        <asp:WebPartManager ID="WebPartManager1" runat="server">
        </asp:WebPartManager>
        <table style="width: 238px">
            <tr>
```

```
        <td>
            <asp:WebPartZone ID="WebPartZone1" runat="server" WebPartVerbRenderMode=
"TitleBar">
                <ZoneTemplate>
                    <asp:Image ID="Image1" title="大鹏展翅" runat="server" ImageUrl="~/fjtp.jpg" />
                </ZoneTemplate>
            </asp:WebPartZone>
        </td>
        <td>
            <asp:EditorZone ID="EditorZone1" runat="server" InstructionText="">
                <ZoneTemplate>
                    <asp:LayoutEditorPart ID="LayoutEditorPart1" runat="server" />
                </ZoneTemplate>
            </asp:EditorZone>
        </td>
    </tr>
    </table>
</div>
</form>
```

Default.aspx 页面主要代码如下：

```
protected void Page_Load(object sender, EventArgs e)
{
    //设置为编辑模式
    this.WebPartManager1.DisplayMode = WebPartManager.EditDisplayMode;
}
```

小 结

　　本章主要对 ASP.NET 中的主题、母版页、用户控件和 Web 部件等技术的使用进行了讲解，通过这些技术的应用，开发人员可以创建具有统一风格和个性化的网站。学习本章内容时，主题、母版页和用户控件是学习的重点，关于 Web 部件的使用，由于其封装的内容比较多，不利于自身的控制，因此，读者了解即可。

上机指导

　　利用本章所学知识设计图书馆管理系统的主页，在主页中，Banner 和页尾两部分内容是公共部分，而其特有的内容是显示图书借阅排行榜和读者借阅排行榜，效果如图 11-19 所示。

上机指导

　　程序开发步骤如下。

　　（1）新建一个网站，默认主页为 Default.aspx。

　　（2）在该网站中创建一个母版页，用来作为图书馆管理系统的公共部分（Banner 和页尾），名称为 MainMasterPage.master。母版页中主要包括两部分内容，分别是 Banner 和页尾，其中 Banner 主要提供图书馆管理系统的导航菜单，页尾显示公司信息；另外，母版页的样式是通过 .css 样式来控制的。母版页代码如下：

```
<head runat="server">
    <title>图书馆管理系统首页</title>
```

图 11-19　设计图书馆管理系统主页

```
    <meta http-equiv="Content-Type" content="text/html; charset=gb2312"/>
    <link href="../css.css" rel="stylesheet" type="text/css"/>
</head>
<body bgcolor="#DDDDDD" leftmargin="0" topmargin="0" marginwidth="0" marginheight="0">
<div align="center">
<form runat="server">
    <table id="__01" width="914" border="0" cellpadding="0" cellspacing="0">
    <tr>
        <td rowspan="5" bgcolor="#DDDDDD"> </td>
        <td height="118" valign="bottom" background="../images/index_02.gif" style="width:
776px"><table width="280" height="30" border="0" align="right" cellpadding="0" cellspacing="0">
        <tr>
            <td class="daohang1">图书馆管理系统的当前操作员：<asp:Label ID="labAdmin" runat=
"server"></asp:Label>！</td>
        </tr>
        </table></td>
        <td rowspan="5" bgcolor="#DDDDDD" style="width: 68px"> </td>
    </tr>
    <tr>
        <td height="26" valign="top" style="width: 776px; background-color: #ffffff;"><table
width="777" height="26" border="0" cellpadding="0" cellspacing="0">
        <tr>
            <td width="182" align="center" bgcolor="#65D7D4" class="css"><span class="daohang1">
<asp:Label ID="labDate" runat="server" Font-Size="9pt" ForeColor="Black"></asp:Label> 
            <asp:Label ID="labXQ" runat="server" Font-Size="9pt" ForeColor="Black">
</asp:Label></span></td>
            <td width="588" align="center" bgcolor="#42BAB6" class="daohang1">
```

```
        <asp:Menu ID="menuNav" runat="server" BackColor="#42BAB6" DynamicHorizontalOffset="2"
                Font-Names="宋体" Font-Size="9pt" ForeColor="White" Orientation="Horizontal"
                StaticSubMenuIndent="10px" OnMenuItemClick="menuNav_MenuItemClick"
DynamicPopOutImageTextFormatString="">
                <StaticMenuItemStyle HorizontalPadding="5px" VerticalPadding="2px" />
                <DynamicHoverStyle BackColor="#666666" ForeColor="White" />
                <DynamicMenuStyle BackColor="#42BAB6" />
                <StaticSelectedStyle BackColor="#1C5E55" />
                <DynamicSelectedStyle BackColor="#1C5E55" />
                <DynamicMenuItemStyle HorizontalPadding="5px" VerticalPadding="2px" />
                <Items>
                    <asp:MenuItem Text="首页" Value="首页" NavigateUrl="~/Default.aspx">
</asp:MenuItem>
                    <asp:MenuItem Text="系统设置" Value="系统设置">
                        <asp:MenuItem Text="图书馆信息" Value="图书馆信息" NavigateUrl="">
</asp:MenuItem>
                        <asp:MenuItem Text="管理员设置" Value="管理员设置" NavigateUrl="">
</asp:MenuItem>
                        <asp:MenuItem Text="书架管理" Value="书架设置" NavigateUrl="">
</asp:MenuItem>
                    </asp:MenuItem>
                    <asp:MenuItem Text="读者管理" Value="读者管理">
                        <asp:MenuItem Text="读者类型管理" Value="读者类型管理" NavigateUrl="">
</asp:MenuItem>
                        <asp:MenuItem Text="读者档案管理" Value="读者档案管理" NavigateUrl="">
</asp:MenuItem>
                    </asp:MenuItem>
                    <asp:MenuItem Text="图书管理" Value="图书管理">
                        <asp:MenuItem Text="图书类型管理" Value="图书类型管理" NavigateUrl="">
</asp:MenuItem>
                        <asp:MenuItem Text="图书档案管理" Value="图书档案管理" NavigateUrl="">
</asp:MenuItem>
                    </asp:MenuItem>
                    <asp:MenuItem Text="图书借还" Value="图书借还">
                        <asp:MenuItem Text="图书借阅" Value="图书借阅" NavigateUrl="">
</asp:MenuItem>
                        <asp:MenuItem Text="图书归还" Value="图书归还" NavigateUrl="">
</asp:MenuItem>
                    </asp:MenuItem>
                    <asp:MenuItem Text="系统查询" Value="系统查询">
                        <asp:MenuItem Text="图书档案查询" Value="图书档案查询" NavigateUrl="">
</asp:MenuItem>
                        <asp:MenuItem Text="图书借阅查询" Value="图书借阅查询" NavigateUrl="">
</asp:MenuItem>
                    </asp:MenuItem>
                    <asp:MenuItem Text="排行榜" Value="排行榜">
                        <asp:MenuItem Text="图书借阅排行榜" Value="图书借阅排行榜"
NavigateUrl=""></asp:MenuItem>
                        <asp:MenuItem Text="读者借阅排行榜" Value="读者借阅排行榜"
    NavigateUrl=""></asp:MenuItem>
                    </asp:MenuItem>
```

```
                    <asp:MenuItem Text="更改口令" Value="更改口令" NavigateUrl="">
    </asp:MenuItem>
                        <asp:MenuItem Text="退出系统" Value="退出系统"></asp:MenuItem>
                </Items>
                <StaticHoverStyle BackColor="#666666" ForeColor="White" />
            </asp:Menu>
            </td>
        </tr>
        </table></td>
    </tr>
        <tr>
            <td style="width: 776px; height: 231px; background-color: #ffffff;">
            <asp:contentplaceholder id="ContentPlaceHolder1" runat="server">
            </asp:contentplaceholder>
            </td>
        </tr>
        <tr>
            <td style="width: 776px; background-image: url(../images/index_14.gif); height:
66px;">
            </td>
        </tr>
        </table>
        </form>
    </div>
    </body>
```

（3）基于 MainMasterPage.master 母版页创建 Default.aspx 页面，用来作为图书馆管理系统的主页面，在内容页区域添加两个 GridView 控件，分别用来显示图书借阅排行榜和读者借阅排行榜，代码如下：

```
<%@ Page Language="C#" MasterPageFile="~/MasterPage/MainMasterPage.master"
AutoEventWireup="true" CodeFile="Default.aspx.cs" Inherits="_Default" Title="Untitled Page" %>
    <asp:Content ID="Content1" ContentPlaceHolderID="ContentPlaceHolder1" Runat="Server">
<table align="center" style="width: 628px; height: 91px">
    <tr>
    <td height="9" background="~/images/index_08.gif"></td>
    </tr>
    <tr>
    <td width="777" height="472"><table width="771" height="465" border="0" align="center"
cellpadding="0" cellspacing="1" class="waikuang">
    <tr>
    <td valign="top"><table width="756" border="0" align="center" cellpadding="0"
cellspacing="0">
        <tr>
        <td height="24"> </td>
        </tr>
        <tr>
        <td width="756" height="45" background="images/tu shu pai hang.gif"> </td>
        </tr>
        <tr>
        <td height="200" background="images/tu shu pai hang2.gif">
```

```
                <asp:GridView ID="gvBookSort" runat="server" AutoGenerateColumns="False"
Font-Size="9pt" HorizontalAlign="Center" PageSize="5" Width="678px" OnRowDataBound=
"gvBookSort_RowDataBound">
                        <Columns>
                            <asp:BoundField HeaderText="排名" />
                            <asp:BoundField DataField="bookcode" HeaderText="图书条形码"
ReadOnly="True" />
                            <asp:BoundField DataField="bookname" HeaderText="图书名称" />
                            <asp:BoundField DataField="type" HeaderText="图书类型" />
                            <asp:BoundField DataField="bcase" HeaderText="书架" />
                            <asp:BoundField DataField="pubname" HeaderText="出版社" />
                            <asp:BoundField DataField="author" HeaderText="作者" />
                            <asp:BoundField DataField="price" HeaderText="定价" />
                        </Columns>
                        <RowStyle HorizontalAlign="Center" />
                    </asp:GridView></td>
            </tr>
            <tr>
                <td height="4" background="images/tu shu pai hang3.gif"></td>
            </tr>
            <tr>
        td colspan="6" style="text-align: right">
                <asp:HyperLink ID="hpLinkBookSort" runat="server" NavigateUrl="~/SortManage/
BookBorrowSort.aspx" ImageUrl="~/images/more.gif"></asp:HyperLink></td>
        </tr>
            </table>
            <table width="756" border="0" align="center" cellpadding="0" cellspacing="0">
            <tr>
                <td height="4"></td>
            </tr>
            <tr>
                <td width="756" height="45" background="images/zu zhe pai hang.gif">
 </td>
                </tr>
                <tr>
                <td height="200" background="images/tu shu pai hang2.gif"><asp:GridView
ID="gvReaderSort" runat="server" AutoGenerateColumns="False" Font-Size="9pt" HorizontalAlign=
"Center" PageSize="5" Width="678px" OnRowDataBound="gvReaderSort_RowDataBound">
                        <Columns>
                            <asp:BoundField HeaderText="排名" />
                            <asp:BoundField DataField="id" HeaderText="读者编号" />
                            <asp:BoundField DataField="name" HeaderText="读者姓名" />
                            <asp:BoundField DataField="type" HeaderText="读者类型" />
                            <asp:BoundField DataField="paperType" HeaderText="证件类型" />
                            <asp:BoundField DataField="paperNum" HeaderText="证件号码" />
                            <asp:BoundField DataField="tel" HeaderText="电话" />
                            <asp:BoundField DataField="sex" HeaderText="性别" />
                        </Columns>
```

```
                      <RowStyle HorizontalAlign="Center" />
                  </asp:GridView></td>
              </tr>
              <tr>
                  <td height="4" background="images/tu shu pai hang3.gif"></td>
              </tr>
              <tr>
          <td colspan="6" style="text-align: right">
              <asp:HyperLink ID="hpLinkReaderSort" runat="server" NavigateUrl="~/SortManage
/ReaderBorrowSort.aspx" ImageUrl="~/images/more.gif"></asp:HyperLink></td>
          </tr>
          </table></td>
        </tr>
      </table></td>
    </table>
  </asp:Content>
```

习 题

11-1 什么是主题？主题与样式表有什么区别和联系？

11-2 简述外观文件的 3 种组织方式。

11-3 如何为整个 ASP.NET 网站指定统一主题？

11-4 什么是母版页？它有何优点？

11-5 在内容页中如何访问母版页中的控件？

11-6 简述 Web 用户控件与 Web 窗体的区别。

11-7 如何在 ASP.NET 网页中访问 Web 用户控件中的服务器控件？

11-8 列举常用的 5 种 Web 部件。

PART 12

第12章

网站导航

本章要点：

- web.sitemap站点地图的使用
- TreeView控件的常用属性及事件
- TreeView控件的基本设置及实际应用
- Menu控件的常用属性及事件
- Menu控件的基本设置及实际应用
- SiteMapPath控件的常用属性及事件
- SiteMapPath控件的基本设置及实际应用

■ 网站导航就是当用户浏览网站时，网站所提供的指引标志可以使用户清楚地知道目前在网站中的位置。ASP.NET 主要提供了 3 个控件作为网站导航结构，即 TreeView 控件、Menu 控件和 SiteMapPath 控件。本章将分别对它们的使用方法进行详细讲解。

ASP.NET 程序设计
（慕课版）

12.1 站点地图概述

站点地图概述

站点地图是一个以 .sitemap 为扩展名的文件，默认名为 Web.sitemap，并且存储在应用程序的根目录下。.sitemap 文件的内容是以 XML 所描述的树状结构文件，其中包括了站点结构信息。TreeView、Menu、SiteMapPath 控件的网站导航信息和超链接的数据都是由 .sitemap 文件提供的。

开发人员可以通过右击解决方案资源管理器中的 Web 站点，在弹出的快捷菜单中选择"添加新项"命令，弹出"添加新项"对话框，在"模板"列表框中选择"站点地图"选项，即可创建站点地图文件，如图 12-1 所示。

图 12-1 创建站点地图文件

创建成功后会得到一个空白的结构描述内容：

```xml
<?xml version="1.0" encoding="utf-8" ?>
<siteMap xmlns="http://schemas.microsoft.com/AspNet/SiteMap-File-1.0" >
    <siteMapNode url="" title=""  description="">
        <siteMapNode url="" title=""  description="" />
        <siteMapNode url="" title=""  description="" />
    </siteMapNode>
</siteMap>
```

Web.sitemap 文件严格遵循 XML 文档结构。该文件中包括一个根节点 siteMap，在根节点下包括多个 siteMapNode 子节点，其中设置了 title、url 等属性。表 12-1 列出了 siteMapNode 节点的常用属性及说明。

表 12-1 siteMapNode 节点的常用属性及说明

属性	说明
url	设置用于节点导航的 URL 地址。在整个站点地图文件中，该属性必须唯一
title	设置节点名称
description	设置节点说明文字
key	定义表示当前节点的关键字
roles	定义允许查看该站点地图文件的角色集合。多个角色可使用（;）和（,）进行分隔
Provider	定义处理其他站点地图文件的站点导航提供程序名称，默认值为 XmlSiteMapProvider
siteMapFile	设置包含其他相关 SiteMapNode 元素的站点地图文件

创建 Web.sitemap 文件后，需要根据文件架构来填写站点结构信息。如果 siteMapNode 节点的 URL 所指定的网页名称重复，则会造成导航控件无法正常显示，最后运行时会产生错误。

站点导航控件位于工具箱的"导航"选项中，如图 12-2 所示。

图 12-2　导航控件

12.2　TreeView 控件

12.2.1　TreeView 控件概述

TreeView 控件由一个或多个节点构成。树中的每个项都被称为一个节点，由 TreeNode 对象表示。TreeView 控件的组成如图 12-3 所示。位于图中最上层的为根节点（RootNode），再下一层的称为父节点（ParentNode），父节点下面的几个节点则称为子节点（ChildNode），而子节点下面没有任何节点则称为叶节点（LeafNode）。

TreeView 控件概述

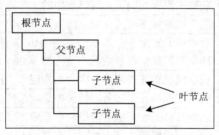

图 12-3　TreeView 控件的组成

它主要支持以下功能。

- ❑ 支持数据绑定。允许将控件的节点绑定到分层数据（如 XML、表格等）。
- ❑ 与 SiteMapDataSource 控件集成，实现站点导航功能。
- ❑ 节点文字可显示为普通文本或超链接文本。
- ❑ 可自定义树形和节点的样式、主题等外观特征。
- ❑ 可通过编程方式访问 TreeView 对象模型，完成动态创建树形结构、构造节点和设置属性等任务。
- ❑ 在客户端浏览器支持的情况下，通过客户端到服务器的回调填充节点。
- ❑ 具有在节点显示复选框的功能。

12.2.2　TreeView 控件的常用属性和事件

TreeView 服务器控件的常用属性及说明如表 12-2 所示。

TreeView 控件的
常用属性和事件

表 12-2　TreeView 服务器控件的常用属性及说明

属性	说明
AutoGenerateDataBindings	获取或设置 TreeView 服务器控件是否自动生成树节点绑定
CheckedNodes	用于获取 TreeView 控件中被用户选中的 CheckBox 的节点集合
CollapseImageToolTip	获取或设置可折叠节点的指示符所显示图像的提示文字

续表

属性	说明
CollapseImageUrl	获取或设置节点在折叠状态下，所显示图像的 URL 地址
DataSource	获取或设置绑定到 TreeView 服务器控件的数据源对象
DataSourceID	获取或设置绑定到 TreeView 服务器控件的数据源控件的 ID
EnableClientScript	获取或设置 TreeView 服务器控件是否呈现客户端脚本以处理展开和折叠事件
ExpandDepth	获取或设置默认情况下 TreeView 服务器控件展开的层次数
ExpandImageToolTip	获取或设置可展开节点的指示符所显示图像的提示文字
ExpandImageUrl	获取或设置用作可展开节点的指示符的自定义图像的 URL
ImageSet	获取或设置 TreeView 服务器控件的图像组，是 TreeViewImageSet 枚举值之一
LineImagesFolder	获取或设置用于连接子节点和父节点的线条图像的文件夹的路径
MaxDataBindDepth	获取或设置要绑定到 TreeView 服务器控件的最大树级别数
NodeIndent	获取或设置 TreeView 服务器控件的子节点的缩进量，单位是像素
Nodes	用于获取 TreeView 控件中的 TreeNode 对象集合。可通过特定方法，对树形结构中的节点进行添加、删除、修改等操作
NodeWrap	获取或设置空间不足时节点中的文本是否换行
NoExpandImageUrl	获取或设置不可展开节点的指示符的自定义图像的 URL
PathSeparator	获取或设置用于分隔由 ValuePath 属性指定的节点值的字符，为防止冲突和得到错误的数据，节点的 Value 属性中不应当包含分隔符字符
PopulateNodesFromClient	获取或设置是否启用由客户端构建节点的功能
SelectedNode	获取 TreeView 服务器控件中选定节点的 TreeNode 对象
SelectedValue	获取 TreeView 服务器控件中选定节点的值
ShowCheckBoxes	获取或设置哪些节点类型将在 TreeView 控件中显示复选框
ShowExpandCollapse	获取或设置是否显示展开节点指示符
ShowLines	获取或设置是否显示连接子节点和父节点的线条
Target	获取或设置单击节点时网页内容的目标窗口或框架名字

下面对比较重要的属性进行详细介绍。

（1）ExpandDepth 属性

获取或设置默认情况下 TreeView 服务器控件展开的层次数。例如，若将该属性设置为 2，则将展开根节点及根节点下方紧邻的所有父节点。默认值为-1，表示将所有节点完全展开。

（2）Nodes 属性

使用 Nodes 属性可以获取一个包含树中所有根节点的 TreeNodeCollection 对象。Nodes 属性通常用于快速循环访问所有根节点，或者访问树中的某个特定根节点，同时还可以使用 Nodes 属性以编程方式管理树中的根节点，即可以在集合中添加、插入、移除和检索 TreeNode 对象。

例如，在使用 Nodes 属性遍历树时，添加如下代码判断根节点数：

```
if (TreeView1.Nodes.Count > 0)
{
    for (int i = 0; i < TreeView1.Nodes.Count; i++)
    {
        …                      //其他操作
    }
}
```

（3）SelectedNode 属性

SelectedNode 属性用于获取用户选中节点的 TreeNode 对象。当节点显示为超链接文本时，该属性返回值为 null，不可用。

例如，从 TreeView 控件中将选择的节点值赋给 Label 控件，代码如下：

```
Label1.Text += "<li>被选择的节点为："+TreeView1.SelectedNode.Text;
```

TreeView 服务器控件的常用事件及说明如表 12-3 所示。

表 12-3 TreeView 服务器控件的常用事件及说明

事件	说明
SelectedNodeChanged	在 TreeView 控件中选定某个节点时发生
TreeNodeCheckChanged	当 TreeView 服务器控件的复选框在向服务器的两次发送过程之间状态有所更改时发生
TreeNodeExpanded	当展开 TreeView 服务器控件中的节点时发生
TreeNodeCollapsed	当折叠 TreeView 服务器控件中的节点时发生
TreeNodePopulate	当 PopulateOnDemand 属性设置为 true 的节点在 TreeView 服务器控件中展开时发生
TreeNodeDataBound	当数据项绑定到 TreeView 服务器控件中的节点时发生

下面对比较重要的事件进行详细介绍。

（1）SelectedNodeChanged 事件

TreeView 服务器控件的节点文字有选择模式和导航模式两种。默认情况下，节点文字处于选择模式，如果节点的 NavigateUrl 属性设置不为空，则该节点处于导航模式。

若 TreeView 服务器控件处于选择模式，当用户单击 TreeView 服务器控件的不同节点的文字时，将触发 SelectedNodeChanged 事件，在该事件下可以获得所选择的节点对象。

（2）TreeNodePopulate 事件

在 TreeNodePopulate 事件下，可以用编程方式动态地填充 TreeView 控件的节点。

若要动态填充某个节点，首先将该节点的 PopulateOnDemand 属性设置为 true，然后从数据源中检索节点数据，将该数据放入一个节点结构中，最后将该节点结构添加到正在被填充节点的 ChildNodes 集合中。

当节点的 PopulateOnDemand 属性设置为 true 时，必须动态填充该节点。不能以声明方式将另一节点嵌套在该节点的下方，否则将会在页面上出现错误。

12.2.3 TreeView 控件的基本应用

TreeView 控件的基本功能可以总结为：将有序的层次化结构数据显示为树形结构。创建 Web 窗体后，可通过拖放的方法将 TreeView 控件添加到 Web 页的适当位置。在 Web 页上将会出现如图 12-4 所示的 TreeView 控件和 TreeView 快捷菜单。

TreeView 控件的
基本应用

TreeView 任务快捷菜单中显示了设置 TreeView 控件常用的任务：自动套用格式（用于设置控件外观）、选择数据源（用于连接一个现有数据源或创建一个数据源）、编辑节点（用于编辑在 TreeView 中显示的节点）和显示行（用于显示 TreeView 上的行）。

添加 TreeView 控件后，通常先添加节点，然后为 TreeView 控件设置外观。

添加节点可以通过选择"编辑节点"命令，弹出如图 12-5 所示的对话框，在其中可以定义 TreeView 控件的节点和相关属性。对话框的左侧是操作节点的命令按钮和控件预览窗口。命令按钮包括添加根节点、添加子节点、删除节点和调整节点相对位置；对话框右侧是当前选中节点的属性列表，可根据需要设置节点属性。

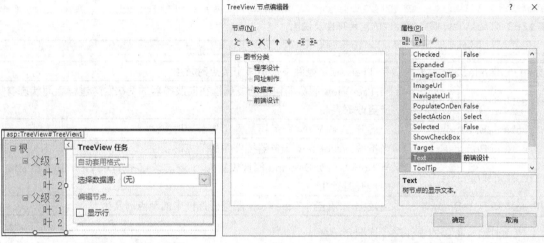

图 12-4　添加 TreeView 控件　　　　　　　　图 12-5　TreeView 节点编辑器

TreeView 控件的外观属性可以通过属性面板进行设置，也可以通过 Visual Studio 2015 内置的 TreeView 控件外观样式进行设置。

选择"自动套用格式"命令，将弹出如图 12-6 所示的"自动套用格式"对话框，对话框左侧列出的是 TreeView 控件外观样式的名称，右侧是对应外观样式的预览窗口。

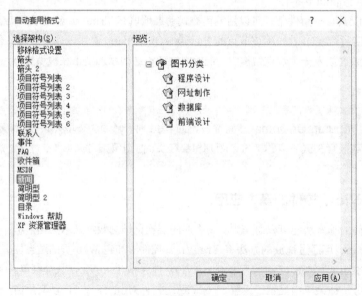

12-6　"自动套用格式"对话框

编辑节点并设置外观样式后的 TreeView 控件的运行结果如图 12-7 所示。

12.2.4　TreeView 控件绑定数据库

TreeView 控件支持绑定多种数据源，如数据库、XML 文件等。本节主要介绍如何使用 TreeView 控件绑定数据库。

TreeView 控件
绑定数据库

【例 12-1】　下面的示例将数据库中对应的字段绑定到 TreeView 控件上。实例运行效果如图 12-8 所示。

图 12-7　TreeView 控件运行结果　　　图 12-8　TreeView 控件绑定数据库

程序开发步骤如下。

（1）新建一个网站，默认主页为 Default.aspx，在 Default.aspx 页上添加一个 TreeView 控件。

（2）在后台代码页中定义一个 BindDataBase 方法，用于将数据库中的数据绑定到 TreeView 控件上，代码如下：

```
public void BindDataBase()
{
    //实例化SqlConnection对象
    SqlConnection sqlCon = new SqlConnection();
    //实例化SqlConnection对象连接数据库的字符串
    sqlCon.ConnectionString = @"server=(local);uid=sa;pwd=;database=db_LibraryMS";
    //实例化SqlDataAdapter对象
    SqlDataAdapter da = new SqlDataAdapter("select * from tb_booktype", sqlCon);
    //实例化数据集DataSet
    DataSet ds = new DataSet();
    da.Fill(ds, "tb_booktype");
    //下面的方法动态添加了TreeView的根节点和子节点
    //设置TreeView的根节点
    TreeNode tree1 = new TreeNode("图书分类");
    this.TreeView1.Nodes.Add(tree1);
    for (int i = 0; i < ds.Tables["tb_booktype"].Rows.Count; i++)
    {
        TreeNode tree2 = new TreeNode(ds.Tables["tb_booktype"].Rows[i][1].ToString(), ds.Tables["tb_
booktype"].Rows[i][1].ToString());
        tree1.ChildNodes.Add(tree2);
    }
}
```

说明

通过 TreeNode 对象实例的 ChildNodes 属性可以获取 TreeNodeCollection 集合，调用该集合的 Add 方法可以将指定的 TreeNode 对象追加到 TreeNodeCollection 对象的结尾，即添加一个子节点。

在页面的 Page_Load 事件中调用 BindDataBase 方法，设置父节点与子节点间的连线并展开树控件的第 1 层，代码如下：

```
protected void Page_Load(object sender, EventArgs e)
{
    BindDataBase();
    TreeView1.ShowLines = true;          //显示连接父节点与子节点间的线条
    TreeView1.ExpandDepth = 1;           //控件显示时所展开的层数
}
```

12.2.5 TreeView 控件绑定 XML 文件

在程序开发中，某些信息会存储在 XML 文件中，下面介绍 TreeView 控件如何绑定到 XML 文件。

> 【例 12-2】 下面的示例将 XML 文件绑定到 TreeView 控件上。实例运行效果如图 12-9 所示。

TreeView 控件
绑定 XML 文件

图 12-9   TreeView 控件绑定 XML 文件

程序开发步骤如下。

（1）新建一个网站，默认主页为 Default.aspx，在 Default.aspx 页上添加一个 TreeView 控件和一个 XmlDataSource 控件。

（2）设置 XmlDataSource 控件的数据源。在 XmlDataSource 控件的"XmlDataSource 任务"快捷菜单中选择"配置数据源"命令，然后在弹出的对话框中单击"浏览"按钮，指定 XML 文件的名称为 XMLFile.xml，最后单击"确定"按钮完成设置，如图 12-10 所示。

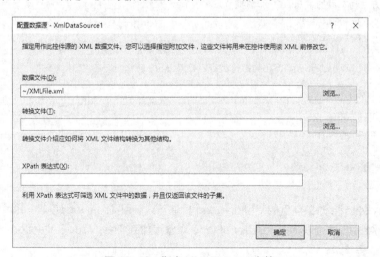

图 12-10   指定 XMLFile.xml 文件

XMLFile.xml 文件的源代码如下：

```
<?xml version="1.0" encoding="utf-8" ?>
<Root url="Default.aspx" name="读者信息" describe="studentInfo">
  <Parent url="class1.aspx" name="学生" describe="classOne">
    <Child url="stu11.aspx" name="王小抠" describe="xiaoming"></Child>
    <Child url="stu12.aspx" name="小禾斗" describe="xiaoliang"></Child>
  </Parent>
  <Parent url="class2.aspx" name="社会人员" describe="classTwo">
    <Child url="stu21.aspx" name="柳下惠" describe="xiaohong"></Child>
    <Child url="stu22.aspx" name="行者武松" describe="xiaobai"></Child>
  </Parent>
</Root>
```

（3）为 TreeView 控件指定数据源，将 TreeView 控件的 DataSourceID 属性设为 XmlDataSource1，完成后如图 12-11 所示。从图中可以看出 TreeView 控件中显示的不是实际学生的信息，而是只显示节点，因为还没有设置 XML 节点对应的字段。

（4）设置 XML 节点对应的字段。在"TreeView 任务"快捷菜单中选择"编辑 TreeNode 数据绑定"命令，打开"TreeView DataBindings 编辑器"对话框，添加 Root、Parent 和 Child 3 个节点，然后分别选取 Root、Parent 和 Child 节点，并在属性面板中设置相关对应字段。NavigateUrlField 属性设置为 url、TextField 属性设置为 name、ValueField 属性设置为 describe，Parent 和 Child 节点设置同上，如图 12-12 所示。单击"确定"按钮关闭对话框。这时 TreeView 控件就已经绑定了 XML 文件。

图 12-11　指定数据源后的显示结果

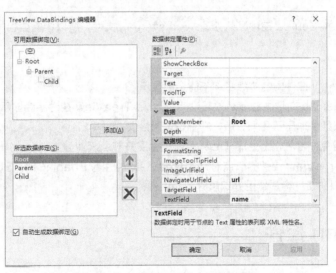

图 12-12　设置 XML 节点对应的字段

12.2.6　使用 TreeView 控件实现站点导航

Web.sitemap 文件用于站点导航信息的存储，其数据采用 XML 格式，将站点逻辑结构层次化地列出。Web.sitemap 与 TreeView 控件集成的实质是以 Web.sitemap 文件为数据基础的，以 TreeView 控件的树形结构为表现形式，将站点的逻辑结构表现出来，实现站点导航的功能。

使用 TreeView 控件实现站点导航

> 【例 12-3】下面的示例将 Web.sitemap 与 TreeView 控件集成实现站点导航。程序运行效果与
> 【例 12-2】类似，请参见图 12-9。

程序实现的主要步骤如下。

（1）新建一个网站，默认主页为 Default.aspx，在 Default.aspx 页上添加一个 TreeView 控件和一个 SiteMapDataSource 控件。

（2）添加一个 Web.sitemap 文件，该文件包括一个根节点和多个嵌套节点，并且为每个节点都添加了 URL（超链接）、title（显示节点名称）、description（节点说明文字）属性。文件源代码如下：

```xml
<?xml version="1.0" encoding="utf-8" ?>
<siteMap xmlns="http://schemas.microsoft.com/AspNet/SiteMap-File-1.0" >
  <siteMapNode url="Default.aspx" title="读者信息" description ="studentInfo">
    <siteMapNode url="class1.aspx" title="学生"  description="classOne">
      <siteMapNode url="stu11.aspx" title="王小抠"  description="xiaoming" />
      <siteMapNode url="stu12.aspx" title="小禾斗"  description="xiaoliang" />
    </siteMapNode>
    <siteMapNode url="class2.aspx" title="社会人员"  description="classTwo">
      <siteMapNode url="stu21.aspx" title="柳下惠"  description="xiaohong" />
      <siteMapNode url="stu22.aspx" title="行者武松"  description="xiaobai" />
    </siteMapNode>
  </siteMapNode>
</siteMap>
```

（3）指定 TreeView 控件的 DataSourceID 属性值为 SiteMapDataSource1。

 SiteMapDataSource 控件默认处理 Web.sitemap 文件，所以不需要相关设置。

 （1）TreeView 控件中的节点名称不能全部显示
当 Web.sitemap 文件中的节点数超过 11 个，则 TreeView 控件不会显示所有节点的真正名称，而是象征性地显示几个节点，并不是设置错误。
（2）怎样避免在客户端上处理 TreeView 控件展开节点事件
动态填充 TreeView 控件的节点时，将 TreeView 控件的 EnableClientScript 属性值设置为 false，可以防止在客户端上处理展开节点事件。

12.3 Menu 控件

12.3.1 Menu 控件概述

Menu 控件概述

Menu 控件能够构建与 Windows 应用程序类似的菜单栏，它具有静态模式和动态模式两种显示模式。静态显示意味着 Menu 控件始终是完全展开的，整个结构都是可视的，用户可以单击任何部位。而动态显示的菜单中，只有指定的部分是静态的，用户将鼠标指针放置在父节点上时才会显示其子菜单项。

Menu 控件的基本功能是实现站点导航功能，具体功能如下。

❑ 与 SiteMapDataSource 控件搭配使用，将 Web.sitemap 文件中的网站导航数据绑定到 Menu 控件。

□ 允许以编程方式访问 Menu 对象模型。
□ 可使用主题、样式属性和模板等自定义控件外观。

12.3.2 Menu 控件的常用属性和事件

Menu 控件的常用属性及说明如表 12-4 所示。

Menu 控件的常用
属性和事件

表 12-4 Menu 控件的常用属性及说明

属性	说明
DataSource	获取或设置对象，数据绑定控件从该对象中检索其数据项列表
DisappearAfter	获取或设置鼠标指针不再置于菜单上后显示动态菜单的持续时间
DynamicHorizontalOffset	获取或设置动态菜单相对于其父菜单项的水平移动像素数
DynamicPopOutImageUrl	获取或设置自定义图像的 URL，如果动态菜单项包含子菜单，该图像则显示在动态菜单项中
Items	获取 MenuItemCollection 对象，该对象包含 Menu 控件中的所有菜单项
ItemWrap	获取或设置一个值，该值指示菜单项的文本是否换行
MaximumDynamicDisplayLevels	获取或设置动态菜单的菜单呈现级别数
Orientation	获取或设置 Menu 控件的呈现方向
SelectedItem	获取选定的菜单项
SelectedValue	获取选定菜单项的值

下面对比较重要的属性进行详细介绍。

（1）DisappearAfter 属性

DisappearAfter 属性是用来获取或设置当鼠标指针离开 Meun 控件后菜单的延迟显示时间，默认值为 500，单位为毫秒。在默认情况下，当鼠标指针离开 Menu 控件后，菜单将在一定时间内自动消失。如果希望菜单立刻消失，可单击 Meun 控件以外的空白区域。当设置该属性值为-1 时，菜单将不会自动消失，在这种情况下，只有用户在菜单外部单击时，动态菜单项才会消失。

（2）Orientation 属性

使用 Orientation 属性指定 Menu 控件的显示方向，如果 Orientation 的属性值为 Horizontal，则水平显示 Menu 控件，如图 12-13 所示；如果 Orientation 的属性值为 Vertical，则垂直显示 Menu 控件，如图 12-14 所示。

图 12-13 水平显示动态菜单

图 12-14 垂直显示动态菜单

Menu 控件的常用事件及说明如表 12-5 所示。

表 12-5 Menu 的常用事件及说明

事件	说明
MenuItemClick	单击 Menu 控件中某个菜单项时激发
MenuItemDataBound	Menu 控件中某个菜单项绑定数据时激发

12.3.3　Menu 控件的基本应用

Menu 控件也可以通过拖放的方式添加到 Web 页面上，添加到页面上的效果如图 12-15 所示。

Menu 控件也有自己的任务快捷菜单，该菜单显示了设置 Menu 控件常用的任务，即自动套用格式、选择数据源、视图、编辑菜单项、转换为 DynamicItemTemplate、转换为 StaticItemTemplate 和编辑模板。

可以通过菜单项编辑器添加菜单项。选择"编辑菜单项"命令，打开"菜单项编辑器"对话框，如图 12-16 所示。在该对话框中可以自定义 Menu 控件菜单项的内容及相关属性，对话框左侧是操作菜单项的命令按钮和控件预览窗口。命令按钮包括 Menu 控件菜单项的添加、删除和调整位置等操作。对话框右侧是当前选中菜单项的属性列表，可根据需要设置菜单项属性。

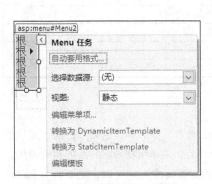

图 12-15　添加 Menu 控件

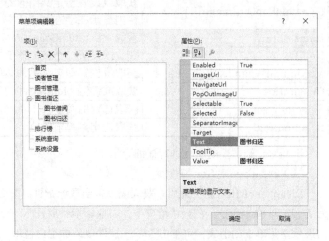

图 12-16　"菜单项编辑器"对话框

Menu 控件也可以通过自动套用格式设置外观，选择"自动套用格式"命令，打开"自动套用格式"对话框，如图 12-17 所示。对话框左侧列出的是内置的多种 Menu 控件外观样式的名称，右侧是对应外观样式的预览窗口。

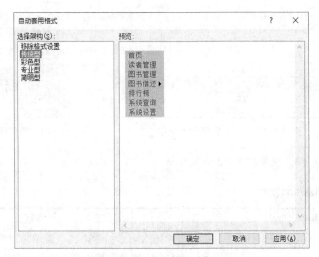

图 12-17　"自动套用格式"对话框

编辑菜单项并设置外观样式后的 Menu 控件的运行结果如图 12-18 所示。

12.3.4 Menu 控件绑定 XML 文件

Menu 控件也可以绑定到 XML 文件，显示层次结构的数据。

Menu 控件绑定
XML 文件

图 12-18 Menu 控件运行结果

【例 12-4】 下面的示例将 XML 文件绑定到 Menu 控件上。实例运行效果如图 12-19 所示。

图 12-19 Menu 控件绑定 XML 文件

程序开发步骤如下。

（1）新建一个网站，默认主页为 Default.aspx，在 Default.aspx 页上添加一个 Menu 控件和一个 XmlDataSource 控件。

（2）设置 XmlDataSource 控件的数据源，指定 XML 文件的名称为 XMLFile.xml，如图 12-20 所示。

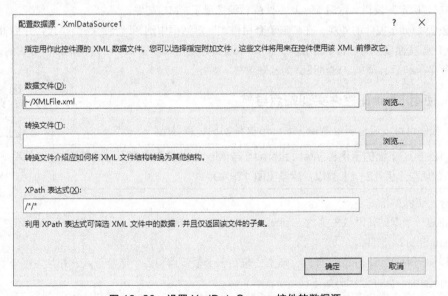

图 12-20 设置 XmlDataSource 控件的数据源

 Xpath 表达式用于在 XML 文件数据中查询具体元素。此处将 Xpath 表达式设置为 "/*/*"，表示查询范围是根节点下的所有子节点，但不包括根节点。

XMLFile.xml 文件的源代码如下：

```
<?xml version="1.0" encoding="utf-8" ?>
<Root>
  <Item url="Default.aspx" name="首页">
```

```
   </Item>
   <Item url="Default.aspx" name="读者管理">
   </Item>
   <Item url="Default.aspx" name="图书管理">
   </Item>
   <Item url="" name="图书借还">
     <Option url="" name="图书借阅"></Option>
     <Option url="" name="图书归还"></Option>
   </Item>
   <Item url="Default.aspx" name="排行榜">
   </Item>
   <Item url="Default.aspx" name="系统查询">
   </Item>
   <Item url="Default.aspx" name="系统设置">
   </Item>
 </Root>
```

（3）为 Menu 控件指定数据源，将 Menu 控件的 DataSourceID 属性设为 XmlDataSource1。

（4）设置 XML 节点对应的字段。在"Menu 任务"快捷菜单中选择"编辑 MenuItemDataBindings"命令，打开"菜单 DataBindings 编辑器"对话框，添加 Item、Option 菜单项，然后分别选取 Item 和 Option，并在属性面板中设置相关对应字段。NavigateUrlField 属性设置为 url、TextField 属性设置为 name。单击"确定"按钮，这时 Menu 控件就已经绑定了 XML 文件。

（5）设置 Menu 控件的外观，在"自动套用格式"对话框中选择"传统型"样式，并将 Menu 控件的 Orientation 属性设置为 Horizontal。Orientation 属性是用来设置 Menu 控件的排列方式的，Menu 控件分为水平菜单和垂直菜单，这里设置为水平菜单。

12.3.5　使用 Menu 控件实现站点导航

Menu 控件也可以通过绑定 Web.sitemap 文件实现站点导航。

【例 12-5】 下面的示例将 Web.sitemap 与 Menu 控件集成实现站点导航。程序运行效果与【例 12-4】类似，请参见图 12-19。

使用 Menu 控件实现站点导航

程序开发步骤如下。

（1）新建一个网站，默认主页为 Default.aspx，在 Default.aspx 页上添加一个 Menu 控件和一个 SiteMapDataSource 控件。

（2）添加一个 Web.sitemap 文件，该文件包括一个根节点和多个嵌套节点，并且为每个节点都添加了 url、title 属性。文件源代码如下：

```
<?xml version="1.0" encoding="utf-8" ?>
<siteMap>
  <siteMapNode title="Root">
    <siteMapNode url="Default.aspx" title="首页"/>
    <siteMapNode url="Default2.aspx" title="读者管理"/>
    <siteMapNode url="Default3.aspx" title="图书管理"/>
    <siteMapNode url="Default4.aspx" title="图书借还"  description="classTwo">
      <siteMapNode url="Default5.aspx" title="图书借阅"/>
      <siteMapNode url="Default6.aspx" title="图书归还"/>
    </siteMapNode>
```

```
        <siteMapNode url="Default7.aspx" title="排行榜"/>
        <siteMapNode url="Default8.aspx" title="系统查询"/>
        <siteMapNode url="Default9.aspx" title="系统设置"/>
    </siteMapNode>
</siteMap>
```

（3）指定 Menu 控件的 DataSourceID 属性值为 SiteMapDataSource1。现在已经实现 Menu 控件绑定 Web.sitemap 文件，但是，Web.sitemap 文件的根节点 Root 将自动显示在 Menu 控件中，不是多根菜单。为了隐藏 Web.sitemap 文件中有且公有的根节点，必须将 SiteMapDataSource 控件的 ShowStartingNode 属性设置为 false，该属性的默认值为 true。

（4）设置 Menu 控件的外观，在"自动套用格式"对话框中选择"传统型"样式，并将 Menu 控件的 Orientation 属性设置为 Horizontal 选项，水平显示菜单栏。

（1）如何在 Menu 控件上显示图片

使用 Menu 控件时，如果为 MenuItem 添加图片，需要将 MenuItem 的 Text 和 Value 属性设为 ""，才能只显示图片。

（2）如何设置 Menu 控件显示的节点数

Menu 控件绑定 Web.sitemap 时，显示的节点数与 Web.sitemap 中的节点数不符，这是为什么呢？原因是 Menu 控件默认的最大弹出数为 3，只要将 MaximumDynamicDisplayLevels 属性设为最大弹出层数即可解决。

12.4　SiteMapPath 控件

12.4.1　SiteMapPath 控件概述

SiteMapPath 控件用于显示一组文本或图像超链接，以便在使用最少页面空间的同时更加轻松地定位当前所在网站中的位置。该控件会显示一条导航路径，此路径为用户显示当前页的位置，并显示返回到主页的路径链接。它包含来自站点地图的导航数据，只有在站点地图中列出的页才能在 SiteMapPath 控件中显示导航数据。如果将 SiteMapPath 控件放置在站点地图中未列出的页上，该控件将不会向客户端显示任何信息。

SiteMapPath 控件概述

SiteMapPath 控件会自动读取.sitemap 站点地图文件中的信息。

12.4.2　SiteMapPath 控件的常用属性和事件

SiteMapPath 控件的常用属性及说明如表 12-6 所示。

SiteMapPath 控件的常用属性和事件

表 12-6　SiteMapPath 控件的常用属性及说明

属性	说明
CurrentNodeTemplate	获取或设置一个控件模板，用于代表当前显示页的站点导航路径的节点
NodeStyle	获取用于站点导航路径中所有节点的显示文本的样式
NodeTemplate	获取或设置一个控件模板，用于站点导航路径的所有功能节点

续表

属性	说明
PathDirection	获取或设置导航路径节点的呈现顺序
PathSeparator	获取或设置一个字符串，该字符串在呈现的导航路径中分隔 SiteMapPath 节点
PathSeparatorTemplate	获取或设置一个控件模板，用于站点导航路径的路径分隔符
RootNodeTemplate	获取或设置一个控件模板，用于站点导航路径的根节点
SiteMapProvider	获取或设置用于呈现站点导航控件的 SiteMapProvider 的名称

下面对比较重要的属性进行详细介绍。

（1）ParentLevelsDisplayed 属性

ParentLevelsDisplayed 属性用于获取或设置 SiteMapPath 控件显示相对于当前显示节点的父节点级别数。默认值为-1，表示将所有节点完全展开。例如，设置 SiteMapPath 控件在当前节点之前还要显示 3 级父节点，代码如下：

```
SiteMapPath1. ParentLevelsDisplayed=3;
```

（2）SiteMapProvider 属性

SiteMapProvider 属性是 SiteMapPath 控件用来获取站点地图数据的数据源。如果未设置 SiteMapProvider 属性，SiteMapPath 控件会使用 SiteMap 类的 Provider 属性获取当前站点地图的默认 SiteMapProvider 对象。其中 SiteMap 类是站点导航结构在内存中的表示形式，导航结构由一个或多个站点地图组成。

SiteMapPath 控件的常用事件及说明如表 12-7 所示。

表 12-7　SiteMapPath 控件的常用事件及说明

事件	说明
ItemCreated	当 SiteMapPath 控件创建一个 SiteMapNodeItem 对象，并将其与 SiteMapNode 关联时发生（主要涉及创建节点过程）。该事件由 OnItemCreated 方法引发
ItemDataBound	当 SiteMapNodeItem 对象绑定到 SiteMapNode 包含的站点地图数据时发生（主要涉及数据绑定过程）。该事件由 OnItemDataBound 方法引发

 在 SiteMapPath 控件中，比较重要的事件有 ItemCreated 和 ItemDataBound 两个，前者涉及创建节点过程，后者涉及数据绑定过程。

12.4.3　使用 SiteMapPath 控件实现站点导航

使用 SiteMapPath 控件无须代码和绑定数据就能创建站点导航，此控件可自动读取和呈现站点地图信息。

使用 SiteMapPath
控件实现站点导航

【例 12-6】下面的示例使用 SiteMapPath 控件实现站点导航。实例运行效果如图 12-21 所示。

图 12-21　SiteMapPath 控件实现站点导航

程序实现的主要步骤如下。

（1）新建一个网站，由于 SiteMapPath 控件会使用到 Web.sitemap 文件，所以先添加一个 Web.sitemap 文件。文件源代码如下：

```
<?xml version="1.0" encoding="utf-8" ?>
<siteMap>
  <siteMapNode title="Root">
    <siteMapNode url="Default.aspx" title="首页"/>
    <siteMapNode url="Default2.aspx" title="读者管理"/>
    <siteMapNode url="Default3.aspx" title="图书管理"/>
    <siteMapNode url="Default4.aspx" title="图书借还"  description="classTwo">
      <siteMapNode url="Default5.aspx" title="图书借阅"/>
      <siteMapNode url="Default6.aspx" title="图书归还"/>
    </siteMapNode>
    <siteMapNode url="Default7.aspx" title="排行榜"/>
    <siteMapNode url="Default8.aspx" title="系统查询"/>
    <siteMapNode url="Default9.aspx" title="系统设置"/>
  </siteMapNode>
</siteMap>
```

（2）根据 Web.sitemap 文件中的 URL 节点所定义的网页名称添加网页。

（3）在每个页中拖放一个 SiteMapPath 控件，SiteMapPath 控件就会直接将路径呈现在页面上。

（4）通过"自动套用格式"对话框设置外观。

说明 SiteMapPath 控件在 Web 页上不显示的原因：SiteMapPath 控件可以直接使用网站的站点地图数据，并将站点地图数据在客户端中显示出来。如果将 SiteMapPath 控件用在未在站点地图中表示的页面上，则该控件将不会向客户端显示任何信息。

小 结

本章主要对 ASP.NET 中的 3 个站点导航控件：TreeView、Menu 和 SiteMapPath 进行了讲解，这 3 个站点导航控件可为大中型网站提供快速站点导航功能，它们包括了常见的导航组件，如命令菜单、树状结构、页面所处位置导航等，可以实现内置站点导航功能。学习本章内容时，读者需要重点掌握 TreeView 控件和 Menu 控件的使用，并熟悉 SiteMapPath 控件的使用。

上机指导

对于一个网站包含多个导航时，可以将页面中的导航以树状的形式显示，这样不仅可以有效地节约页面，而且也可以方便用户查看。当开发一个企业门户网站的后台管理模块时，可以加入树状导航菜单，以方便用户访问站点中的不同页面。实例运行结果如图 12-22 所示。

上机指导

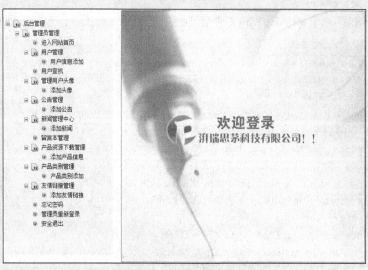

图 12-22　企业门户网站的导航

程序开发步骤如下。

（1）新建一个网站，将其命名为 AdminNavigator，默认主页名为 Default.aspx。

（2）使用鼠标右键单击解决方案资源管理器中的 Web 站点，并选择"添加新项"命令，在弹出的对话框中选择"XML 文件"，并将其命名为"XMLTreeView.xml"，单击"添加"按钮，即可在网站中添加一个 XML 文件，XML 文件的代码如下：

```xml
<?xml version="1.0" encoding="utf-8" ?>
<Hardware>
  <Item Category="XML企业门户平台">
    <Option Choice="进入网站首页" Url="Default.aspx"/>
    <Option Choice="用户管理" Url="NavigatePage.aspx">
      <leaf son="用户信息添加" Url="NavigatePage.aspx"/>
    </Option>
    <Option Choice="用户查找" Url="NavigatePage.aspx"/>
    <Option Choice="管理用户头像"  Url="NavigatePage.aspx">
      <leaf son="添加头像" Url="NavigatePage.aspxx"/>
    </Option>
    <Option Choice="公告管理"  Url="NavigatePage.aspx">
      <leaf son="添加公告" Url="NavigatePage.aspx"/>
    </Option>
    <Option Choice="新闻管理中心"  Url="NavigatePage.aspx">
      <leaf son="添加新闻" Url="NavigatePage.aspx"/>
    </Option>
    <Option Choice="留言本管理" Url="NavigatePage.aspx">
    </Option>
    <Option Choice="产品资源下载管理" Url="NavigatePage.aspx">
      <leaf son="添加产品信息" Url="NavigatePage.aspx"/>
    </Option>
    <Option Choice="产品类别管理" Url="NavigatePage.aspx">
      <leaf son="产品类别添加" Url="NavigatePage.aspx"/>
    </Option>
```

```
                <Option Choice="友情链接管理" Url="NavigatePage.aspx">
                    <leaf son="添加友情链接" Url="NavigatePage.aspx"/>
                </Option>
                <Option Choice="忘记密码" Url="NavigatePage.aspx"/>
                <Option Choice="管理员重新登录" Url="NavigatePage.aspx"/>
                <Option Choice="安全退出" Url="Exit.aspx"/>
            </Item>
        </Hardware>
```

（3）在 Default 页面中添加一个 TreeView 控件，用来作为企业门户网站后台的导航；添加一个 ID 属性为 XmlDalaSource1 的 XmlDalaSource 控件，将该控件的 DataFile 属性设置为 "~/XMLTreeView.xml"，用来作为 TreeView 控件提供绑定的站点数据。

（4）添加一个 Web 窗体，命名为 NavigatePage.aspx，作为页面跳转页，该页中添加一个 Button 按钮，将该按钮的 Text 属性设置为"返回"，并且将其 PostBackUrl 属性设置为 "Default.aspx"。

习 题

12-1　简述站点地图的作用。

12-2　分别描述 TreeView 控件、Menu 控件和 SiteMapPath 控件的使用场合。

12-3　如何为 TreeView 控件的导航节点设置复选框？

12-4　简述将数据库中数据绑定到 TreeView 上的步骤。

12-5　如何设置 Menu 控件显示的静态菜单级数？

12-6　如何自定义 SiteMapPath 控件中的路径分隔符？

12-7　列举可以为导航菜单提供数据源的数据源绑定控件。

第13章

Microsoft AJAX

本章要点:

- AJAX的开发模式介绍
- ASP.NET AJAX的架构及优点
- AJAX服务器端控件的使用
- AJAXControlTookit工具包的下载及安装
- 使用PasswordStrength控件实现密码强度提示
- 使用TextBoxWatermark扩展控件添加水印提示
- 使用SlideShow扩展控件播放照片
- 使用AJAX技术开发一个聊天室

■ AJAX 可以理解为基于标准 Web 技术创建的、能够以更少的响应时间带来更加丰富用户体验的一类 Web 应用程序所使用的技术集合,它可以实现异步传输、异步刷新功能。微软在 ASP.NET 框架基础上,创建了 ASP.NET AJAX 技术。本章将对 AJAX 异步刷新技术进行详细讲解。

13.1 ASP.NET AJAX 概述

AJAX 是 Asynchronous JavaScript and XML（异步 JavaScript 和 XML 技术）的缩写，它是由 JavaScript 脚本语言、CSS 样式表、XMLHttpRequest 数据交换对象和 DOM 文档对象（或 XMLDOM 文档对象）等多种技术组成的。微软在 ASP.NET 框架基础上创建了 ASP.NET AJAX 技术，能够实现 AJAX 功能。ASP.NET AJAX 技术被整合在 ASP.NET 2.0 及以上版本中，是 ASP.NET 的一种扩展技术。本节将对 AJAX 技术的开发模式、优点及架构进行介绍。

13.1.1 AJAX 开发模式

AJAX 开发模式

在传统的 Web 应用模式中，页面中用户的每一次操作都将触发一次返回 Web 服务器的 HTTP 请求，服务器进行相应的处理（获得数据、运行与不同的系统会话）后，返回一个 HTML 页面给客户端，Web 应用的传统模型示意图如图 13-1 所示。

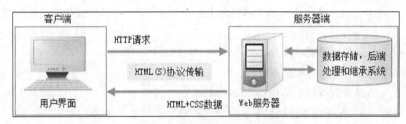

图 13-1　Web 应用的传统模型

而在 AJAX 应用中，页面中用户的操作将通过 AJAX 引擎与服务器端进行通信，然后将返回结果提交给客户端页面的 AJAX 引擎，再由 AJAX 引擎来决定将这些数据显示到页面的指定位置，Web 应用的 AJAX 模型示意图如图 13-2 所示。

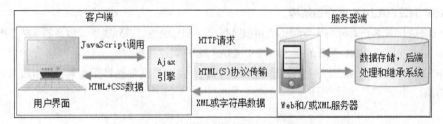

图 13-2　Web 应用的 AJAX 模型

从图 13-1 和图 13-2 可以看出，对于每个用户的行为，传统的 Web 应用模型中都将生成一次 HTTP 请求，而在 AJAX 应用模型中，将变成对 AJAX 引擎的一次 JavaScript 调用。在 AJAX 应用模型中通过 JavaScript 实现在不刷新整个页面的情况下，对部分数据进行更新，从而降低了网络流量，给用户带来了更好的体验。

13.1.2 ASP.NET AJAX 的优点

ASP.NET AJAX 可以提供普通 ASP.NET 程序无法提供的多个功能，其优点如下。

❑ 改善用户操作体验，不会因 PostBack 而使整页重新加载造成闪动。
❑ 实现 Web 页面的局部更新。

- 异步取回服务器端的数据，用户不会被限制于等待状态，也不会打断用户的操作，从而加快了响应能力。
- 提供跨浏览器的兼容性支持，ASP.NET AJAX 的 JavaScript 是跨浏览器的。
- 拥有大量内建的客户端控件，更方便实现 JavaScript 功能及特效。

> 说明　在 ASP.NET 网站程序中，可以通过 web.config 配置启用 ASP.NET AJAX 相关设置。

13.1.3　ASP.NET AJAX 的架构

ASP.NET AJAX
的架构

ASP.NET AJAX 的架构横跨了客户端与服务器端，非常适合用来创建操作方式更便利、反应更快速的跨浏览器页面应用程序，下面分别对 ASP.NET AJAX 的服务器端架构和客户端架构进行介绍。

1. ASP.NET AJAX 服务器端架构

ASP.NET AJAX 是建立于 ASP.NET 框架之上的，ASP.NET AJAX 服务器端架构主要包括 4 个部分，分别如下。

- ASP.NET AJAX 服务器端控件。
- ASP.NET AJAX 服务器端扩展控件。
- ASP.NET AJAX 服务器端远程 Web Service。
- ASP.NET Web 程序的客户端代理。

> 说明　ASP.NET AJAX 的服务器端控件主要是为开发者提供一种熟悉的、与 ASP.NET 一致的服务器端编程模型。事实上，这些服务器端控件在运行时会自动生成 ASP.NET AJAX 客户端组件，并发送给客户端浏览器执行。

2. ASP.NET AJAX 客户端架构

ASP.NET AJAX 客户端架构主要包括应用程序接口、API 函数、基础类库、封装的 XMLHttpRequest 对象、ASP.NET AJAX XML 引擎和 ASP.NET AJAX 客户端控件等。

ASP.NET AJAX 客户端控件主要在浏览器上运行，它主要提供管理界面元素、调用服务器端方法获取数据等功能。

13.2　ASP.NET AJAX 服务器端控件

Visual Studio 开发环境中自带了 ASP.NET 的 AJAX 服务器端控件，其中，开发人员经常用到的有 ScriptManager 控件、UpdatePanel 控件和 Timer 控件，下面分别对这 3 个 AJAX 服务器端控件及其使用进行详细讲解。

13.2.1　ScriptManager 控件

ScriptManager
控件

ScriptManager 控件负责管理 Page 页面中所有的 AJAX 服务器控件，是 AJAX 的核心，有了 ScriptManager 控件才能够让 Page 局部更新起作用，所需要的 JavaScript 才会自动管理。因此，开发 AJAX 网站时，每个页面中必须添加 ScriptManager 控件作为管理。ScriptManger 控件如图 13-3 所示。

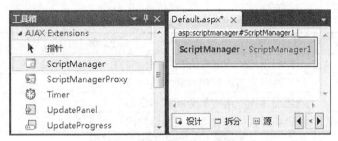

图 13-3　ScriptManager 控件

ScriptManager 控件必须出现在所有 ASP.NET AJAX 控件之前，并且网页中只能有一个 ScriptManager 控件，因此，如果使用母版页设计网页，可以将 ScriptManager 控件放在母版页中。

ScriptManger 控件的常用属性及说明如表 13-1 所示。

表 13-1　ScriptManager 控件的常用属性及说明

属性	说明
EnablePageMethods	返回或设置一个 bool 值，默认值为 false，表示在客户端 JavaScript 代码中是否以一种简单、直观的形式直接调用服务器端的某个静态 Web Method
EnablePartialRendering	返回或设置一个 bool 值，默认值为 true，表示 AJAX 允许改变原有的 ASP.NET 回送模式，不再是整个页面的回送，而是只回送页面中的一部分
EnableScriptComponents	用于设置是否传送除了 AJAX 核心以外的其他组件，包括客户端控件、数据绑定、XML 声明式 Script、用户接口组件
Scripts	用于取得 ScriptReference 对象的集合，ScriptReference 对象的集合通过 AJAX 将用户的 Script 文件送到客户端进行对象引用
Services	用于取得一个 ServiceRefence 对象的集合，ServiceRefence 对象的集合通过 AJAX 为每个 Web Service 在客户端公开一个 Proxy 对象引用

下面分别介绍如何在 ScriptManager 控件中使用<Scripts>标记和<Services>标记。

1. 使用<Scripts>标记引入脚本资源

在 ScriptManager 控件中使用<Scripts>标记可以以声明的方式引入脚本资源。例如，引入编写的自定义脚本文件，代码如下：

```
<asp:ScriptManager ID="ScriptManager1" runat="server">
    <Scripts>
        <asp:ScriptReference Path="~/Script/MyScript.js" />
    </Scripts>
</asp:ScriptManager>
```

上述代码在<asp:ScriptManager>标记中定义了一个子标记<Scripts>，其中还定义了一个<asp:ScriptReference>标记，并设定了该标记的 Path 属性（即给出引入的脚本资源的路径）。<asp:ScriptReference>标记对应着 ScriptReference 类，该类的常用属性及说明如表 13-2 所示。

表 13-2　ScriptReference 类的常用属性及说明

属性	说明
Assembly	指定引用的脚本被包含的程序集名称
IgnoreScriptPath	是否在引用脚本时包含脚本的路径
Name	指定引用程序集中某个脚本的名称
NotifyScriptLoaded	是否在加载脚本资源完成之后发出一个通知
Path	指定引用脚本的路径，一般为相对路径
ResourceUICultures	指定一系列的本地化脚本的区域名称
ScriptMode	引用脚本的模式，可以为 Auto、Debug 或 Release 模式，默认值为 Auto

 说明

在 ScriptManager 控件中可以使用多个<Scripts>标记引入多个 JS 文件。

【例 13-1】　本实例使用<Scripts>标记引入脚本资源以检测用户的输入是否为汉字。实例运行效果如图 13-4 所示。

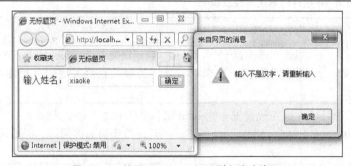

图 13-4　使用<Scripts>标记引入脚本资源

程序开发步骤如下。

（1）新建一个网站，默认主页为 Default.aspx。

（2）该网站中新建一个 Script 文件夹，在该文件夹中新建一个脚本文件 MyScript.js，在该脚本文件中自定义一个 JavaScript 脚本函数 validateName，用来验证指定的字符串是否是汉字，代码如下：

```
function validateName(Name)
{
    var regex = new RegExp("^[\u4e00-\u9fa5]{0,}$");      //创建RegExp正则表达式对象
    return regex.test(Name);                             //检测字符串是否与给定正则表达式匹配
}
```

（3）在 Default.aspx 页面上添加一个 ScriptManager 控件，用于管理脚本，并通过 ScriptReference 元素指定引用脚本的路径 "~/Script/MyScript.js"；然后添加一个 Input(Text)控件，用于输入姓名，添加一个 Input(Button)控件，用于验证用户的输入。代码如下：

```
<body>
    <form id="form1" runat="server">
    <asp:ScriptManager ID="ScriptManager1" runat="server">
        <Scripts>
            <asp:ScriptReference Path="~/Script/MyScript.js" />
        </Scripts>
    </asp:ScriptManager>
```

```
    输入姓名：<input id="Text1" type="text" />
 <input id="Button1" type="button" value="确定" onclick="Button1_onclick()"/><br />
    </form>
</body>
```

（4）在 Default.aspx 页面中，编写自定义的 JavaScript 脚本函数 Button1_onclick()，在 Input(Button) 控件的 onclick 事件中调用此函数，实现验证文本框中输入是否为汉字的功能。代码如下：

```
<script type="text/javascript">
    function Button1_onclick()
    {
        if(!validateName(document.getElementById("Text1").value))
        {
            alert("输入不是汉字，请重新输入");
            document.getElementById("Text1").value = "";
            document.getElementById("Text1").focus();
        }
    }
</script>
```

2. 使用<Services>标记引入 Web Service

在 ScriptManager 控件中使用<Services>标记可以以声明的方式引入 Web 服务资源。例如，引入 Web Service 文件（文件后缀为.asmx）的代码如下：

```
<asp:ScriptManager ID="ScriptManager1" runat="server">
    <Services>
        <asp:ServiceReference Path="WebService.asmx" />
    </Services>
</asp:ScriptManager>
```

上述代码在<asp:ScriptManager>标记中定义了一个子标记<Services>，其中还定义了一个<asp: ScriptReference>标记，并设定了该标记的 Path 属性（即给出引入的 Web 服务资源的路径）。<asp: ScriptReference>标记对应着 ScriptReference 类，该类的常用属性及说明如表 13-3 所示。

表 13-3　ScriptReference 类的常用属性及说明

属性	说明
InlineScript	是否把引入的 Web 服务资源嵌入到页面的 HTML 代码中，默认为 false。若将其设置为 true，则表示直接嵌入
Path	引入 Web 服务资源的路径，一般为相对路径

【例 13-2】　本实例使用<Services>标记引入 Web Service 以返回随机数。实例运行效果如图 13-5 所示。

图 13-5　使用<Services>标记引入 Web Service

程序开发步骤如下。

（1）新建一个网站，默认主页为 Default.aspx。

（2）该网站中添加一个 Web 服务，命名为 RandomService.asmx，打开 Web 服务的 RandomService.cs 文件（该文件自动存放在 App_Code 文件夹下），定义一个静态方法 GetRandom，用于返回 12~17 之间的一个随机数，代码如下：

```
using System;
using System.Collections;
using System.Linq;
using System.Web;
using System.Web.Services;
using System.Web.Services.Protocols;
using System.Xml.Linq;
/// <summary>
///RandomService 的摘要说明
/// </summary>
[WebService(Namespace = "http://tempuri.org/")]
[WebServiceBinding(ConformsTo = WsiProfiles.BasicProfile1_1)]
//若要允许使用 ASP.NET AJAX 从脚本中调用此Web服务，请取消对下行的注释
//[System.Web.Script.Services.ScriptService]
public class RandomService : System.Web.Services.WebService {
    public RandomService () {
        //如果使用设计的组件，请取消注释以下行
        //InitializeComponent();
    }
    [WebMethod]
    public static int GetRandom()
    {
        Random ran = new Random();           //创建Random对象实例
        int getNum = ran.Next(12, 17);       //返回指定范围内的随机数
        return getNum;
    }
}
```

 说明　上面的代码中用到了[System.Web.Script.Services.ScriptService]属性，该属性是 ASP.NET AJAX 能够从客户端访问定义的 Web Service 服务所必须使用的属性。

（3）在 Default.aspx 页面中添加一个 ScriptManager 控件，用于管理脚本，通过 ScriptReference 元素指定引用的 Web 服务文件 RandomService.asmx；添加一个 UpdatePanel 控件，用于实现局部刷新。在 UpdatePanel 控件内添加一个 Label 控件，用于显示获取到的随机数；添加一个 Button 控件，用于获取随机数。代码如下：

```
<body>
    <form id="form1" runat="server">
    <div>
        <asp:ScriptManager ID="ScriptManager1" runat="server">
            <Services>
                <asp:ServiceReference Path="RandomService.asmx" />
            </Services>
        </asp:ScriptManager>
```

```
        <asp:UpdatePanel ID="UpdatePanel1" runat="server">
            <ContentTemplate>
                随机数为：
                <br />
                <div align="center" style=" width:123px; height:60px; line-height:60px; background-
image: url('bg.jpg')">
                    <asp:Label ID="Label1" runat="server" Font-Bold="True"
    Font-Size="18px"></asp:Label>
                </div>
                <asp:Button ID="Button1" runat="server" onclick="Button1_Click" Text="返回随机数" />
            </ContentTemplate>
        </asp:UpdatePanel>
    </div>
    </form>
</body>
```

（4）双击 Default.aspx 页面中的 Button 控件，进入后台代码页面 Default.aspx.cs，在该页面中编写 Button1_Click 事件，将获取到的随机数显示在 Label 控件中，代码如下：

```
protected void Button1_Click(object sender, EventArgs e)
{
    Label1.Text = RandomService.GetRandom().ToString();
}
```

13.2.2　UpdatePanel 控件

早期的 AJAX 版本开发出很多的 AJAX 服务器控件，例如 TextBox、Button 等等，随着.NET 服务器控件的更新，发现开发出这么多的 AJAX 服务器控件并不符合实际需要，最后微软开发出了 AJAX 的 UpdatePanel 控件，由程序人员将 ASP.NET 服务器控件拖放到 UpdatePanel 控件中，使原本不具备 AJAX 能力的 ASP.NET 服务器控件都具有 AJAX 异步的功能。因此，当用户浏览 AJAX 网页时，便不会有界面闪动的不适感，取而代之的是好像在浏览器中立即产生了更新效果，展示了无闪动的 AJAX 风格。

UpdatePanel 控件的常用属性及说明如表 13-4 所示。

表 13-4　UpdatePanel 控件的常用属性及说明

属性	说明
ContentTemplate	内容模板，在该模板内放置控件、HTML 代码等
UpdateMode	UpdateMode 属性共有两种模式：Always 与 Conditional，Always 是每次 Postback 后，UpdatePanel 会连带被更新；相反，Conditional 只针对特定情况才被更新
RenderMode	若 RenderMode 的属性值为 Block，则以<DIV>标签来定义程序段；若为 Inline，则以<Span>标签来定义程序段
Triggers	用于设置 UpdatePanel 的触发事件

UpdatePanel 控件的 Triggers 包含两种触发器，一种是 AsyncPostBackTrigger，用于引发局部更新；另一种是 PostBackTrigger，用于引发整页回送。Triggers 的属性值设置如图 13-6 所示。

图 13-6　Triggers 的属性值设置

在 UpdatePanel 控件内的控件可以实现局部更新，那么在 UpdatePanel 控件之外的控件能否控制或者引发其局部更新呢？答案是肯定的。

通过 Triggers 属性包含的 AsyncPostBackTrigger 触发器可以引发 UpdatePanel 控件的局部更新。在该触发器中指定控件名称、该控件的某个服务器端事件，就可以使 UpdatePanel 控件外的控件引发局部更新，而避免不必要的整页更新。

【例 12-3】 本实例演示如何使用 UpdatePanel 控件实现页面的局部更新。实例运行效果如图 13-7 所示。

图 13-7　使用 UpdatePanel 控件实现页面局部更新

程序开发步骤如下。

（1）新建一个网站，默认主页为 Default.aspx。

（2）在 Default.aspx 页面中，添加一个 ScriptManager 控件，用于管理脚本；添加一个 Label 控件，ID 值为 Label1，用于显示时间 1；添加一个 UpdatePanel 控件，用于实现局部更新；在 UpdatePanel 控件内添加一个 Label 控件，ID 值为 Label2，用于显示时间 2；在 UpdatePanel 控件外添加一个 Button 控件。代码如下：

```
<body style="font-size:14px">
    <form id="form1" runat="server">
    <asp:ScriptManager ID="ScriptManager1" runat="server">
    </asp:ScriptManager>
    <div style=" width:500px; height:150px; background-color:#FFDFEF; padding:5px 0px 0px 8px;">
时间1： <asp:Label ID="Label1" runat="server"></asp:Label>
    <br/>
    <br/>
    <fieldset style="width:300px; height:60px">
        <legend>局部更新</legend>
```

```
            <asp:UpdatePanel ID="UpdatePanel1" runat="server">
                <ContentTemplate>
                    时间2：<asp:Label ID="Label2" runat="server"></asp:Label>
                </ContentTemplate>
            </asp:UpdatePanel>
        </fieldset>
        <br/>
        <br/>
        <asp:Button ID="Button1" runat="server" onclick="Button1_Click" Text="显示时间"
            Width="55px" />
        </div>
        </form>
</body>
```

（3）双击页面上的 Button 控件，编写其 Click 事件对应的 Button1_Click 事件，在该事件中将当前系统日期时间作为 Label2 的文本。在 Page_Load 事件中设置当前时间为 Label1 的文本。代码如下：

```
protected void Page_Load(object sender, EventArgs e)
{
    Label1.Text = DateTime.Now.ToString();
}
protected void Button1_Click(object sender, EventArgs e)
{
    Label2.Text = DateTime.Now.ToString();
}
```

（4）在 Default.aspx 页面上右击 UpdatePanel 控件，在弹出的快捷菜单中选择"属性"命令，在打开的属性面板中可以看到 Triggers 属性。

（5）单击 Triggers 属性中的按钮，打开"UpdatePanelTrigger 集合编辑器"对话框，单击"添加"按钮右侧的，在下拉菜单中选择 AsyncPostBackTrigger 触发器，如图 13-8 所示。

（6）在"UpdatePanelTrigger 集合编辑器"对话框中，设置"行为"选项的 ControlID 属性和 EventName 属性，在对应的下拉列表框中分别选择 Button1 和 Click，如图 13-9 所示。

图 13-8　添加 AsyncPostBackTrigger 触发器

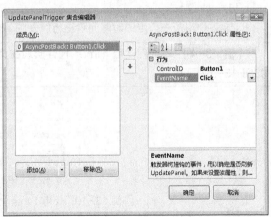

图 13-9　设置 AsyncPostBackTrigger 触发器

（7）切换到源视图，可以看到自动生成的<Triggers>和其中的<asp:AsyncPostBackTrigger>标签。代码如下：

```
<asp:UpdatePanel ID="UpdatePanel1" runat="server">
```

```
        <ContentTemplate>
            时间2: <asp:Label ID="Label2" runat="server"></asp:Label>
        </ContentTemplate>
        <Triggers>
            <asp:AsyncPostBackTrigger ControlID="Button1" EventName="Click" />
        </Triggers>
    </asp:UpdatePanel>
```

13.2.3 Timer 控件

Timer 控件

Timer 定时器用 JavaScript 构建非常容易，但在 ASP.NET 中实现 Timer 定时器不但困难，而且运作起来非常麻烦，还会损耗计算机资源。但 AJAX Framework 直接构建了一个 AJAX Timer 服务器控件，让程序开发人员可以通过设置时间间隔来触发特定事件的操作。

Timer 控件的使用非常简单，其中比较重要的属性有 Interval 及 Enalbed，最重要的事件是 Tick 事件，下面分别对它们进行介绍。

（1）Interval 属性

Interval 属性用来设置页面更新间隔的最大毫秒数，其默认值为 60 000 毫秒（即 60 秒）。每当到达 Timer 控件的 Interval 属性所设置的间隔时间而进行回发时，就会引发服务器端的 Tick 事件，在该事件中可以根据实际需要定时执行特定的更新操作。

 使用 Timer 控件可能会加大 Web 应用程序的负载，因此，在引入自动回发特性前并在确实需要的时候才推荐使用 Timer 控件，同时尽可能把它的间隔时间设置得长一点，因为如果设置得太短，将会使得页面回发频率增加，加大服务器的负载流量。

（2）Enabled 属性

如果要停止一个定时器，可在服务器端代码中将 Timer 控件的 Enabled 属性设置为 false 实现。Enabled 属性用来确定 Timer 控件是否可用。

（3）Tick 事件

Tick 事件用于在指定的时间间隔进行触发的事件。

> 【例 13-4】 本实例使用 Timer 控件实现在页面中实时显示当前系统时间的功能。实例运行效果如图 13-10 所示。

图 13-10 使用 Timer 控件实时显示当前系统时间

程序开发步骤如下。

（1）新建一个网站，默认主页为 Default.aspx。

（2）在 Default.aspx 页面中添加一个 ScriptManager 控件，用于管理脚本；添加一个 UpdatePanel 控件，用于局部刷新。在 UpdatePanel 控件中添加一个 Label 控件，用于实时显示当前系统时间；添加一个 Timer 控件，设置 Timer 控件的 Interval 属性为 1000 毫秒（即 1 秒）。

（3）触发 Timer 控件的 Tick 事件，该事件中，获取当前系统时间，并显示在 Label 控件中。代码如下：

```
protected void Timer1_Tick(object sender, EventArgs e)
{
    Label1.Text = DateTime.Now.ToString();
}
```

13.3　AJAX Control Toolkit 工具包的使用

ASP.NET AJAX Control Toolkit（控件工具包）是基于 ASP.NET AJAX 基础之上构建的，提供了数十种 ASP.NET AJAX 控件，并且它是微软免费提供的一个资源，能轻松创建具有丰富客户端 AJAX 功能的页面。本节将对 AJAXControlToolkit 工具包的使用进行详细讲解。

13.3.1　安装 AJAX Control Toolkit 扩展控件工具包

本节将具体介绍下如何下载 AJAX Control Toolkit（控件工具包）并正确安装到 Visual Studio 的工具箱中。

安装 AJAX Control
Toolkit 扩展控件
工具包

1. 下载 ASP.NET AJAX Control Toolkit

下载 ASP.NET AJAX Control Toolkit 的地址为：http://www.codeplex.com/AjaxControlToolkit/Release/ProjectReleases.aspx（这里以下载 AjaxControlToolkit.Binary.NET4.zip 为例），在下载的文件目录中，包含一个名为 AjaxControlToolkit.dll 的组件，将该组件添加到 Visual Studio 开发环境的工具箱中，即可加载 AJAX Control Toolkit 工具包的控件。

2. 将 AjaxControlToolkit 控件添加到 Visual Studio 的工具箱

将 AjaxControlToolkit 控件添加到 Visual Studio 工具箱中的步骤如下。

（1）新建或打开一个 ASP.NET 网站，打开"工具箱"窗口，使用鼠标右键单击空白处并快捷菜单中选择"添加选项卡"命令，将选项卡命名为 Ajax Control Toolkit，然后鼠标右键单击该选项卡，在弹出的快捷菜单中选择"选择项"命令，如图 13-11 所示。

图 13-11　选择"选择项"命令

（2）打开"选择工具箱项"对话框，单击"浏览"按钮，查找到 AjaxControlToolkit.dll 组件的位置，单击"确定"按钮将控件添加到 Visual Studio 工具箱的 Ajax Control Toolkit 选项卡中，如图 13-12 所示。

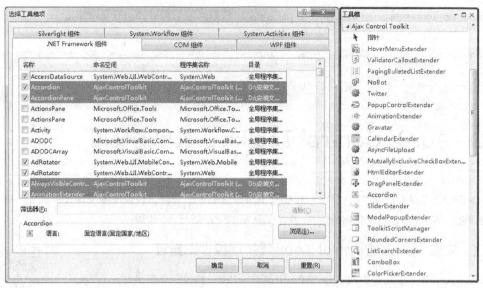

图 13-12　将 AjaxControlToolkit 控件添加到 Visual Studio 的工具箱中

13.3.2　PasswordStrength 控件

　　密码强度是保护个人信息的第一道防线，并智能提示用户所输入密码的安全级别。ASP.NET AJAX Control Toolkit 提供了附加在 TextBox 控件的一个密码强度控件 PasswordStrength，当用户在密码框中输入密码时，文本框的后面会有一个密码强度提示，这种提示有两种方式：文本信息和图形化的进度条，而当密码框失去焦点时，提示信息会自动消失。PasswordStrength 控件在工具箱中的图标如图 13-13 所示。

PasswordStrength
控件

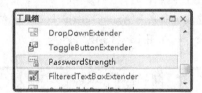

图 13-13　PasswordStrength 控件

　　PasswordStrength 控件的常用属性及说明如表 13-5 所示。

表 13-5　PasswordStrength 控件的常用属性及说明

属性	说明
TargetControlID	要检测密码的 TextBox 控件 ID
DisplayPosition	密码强度提示的信息的位置，如：DisplayPosition="RightSide|LeftSide| BelowLeft"
StrengthIndicatorType	强度信息提示方式，包括文本和进度条 StrengthIndicatorType="Text| BarIndicator"
PreferredPasswordLength	密码的长度
PrefixText	用文本方式时开头的文字 PrefixText="强度:"
TextCssClass	用文本方时文字的 CSS 样式
MinimumNumericCharacters	密码中最少要包含的数字数量

续表

属性	说明
MinimumSymbolCharacters	密码中最小要包含的符号数量（*，#）
RequiresUpperAndLowerCaseCharacters	是否需要区分大小写
TextStrengthDescriptions	文本方式时的文字提示信息 TextStrengthDescriptions="极弱;弱;中等;强;超强"
BarIndicatorCssClass	进度条的 CSS 样式
BarBorderCssClass	进度条边框的 CSS 样式
HelpStatusLabelID	帮助提示信息的 Lable 控件 ID
CalculationWeightings	密码组成部门所占的比重，其值的格式为"A；B；C；D"。其中 A 表示长度比重，B 表示数字的比重，C 表示大写的比重，D 表示特殊符号的比重。A、B、C、D 四个值的和必须为 100，默认值为"50；15；15；20"

【例 13-5】 本实例通过 PasswordStrength 控件分别使用文本和进度条两种方式显示用户密码的密码强度。实例运行效果如图 13-14 所示。

图 13-14　使用文本和进度条两种方式显示密码强度

程序开发步骤如下。

（1）新建一个网站，默认主页为 Default.aspx。

（2）在 Default.aspx 页面中添加一个 ScriptManager 控件，然后分别添加两个 TextBox 控件和两个 PasswordStrength 控件，分别用来显示文本密码强度和进度条密码强度。

（3）设置密码强度的文本信息样式及进度条样式的主要代码如下：

```
<style type="text/css">
    .textIndicator_1
    {
        background-color: Gray;
        color: White;
        font-family: 标楷体，楷体;
        font-style: italic;
        padding: 2px 3px 2px 3px;
        font-weight: bold;
    }
    ...                    //省略部分CSS样式
    .barborder_good
    {
        color: Green;
        background-color: Green;
```

```
        margin-top: 16px;
    }
</style>
```

（4）设置以文本信息显示密码强度的 PasswordStrength 控件的属性代码如下：

```
<asp:TextBox ID="txtText" runat="server" TextMode="Password"></asp:TextBox>
    <cc1:PasswordStrength ID="PasswordStrength1" runat="server" TargetControlID="txtText"
        MinimumNumericCharacters="1"
        MinimumSymbolCharacters="1"
        PrefixText="密码强度："
        TextStrengthDescriptions="很差;差;一般;好;很好" StrengthStyles="textIndicator_1;textIndicator_2;
textIndicator_3;textIndicator_4;textIndicator_5" >
    </cc1:PasswordStrength>
```

（5）设置以图形化进度条显示密码强度的 PasswordStrength 控件的属性代码如下：

```
<asp:TextBox ID="txtBar" runat="server"></asp:TextBox>
<cc1:PasswordStrength ID="PasswordStrength2" runat="server"
    BarBorderCssClass="barBorder" CalculationWeightings="40;20;20;20"
    DisplayPosition="BelowLeft" MinimumNumericCharacters="1"
    MinimumSymbolCharacters="2" PreferredPasswordLength="8"
    RequiresUpperAndLowerCaseCharacters="True" StrengthIndicatorType="BarIndicator"
    StrengthStyles="barborder_weak;barborder_average;barborder_good"
    TargetControlID="txtBar">
</cc1:PasswordStrength>
```

13.3.3 TextBoxWatermark 控件

TextBoxWatermark 扩展控件可以为 TextBox 服务器端控件添加水印效果。打开网页，在文本框内可以显示水印提示内容，当在文本框内单击鼠标时水印文字将立即消失，即变成空白文本框，用户随即可以输入数据。TextBoxWatermark 扩展控件在工具箱中的图标如图 13-15 所示。

TextBoxWatermark
控件

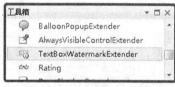

图 13-15　TextBoxWatermark
扩展控件

说明

使用 TextBoxWatermark 扩展控件时，在文本框中出现的水印文字只起到提示的作用，不会作为文本内容。

TextBoxWatermark 扩展控件的常用属性及说明如表 13-6 所示。

表 13-6　TextBoxWatermark 扩展控件的常用属性及说明

属性	说明
TargetControlID	目标 TextBox 控件 ID
WatermarkText	设置显示的水印文字
WatermarkCssClass	水印文字应用的 CssClass

【例 13-6】 本实例使用 TextBoxWatermark 扩展控件实现在文本框中显示水印提示的功能。运行程序，在网页上可以看到带有水印文字提示的文本框，如图 13-16 所示；当在文本框内单击鼠标时，水印文字消失，如图 13-17 所示。

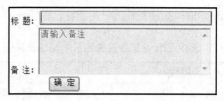

图 13-16　水印提示　　　　　　　　　　图 13-17　水印文字消失

程序开发步骤如下。

（1）新建一个网站，默认主页为 Default.aspx。

（2）在 Default.aspx 页面上，添加一个 ScriptManager 控件，用于管理脚本。添加两个 TextBox 控件，ID 分别为 TextBox1 和 TextBox2，设置 TextBox2 的 TextMode 属性为 MultiLine；设置这两个 TextBox 控件的 CssClass 属性均为 txt，BackColor 属性值为#daeeee。

（3）在 Default.aspx 页面的源视图下，添加两个 TextBoxWatermarkExtender 控件，以便为两个 TextBox 控件添加水印提示，分别设置其 TargetControlID 属性为 TextBox1、TextBox2，设置 WatermarkText 为 "请输入标题" "请输入备注"，WatermarkCssClas 属性均设置为 watermark。代码如下：

```
<cc1:TextBoxWatermarkExtender ID="TextBoxWatermarkExtender1" runat="server"
  TargetControlID="TextBox1"
  WatermarkText="请输入标题"
  WatermarkCssClass="watermark" >
</cc1:TextBoxWatermarkExtender>
<cc1:TextBoxWatermarkExtender ID="TextBoxWatermarkExtender2" runat="server"
  TargetControlID="TextBox2"
  WatermarkText="请输入备注"
  WatermarkCssClass="watermark" >
</cc1:TextBoxWatermarkExtender>
```

（4）在<head>标记内使用<style>标记定义 CSS 样式 txt 和 watermark，代码如下：

```
<style>
  .txt
  {
    border-style:solid;
    border-color:#666666;
    border-width:1px 2px 2px 1px;
    margin:2px;
  }
  .watermark
  {
    color:#666666;
  }
</style>
```

13.3.4　SlideShow 控件

SlideShow 扩展控件可以实现自动播放照片的功能，在制作电子相册等程序中对图片进行浏览时经常使用 SlideShow 扩展控件，比如大家熟悉的 QQ 相册功能。SlideShow 扩展控件在工具箱中的图标如图 13-18 所示。

SlideShow 控件

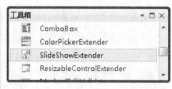

图 13-18　SlideShow 扩展控件

SlideShow 扩展控件的常用属性及说明如表 13-7 所示。

表 13-7   SlideShow 扩展控件的常用属性及说明

属性	说明
TargetControlID	目标 Image 服务器端控件 ID
AutoPlay	是否自动播放
Loop	是否循环播放
PreviousButtonID	"上一张" 按钮 ID
NextButtonID	"下一张" 按钮 ID
PlayButtonID	播放按钮 ID
PlayInterval	两张画面播放的时间间隔，单位为毫秒
PlayButtonText	播放时按钮显示的文本
StopButtonText	停止自动播放时按钮显示的文本
SlideShowServicePath	调用的 Web Service
SlideShowServiceMethod	指定 Web Service 中的方法
ContextKey	该值传递给 Web Service 中方法的 contextKey 参数
UseContexKey	是否启用 ContextKey 属性

【例 13-7】本实例使用 SlideShow 扩展控件实现以幻灯片形式播放商品图片的功能。运行程序，可以看到循环播放的 3 张图片，单击"停止播放"按钮，图片暂停播放，按钮的文本显示为"开始播放"；再次单击该按钮，可以恢复自动播放，按钮的文本显示为"停止播放"；单击"上一张"或"下一张"按钮可以按照指定顺序查看图片。实例运行效果如图 13-19 和图 13-20 所示。

图 13-19   自动播放

图 13-20   暂停播放

程序开发步骤如下。

（1）新建一个 ASP.NET 网站，默认主页为 Default.aspx。

（2）在 Default.aspx 页面上，添加一个 ScriptManager 控件，用于管理脚本；添加一个 Image 控件，用于显示图片，ID 为 Image1，设置其宽度和高度分别为 300px 和 200px；添加一个 Label 控件，用于显示图片的名称，ID 为 Label1；添加 3 个 Button 控件，ID 分别为 Button1、Button2 和 Button3，其文本分别设置为"上一张""开始播放"和"下一张"。

（3）该网站中添加一个 Web 服务，命名为 Photo_Service.asmx，打开 Web 服务的 Photo_Service.cs 文件（该文件自动存储在 App_Code 文件夹），自定义一个 GetSlide 方法，用来以幻灯片形式播放照片，该方法使用[System.Web.Script.Services.ScriptService]属性进行修饰。代码如下：

```
using System;
using System.Collections;
using System.Linq;
using System.Web;
using System.Web.Services;
using System.Web.Services.Protocols;
using System.Xml.Linq;
/// <summary>
///Photo_Service 的摘要说明
/// </summary>
[WebService(Namespace = "http://tempuri.org/")]
[WebServiceBinding(ConformsTo = WsiProfiles.BasicProfile1_1)]
//若要允许使用 ASP.NET AJAX 从脚本中调用此 Web 服务，请取消对下行的注释。
//[System.Web.Script.Services.ScriptService]
public class Photo_Service : System.Web.Services.WebService {
    public Photo_Service () {
        //如果使用设计的组件，请取消注释以下行
        //InitializeComponent();
    }
    [WebMethod]
    //public string HelloWorld() {
    //    return "Hello World";
    //}
    public AjaxControlToolkit.Slide[] GetSlide()
    {
        //定义幻灯片数组
        AjaxControlToolkit.Slide[] photos = new AjaxControlToolkit.Slide[3];
        //定义幻灯片对象
        AjaxControlToolkit.Slide photo = new AjaxControlToolkit.Slide();
        //以下分别定义3个幻灯片，其中包含图片路径、图片名称、图片描述，然后将其分别添加到photos
        photo = new AjaxControlToolkit.Slide("Images/1.jpg", "编程词典1", "图片1");
        photos[0] = photo;
        photo = new AjaxControlToolkit.Slide("Images/2.jpg", "编程词典2", "图片2");
        photos[1] = photo;
        photo = new AjaxControlToolkit.Slide("Images/3.jpg", "编程词典3", "图片3");
        photos[2] = photo;
        return photos;
    }
}
```

（4）在 Default.aspx 页面中添加一个 SlideShowExtender 控件，并将其 SlideShowServicePath 属性设置创建的 Web 服务，SlideShowServiceMethod 属性设置为 Web 服务中自定义的方法 GetSlide。代码如下：

```
<cc1:SlideShowExtender ID="SlideShowExtender1" runat="server"
    TargetControlID="Image1"
    AutoPlay="true"
    ImageTitleLabelID="Label1"
```

```
            Loop="true"
            NextButtonID="Button3"
            PreviousButtonID="Button1"
            PlayButtonID="Button2"
            PlayInterval="3000"
            PlayButtonText="开始播放"
            StopButtonText="停止播放"
            SlideShowServicePath="Photo_Service.asmx"
            SlideShowServiceMethod="GetSlide" >
</cc1:SlideShowExtender>
```

小 结

　　本章主要对 AJAX 技术进行了详细讲解，具体讲解时，首先介绍了一下它的开发模式、优点及架构；然后重点讲解了 ASP.NET AJAX 服务器端控件的使用，并使用这些控件制作了一个无刷新聊天室；最后通过具体的实例讲解了 AJAXControlToolkit 工具包中几种重要控件的使用。AJAX 技术是 ASP.NET 网站开发中非常重要的一种技术，它可以带给用户更好的客户端体验，因此，读者一定要熟练掌握本章所讲解的内容，并能够在实际网站开发中使用这些技术。

上机指导

　　通过网上聊天室有助于提高网站的访问量，聊天室是一个聚集社区成员、召开网络会议的理想场所。随着计算机网络的不断进步，聊天室对大家来说已经不再陌生，本节将使用 AJAX 技术开发一个异步刷新的聊天室。实例运行结果如图 13-21 所示。

上机指导

图 13-21　AJAX 开发的聊天室

程序开发步骤如下。

（1）新建一个 ASP.NET 网站，命名为 Chat，默认主页为 Default.aspx，该页作为聊天室主页。

（2）在 Default.aspx 页面中添加一个 ScriptManager 控件，用来管理页面中的 AJAX 引擎；添加一个 UpdatePanel 控件，用来控制局部刷新；在 UpdatePanel 控件内部添加 3 个 DropDownList 控件、一个 TextBox 和一个 Button 控件，其中，3 个 DropDownList 控件分别用来选择名称符号、名称颜色和字体颜色，TextBox 控件用来输入要发送的内容，Button 控件用来执行发送聊天信息操作。

（3）添加一个 Web 窗体，命名为 MsgContent.aspx，用于显示聊天信息内容。

（4）在 MsgContent.aspx 页面中添加一个 ScriptManager 控件和一个 UpdatePanel 控件，ScriptManager 控件用于管理页面中的 AJAX 引擎，UpdatePanel 控件用于实现局部更新，以便实时获取最新的聊天信息；在 UpdatePanel 控件中添加一个 Timer 控件，并且设置其 Interval 属性为 2000 毫秒（即 2 秒），用于每 2 秒种获取一次聊天信息；添加两个 Label 控件，分别用来显示当前在线人数和聊天信息。

（5）在 Default.aspx 页面中添加一个 Iframe 标记，用于引入 MsgContent.aspx 页面，代码如下：

```
<iframe id="msgFrame" width="100%" style="HEIGHT: 440px; VISIBILITY: inherit; Z-INDEX: 1; border-style:groove" src="MsgContent.aspx" scrolling="no" bordercolor=green frameborder="0">
</iframe>
```

（6）创建一个"全局应用程序类"Global.asax 文件，在其 Application_Start 事件中初始化 Application 变量，代码如下：

```
void Application_Start(object sender, EventArgs e)
{
    // 在应用程序启动时运行的代码
    Application["count"] = 0;
}
```

（7）在 Global.asax 文件的 Session_Start 事件中，首先使用一个 Application 变量记录哪个用户进入了聊天室，然后使 Application["Count"]的变量值累加 1，即表示在线人数增加 1 个。代码如下：

```
void Session_Start(object sender, EventArgs e)
{
    // 在新会话启动时运行的代码
    Application.Lock();
    Application.Set("Msg", "" + Application["Msg"] + "<br><font color='#666666' size=2>≮ 欢迎 " + Request.UserHostName + " 进入聊天室>≯</</font>");
    Application["count"] = int.Parse(Application["count"].ToString()) + 1;
    Application.UnLock();
}
```

（8）在 Global.asax 文件的 Session_End 事件中使 Application["Count"]变量值减 1，即表示在线人数减少 1 个，然后移除当前用户。代码如下：

```
void Session_End(object sender, EventArgs e)
{
    // 在会话结束时运行的代码。
    // 注意：只有在 Web.config 文件中的 sessionstate 模式设置为
    // InProc 时，才会引发 Session_End 事件。如果会话模式设置为 StateServer
    // 或 SQLServer，则不会引发该事件。
```

```
        Application.Lock();
        Application["count"] = int.Parse(Application["count"].ToString()) - 1;
        Application.UnLock();
        Application.Lock();
        Application.Set("Msg", "" + Application["Msg"] + "<br><font color='#666666' size=2>《" +
Session["name"].ToString() + " 离开了聊天室>》</</font>");
        Application.UnLock();
    }
```

（9）在 Default.aspx.cs 中编写代码，获取上线用户 IP 地址和发送聊天信息。代码如下：

```
protected void Page_Load(object sender, EventArgs e)
{
    Session["name"] = Request.UserHostName;//存储上线人信息
}
protected void Button1_Click(object sender, EventArgs e)
{
    //发送聊天信息
    Application.Set("Msg", Application["Msg"] + "<br> <font color=" + ddlName.Text + "
size='2px'> " + ddlSign.Text + Request.UserHostName + ddlSign.Text + " 说:</font> <font color=" +
ddlContent.Text + " size='2px'>" + TextBox1.Text + " </font><font size='2px'> 「" + DateTime.Now.
ToString() + "」</font>");
}
```

（10）在 MsgContent.aspx.cs 中编写代码，定时获取聊天信息。代码如下：

```
protected void Timer1_Tick(object sender, EventArgs e)
{
    try
    {
        lblMsg.Text = Application["Msg"].ToString();
        lblcount.Text = "聊天室在线人数:    " + Application["count"].ToString() + "人郑重声明：禁
止发送一些不健康话题，否则后果自负！ ";
    }
    catch (Exception ex)
    {
        throw new Exception(ex.Message, ex);
    }
}
```

习 题

13-1 简述 AJAX 的开发模式。

13-2 简述使用 AJAX 的网站有什么好处。

13-3 如何在 AJAX 网站中引入 JavaScript 脚本？

13-4 如何在 AJAX 网站中引入 Web Service 服务？

13-5 AJAX 网站中为什么必须包括 ScriptManager 控件？

13-6 简单描述 UpdatePanel 控件的用处。

13-7 如何下载并且安装 AJAX Control Toolkit 工具包？

13-8 列举 3 种 AJAX Control Toolkit 工具包的控件，并简单说明它们的作用。

PART14

第14章

Web服务和WCF服务

本章要点：

- Web服务和WCF服务的基本概念
- Web服务文件和代码隐藏文件
- Web服务的创建及调用
- WCF服务的创建及调用

■ Web Service 是一种新的 Web 应用程序分支，是自包含、自描述和模块化的应用，可以发布、定位和通过 Web 调用；而 WCF 服务是一种新的应用程序框架，它整合了.NET 中原有的 Remoting、WebService 和 Socket 等机制，并融合了 HTTP 和 FTP 的相关技术。本章将分别对 Web 服务和 WCF 服务的创建和调用进行讲解。

14.1 Web 服务

Web Service 即 Web 服务。所谓服务就是系统提供一组接口，用户可通过接口使用系统提供的功能。与在 Windows 系统中应用程序通过 API 接口函数使用系统提供的服务一样，在 Web 站点之间，如果想要使用其他站点的资源，就需要其他站点提供服务，这个服务就是 Web 服务。Web 服务就像是一个资源共享站，Web 站点可以在一个或多个资源站上获取信息来实现系统功能。本节将对 Web 服务进行讲解。

14.1.1 Web 服务概述

Web 服务是建立可互操作的分布式应用程序的新平台，它是一套标准，定义了应用程序如何在 Web 上实现互操作。在这个新的平台上，开发人员可以使用任何语言，还可以在任何操作系统平台上进行编程，只要保证遵循 Web 服务标准，就能够对服务进行查询和访问。Web 服务的服务器端和客户端都要支持行业标准协议 HTTP、SOAP 和 XML。

Web 服务概述

Web 服务中表示数据和交换数据的基本格式是可扩展标记语言（XML）。Web 服务以 XML 作为基本的数据通信方式，来消除使用不同组件模型、操作系统和编程语言的系统之间存在的差异。开发人员可以使用同使用组件创建分布式应用程序一样的方法，创建不同来源的 Web 服务所组合在一起的应用程序。

在 ASP.NET 中创建一个 Web 服务与创建一个网页相似，但是 Web 服务没有用户界面，也没有可视化组件，并且 Web 服务仅包含方法。Web 服务可以在一个扩展名为.asmx 的文件中编写代码，也可以放在代码隐藏文件中。

在 Visual Studio 2015 中，.asmx 文件的隐藏文件创建在 App_Code 目录下。

14.1.2 Web 服务文件

在 Web 服务文件中包括一个 WebService 指令，该指令在所有 Web 服务中都是必需的。其代码如下：

```
<%@ WebService Language="C#" CodeBehind="~/App_Code/Service.cs" Class="Service"%>
```

Web 服务文件

- ❑ Language 属性：指定在 Web Service 中使用的语言。可以为.NET 支持的任何语言，包括 C#、Visual Basic 和 JScript。该属性是可选的，如果没有设置该属性，编译器将根据类文件使用的扩展名推导出所使用的语言。
- ❑ Class 属性：指定实现 Web Service 的类名，该服务在更改后第一次访问 Web Service 时被自动编译。该值可以是任何有效的类名。该属性指定的类可以存储在单独的代码隐藏文件中，也可以存储在与 Web Service 指令相同的文件中。该属性是 Web Service 必需的。
- ❑ CodeBehind 属性：指定 Web Service 类的源文件的名称。
- ❑ Debug 属性：指示是否使用调试方式编译 Web Service。如果启用调试方式编译 Web Service，Debug 属性则为 true；否则为 false。默认为 false。在 Visual Studio 2015 中，Debug 属性是由 Web.config 文件中的一个输入值决定的，所以开发 Web Service 时，该属性会被忽略。

14.1.3 Web 服务代码隐藏文件

Web 服务代码隐藏文件

在代码隐藏文件中包含一个类，它是根据 Web 服务的文件名命名的，这个类有两个特性标签，即 Web Service 和 Web Service Binding。在该类中还有一个名为 Hello World 的模板方法，它将返回一个字符串。这个方法使用 Web Method 特性修饰，该特性表示方法对于 Web 服务使用程序可用。

1. Web Service 特性

对于将要发布和执行的 Web 服务来说，Web Service 特性是可选的。可以使用 Web Service 特性为 Web 服务指定不受公共语言运行库标识符规则限制的名称。

Web 服务在成为公共服务之前，应该更改其默认的 XML 命名空间。每个 XML Web Service 都需要唯一的 XML 命名空间来标识它，以便客户端应用程序能够将它与网络上的其他服务区分开来。http://tempuri.org/可用于正在开发中的 Web 服务，已发布的 Web 服务应该使用更具永久性的命名空间。例如，可以将公司的 Internet 域名作为 XML 命名空间的一部分。虽然很多 Web 服务的 XML 命名空间与 URL 很相似，但是，它们无须指向 Web 上的某一实际资源（Web 服务的 XML 命名空间是 URI）。

 说明 对于使用 ASP.NET 创建的 Web 服务，可以使用 Namespace 属性更改默认的 XML 命名空间。

例如，将 Web Service 特性的 XML 命名空间设置为 http://www.microsoft.com，代码如下：

```
using System;
using System.Linq;
using System.Web;
using System.Web.Services;
using System.Web.Services.Protocols;
using System.Xml.Linq;
[WebService(Namespace = "http:// microsoft. com /")]
[WebService(Namespace = "http://contoso.org/")]
[WebServiceBinding(ConformsTo = WsiProfiles.BasicProfile1_1)]
//若要允许使用 ASP.NET Ajax 从脚本中调用此 Web 服务，请取消对下行的注释
//[System.Web.Script.Services.ScriptService]
public class Service : System.Web.Services.WebService
{
    public Service () {
        //如果使用设计的组件，请取消注释以下行
        //InitializeComponent();
    }
    [WebMethod]
    public string HelloWorld() {
        return "Hello World";
    }
}
```

2. Web Service Binding 特性

按 Web 服务描述语言（WSDL）的定义，绑定类似于一个接口，原因是它定义一组具体的操作。每个 Web Service 方法都是特定绑定中的一项操作。Web Service 方法是 Web Service 的默认绑定的成员，或者是在应用于实现 Web Service 类的 Web Service Binding 特性中指定的绑定成员。Web 服务可以通过将多个 Web Service Binding 特性应用于 Web Service 来实现多个绑定。

 在解决方案中添加 Web 引用后，将自动生成.wsdl 文件。

3. Web Method 特性

Web Service 类包含一个或多个可在 Web 服务中公开的公共方法，这些 Web Service 方法以

Web Method 特性开头。使用 ASP.NET 创建的 Web 服务中的某个方法添加此 Web Method 特性后，就可以从远程 Web 客户端调用该方法。

Web Method 特性包括一些属性，这些属性可以用于设置特定 Web 方法的行为。语法如下：

[WebMethod(PropertyName=value)]

Web Method 特性提供以下属性。

（1）Buffer Response 属性

Buffer Response 属性启用对 Web Service 方法响应的缓冲。当设置为 true 时，ASP.NET 在将响应从服务器向客户端发送之前，对整个响应进行缓冲。当设置为 false 时，ASP.NET 以 16KB 的块区缓冲响应。默认值为 true。

（2）Cache Duration 属性

Cache Duration 属性启用对 Web Service 方法结果的缓存。ASP.NET 将缓存每个唯一参数集的结果。该属性的值指定 ASP.NET 应该对结果进行多少秒的缓存处理。值为 0，则禁用对结果进行缓存。默认值为 0。

（3）Description 属性

Description 属性提供 Web Service 方法的说明字符串。当在浏览器上测试 Web 服务时，该说明将显示在 Web 服务帮助页上。默认值为空字符串。

（4）Enable Session 属性

Enable Session 属性设置为 true，启用 Web Service 方法的会话状态。一旦启用，Web Service 就可以从 HttpContext.Current.Session 中直接访问会话状态集合，如果它是从 Web Service 基类继承的，则可以使用 Web Service.Session 属性来访问会话状态集合。默认值为 false。

（5）Message Name 属性

Message Name 属性使 Web 服务能够唯一确定使用别名的重载方法。默认值是方法名称。当指定 Message Name 时，结果 SOAP 消息将反映该名称，而不是实际的方法名称。

14.1.4 创建 Web 服务

下面通过一个示例具体介绍如何创建 Web 服务。

【例 14-1】 创建一个获取图书信息的 Web 服务。

创建 Web 服务

程序开发步骤如下。

（1）打开 Visual Studio 2015 开发环境，选中网站项目，单击右键，在弹出的快捷菜单中选择"添加新项"选项，弹出"添加新项"对话框，在该对话框中选择"Web 服务"，如图 14-1 所示。

图 14-1 新建 ASP.NET Web 服务

（2）单击"添加"按钮，将显示如图 14-2 所示的页面。

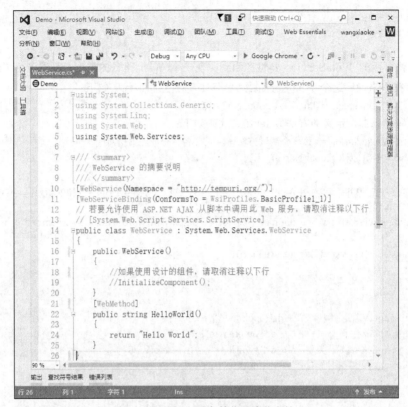

图 14-2　Web 服务的代码隐藏文件

该页为 Web 服务的代码隐藏文件，它包含了自动生成的一个类，并生成一个名为 Hello World 的模板方法，它将返回一个字符串。代码如下：

```
using System;
using System.Collections.Generic;
using System.Linq;
using System.Web;
using System.Web.Services;
/// <summary>
/// WebService 的摘要说明
/// </summary>
[WebService(Namespace = "http://tempuri.org/")]
[WebServiceBinding(ConformsTo = WsiProfiles.BasicProfile1_1)]
// 若要允许使用 ASP.NET AJAX 从脚本中调用此 Web 服务，请取消注释以下行
// [System.Web.Script.Services.ScriptService]
public class WebService : System.Web.Services.WebService
{
    public WebService()
    {
        //如果使用设计的组件，请取消注释以下行
        //InitializeComponent();
    }
    [WebMethod]
```

```
public string HelloWorld()
{
    return "Hello World";
}
}
```

（3）通过将可用的 Web Service 特性应用到实现一个 Web 服务的类上，开发者可以使用一个描述 Web 服务的字符串来设置这个 Web 服务的默认 XML 命名空间，代码如下：

```
[WebService(Namespace = "http://tempuri.org/")]
```

（4）在代码中添加自定义的方法 Select()，代码如下：

```
[WebMethod(Description = "第一个测试方法，输入书名，获取图书信息")]
public string Select(string bookName)
{
    SqlConnection conn = new SqlConnection("server=(local);uid=sa;pwd=;database=db_LibraryMS");
    conn.Open();
    SqlCommand cmd = new SqlCommand("select * from tb_bookinfo where bookname='" + bookName + "'",
conn);
    SqlDataReader dr = cmd.ExecuteReader();
    string txtMessage = "";
    if (dr.Read())
    {
        txtMessage = "图书编号：" + dr["bookcode"] + "，  ";
        txtMessage += "图书名称：" + dr["bookname"] + "，  ";
        txtMessage += "图书类别：" + dr["type"] + "，  ";
        txtMessage += "图书作者：" + dr["author"] + "。 ";
    }
    else
    {
        if (String.IsNullOrEmpty(bookName))
        {
            txtMessage = "<Font Color='Blue'>请输入书名</Font>";
        }
        else
        {
            txtMessage = "<Font Color='Red'>查无此图书！</Font>";
        }
    }
    cmd.Dispose();
    dr.Dispose();
    conn.Dispose();
    return txtMessage;   //返回图书信息
}
```

 说明 运行以上代码，需要引入命名空间 System.Data.SqlClient。

（5）在"生成"菜单中选择"生成网站"命令，生成 Web 服务。

（6）为了测试生成的 Web 服务，直接单击 ▶ 按钮，将显示 Web 服务帮助页面，如图 14-3 所示。

（7）在图 14-3 中看到的 Web 服务包含了两个方法，一个是 HelloWorld 模板方法，另外一个为自定义的 Select 查询方法。单击 Select 超链接将显示它的测试页面，如图 14-4 所示。

图 14-3　Web 服务帮助页面　　　　　图 14-4　Select 方法的测试页面

（8）在测试页中输入要查询的图书名称，单击"调用"按钮即可调用 Web 服务的相应方法并显示方法的返回结果，如图 14-5 所示。

图 14-5　Select 方法返回的结果页面

从上面的测试结果可以看出，Web 服务的方法的返回结果是使用 XML 进行编码的。

14.1.5　调用 Web 服务

调用 Web 服务

创建完 Web 服务，并对 Internet 上的使用者开放时，开发人员应该创建一个客户端应用程序来查找 Web 服务，发现哪些方法可用，还要创建客户端代理，并将代理合并到客户端中。这样，客户端就可以如同实现本地调用一样使用 Web 服务远程。实际上，客户端应用程序通过代理实现本地方法调用，就好像它通过 Internet 直接调用 Web 服务是一样的。

下面将演示如何创建一个 Web 应用程序来调用 Web 服务。该示例将调用【例 14-1】中创建的 Web 服务。

【例 14-2】　本实例介绍如何使用已存在的 Web 服务。实例运行效果如图 14-6 所示。

图 14-6　使用 Web 服务

程序开发步骤如下。

（1）在【例 14-1】的项目中添加一个 Web 窗体，命名为 Default.aspx。

（2）在 Default.aspx 页面上添加一个 TextBox 控件、一个 Button 控件和一个 Label 控件，分别用来输入姓名、执行查询操作和显示查询到的信息。

（3）在"解决方案资源管理器"中，右击项目，在弹出的快捷菜单中选择"添加服务引用"选项，弹出"添加服务引用"对话框，如图 14-7 所示。

图 14-7 "添加服务引用"对话框

用户也可以通过该对话框查找本解决方案中的服务（单击"发现"按钮）查找本地计算机上或者网络上的服务。

这里是以"调用服务"的形式来"调用 Web 服务"。在 Visual Studio 2015 中，使用"调用服务"取代了以前的"调用 Web 服务"。当然，如果还需要"调用 Web 服务"，可以单击"添加服务引用"对话框中的"高级"按钮，在弹出的对话框中单击"添加 Web 引用"按钮，也可以弹出"添加 Web 引用"对话框，如图 14-8 所示。

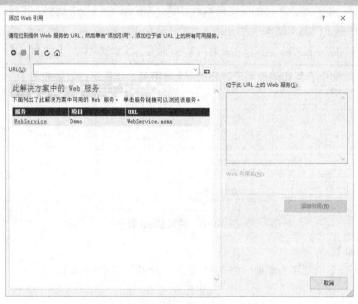

图 14-8 "添加 Web 引用"对话框

（4）单击图14-7中的"确定"按钮，将在"解决方案资源管理器"中添加一个名为App_WebReferences的目录，在该目录中将显示添加的ServiceReference1服务，如图14-9所示。

添加完服务引用后，将在Web.config文件中添加一个<system.serviceModel>节，代码如下：

```
<system.serviceModel>
    <bindings>
        <basicHttpBinding>
            <binding name="WebServiceSoap" />
        </basicHttpBinding>
    </bindings>
    <client>
        <endpoint address="http://localhost:50017/WebService.asmx"
            binding="basicHttpBinding" bindingConfiguration="WebServiceSoap"
            contract="ServiceReference1.WebServiceSoap" name="WebServiceSoap" />
    </client>
</system.serviceModel>
```

图14-9　添加的Web服务

此时，就可以访问添加的服务了，这就如同它是一个本地计算机上的类。

（5）在Default.aspx页的"查询"按钮控件的Click事件中，通过使用服务对象，调用其中的Select方法查询图书信息，代码如下：

```
protected void Button1_Click(object sender, EventArgs e)
{
    ServiceReference1.WebServiceSoapClient service = new ServiceReference1.WebServiceSoapClient();
                                                        //创建服务客户端协议对象
    string strMessage = service.Select(TextBox1.Text);  //调用服务的Select方法
    string[] strMessages = strMessage.Split(new Char[] { ',' });  //分割字符串
    Label1.Text = "详细信息：</br>";
    foreach (string str in strMessages)                 //遍历字符串数组
    {
        Label1.Text += str + "</br>";                   //将字符串数组中的信息分行显示
    }
}
```

14.2　WCF服务

WCF全称为Windows Communication Foundation，它是由微软公司开发的一系列支持数据通信的应用程序框架，其整合了.NET中原有的Remoting、WebService和Socket等机制，并融合了HTTP和FTP的相关技术，是Windows平台上开发分布式应用最佳的实践方式。

14.2.1　WCF服务概述

WCF不依赖于任何传输协议，它支持HTTP、HTTPS、TCP/IP、UDP等多种通信协议。WCF是一种面向服务的程序框架，由于它只是提供了一个运行时环境，因此其必须托管在宿主程序（ASP.NET、WinForm、WPF等）中。

WCF服务概述

> **说明** 使用 WCF 服务时，需要使用 using 添加 System.ServiceModel 命名空间。

14.2.2 建立 WCF 服务

下面通过一个示例具体介绍如何创建 WCF 服务。

建立 WCF 服务

【例 14-3】 创建一个获取图书信息的 WCF 服务。

程序开发步骤如下。

（1）打开 Visual Studio 2015 开发环境，选中网站项目，单击右键，在弹出的快捷菜单中选择"添加新项"选项，弹出"添加新项"对话框，在该对话框中选择"WCF 服务"，如图 14-10 所示。

图 14-10　新建 WCF 服务

（2）单击"添加"按钮，即可创建一个名称为 Service.svc 的 WCF 服务，并且，程序会自动在 App_Code 文件夹中生成一个 IService.cs 文件和一个 Service.cs 文件，其中，IService.cs 文件用来定义接口，而 Service.cs 文件用来实现服务逻辑处理。如图 14-11 所示。

IService.cs 文件的默认代码如下：

图 14-11　创建 WCF 服务自动生成的文件

```
using System;
using System.Collections.Generic;
using System.Linq;
using System.Runtime.Serialization;
using System.ServiceModel;
using System.Text;
// 注意：使用"重构"菜单上的"重命名"命令，可以同时更改代码和配置文件中的接口名"IService"。
[ServiceContract]
public interface IService
{
    [OperationContract]
    void DoWork();
}
```

在 IService.cs 文件中有两个属性，分别是[ServiceContract]和[OperationContract]。其中，[ServiceContract]用在类或者结构上，用来表示该类或者结构能够被远程调用；而 [OperationContract]用在方法上，用来表示该方法可以被远程调用。

Service.cs 文件的默认代码如下：

```
using System;
using System.Collections.Generic;
using System.Linq;
using System.Runtime.Serialization;
using System.ServiceModel;
using System.Text;
using System.Data.SqlClient;
// 注意：使用"重构"菜单上的"重命名"命令，可以同时更改代码、svc 和配置文件中的类名"Service"。
public class Service : IService
{
    public void DoWork()
    {
    }
}
```

（3）在 IService.cs 中定义一个接口方法 Select，用来获取图书信息，代码如下：

```
[OperationContract]
string Select(string bookName);
```

（4）在 Service.cs 文件中实现上面接口中定义的 Select 方法，该方法的实现代码请参见【例 14-1】的步骤（4）。

（5）单击 Visual Studio 2015 开发工具栏中的"开始调试"图标按钮，效果如图 14-12 所示，单击左侧的 Select()，在右侧的"值"位置输入要查询的图书名称，单击"调用"按钮，即可测试 WCF 服务中定义的 Select 方法。

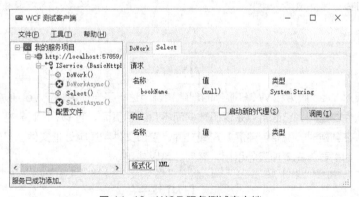

图 14-12　WCF 服务测试客户端

14.2.3　调用 WCF 服务

下面将演示如何创建一个 Web 应用程序来调用 WCF 服务。该示例将调用【例 14-3】中创建的 Web 服务。

调用 WCF 服务

【例 14-4】 本实例将介绍如何使用已存在的 WCF 服务。实例运行效果与【例 14-2】的运行效果一样，详情参见图 14-6。

程序开发步骤如下。

（1）在【例 14-3】的项目中添加一个 Web 窗体，命名为 Default.aspx。

（2）在 Default.aspx 页面上添加一个 TextBox 控件、一个 Button 控件和一个 Label 控件，分别用来输入姓名、执行查询操作和显示查询到的信息。

（3）添加 WCF 服务，具体步骤与添加 Web 服务的步骤类似，只是需要选择 WCF 服务文件（此处为 Service.svc）。

（4）添加完 WCF 服务后，将在"解决方案资源管理器"中添加一个名为 App_WebReferences 的目录，在该目录中将显示添加的 ServiceReference1 服务，添加完服务引用后，将在 Web.config 文件中的 <system.serviceModel> 节下添加一个 "<Client>" 节点，代码如下：

```
<client>
    <endpoint address=http://localhost:57859/Service.svc binding="basicHttpBinding" bindingConfiguration=
"BasicHttpBinding_IService"
        contract="ServiceReference1.IService"   name="BasicHttpBinding_IService" />
 </client>
```

（5）在 Default.aspx 页的"查询"按钮控件的 Click 事件中，通过创建 WCF 服务端对象，调用其中的 Select 方法查询图书信息，代码如下：

```
protected void Button1_Click(object sender, EventArgs e)
{
    //创建WCF服务端对象
    ServiceReference1.ServiceClient client = new ServiceReference1.ServiceClient();
    string strMessage = client.Select(TextBox1.Text);   //调用WCF服务的Select方法
    string[] strMessages = strMessage.Split(new Char[] { ',' });      //分割字符串
    Label1.Text = "详细信息：</br>";
    foreach (string str in strMessages)                          //遍历字符串数组
    {
        Label1.Text += str + "</br>";                     //将字符串数组中的信息分行显示
    }
}
```

小 结

本章主要对 Web 服务和 WCF 服务的创建和调用进行了详细讲解，Web 服务可以实现数据的重用和软件的重用，它的特点是返回数据而不是返回页面；而 WCF 服务是一种面向服务的程序框架，在创建时，需要创建服务定义文件、接口文件和逻辑处理文件。另外，在使用这两种服务时，都需要首先添加服务引用，然后才可以使用。

上机指导

使用本章所学知识实现利用 Web Service 来实时获取天气预报的功能。运行程序，通过选择省份及相应的城市来获取该城市的天气预报信息，效果如图 14-13 所示。

程序开发步骤如下。

（1）新建一个网站，将其命名为 WeatherForecast，默认主页为

上机指导

Default.aspx。

图 14-13　利用 Web Service 获取天气预报

（2）在 Default.aspx 页面中添加一个 Table 表格、两个 DropDowList 控件和一个 Button 控件，分别用来布局页面、选择省份及相应的城市和获取该城市天气预报信息。

（3）使用鼠标右键单击该解决方案，在弹出的快捷菜单中选择"添加服务引用"命令，在弹出的对话框的 URL 地址中输入 Web Service 的服务地址：http://ws.webxml.com.cn/WebServices/WeatherWS.asmx，然后单击"添加"按钮。

（4）在 Default.aspx 页面的 cs 代码页中实例化一个 Web Service 服务对象，代码如下：

```
cn.com.webxml.ws.WeatherWS weather = new cn.com.webxml.ws.WeatherWS();
```

（5）自定义一个 BindPro() 方法来绑定所要查询的省份信息，代码如下：

```
protected void BindPro()
{
    string [] pro= weather.getRegionProvince();    //通过Web服务获取省份
    for (int i = 1; i < pro.Length; i++)           //遍历获取到的省份
    {
        string[] pros = pro[i].Split(',');          //对省份字符串进行截取
        //将省份显示在下拉列表中
        DropDownList1.Items.Add(new ListItem (pros[0].ToString (), pros[1].ToString()));
    }
}
```

（6）自定义一个 BindCity() 方法来绑定所要查询的相应省份的城市信息，代码如下：

```
protected void BindCity()
{
    DropDownList2.Items.Clear();
    //通过Web服务获取城市
    string[] city = weather.getSupportCityString(DropDownList1 .SelectedValue);
    for (int i = 1; i < city.Length; i++)          //遍历获取到的城市
    {
        string[] citys = city[i].Split(',');        //对城市字符串进行截取
        //将城市显示在下拉列表中
        DropDownList2.Items.Add(new ListItem(citys[0].ToString(), citys[1].ToString()));
    }
}
```

（7）自定义一个 BindWeather() 方法来绑定所查询的省份及城市相应的天气预报信息，代码如下：

```
protected void BindWeather()
{
    string[] mystr = weather.getWeather(DropDownList2.SelectedValue, "9f13cf7b4d384492b
440339d476abc78");                                //获取指定城市的天气
```

```
        try
        {
            Label1.Text = mystr[0];                          //显示城市
            Label2.Text = mystr[7];                          //显示当天天气
            Label3.Text = mystr[8] + "   " + mystr[9];       //显示气温及风力
            Image1.ImageUrl = @"weather\" + mystr[10] + "";  //显示天气图片
            Label4.Text = mystr[5];                          //显示紫外线
            Label5.Text = mystr[6];                          //显示各种指数
        }
        catch
        {
            Response.Write("<script>alert('请确认您的用户ID是否正确');</script>");
        }
    }
```

（8）在页面 Page_Load 事件中调用自定义方法，分别用来绑定 Web Service 服务中的省份、城市，代码如下：

```
protected void Page_Load(object sender, EventArgs e)
{
    if (!Page.IsPostBack)
    {
        BindPro();                                //绑定省份
        BindCity();                               //绑定城市
    }
}
```

（9）触发"获取"按钮的 Click 事件，该事件中调用 BindWeather 方法实现根据指定城市获取其天气的功能，代码如下：

```
protected void Button1_Click(object sender, EventArgs e)
{
    BindWeather();                                //显示指定城市的天气
}
```

习 题

14-1　简述 Web 服务的基本概念。

14-2　Web 服务中使用哪种语言来表示数据和交换数据的基本格式？

14-3　使用哪个属性可以指定 Web Service 使用的语言？

14-4　如果要使一个方法成为 Web 服务方法，需要为该方法进行哪些设置？

14-5　举例说明如何在 ASP.NET 网站中调用 Web 服务。

14-6　简述 Web 服务和 WCF 服务的区别。

第15章

ASP.NET MVC编程

本章要点:

- 了解MVC
- 熟悉ASP.NET MVC机制
- 掌握Model、View、Controller的用途
- 学会如何配置路由
- Entity Framework db fist的使用
- 学习创建一个完整的基本MVC项目案例

■ 在学习本章之前,读者应具备了Web 应用程序基础的开发水平。本章将使用 C#做为后台开发语言,这部分与 WebForms 相同,同时读者也将会学习到Razor这种官方的视图引擎带来的好处。在学习本章后,读者按照配套资源中的源码资源可以随时扩展自己的业务想法,试着完成这个"博研图书馆管理系统"后续开发,并熟练掌握 ASP.NET MVC 技术。

15.1 MVC 概述

MVC（Model-View-Contoller）架构模式将应用程序分为 3 个主要的组件——模型、视图和控制器。ASP.NET MVC 同 ASP.NET WebForms 一样也是基于 ASP.NET 框架的。ASP.NET MVC 框架是一套成熟的、高度可测试的表现层框架，它被定义在 System.Web.Mvc 命名空间中。ASP.NET 并没有取代 WebForms，所以开发一套 Web 应用程序时，在决定使用 MVC 框架或 WebForms 前，需要权衡每种模式的优势。

15.1.1 MVC 简介

MVC 简介

MVC 是一种软件架构模式，模式分为 3 个部分：模型（Model）、视图（View）和控制器（Controller），MVC 模式最早是由 Trygve Reenskaug 在 1974 年提出的，其特点是松耦合度、关注点分离、易扩展和维护，使前端开发人员和后端开发人员充分分离，不会相互影响工作内容与工作进度。而 ASP.NET MVC 是微软在 2007 年开始设计并于 2009 年 3 月发布的 Web 开发框架，从 1.0 版开始到现在的 5.0 版本，经历了 5 个主要版本改进与优化，采用 ASPX 和 Razor 这两种内置视图引擎，也可以使用其他第三方或自定义视图引擎，通过强类型的数据交互使开发变得更加清晰高效。ASP.NET MVC 是开源的，通过 Nuget（包管理工具）可以下载到很多开源的插件类库。ASP.NET MVC 是基于 ASP.NET 另一种开发框架。

15.1.2 MVC 的请求过程

MVC 的请求过程

当在浏览器中输入一个有效的请求地址或者通过网页上的某个按钮请求一个地址时，ASP.NET MVC 通过配置的路由信息找到最符合请求的地址，如果路由找到了合适的请求，访问先到达控制器和 Action 方法，控制器接收用户请求传递过来的数据（包括 URL 参数、Post 参数、Cookie 等）做出相应的判断处理，如果本次是一次合法的请求并需要加载持久化数据，那么通过 Model 实体模型构造相应的数据；如果使用的是 Entity Framework 框架映射 Model 模型并处理持久化数据。当数据处理完毕后返回并响应用户，在响应用户阶段可返回多种数据格式，分别如下。

- ❑ 返回默认 View（视图），即与 Action 方法名相同。
- ❑ 返回指定的 View，但 Action 必须属于该控制器下。
- ❑ 重定向到其他的 View（视图）。

下面以图书信息列表页为例讲解 MVC 的请求过程，图 15-1 所示表示请求 BookManage 控制器下 BookInfo Action。

图 15-1 输入图书信息列表页的地址

下面代码为请求后接收处理的控制器和 Action 方法：

```
public class BookManageController : Controller
{
    // GET: BookManage
    /// <summary>
```

```
    ///  此方法为创建控制器时默认自带的一个Action，如无需用到可以删除
    /// </summary>
    /// <returns>返回名为Index的视图</returns>
    public ActionResult Index()
    {
        return View();
    }
    /// <summary>
    /// 图书信息列表页Action
    /// </summary>
    /// <returns>返回名为BookInfo的视图</returns>
    public ActionResult BookInfo()
    {
        return View();
    }
    /// <summary>
    /// 图书信息列表AJAX请求Action
    /// </summary>
    /// <param name="limit">每页显示的数据总数</param>
    /// <param name="offset">页码</param>
    /// <param name="search">搜索条件</param>
    /// <returns>一个符合条件的Json格式数据列表</returns>
    public JsonResult Get_BookInfo_Data(int limit = 10, int offset = 1, string search = "")
    {
        //装载获取到的数据容器
        var lstRes = new List<tb_bookinfo>();
        int total = 0;
        //通过EF获取数据
        using (db_LibraryMSEntities db = new db_LibraryMSEntities())
        {
            var List = db.tb_bookinfo.Where(W => W.bookname.Contains(search)).ToList();
            lstRes = List.OrderBy(O => O.id).Skip(offset).Take(limit).ToList();
            total = db.tb_bookinfo.Count();
        }
        //将数据序列化成Json格式并返回
        var rows = lstRes;
        return Json(new { total = total, rows = rows }, JsonRequestBehavior.AllowGet);
    }
}
```

图 15-2 所示为 BookManage 控制器下 BookInfo Action 所对应的视图。
图 15-3 所示为页面效果。

上面的请求通过 return View()返回了与 BookInfo Action 方法名相同的
视图并展示，那么该页面的列表数据并不是本次访问时所加载，因为代码中
只有一句 return View()，只是返回了视图文件，这是因为列表使用的是

图 15-2 图书信息列表视图

bootstrapTable 组件完成的，所以在页面呈现后通过 AJAX 再次访问控制器中的 Get_BookInfo_Data 方
法得到的列表数据，实现关键代码如下：

```
var TableInit = function () {
    var oTableInit = new Object();
    //初始化Table
    oTableInit.Init = function () {
```

图 15-3　页面效果

```
$('#TabList').bootstrapTable({
    url: '/BookManage/Get_BookInfo_Data', //请求后台的URL（*）
    method: 'get',                        //请求方式（*）
    height: 480,
```

　　本次请求返回值并不是视图类型，而是 JsonResult 类型，说明本次请求实际返回的是 Json 字符串。在 Get_BookInfo_Data 方法中的代码块就是通过 EF 框架传入指定条件，查询 SQL Server 数据库并加载到数据模型，产生实体数据序列化为 Json 字符串后返回给客户端。

15.1.3　什么是 Routing

　　在 ASP.NET WebForms 中，一次 URL 请求对应着一个 ASPX 页面，ASPX 页面又必须是一个物理文件，而在 ASP.NET MVC 中，一个 URL 请求是由控制中的 Action 方法来处理的，这主要是使用 URL Routing（路由机制）来正确定位到 Controller（控制器）和 Action（方法）中，Routing 的主要作用就是解析 URL 和生成 URL，下面对 URL Routing 进行介绍。

什么是 Routing

1. URL Routing 定义方式

　　如"图书信息列表"http://192.168.1.86:8001/BookManage/BookInfo 这样的一个地址，在域名后面默认使用"/"来对 URL 进行分段，在路由配置中使用{controller}/{action}格式字符串就可以知道这个 URL 地址的 BookManage 和 BookInfo 分别代表 Controller 和 Action 的名称。表 15-1 列出了请求URL 地址与指定格式路由的匹配结果。

表 15-1　请求 URL 地址与指定格式路由的匹配结果

请求的 URL 地址	{controller}/{action}格式路由匹配结果
http://192.168.1.86:8001/BookManage/BookInfo	Controller= BookManage, action=BookInfo
http://192.168.1.86:8001/BookInfo/BookManage	Controller= BookInfo, action= BookManage
http://192.168.1.86:8001/BookManage/ AddBookInfo	Controller=BookManage,action=AddBookInfo
http://192.168.1.86:8001/BookManage/	无匹配
http://192.168.1.86:8001/BookManage/BookInfo/List	无匹配

　　URL Routing 是在 App_Start 文件夹下的 RouteConfig.cs 文件中的 RegisterRoutes 方法中定义的。在新建一个空的 MVC 项目时会生成一个默认的路由配置项，代码如下：

```
public static void RegisterRoutes(RouteCollection routes)
```

```
{
    //忽略路由匹配规则
    routes.IgnoreRoute("{resource}.axd/{*pathInfo}");
    //默认路由配置项
    routes.MapRoute(
        name: "Default",
        url: "{controller}/{action}/{id}",
        defaults: new { controller = "Home", action = "Index", id = UrlParameter.Optional }
    );
}
```

2. URL Routing 默认值

如果在请求 URL 中不指定 Action 值或不指定 Controller 和 Action 两个值，MVC 将使用路由中定义的默认值。例如，在新建完图书馆管理系统项目后，直接运行程序，效果如图 15-4 所示。

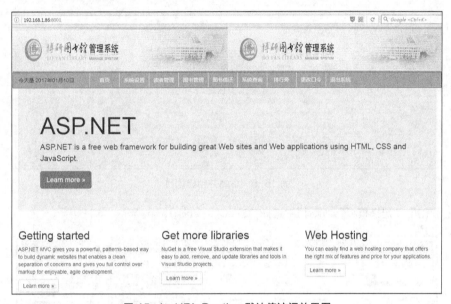

图 15-4　URL Routing 默认值访问效果图

如图 15-4 所示，地址栏中没有指定任何 Controller 和 Action，那么浏览器还是可以访问到网站页面信息，这正是因为路由配置中 defaults 参数起了作用。

15.2　MVC 的实现

掌握一个完整的 ASP.NET MVC 实现过程需要读者对 Visual Studio（以下简写为 VS）有一定的了解，下面就以"博研图书馆管理系统"为例，使用 Visual Studio 2015、Sql Server 2014 以及 Entity Framework 实现对图书信息的查询操作。

15.2.1　创建 MVC 项目

创建 MVC 项目的步骤如下。

（1）先打开 VS，然后单击左上角的"文件"按钮，依次选择"新建"→"项目"，弹出"新建项目"对话框。在该对话框中，命名并选择项目位置，在弹出的对话框中

创建 MVC 项目

选择左侧的"已安装"栏目，再选择 Visual C#项，接着在右侧菜单栏中选择"ASP.NET Web 应用程序"，选择好后在对话框底部输入项目名称。此时"解决方案名称"会随着项目名称一起改变。解决方案名称不用特意在去改变，与项目名称相同即可。"位置"自己选择一个合适的目录。以上过程完成之后单击下面的"确定"按钮，如图 15-5 所示。

图 15-5　命名并创建项目

（2）在弹出的"选择模板"对话框中选择"MVC"，如图 15-6 所示。

图 15-6　选择"MVC"

（3）确认无误后单击"确定"按钮，VS 便开始创建 MVC 项目资源。图 15-7 所示是一个基本的 ASP.NET MVC 项目目录结构。

在图 15-7 中，Controllers 文件夹存放的是控制器类，Views 是视图文件，Models 是数据模型类，Scripts 是 js 文件目录，Content 可以存放 CSS 文件或 Image 图片素材文件等。

15.2.2 添加 MVC 控制器

选中 Controllers 文件夹，单击右键，在弹出的对话框中依次选择"添加"→"控制器"，弹出"添加基架"对话框。在该对话框中，选择 MVC5 控制器，然后单击底部的"添加"按钮，如图 15-8 所示。

添加 MVC 控制器

图 15-7　ASP.NET MVC 项目目录结构

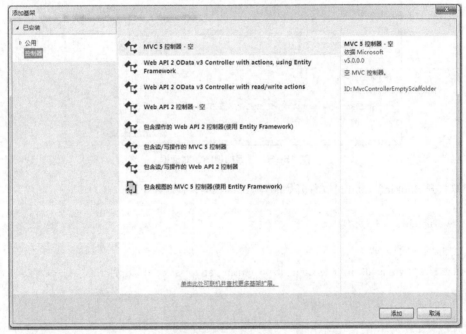

图 15-8　"添加基架"对话框

弹出"添加控制器"对话框，如图 15-9 所示，该对话框中的名字默认为 DefaultController，光标默认选中了 Default 部分，说明后面的 Controller 是不可以更改的，这就是 ASP.NET MVC 中的"约定大于配置"。将 Default 改为 BookManage，单击"添加"按钮，这样一个名为 BookManage 的控制器就创建成功了。

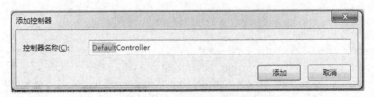

图 15-9　命名并创建控制器

15.2.3 添加 MVC 视图

添加 MVC 视图

在 Views 文件夹下单击右键，依次选择"添加"→"新建文件夹"，命名为 BookManage，该名称必须与刚刚新建的控制器名称相同。接下来创建视图文件，在 BookManage 文件夹下单击右键，依次选择"添加"→"视图"，弹出"添加视图"对话框，如图 15-10 所示，在该对话框中，在"视图名称"一栏中输入视图名称 BookInfo, 模板为 Empty （不具有模型），勾选"使用布局页"复选框，因为稍后会在_ViewStart.cshtml 文件中配置布局页的引用，所以此处文本框留空。

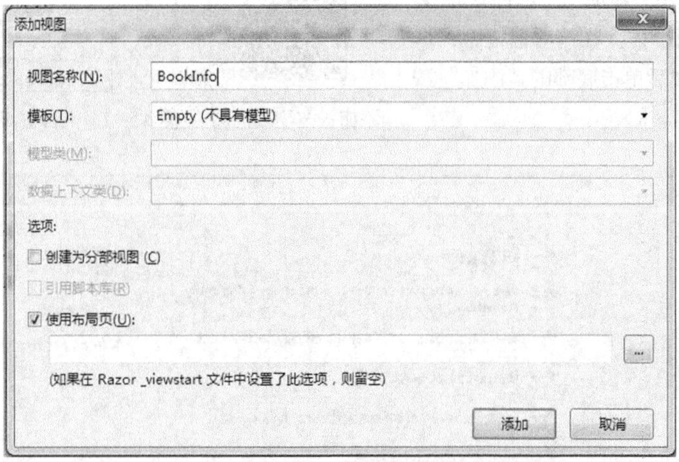

图 15-10 "添加视图"对话框

接下来打开 BookInfo.cshtml 文件开始编写 Html 代码，代码如下：

```
@{
    ViewBag.Title = "图书信息";
}
@section link{
    <link rel="stylesheet" href="~/Content/bootstrap-table.css" />
}
<div class="col-md-12" role="main">
    <div>
        <div class="page-header">
            <h1 id="basic-table">图书信息列表</h1>
            <div class="text-right"><button class="btn-lg" onclick="location.href = '/BookManage/
AddBookInfo'">添加图书信息</button></div>
        </div>
        <div class="bs-example">
            <table id="TabList"></table>
        </div>
    </div>
</div>
@section endsrc{
    <script type="text/javascript" src="~/Scripts/bootstrap-table.js"></script>
    <script type="text/javascript" src="~/Scripts/bootstrap-table-zh-CN.js"></script>
    <script type="text/javascript" src="~/Content/myjs/BookInfo.js"></script>
}
```

上面的代码中，设置了标题，使用了 bootstrap 样式，引用 bootstrap-table.js 作为列表的读取，但页面中没有标记 html 和 body 标签等，也没有 Logo 和导航样式，这是因为这里使用了叫做"布局页"的视图文件，而该引用位于 Views 文件夹下的_ViewStart.cshtml 文件中，也就是所有位于该 Views 下的视图文件都会以_ViewStart.cshtml 中的引用为布局页，在_ViewStart.cshtml 中通过设置"Layout"可以添加具体引用的布局页，这里引用了"Shared/_Layout.cshtml"布局文件，在这个文件下定义了 html 和 body 标签以及 Logo 和导航样式。

15.2.4　添加 MVC 的处理方法

15.2.3 节中添加了视图文件用以展示"图书信息"的数据列表，那么接下来需要在 BookManage 控制器下新建一个 Action 方法，用于处理并响应用户请求的视图。打开 Controllers 下的 BookManage Controller.cs 文件，新建一个 Action 方法，名称为 BookInfo（与视图名相同），返回值类型为 ActionResult，该方法中返回 View()方法，即表示返回了与 Action 方法名相同的 BookInfo 视图，这样刚刚新建立的视图 BookInfo 就可以被 BookManage 控制器中的 BookInfo 方法返回。BookInfo 方法代码如下：

```
/// <summary>
/// 图书信息列表页Action
/// </summary>
/// <returns>返回名为BookInfo的视图</returns>
public ActionResult BookInfo()
{
    return View();
}
```

上面的 BookInfo 方法只是返回了一个视图，并没有处理任何其他操作，那么列表数据该如何加载呢？这里用到了 bootstrap-table.js，通过 AJAX 再次调用 BookManage 控制器中的 Action 方法，在该方法中通过 EF 查询数据库并返回数据，转换成 Json 字符串返回给 Ajax 请求。

bootstrap-table 加载 AJAX 请求过程的代码如下：

```
var TableInit = function () {
    var oTableInit = new Object();
    //初始化Table
    oTableInit.Init = function () {
        $('#TabList').bootstrapTable({
            url: '/BookManage/Get_BookInfo_Data',      //请求后台的URL（*）
            method: 'get',                             //请求方式（*）
            height: 480,
            striped: true,                             //是否显示行间隔色
            cache: false,            //是否使用缓存，默认为true，所以一般情况下需要设置一下这个属性（*）
            pagination: true,                          //是否显示分页（*）
            sortable: false,                           //是否启用排序
            sortOrder: "asc",                          //排序方式
            queryParams: oTableInit.queryParams,       //传递参数（*）
            sidePagination: "server",//分页方式：client客户端分页，server服务端分页（*）
            pageNumber: 1,                             //初始化加载第一页，默认为第一页
            pageSize: 10,                              //每页的记录行数（*）
            pageList: [10, 25, 50, 100],               //可供选择的每页的行数（*）
            search: true,
            strictSearch: true,
```

```
            showColumns: true,                          //是否显示所有的列
            showRefresh: true,                          //是否显示刷新按钮
            clickToSelect: true,                        //是否启用点击选中行
            uniqueId: "ID",                             //每一行的唯一标识，一般为主键列
            showToggle: true,                           //是否显示详细视图和列表视图的切换按钮
            cardView: false,                            //是否显示详细视图
            detailView: false,                          //是否显示父子表
            columns: [                                  //以下为表头设置信息
            { field: 'id', title: 'ID', width: "50px" },
            { field: 'bookcode', title: '图书编码', width: "90px" },
            { field: 'bookname', title: '图书名称', width: "180px" },
            { field: 'type', title: '图书类型', width: "85px" },
            { field: 'author', title: '作者', width: "80px" },
            { field: 'translator', title: '翻译', width: "60px" },
            { field: 'pubname', title: '出版社', width: "130px" },
            { field: 'price', title: '定价', width: "50px" },
            { field: 'page', title: '总页数', width: "80px" },
            { field: 'bcase', title: '书架', width: "65px" },
            { field: 'storage', title: '库存', width: "50px" },
            {
                field: 'inTime', title: '时间',
                formatter: function (value, row, index) {
                    var date = new Date(parseInt(value.slice(6, -2)));
                    return date.toLocaleDateString();
                },
            },
            { field: 'oper', title: '操作人', width: "60px" },
            { field: 'borrownum', title: '借阅次数', width: "60px" },
            { field: 'operate', title: '操作', align: 'center', events: operateEvents, formatter:
operateFormatter, width: "180px" }]
        });
    };
```

AJAX 请求 Get_BookInfo_Data Action 读取数据，该方法代码如下：

```
public JsonResult Get_BookInfo_Data(int limit = 10, int offset = 1, string search = "")
{
    //装载获取到的数据容器
    var lstRes = new List<tb_bookinfo>();
    int total = 0;
    //通过ef获取数据
    using (db_LibraryMSEntities db = new db_LibraryMSEntities())
    {
        var List = db.tb_bookinfo.Where(W => W.bookname.Contains(search)).ToList();
        lstRes = List.OrderBy(O => O.id).Skip(offset).Take(limit).ToList();
        total = db.tb_bookinfo.Count();
    }
    //将数据序列化成Json格式并返回
    var rows = lstRes;
    return Json(new { total = total, rows = rows }, JsonRequestBehavior.AllowGet);
}
```

15.2.5 Models 层的实现

Models 即模型，本例中将使用 Entity Framework 6 框架，采用 db first 方式映射数据模型。

Models 层的实现

首先 Models 装载着的是一些数据实体，无论在以前的 WebForms 下，还是现在 MVC 下，都少不了数据实体这个角色，而实体类往往就与数据库表有着直接的关系。Entity Framework（以下简写为 EF）就是微软官方发布的 ORM 框架，它是基于 ADO.NET 的，通过 EF 可以很方便地将表映射到实体对象或将实体对象转换为数据库表。但 EF 跟 MVC 没有直接关系，其他模式下也可以使用。

下面以 db_LibraryMS 数据库为例，将已有的数据库表映射为实体数据，步骤如下。

（1）选中"Models"文件夹，单击右键，依次选择"添加"→"新建项"，弹出"添加新项"对话框中，该对话框的左侧"已安装"下选择"Visual C#"项，右侧列表中找到"ADO.NET 实体数据模型"并选中，在底部填写名称，可以与数据库名相同，如图 15-11 所示，然后单击"确定"按钮。

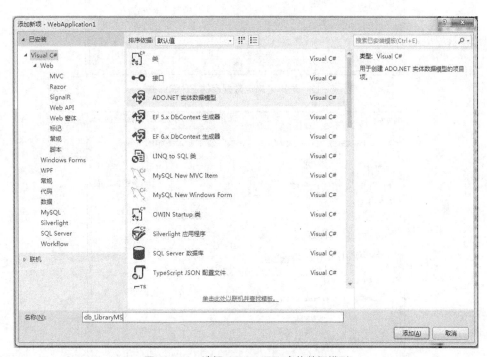

图 15-11 选择 ADO.NET 实体数据模型

（2）弹出"实体数据模型向导"对话框，在该对话框中选择"来自数据库的 EF 设计器"，如图 15-12 所示。

（3）单击"下一步"按钮，在弹出来的窗口中单击"新建连接"按钮，弹出"连接属性"对话框，如图 15-13 所示，该对话框中的设置如下。

❑ 数据源：单击"更改"选择"Microsoft SQL Server (SqlClient)"，如果默认为该项请忽略。

❑ 服务器名：单击下拉框会自动寻找到本机机器名称，如果数据库在本地，那么选择自己的机器名即可。

❑ 身份验证：选择 SQL Server 身份验证，填写用户名和密码（数据库登录名和密码）。

❑ 在"选择或输入数据库名称"处单击下拉框，找到想要映射的数据库名称，本例为 db_LibraryMS。

图 15-12 选择"来自数据库的 EF 设计器"

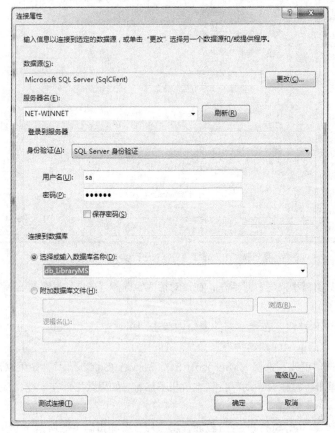

图 15-13 配置连接数据库

（4）以上信息配置完毕后单击"确定"按钮。通过以上的步骤配置后，在"实体数据模型向导"对话框中选中"是，在连接字符串中包含敏感数据"单选按钮，如图 15-14 所示。

图 15-14　选中"是，在连接字符串中包含敏感数据"单选按钮

（5）单击"下一步"按钮，跳转到"选择您的数据库对象和设置"窗口，这里暂时用不到视图或存储过程，所以只选择"表"即可，如图 15-15 所示。单击"完成"按钮。

图 15-15　选择要映射的内容（此处选择"表"）

等待生成完成后，编辑器自动打开模型图页面以展示关联性，这里直接关闭即可。打开"解决方案资源管理器"中的 Models 文件夹，会发现里面多了一个"db_LibraryMS.edmx"文件，这就是模型实体和数据库上下文类。如图 15-16 表示为整个架构情况。

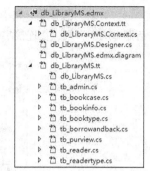

图 15-16　EF 生成实体架构

15.2.6　MVC 页面路由配置

之前的所有请求都是由默认配置路由项所匹配的，如果此时需要设置多级目录结构或者将参数传入 Action 中，就需要手动配置路由信息项了。本节将讲解如何对 MVC 页面路由进行配置。

MVC 页面路由配置

假设需要将"博研图书馆管理系统"的系统级信息功能模块（例如操作日志等）单独放在一个目录下进行管理，取名为 SystemManage，那么需要在"Controllers"目录下单击右键，依次选择"添加"→"新建文件夹"，输入文件夹名称 SystemManage；然后在 SystemManage 文件夹中新建一个 Log 控制器，在该控制器下新建一个 Action 方法，方法名为"LogInfo"，并返回 View() 视图；最后，建立视图文件。在 Views 文件夹下新建一个 Log 文件夹，在 Log 文件夹下新建一个名称为"LogInfo"的视图文件。至此控制器、Action 方法、视图文件就都创建好了。

打开浏览器，在地址栏中输入"日志信息"的地址（Log 控制器下的 LogInfo 方法）：http://192.168.1.86:8001/SystemManage/Log/LogInfo，按下回车键，发现页面返回 404，如图 15-17 所示，说明 ASP.NET MVC 并没有找到合适的路由匹配项。

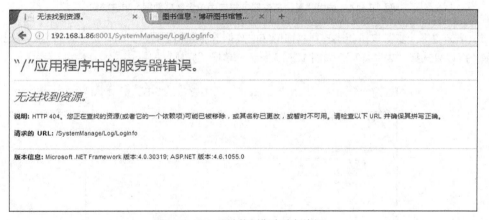

图 15-17　无法找到指定路径资源

要解决该问题，只需在默认的路由基础上再添加一个路由配置项，路由配置文件是"App_Start"文件夹下的 RouteConfig.cs 文件。但需要注意：一定要加在默认路由的前面！代码如下：

```
//为"系统级信息功能"模块配置的路由项
routes.MapRoute(
    name: "SystemManage",
    url: "SystemManage/{controller}/{action}/{id}",
    defaults: new { controller = "Log", action = "Index", id = UrlParameter.Optional },
    namespaces: new string[] { "RouteConfig" }
);
```

这样，SystemManage 就是固定目录，后面的 {controller}/{action} 就又回到了控制器与 Action 的配置规则中。

小 结

本章主要对 ASP.NET MVC 以及实现原理做了一个基本的讲解，并对 MVC 的实现过程进行了详细的讲解。学习本章内容时，学习和掌握的技术要点为控制器、Action、视图、Models、EF db first 模式、路由机制等。通过学习本章，您可以创建一个自己的 MVC 项目，并尝试去完成它。

上机指导

通过本章的学习，请使用 MVC 实现"博研图书馆管理系统"的图书信息列表的增、删、改、查的功能，以及对布局页的引用和加载。程序运行效果如图 15-18 所示。

上机指导

程序开发步骤如下。

（1）创建一个 MVC 项目，然后对里面的资源文件进行更新，将 jQuery 更新到 jQuery-3.1.1.js 版本，引入 bootstrap-table.js 版本为 1.11.0，以及 bootstrap-table-zh-CN.js 的中文支持，还需引入 bootstrap-table.css 样式文件。

图 15-18 图书信息列表页效果

（2）按照 15.2.5 节中的步骤建立数据模型。

（3）实现布局页的编码，布局页主要实现了导航菜单以及顶部图片的排版，另外布局页通常也是大部分页面的公用页面，所以此处将公用的 js 和 CSS 文件库引用进来，这样，子页面就无需再引用这些文件，引用时应注意与子页面的先后顺序。代码如下：

```
<!DOCTYPE html>
```

```
<html>
<head>
    <meta http-equiv="Content-Type" content="text/html; charset=utf-8" />
    <meta charset="utf-8" />
    <meta name="viewport" content="width=device-width, initial-scale=1.0">
    <title>@ViewBag.Title - 博研图书馆管理系统</title>
    @Styles.Render("~/bootstrap/css")
    <link href="~/Content/Head-Items.css" rel="stylesheet" />
    @RenderSection("link", false)
</head>
<body>
    <div class="container">
        <div class="row">
            <div class="col-md-12 Head-Logo"></div>
        </div>
        <div class="row Head-Navgation-Border">
            <div class="col-md-2 Head-Info">
                今天是 @DateTime.Now.ToString("yyyy年MM月dd日")
            </div>
            <div class="col-md-10 Head-Content">
                <nav class="Head-Navgation">
                    <a>首页</a>
                    <a>系统设置</a>
                    <a>读者管理</a>
                    <a href="/BookManage/BookInfo">图书管理</a>
                    <a>图书借还</a>
                    <a>系统查询</a>
                    <a>排行榜</a>
                    <a>更改口令</a>
                    <a>退出系统</a>
                </nav>
            </div>
        </div>
    </div>
    <div class="container">
        @RenderBody()
    </div>
    <script type="text/javascript" src="~/Scripts/jquery-3.1.1.js"></script>
    <script type="text/javascript" src="~/Scripts/bootstrap.js"></script>
</body>
</html>
@RenderSection("endsrc", false)
```

（4）实现"图书信息"列表页的制作，该页面中需要引用 bootstrap-table 有关的资源文件和一个自定义的 js 文件，用于配置列表信息，html 代码如下：

```
@{
    ViewBag.Title = "图书信息";
}
@section link{
    <link rel="stylesheet" href="~/Content/bootstrap-table.css" />
}
```

```
        <div class="col-md-12" role="main">
            <div>
                <div class="page-header">
                    <h1 id="basic-table">图书信息列表</h1>
                    <div class="text-right"><button class="btn-lg" onclick="location.href = '/BookManage/
AddBookInfo'">添加图书信息</button></div>
                </div>
                <div class="bs-example">
                    <table id="TabList"></table>
                </div>
            </div>
        </div>
    @section endsrc{
        <script type="text/javascript" src="~/Scripts/bootstrap-table.js"></script>
        <script type="text/javascript" src="~/Scripts/bootstrap-table-zh-CN.js"></script>
        <script type="text/javascript" src="~/Content/myjs/BookInfo.js"></script>
    }
```

自定义一个 BookInfo.js 脚本文件，用来配置列表信息。BookInfo.js 脚本文件主要代码如下：

```
$(function () {
    //1.初始化Table
    var oTable = new TableInit(); oTable.Init();
});
var TableInit = function () {
    var oTableInit = new Object();
    //初始化Table
    oTableInit.Init = function () {
        $('#TabList').bootstrapTable({
            url: '/BookManage/Get_BookInfo_Data',      //请求后台的URL（*）
            method: 'get',                             //请求方式（*）
            height: 480,
            striped: true,                                    //是否显示行间隔色
            cache: false,     //是否使用缓存，默认为true，所以一般情况下需要设置一下这个属性（*）
            pagination: true,                                 //是否显示分页（*）
            sortable: false,                                  //是否启用排序
            sortOrder: "asc",                                 //排序方式
            queryParams: oTableInit.queryParams,       //传递参数（*）
            sidePagination: "server",       //分页方式：client客户端分页，server服务端分页（*）
            pageNumber: 1,                                    //初始化加载第一页，默认为第一页
            pageSize: 10,                                     //每页的记录行数（*）
            pageList: [10, 25, 50, 100],                      //可供选择的每页的行数（*）
            search: true,
            strictSearch: true,
            showColumns: true,                                //是否显示所有的列
            showRefresh: true,                                //是否显示刷新按钮
            clickToSelect: true,                              //是否启用单击选中行
            uniqueId: "ID",                                   //每一行的唯一标识，一般为主键列
            showToggle: true,                                 //是否显示详细视图和列表视图的切换按钮
            cardView: false,                                  //是否显示详细视图
```

```
                    detailView: false,                        //是否显示父子表
                    columns: [                                 //以下为表头设置信息
                        { field: 'id', title: 'ID' },
                        { field: 'bookcode', title: '图书编码' },
                        { field: 'bookname', title: '图书名称' },
                        { field: 'type', title: '图书类型' },
                        { field: 'author', title: '作者' },
                        { field: 'translator', title: '翻译' },
                        { field: 'pubname', title: '出版社' },
                        { field: 'price', title: '定价' },
                        { field: 'page', title: '总页数' },
                        { field: 'bcase', title: '书架' },
                        { field: 'storage', title: '库存' },
                        { field: 'inTime', title: '时间' },
                        { field: 'oper', title: '操作' },
                        { field: 'borrownum', title: '借阅次数' },
                        { field: 'operate', title: '操作', align: 'center', events: operateEvents, formatter:
operateFormatter }]
                });
        };
        //得到查询的参数
        oTableInit.queryParams = function (params) {
            var temp = {//这里的键的名字和控制器的变量名必须一致，这边改动，控制器也需要改成一样的
                limit: params.limit,                          //页面大小
                offset: params.offset,                        //页码
                search: $(".search>input").val()              //搜索框条件
            };
            return temp;
        };
        return oTableInit;
    };
    //对于行的操作按钮
    function operateFormatter(value, row, index) {
        return [
            '<a type="button" class="RoleOfA btn btn-default btn-sm" style="margin-right:15px;">
编辑</a>',
            '<a type="button" class="RoleOfB btn btn-default btn-sm" style="margin-right:15px;">
删除</a>'
        ].join('')
    }
    //单击行操作按钮时触发的事件处理方法
    window.operateEvents = {
        'click .RoleOfA': function (e, value, row, index) {
            //跳转到修改页面并传入主ID
            window.location.href = "/BookManage/EditBookInfo/" + row.id;
        },
        'click .RoleOfB': function (e, value, row, index) {
            //通过AJAX删除信息,传入主ID
            $.ajax({
                url: "/BookManage/DeleteBookInfo",
```

```
        type: "post",
        dataType: "json",
        async: true,
        data: { "id": row.id },
        complete: function () {
        },
        success: function (data, testStatus) {
            if (data.ResultStatus != "1") {
                alert(data.ResultMsg);              //删除失败, 提示错误信息
            }
            else {
                //删除成功, 重新加载列表页
                window.location.href = "/BookManage/BookInfo";
            }
        }
    });
    }
}
```

（5）定义控制器中的 Action 方法, 首先, 需要定义一个视图页面的 Action 处理方法, 名称为 BookInfo, 用于返回视图文件; 然后定义一个用于加载页面列表数据的 Action 方法, 名称为 Get_BookInfo_Data。该方法有 3 个参数, 其中, limit 表示每页显示的数据总数, offse 表示计算后的页码条件, search 表示搜索条件, 可为空。控制器主要代码如下:

```
using BookLibrary.Models;
using System;
using System.Collections.Generic;
using System.Linq;
using System.Web;
using System.Web.Mvc;
namespace BookLibrary.Controllers
{
    public class BookManageController : Controller
    {
        // GET: BookManage
        /// <summary>
        /// 此方法为创建控制器时默认自带的一个Action, 如无需用到可以删除
        /// </summary>
        /// <returns>返回名为Index的视图</returns>
        public ActionResult Index()
        {
            return View();
        }
        /// <summary>
        /// 图书信息列表页Action
        /// </summary>
        /// <returns>返回名为BookInfo的视图</returns>
        public ActionResult BookInfo()
        {
            return View();
        }
        /// <summary>
```

```
        /// 图书信息列表AJAX请求Action
        /// </summary>
        /// <param name="limit">每页显示的数据总数</param>
        /// <param name="offset">页码</param>
        /// <param name="search">搜索条件</param>
        /// <returns>一个符合条件的Json格式数据列表</returns>
        public JsonResult Get_BookInfo_Data(int limit = 10, int offset = 1, string search = "")
        {
            //装载获取到的数据容器
            var lstRes = new List<tb_bookinfo>();
            int total = 0;
            //通过EF获取数据
            using (db_LibraryMSEntities db = new db_LibraryMSEntities())
            {
                var List = db.tb_bookinfo.Where(W => W.bookname.Contains(search)).ToList();
                lstRes = List.OrderBy(O => O.id).Skip(offset).Take(limit).ToList();
                total = db.tb_bookinfo.Count();
            }
            //将数据序列化成Json格式并返回
            var rows = lstRes;
            return Json(new { total = total, rows = rows }, JsonRequestBehavior.AllowGet);
        }
    }
}
```
这样一个图书信息列表页的制作就已完成。

习 题

15-1 什么是 MVC?

15-2 描述一下 MVC 的完整流程。

15-3 MVC 有哪些好处?

15-4 控制器的名称应注意什么，为什么?

15-5 ASP.NET MVC 视图引擎有哪些?

15-6 控制器中的 Action 方法是代表一个视图吗?

15-7 ASP.NET MVC 中路由有什么用途?

15-8 路由是什么时候被调用的?

15-9 简述 ASP.NET MVC 中 Models 的作用。

15-10 ASP.NET MVC 与 Entity Framework 有什么关系?

PART16

第16章

综合案例——图书馆管理系统

+ +

本章要点:

- 软件的基本开发流程
- 系统的功能结构及业务流程
- 系统的数据库设计
- 设计数据操作层类
- 设计业务逻辑层类
- 系统主页面的实现
- 图书馆信息模块的实现
- 图书档案管理的实现
- 图书借还管理的实现

■ 前面章节讲解了使用 ASP.NET 进行程序开发的主要技术,而本章则给出一个完整的应用案例——图书馆管理系统,该系统能够为使用者提供图书管理、借还管理、读者管理、系统查询等功能;另外,还可以为使用者提供系统设置、排行版、更改口令等辅助功能。通过该案例,读者应重点熟悉实际项目的开发过程,掌握 ASP.NET 在实际项目开发中的综合应用。

16.1 需求分析

长期以来，人们使用传统的人工方式管理图书馆的日常业务，其操作流程比较烦琐。在借书时，读者首先将要借的书和借阅证交给工作人员，然后工作人员将每本书的信息卡片和读者的借阅证放在一个小格中，最后在借阅证和每本书后的借阅条上填写借阅信息。还书时，读者首先将要还的书交给工作人员，然后工作人员根据图书信息找到相应的书卡和借阅证，并填好相应的还书信息。

从上述描述中可以发现传统的手工流程存在的不足，首先，处理借书、还书业务流程的效率很低；其次，处理能力比较低，一段时间内，所能服务的读者人数是有限的。为此，我们开发了一个图书馆管理系统，该系统需要为中小型图书馆解决上述问题，并提供快速的图书信息检索功能和方便的图书借阅、归还流程。

16.2 系统设计

16.2.1 系统目标

根据前面所作的需求分析可以得出，图书馆管理系统实施后，应达到以下目标。
- ❑ 界面设计友好、美观。
- ❑ 数据存储安全、可靠。
- ❑ 信息分类清晰、准确。
- ❑ 查询功能强大，保证数据查询的灵活性。
- ❑ 实现对图书借阅和归还过程的全程数据信息跟踪。
- ❑ 提供图书借阅排行榜，为图书馆管理员提供真实的数据信息。
- ❑ 提供灵活、方便的权限设置功能，使整个系统的管理分工明确。
- ❑ 具有易维护性和易操作性。

16.2.2 构建开发环境

- ❑ 系统开发平台：Microsoft Visual Studio 2015。
- ❑ 系统开发语言：C#。
- ❑ 数据库管理软件：Microsoft SQL Server 2014。
- ❑ 运行平台：Windows 7（SP1）/ Windows 8/Windows 8.1/Windows 10。
- ❑ 运行环境：Microsoft .NET Framework SDK v4.6。

16.2.3 系统功能结构

根据图书馆管理系统的特点，可以将其分为系统设置、读者管理、图书管理、图书借还、系统查询和排行榜6个部分，其中各个部分及其包括的具体功能结构如图16-1所示。

16.2.4 业务流程图

图书馆管理系统的业务流程图如图16-2所示。

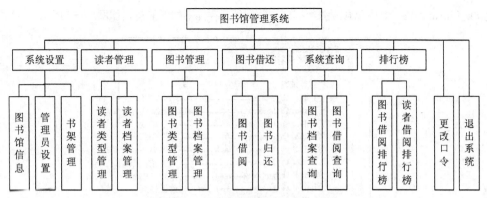

图 16-1　图书馆管理系统功能结构图

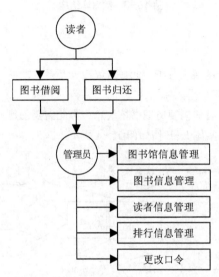

图 16-2　图书馆管理系统的业务流程图

16.2.5　业务逻辑编码规则

本系统内部信息编码采用了统一的编码方式，下面分别介绍。

- ❑ 管理员编号：管理员编号为字母"GLY"和 4 位数字编码的组合。例如，GLY1001。
- ❑ 书架编号：书架编号为字母"SJ"和 4 位数字编码的组合。例如，SJ1008。
- ❑ 读者编号：读者编号为字母"DZ"和 5 位数字编码的组合。例如，DZ10001。
- ❑ 借书编号：借书编号为字母"JS"和 5 位数字编码的组合。例如，JS10001。

16.3　数据库设计

16.3.1　数据库概要说明

由于本系统是为中小型的图书馆开发的程序，需要充分考虑到成本问题及用途需求（如跨平台）等问题，而 SQL Server 2014 作为目前常用的数据库，该数据库系统在安全性、准确性和运行速度方面有绝对的优势，并且处理数据量大、效率高，所以本系统采用 SQL Server 2014 数据库。本网站中数据库名称为 db_LibraryMS，其中包含 9 张数据表，分别用于存储不同的信息，如图 16-3 所示。

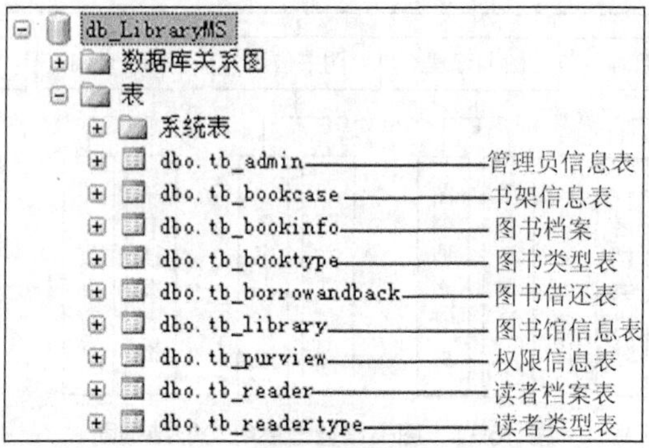

db_LibraryMS
数据库关系图
表
系统表
dbo.tb_admin
管理员信息表
dbo.tb_bookcase
书架信息表
dbo.tb_bookinfo
图书档案
dbo.tb_booktype
图书类型表
dbo.tb_borrowandback
图书借还表
dbo.tb_library
图书馆信息表
dbo.tb_purview
权限信息表
dbo.tb_reader
读者档案表
dbo.tb_readertype
读者类型表

图 16-3　数据库结构

16.3.2　数据库概念设计

通过对图书馆管理系统进行的需求分析、业务流程设计及系统功能结构的确定，规划出系统中使用的数据库实体对象及实体 E-R 图。

作为一个图书馆管理系统，首先需要有图书馆信息，为此需要创建一个图书馆信息实体，用来保存图书馆的详细信息。图书馆信息实体 E-R 图如图 16-4 所示。

图书馆名称
馆长
介绍
电话
图书馆信息表
（tb_library）
地址
建馆日期
网址
E-mail

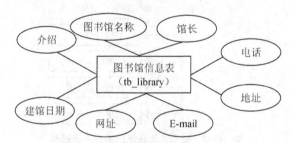

图 16-4　图书馆信息实体 E-R 图

图书馆管理系统中最重要的是要有图书，如果一个图书馆中连图书都没有，又何谈图书馆呢？这里创建了一个图书档案实体，用来保存图书馆中图书的详细信息。图书档案实体 E-R 图如图 16-5 所示。

条形码
名称
类型
操作员
作者
入馆时间
图书档案表
（tb_bookinfo）
译者
存储数量
出版社
书架
页码
价格

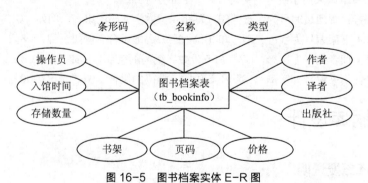

图 16-5　图书档案实体 E-R 图

读者是图书馆的重要组成部分，可以说如果没有读者，一个图书馆就无法生存下去，这里创建了一个读者档案实体，用来保存读者的详细信息。读者档案实体 E-R 图如图 16-6 所示。

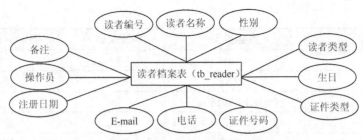

图 16-6　读者档案实体 E-R 图

图书借还是图书馆管理系统中的一项重要工作，小埠图书馆管理系统的主要目的就是为了方便读者借阅和归还图书，因此需要创建一个图书借还实体，用来保存读者借阅和归还图书的详细信息。图书借还实体 E-R 图如图 16-7 所示。

为了增加系统的安全性，每个管理员只有在系统登录模块验证成功后才能进入主界面。这时，就要在数据库中创建一个存储登录用户名和密码的管理员信息实体。管理员信息实体 E-R 图如图 16-8 所示。

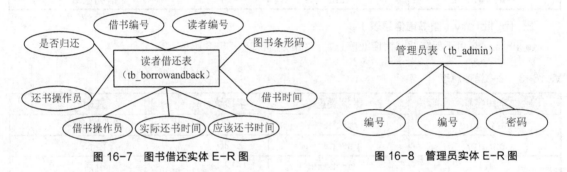

图 16-7　图书借还实体 E-R 图　　　　　　　图 16-8　管理员实体 E-R 图

16.3.3　数据库逻辑设计

根据设计好的 E-R 图在数据库中创建数据表，下面给出比较重要的数据表结构。

1. tb_admin（管理员信息表）

tb_admin 表用来保存管理员的基本信息，该表的结构如表 16-1 所示。

表 16-1　管理员信息表

字段名称	数据类型	字段大小	说明
id	varchar	50	管理员编号
name	varchar	50	管理员名称
pwd	varchar	30	密码

2. tb_reader（读者档案表）

tb_reader 表用于保存读者的详细信息，该表的结构如表 16-2 所示。

表 16-2　读者档案表

字段名称	数据类型	字段大小	说明
id	varchar	30	读者编号
name	varchar	50	读者名称

字段名称	数据类型	字段大小	说明
sex	char	4	性别
type	varchar	50	读者类型
birthday	smalldatetime	4	生日
paperType	varchar	20	证件类型
paperNum	varchar	30	证件号码
tel	varchar	20	电话
email	varchar	50	E-mail
createDate	smalldatetime	4	注册日期
oper	varchar	30	操作员
remark	text	16	备注
borrownum	int	4	借阅次数

3. tb_library（图书馆信息表）

tb_library 表用于保存图书馆详细信息，该表的结构如表 16-3 所示。

表 16-3　图书馆信息表

字段名称	数据类型	字段大小	说明
libraryname	varchar	50	图书馆名称
curator	varchar	20	馆长
tel	varchar	20	电话
address	varchar	100	地址
email	varchar	100	E-mail
url	varchar	100	网址
createDate	smalldatetime	4	建馆日期
introduce	text	16	介绍

4. tb_bookinfo（图书档案表）

tb_bookinfo 表用于保存图书详细信息，该表的结构如表 16-4 所示。

表 16-4　图书档案表

字段名称	数据类型	字段大小	说明
bookcode	varchar	30	图书条形码
bookname	varchar	50	图书名称
type	varchar	50	图书类型
autor	varchar	50	作者
translator	varchar	50	译者
pubname	varchar	100	出版社
price	money	8	价格
page	int	4	页码

字段名称	数据类型	字段大小	说明
bcase	varchar	50	书架
storage	bigint	8	存储数量
inTime	smalldatetime	4	入馆时间
oper	varchar	30	操作员
borrownum	int	4	被借次数

5. tb_borrowandback（图书借还表）

tb_borrowandback 表用于保存图书的借阅和归还信息，该表的结构如表 16-5 所示。

表 16-5 图书借还表

字段名称	数据类型	字段大小	说明
id	varchar	30	借书编号
readid	varchar	20	读者编号
bookcode	varchar	30	图书条形码
borrowTime	smalldatetime	4	借书时间
ygbackTime	smalldatetime	4	应该还书时间
sjbackTime	smalldatetime	4	实际还书时间
borrowoper	varchar	30	借书操作员
backoper	varchar	30	还书操作员
isback	bit	1	是否归还

6. tb_purview（权限信息表）

tb_purview 表用于保存管理员的权限信息，该表中的 id 字段与管理员信息表（tb_admin）中的 id 字段相关联，该表的结构如表 16-6 所示。

表 16-6 权限信息表

字段名称	数据类型	字段大小	说明
id	varchar	50	管理员编号
sysset	bit	1	系统设置
readset	bit	1	读者管理
bookset	bit	1	图书管理
borrowback	bit	1	图书借还
sysquery	bit	1	系统查询

16.3.4 视图设计

视图是一种常用的数据库对象，使用时，可以把它看成虚拟表或者存储在数据库中的查询，它为查询和存取数据提供了另外一种途径。与在表中查询数据相比，使用视图查询可以简化数据操作，并提供数据库的安全性。

本系统用到了两个视图，分别为 view_AdminPurview 和 view_BookBRInfo。下面对它们分别进行介绍。

1. view_AdminPurview

视图 view_AdminPurview 主要用于保存管理员的权限信息，创建该视图的 SQL 代码如下：

```
CREATE VIEW [dbo].[view_AdminPurview]
AS
SELECT dbo.tb_admin.id,dbo.tb_admin.name,dbo.tb_purview.sysset,dbo.tb_purview.
readset,dbo.tb_purview.bookset,dbo. tb_purview.borrowback, dbo.tb_purview.
sysquery
FROM dbo.tb_admin INNER JOIN dbo.tb_purview ON dbo.tb_admin.id = d bo.
tb_purview.id
```

2. view_ BookBRInfo

视图 view_ BookBRInfo 主要用于保存读者借书和还书的详细信息，创建该视图的 SQL 代码如下：

```
CREATE VIEW [dbo].[view_BookBRInfo]
AS
SELECT dbo.tb_borrowandback.id, dbo.tb_borrowandback.readerid, bookname, dbo.
dbo.tb_borrowandback.bookcode, dbo. tb_bookinfo.
tb_bookinfo.pubname,
dbo.tb_bookinfo.price, dbo.tb_bookinfo.bcase, dbo.tb_borrowandback.borrowTime,
dbo.tb_borrowandback.ygbackTime, dbo.tb_borrowandback.isback, dbo.tb_reader.
name, dbo.tb_reader.id AS Expr1
FROM dbo.tb_bookinfo INNER JOIN
    dbo.tb_borrowandback ON dbo.tb_bookinfo.bookcode = dbo.tb_borrowandback.
bookcode INNER JOIN
    dbo.tb_reader ON dbo.tb_borrowandback.readerid = dbo.tb_reader.id
```

16.4　公共类设计

在网站项目开发中以类的形式来组织、封装一些常用的方法和事件，将会在编程过程中起到事半功倍的效果。本系统中创建了 13 个公共类文件，分别为 DataBase.cs（数据库操作类）、AdminManage.cs（管理员功能模块类）、BookcaseManage.cs（书架管理功能模块类）、BookManage.cs（图书管理功能模块类）、BorrowandBackManage.cs（图书借还管理功能模块类）、BTypeManage.cs（图书类型管理功能模块类）、LibraryManage.cs（图书馆信息功能模块类）、PubManage.cs（出版社信息功能模块类）、PurviewManage.cs（管理员权限功能模块类）、ReaderManage.cs（读者管理功能模块类）、RTypeManage.cs（读者类型管理功能模块类）、OperatorClass.cs（基础数据操作类）和 ValidateClass.cs（数据验证类）。其中，数据库操作类主要用来访问 SQL Server 2005 数据库，各种功能模块类主要用于处理业务逻辑功能，透彻地说就是实现功能窗体（陈述层）与数据库操作（数据层）之间的业务功能，基础数据操作类用来根据当前日期获得星期几，数据验证类用来验证控件的输入。数据库操作类、功能模块类和功能窗体之间的理论关系图如图 16-9 所示。

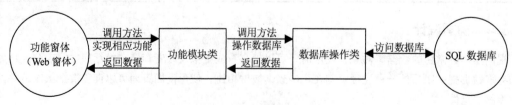

图 16-9　各层之间关系图

16.4.1　DataBase 类

DataBase（数据库操作类）类主要实现的功能有打开数据库连接、关闭数据库连接、释放数据库连接资源、传入参数并且转换为 SqlParameter 类型、执行参数命令文本（无返回值）、执行参数命令文本（有返回值）、将命令文本添加到 SqlDataAdapter 和将命令文本添加到 SqlCommand。下面给出所有的数据库操作类源代码，并且进行详细的介绍。

在命名空间区域引用 using System.Data.SqlClient 命名空间。为了精确地控制释放未托管资源，必须实现 DataBase 类的 System.IDisposable 接口，IDisposable 接口声明了一个方法 Dispose，该方法不带参数，返回 Void。相关代码如下：

```
using System.Data.SqlClient;
public class DataBase:IDisposable
{
    public DataBase()
    {
    }
    private SqlConnection con;                    //创建连接对象
...
...                                               //下面编写相关的功能方法
...
}
```

建立数据库的连接主要通过 SqlConnection 类实现，并初始化数据库连接字符串，然后通过 State 属性判断连接状态，如果数据库连接状态为关，则打开数据库连接。实现打开数据库连接 Open 方法的代码如下：

```
#region    打开数据库连接
private void Open()
{
    //打开数据库连接
    if (con == null)
    {
      //创建SqlConnection对象
      con = new SqlConnection(ConfigurationManager.AppSettings
  ["ConnectionString"]);
    }
    if (con.State == System.Data.ConnectionState.Closed)       //判断数据库连接状态
      con.Open();                                              //打开数据库连接
}
#endregion
```

关闭数据库连接主要通过 SqlConnection 对象的 Close 方法实现。自定义 Close 方法关闭数据库连接的代码如下：

```
#region    关闭连接
public void Close()
{
    if (con != null)
      con.Close();                                //关闭数据库连接
}
#endregion
```

因为 DataBase 类使用 System.IDisposable 接口，IDisposable 接口声明了一个方法 Dispose，所以

在此应该完善 IDisposable 接口的 Dispose 方法，用来释放数据库连接资源。实现释放数据库连接资源的
Dispose 方法的代码如下：

```
#region 释放数据库连接资源
public void Dispose()
{
    //确认连接是否已经关闭
    if (con != null)
    {
        con.Dispose();
        con = null;
    }
}
#endregion
```

本系统向数据库中读写数据是以参数形式实现的。MakeInParam 方法用于传入参数，MakeParam
方法用于转换参数。实现 MakeInParam 方法和 MakeParam 方法的完整代码如下：

```
/// <summary>
/// 传入参数
/// </summary>
/// <param name="ParamName">存储过程名称或命令文本</param>
/// <param name="DbType">参数类型</param></param>
/// <param name="Size">参数大小</param>
/// <param name="Value">参数值</param>
/// <returns>新的parameter 对象</returns>
public SqlParameter MakeInParam(string ParamName, SqlDbType DbType, int Size,
object Value)
{
    return MakeParam(ParamName, DbType, Size, ParameterDirection.Input, Value);
}
/// <summary>
/// 初始化参数值
/// </summary>
/// <param name="ParamName">存储过程名称或命令文本</param>
/// <param name="DbType">参数类型</param>
/// <param name="Size">参数大小</param>
/// <param name="Direction">参数方向</param>
/// <param name="Value">参数值</param>
/// <returns>新的parameter 对象</returns>
public SqlParameter MakeParam(string ParamName, SqlDbType DbType, Int32 Size,
ParameterDirection Direction, object Value)
{
    SqlParameter param;
    if (Size > 0)
        param = new SqlParameter(ParamName, DbType, Size);
    else
        param = new SqlParameter(ParamName, DbType);
    param.Direction = Direction;
    if (!(Direction == ParameterDirection.Output && Value == null))
        param.Value = Value;
    return param;
}
```

RunProc 方法为可重载方法，功能为执行带参数 SqlParameter 的命令文本。RunProc(string procName，SqlParameter[] prams)方法主要用于执行添加、修改和删除；RunProc(string procName) 方法用来直接执行 SQL 语句，如数据库备份与数据库恢复。实现可重载方法 RunProc 的完整代码如下：

```csharp
/// <summary>
/// 执行命令
/// </summary>
/// <param name="procName">命令文本</param>
/// <param name="prams">参数对象</param>
public int RunProc(string procName, SqlParameter[] prams)
{
    SqlCommand cmd = CreateCommand(procName, prams);
    cmd.ExecuteNonQuery();
    this.Close();
    //得到执行成功返回值
    return (int)cmd.Parameters["ReturnValue"].Value;
}
/// <summary>
///直接执行SQL语句
/// </summary>
/// <param name="procName">命令文本</param>
public int RunProc(string procName)
{
    this.Open();
    SqlCommand cmd = new SqlCommand(procName, con);
    cmd.ExecuteNonQuery();
    this.Close();
    return 1;
}
```

RunProcReturn 方法为可重载方法，返回值为 DataSet 类型。功能为执行带参数 SqlParameter 的命令文本。下面代码中 RunProcReturn(string procName, SqlParameter[] prams,string tbName)方法主要用于执行带参数 SqlParameter 的查询命令文本；RunProcReturn(string procName, string tbName)用于直接执行查询 SQL 语句。可重载方法 RunProcReturn 的完整代码如下：

```csharp
/// <summary>
/// 执行查询命令文本，并且返回DataSet数据集
/// </summary>
/// <param name="procName">命令文本</param>
/// <param name="prams">参数对象</param>
/// <param name="tbName">数据表名称</param>
public DataSet RunProcReturn(string procName, SqlParameter[] prams,string tbName)
{
    SqlDataAdapter dap=CreateDataAdaper(procName, prams);
    DataSet ds = new DataSet();
    dap.Fill(ds,tbName);
    this.Close();
    return ds;                              //得到执行成功返回值
}
/// <summary>
/// 执行命令文本，并且返回DataSet数据集
/// </summary>
```

```
/// <param name="procName">命令文本</param>
/// <param name="tbName">数据表名称</param>
/// <returns>DataSet</returns>
public DataSet RunProcReturn(string procName, string tbName)
{
    SqlDataAdapter dap = CreateDataAdaper(procName, null);
    DataSet ds = new DataSet();
    dap.Fill(ds, tbName);
    this.Close();
    return ds;                                          //得到执行成功返回值
}
```

CreateDataAdaper 方法将带参数 SqlParameter 的命令文本添加到 SqlDataAdapter 中，并执行命令文本。CreateDataAdaper 方法的完整代码如下：

```
/// <summary>
/// 创建一个SqlDataAdapter对象，以此来执行命令文本
/// </summary>
/// <param name="procName">命令文本</param>
/// <param name="prams">参数对象</param>
private SqlDataAdapter CreateDataAdaper(string procName, SqlParameter[] prams)
{
    this.Open();
    SqlDataAdapter dap = new SqlDataAdapter(procName,con);
    dap.SelectCommand.CommandType = CommandType.Text;   //执行类型：命令文本
    if (prams != null)
    {
        foreach (SqlParameter parameter in prams)
            dap.SelectCommand.Parameters.Add(parameter);
    }
    //加入返回参数
    dap.SelectCommand.Parameters.Add(new SqlParameter("ReturnValue",
SqlDbType.Int, 4,ParameterDirection.ReturnValue, false, 0, 0,
    string.Empty, DataRowVersion.Default, null));
    return dap;
}
```

CreateCommand 方法将带参数 SqlParameter 的命令文本添加到 SqlCommand 中，并执行命令文本。CreateCommand 方法的完整代码如下：

```
/// <summary>
/// 创建一个SqlCommand对象以此来执行命令文本
/// </summary>
/// <param name="procName">命令文本</param>
/// <param name="prams"命令文本所需参数</param>
/// <returns>返回SqlCommand对象</returns>
private SqlCommand CreateCommand(string procName, SqlParameter[] prams)
{
    this.Open();                                        //确认打开连接
    SqlCommand cmd = new SqlCommand(procName, con);
    cmd.CommandType = CommandType.Text;                 //执行类型：命令文本
    if (prams != null)                                  //依次把参数传入命令文本
    {
        foreach (SqlParameter parameter in prams)
```

```
            cmd.Parameters.Add(parameter);
        }
        //加入返回参数
        cmd.Parameters.Add(
            new SqlParameter("ReturnValue", SqlDbType.Int, 4,
            ParameterDirection.ReturnValue, false, 0, 0,
            string.Empty, DataRowVersion.Default, null));
        return cmd;
    }
```

16.4.2　AdminManage 类

AdminManage（管理员功能模块类）类主要用来实现图书馆管理系统中管理员的添加、修改、删除、查询和登录等功能。

管理员功能模块类中的方法主要提供给陈述层调用，从编码的角度出发，下面方法的实现是建立在数据层（数据库操作类 DataBase.cs）的基础上的，下面将详细介绍。

在管理员功能模块类中，首先定义管理员信息的数据结构，代码如下：

```
#region 定义管理员信息——数据结构
private string id = "";
private string name = "";
private string pwd = "";
/// <summary>
/// 管理员编号
/// </summary>
public string ID
{
    get { return id; }
    set { id = value; }
}
/// <summary>
/// 管理员名称
/// </summary>
public string Name
{
    get { return name; }
    set { name = value; }
}
/// <summary>
/// 管理员密码
/// </summary>
public string Pwd
{
    get { return pwd; }
    set { pwd = value; }
}
#endregion
```

方法 GetAdminID 主要根据数据库中已存在的记录自动生成管理员编号，代码如下：

```
#region 自动生成管理员编号
public string GetAdminID()
{
```

```
        DataSet ds = GetAllAdmin("tb_admin");   //获得所有管理员信息
        string strAdminID = "";                 //存储管理员编号
        if (ds.Tables[0].Rows.Count == 0)       //判断是否存在管理员
          strAdminID = "GLY1001";
        else
          //取出现有的管理员编号的最大值，然后加1
          strAdminID = "GLY" + (Convert.ToInt32(ds.Tables[0].Rows
          [ds.Tables[0].Rows.Count − 1][0].ToString(). Substring(3, 4)) + 1);
          return strAdminID;
    }
    #endregion
```

方法 AddAdmin 主要实现添加管理员信息功能，实现关键技术为：创建 SqlParameter 参数数组，通过数据库操作类（DataBase.cs）中 MakeInParam 方法将参数值转换为 SqlParameter 类型，存储在数组中，最后调用数据库操作类（DataBase.cs）中的 RunProc 方法执行命令文本，代码如下：

```
/// <summary>
/// 添加管理员信息
/// </summary>
/// <param name="adminmanage">管理员类对象</param>
/// <returns>int类型，表示是否执行成功</returns>
public int AddAdmin(AdminManage adminmanage)
{
    SqlParameter[] prams = { data.MakeInParam("@id", SqlDbType.VarChar, 50,
        adminmanage.ID),
        data.MakeInParam("@name", SqlDbType.VarChar, 50,adminmanage.Name),
        data.MakeInParam("@pwd", SqlDbType.VarChar, 30, adminmanage.Pwd),
         };
    return (data.RunProc("INSERT INTO tb_admin (id,name,pwd) VALUES
(@id,@name,@pwd)", prams));
}
```

方法 UpdateAdmin 主要实现修改管理员信息的功能，其实现关键技术与 AddAdmin 方法类似，代码如下：

```
/// <summary>
/// 修改管理员信息
/// </summary>
/// <param name="adminmanage">管理员类对象</param>
/// <returns> int类型，表示是否执行成功</returns>
public int UpdateAdmin(AdminManage adminmanage)
{
    SqlParameter[] prams = {
        data.MakeInParam("@name", SqlDbType.VarChar, 50,adminmanage.Name),
        data.MakeInParam("@pwd", SqlDbType.VarChar, 30, adminmanage.Pwd),
         };
    return (data.RunProc("update tb_admin set pwd=@pwd where name=@name", prams));
}
```

方法 DeleteAdmin 主要实现根据管理员名字删除管理员信息的功能，其实现关键技术与 AddAdmin 方法类似，代码如下：

```
/// <summary>
/// 删除管理员信息
/// </summary>
```

```
/// <param name="adminmanage">管理员类对象</param>
/// <returns> int类型，表示是否执行成功</returns>
public int DeleteAdmin(AdminManage adminmanage)
{
    SqlParameter[] prams = {
        data.MakeInParam("@name", SqlDbType.VarChar, 50,adminmanage.Name),
        };
    return (data.RunProc("delete from tb_admin where name=@name", prams));
}
```

方法 Login 主要实现管理员登录图书馆管理系统功能，其实现关键技术与 AddAdmin 方法类似，代码如下：

```
/// <summary>
/// 管理员登录
/// </summary>
/// <param name="adminmanage">管理员类对象</param>
/// <returns>DataSet数据集，用来存储查找到的结果</returns>
public DataSet Login(AdminManage adminmanage)
{
    SqlParameter[] prams = {
        data.MakeInParam("@name", SqlDbType.VarChar, 50,adminmanage.Name),
        data.MakeInParam("@pwd", SqlDbType.VarChar, 30, adminmanage.Pwd),
        };
    return (data.RunProcReturn("SELECT * FROM tb_admin WHERE (name = @name) AND
(pwd = @pwd)", prams, "tb_admin"));
}
```

方法 GetAllAdminByName 和 GetAllAdmin 分别用来实现根据"管理员名字"和得到所有管理员信息的功能，代码如下：

```
/// <summary>
/// 根据管理员名称得到——管理员信息
/// </summary>
/// <param name="adminmanage">管理员类对象</param>
/// <param name="tbName">数据表名</param>
/// <returns> DataSet数据集，用来存储查找到的结果</returns>
public DataSet GetAllAdminByName(AdminManage adminmanage, string tbName)
{
    SqlParameter[] prams = {
        data.MakeInParam("@name",  SqlDbType.VarChar, 50,adminmanage.Name +"%"),
        };
    return (data.RunProcReturn("select * from tb_admin where name like @name",
prams, tbName));
}
/// <summary>
/// 得到所有——管理员信息
/// </summary>
/// <param name="tbName">数据表名</param>
/// <returns> DataSet数据集，用来存储查找到的结果</returns>
public DataSet GetAllAdmin(string tbName)
{
    return (data.RunProcReturn("select * from tb_admin ORDER BY id", tbName));
}
```

16.4.3 OperatorClass 类

OperatorClass（基础数据操作类）类主要用来根据当前日期获得是星期几，下面对该类中的方法进行详细介绍。

方法 getWeek 用来判断当前日期为星期几，实现关键技术为：首先使用 DateTime.Now.DayOfWeek 属性获得英文的星期表示法，然后将获得的英文星期表示法转换为中文星期表示法。GetWeek 方法的实现代码如下：

```
public string getWeek()                                    //判断星期几
{
    string str = DateTime.Now.DayOfWeek.ToString(); //获得当前星期的英文表示形式
    string strWeek = "";
    switch (str)
    {
        case "Monday":
            strWeek = "星期一";
            break;
        case "Tuesday":
            strWeek = "星期二";
            break;
        case "Wednesday":
            strWeek = "星期三";
            break;
        case "Thursday":
            strWeek = "星期四";
            break;
        case "Friday":
            strWeek = "星期五";
            break;
        case "Saturday":
            strWeek = "星期六";
            break;
        case "Sunday":
            strWeek = "星期日";
            break;
    }
    return strWeek;
}
```

16.4.4 ValidateClass 类

ValidateClass（数据验证类）类主要用来对 TextBox 文本框中的输入字符串进行验证，下面对该类中的方法进行详细介绍。

方法 validateNum 用来验证 TextBox 文本框中的输入字符串是否为数字，实现代码如下：

```
public bool validateNum(string str)
{
    return Regex.IsMatch(str, "^[0-9]*[1-9][0-9]*$");    //验证输入为数字
```

```
    }
```

方法 validatePCode 用来验证 TextBox 文本框中的输入字符串是否为邮政编码，实现代码如下：

```
public bool validatePCode(string str)
{
    return Regex.IsMatch(str, @"\d{6}");                          //验证输入为邮编
}
```

方法 validatePhone 用来验证 TextBox 文本框中的输入字符串是否为电话号码，实现代码如下：

```
public bool validatePhone(string str)
{
    return Regex.IsMatch(str, @"^(\d{3,4})-(\d{7,8})$");          //验证输入为电话号码
}
```

方法 validateEmail 用来验证 TextBox 文本框中的输入字符串是否为 E-mail 地址格式，实现代码如下：

```
public bool validateEmail(string str)
{
    return Regex.IsMatch(str, @"\w+([-+.']\w+)*@\w+([-.]\w+)*\.\w+
    ([-.]\w+)*");                                                 //验证输入为E-mail
}
```

方法 validateNAddress 用来验证 TextBox 文本框中的输入字符串是否为网络地址格式，实现代码如下：

```
public bool validateNAddress(string str)
{
//验证输入为网址
    return Regex.IsMatch(str, @"http(s)?://([\w-]+\.)+[\w-]+(/[\w- ./? %&=]*)?");
}
```

16.5　系统主要模块开发

本节将对博研图书馆管理系统的几个主要功能模块实现时用到的主要技术及实现过程进行详细讲解。

16.5.1　主页面设计

网站首页是关于网站的建设及形象宣传，它对网站生存和发展起着非常重要的作用。网站首页应该是一个信息含量较高、内容较丰富的宣传平台。图书馆管理系统主页面主要包含以下内容。

- ❑ 系统菜单导航（包括首页、系统设置、读者管理、图书管理、图书借还、系统查询、排行榜、更改口令和退出系统等）。
- ❑ 当前系统操作员和当前系统
- ❑ 日期。
- ❑ 图书借阅排行榜和读者借阅排行榜。

主页面运行效果如图 16-10 所示。

1. 使用母版页创建网站公共框架

图书馆管理系统的主页和其他所有子页均使用了母版页技术。母版页的主要功能是为 ASP.NET 应用程序创建统一的用户界面和样式，它提供了共享的 HTML、控件和代码，可作为一个模板，供网站内所有页面使用，从而提升了整个程序开发的效率。

图 16-10　主页面

（1）新建一个母版页，命名为 MainMasterPage.master，主要用于系统的母版页，该页面中主要用到的控件如表 16-7 所示。

表 16-7　母版页主要用到的控件

控件类型	控件 ID	主要属性设置	用途
ALabel	labAdmin	无	显示当前操作员
	labDate	无	显示当前日期
	labXQ	无	显示当前星期
Menu	menuNav	将 Orientation 属性设置为 "Horizontal"	系统导航菜单

（2）在母版页的后台代码中，首先创建所需要公共类的类对象，代码如下：

```
OperatorClass operatorclass = new OperatorClass();
AdminManage adminmanage = new AdminManage();
PurviewManage purviewmanage = new PurviewManage();
```

母版页加载时，首先判断用户登录的身份，如果登录身份为读者，则只能实现图书借阅和归还功能；如果登录身份为管理员，则根据管理员的权限显示其可以执行的操作。母版页的 Page_Load 事件代码如下：

```
protected void Page_Load(object sender, EventArgs e)
{
    this.Title = "图书馆管理系统主页";
```

```
    if (Session["role"] == "Reader")                    //判断是否是读者登录
    {
        menuNav.Items[1].Enabled = false;
        menuNav.Items[2].Enabled = false;
        menuNav.Items[3].Enabled = false;
        menuNav.Items[5].Enabled = false;
    }
    else
    {
        //显示当前日期
        labDate.Text = DateTime.Now.Year + "年" + DateTime.Now.Month + "月" +
DateTime.Now.Day + "日";
        //显示当前是星期几
labXQ.Text = operatorclass.getWeek();
        labAdmin.Text = Session["Name"].ToString();
        adminmanage.Name = Session["Name"].ToString();
        //根据管理员姓名获取权限信息
        DataSet adminds = adminmanage.GetAllAdminByName(adminmanage, "tb_admin");
        string strAdminID = adminds.Tables[0].Rows[0][0].ToString();
        purviewmanage.ID = strAdminID;
        DataSet pviewds = purviewmanage.FindPurviewByID(purviewmanage, "tb_purview");
        bool sysset = Convert.ToBoolean(pviewds.Tables[0]. Rows[0][1].
ToString());
        bool readset = Convert.ToBoolean(pviewds.Tables[0].Rows
 [0][2].ToString());
        bool bookset = Convert.ToBoolean(pviewds.Tables[0].
Rows[0][3].ToString());
        bool borrowback = Convert.ToBoolean(pviewds.Tables[0].
Rows[0][4].ToString());
        bool sysquery = Convert.ToBoolean(pviewds.Tables[0].
Rows[0][5].ToString());
        if (sysset == true)                             //判断管理员是否具有系统设置权限
        {
            menuNav.Items[1].Enabled = true;
        }
        else
        {
            menuNav.Items[1].Enabled = false;
        }
        if (readset == true)                            //判断管理员是否具有读者管理权限
        {
            menuNav.Items[2].Enabled = true;
        }
        else
        {
            menuNav.Items[2].Enabled = false;
        }
        if (bookset == true)                            //判断管理员是否具有图书管理权限
        {
            menuNav.Items[3].Enabled = true;
        }
```

```
        else
        {
          menuNav.Items[3].Enabled = false;
        }
        if (borrowback == true)                //判断管理员是否具有图书借还权限
        {
          menuNav.Items[4].Enabled = true;
        }
        else
        {
          menuNav.Items[4].Enabled = false;
        }
        if (sysquery == true)                  //判断管理员是否具有系统查询权限
        {
          menuNav.Items[5].Enabled = true;
        }
        else
        {
          menuNav.Items[5].Enabled = false;
        }
      }
    }
```

选择"退出系统"菜单项，弹出提示信息，提示是否关闭当前窗口，单击"是"按钮，关闭当前窗口；否则，回到主页面。"退出系统"菜单项的 MenuItemClick 事件代码如下：

```
protected void menuNav_MenuItemClick(object sender, MenuEventArgs e)
{
    if (menuNav.SelectedValue == "退出系统")
    {
      Response.Write("<script>window.close();</script>");
    }
}
```

2. 主页面实现过程

（1）新建一个基于 MainMasterPage.master 母版页的 Web 页面，命名为 Default.aspx（将原来新建网站时默认的 Default.aspx 页面删除），并将其作为图书馆管理系统的主页面，该页面中主要用到的控件如表 16-8 所示。

表 16-8　主页面主要用到的控件

控件类型	控件 ID	主要属性设置	用途
A HyperLink	hpLinkBookSort	将 NavigateUrl 属性设置为"~/SortManage/BookBorrowSort.aspx"	查看所有图书借阅排行
	hpLinkReaderSort	将 NavigateUrl 属性设置为"~/SortManage/ReaderBorrowSort.aspx"	查看所有读者借阅排行
GridView	gvBookSort	将 HorizontalAlign 属性设置为"Center"	显示图书借阅排行
	gvReaderSort	同上	显示读者借阅排行

（2）在 Default.aspx 页面的后台代码中，首先创建所需要公共类的类对象，代码如下：

```
BookManage bookmanage = new BookManage();
ReaderManage readermanage = new ReaderManage();
```

Default.aspx 页面加载时，调用公共类中的相应方法对显示图书借阅排行和读者借阅排行的 GridView 控件进行数据绑定。Default.aspx 页面的 Page_Load 事件代码如下：

```
protected void Page_Load(object sender, EventArgs e)
{
//得到图书排行信息，并填充到DataSet数据集
   DataSet bookds = bookmanage.GetBookSort("tb_bookinfo");
   gvBookSort.DataSource = bookds;            //指定显示图书排行GridView控件的数据源
   gvBookSort.DataBind();                     //对显示图书排行的GridView控件进行绑定
//得到读者排行信息，并填充到DataSet数据集
   DataSet readerds = readermanage.GetReaderSort("tb_reader");
   gvReaderSort.DataSource = readerds;        //指定显示读者排行GridView控件的数据源
   gvReaderSort.DataBind();                   //对显示读者排行的GridView控件进行绑定
}
```

在 GridView 控件中显示图书借阅排行和读者借阅排行时，需要为其进行编号，该功能主要是通过在 GridView 控件的 RowDataBound 事件中动态修改 GridView 控件中第一列的值实现的。GridView 控件的 RowDataBound 事件代码如下：

```
protected void gvBookSort_RowDataBound(object sender, GridViewRowEventArgs e)
{
   if (e.Row.RowIndex != -1)
   {
      int id = e.Row.RowIndex + 1;            //存储排行编号
//在显示图书排行的GridView控件中添加排行编号
      e.Row.Cells[0].Text = id.ToString();
   }
}
protected void gvReaderSort_RowDataBound(object sender, GridViewRowEventArgs e)
{
   gvBookSort_RowDataBound(sender, e);
}
```

16.5.2　图书馆信息模块设计

图书馆信息模块主要用来显示图书馆的详细信息，管理员可以在这里修改图书馆信息。图书馆信息模块运行效果如图 16-11 所示。

1. 使用 UPDATE 语句更新数据

开发图书馆信息模块时，主要用到了数据库的更新技术，下面进行详细介绍。

更新数据库中记录时，主要用到了 UPDATE 语句，其语法如下：

```
UPDATE<table_name | view_name>
SET <column_name>=<expression>
    [...,<last column_name>=<last expression>]
[WHERE<search_condition>]
```

语法中各参数的说明如表 16-9 所示。

图 16-11　图书馆信息模块

表 16-9　参数说明

参数	说明
table_name	需要更新的数据表名
view_name	要更新的视图的名称。通过 view_name 来引用的视图必须是可更新的。用 UPDATE 语句进行的修改，至多只能影响视图的 FROM 子句所引用的基表中的一个
SET	指定要更新的列或变量名称的列表
column_name	含有要更改数据的列的名称。column_name 必须驻留于 UPDATE 子句中所指定的表或视图中。标识列不能进行更新。如果指定了限定的列名称，限定符必须同 UPDATE 子句中的表或视图的名称相匹配
expression	变量、字面值、表达式或加上括号返回单个值的 subSELECT 语句。expression 返回的值将替换 column_name 中的现有值
WHERE	指定条件来限定所更新的行
<search_condition>	为要更新行指定需满足的条件。搜索条件也可以是连接所基于的条件。对搜索条件中可以包含的谓词数量没有限制

　　一定不要忽略 WHERE 子句，除非想要更新表中的所有行。

　　例如，下面的 SQL 语句用来更新编号为 DZ10001 的读者信息：
Update tb_reader set name='王**',sex='男',type='普通读者', paperType='身份证',

```
paperNum='14**343413', tel='0431- 8343**11',email='wang**2@163.com',
oper='小**',remark='好人' where id='DZ10001'
```

2．图书馆信息模块实现过程

（1）新建一个基于 MainMasterPage.master 母版页的 Web 页面，命名为 LibraryInfo.aspx，作为图书馆信息页面，该页面中主要用到的控件如表 16-10 所示。

表 16-10　图书馆信息页面主要用到的控件

控件类型	控件 ID	主要属性设置	用途
[abl]TextBox	txtLibName	将 ReadOnly 属性设置为"true"	图书馆名称
	txtCurator	无	馆长
	txtTel	无	联系电话
	txtAddress	无	地址
	txtEmail	无	E-mail 地址
	txtUrl	无	网址
	txtCDate	无	建馆时间
	txtIntroduce	将 TextMode 属性设置为"MultiLine"	图书馆介绍
[ab]Button	btnSave	无	保存图书馆信息
	btnCancel	无	重新填写图书馆信息

（2）在 LibraryInfo.aspx 页面的后台代码中，首先创建所需要公共类的类对象，代码如下：

```
ValidateClass validate = new ValidateClass();
LibraryManage librarymanage = new LibraryManage();
```

LibraryInfo.aspx 页面加载时，将数据库中原有的图书馆信息显示在对应的 TextBox 文本框中。LibraryInfo.aspx 页面的 Page_Load 事件代码如下：

```
protected void Page_Load(object sender, EventArgs e)
{
    this.Title = "图书馆信息页面";
    if (!IsPostBack)
    {
        DataSet ds = librarymanage.GetAllLib("tb_library");      //获取图书馆信息
        if (ds.Tables[0].Rows.Count > 0)                         //判断是否存在图书馆信息
        {
            txtLibName.Text = ds.Tables[0].Rows[0][0].ToString();   //显示图书馆名称
            txtCurator.Text = ds.Tables[0].Rows[0][1].ToString();   //显示图书馆馆长
            txtTel.Text = ds.Tables[0].Rows[0][2].ToString();       //显示图书馆电话
            txtAddress.Text = ds.Tables[0].Rows[0][3].ToString();   //显示图书馆地址
            txtEmail.Text = ds.Tables[0].Rows[0][4].ToString();     //显示图书馆E-mail
            txtUrl.Text = ds.Tables[0].Rows[0][5].ToString();       //显示图书馆网址
            txtCDate.Text = ds.Tables[0].Rows[0][6].ToString();     //显示建馆日期
            txtIntroduce.Text = ds.Tables[0].Rows[0][7].ToString(); //显示图书馆简介
            btnSave.Text = "保存";
            txtLibName.ReadOnly = true;
        }
        else
        {
            btnSave.Text = "添加";
```

```
                txtLibName.ReadOnly = false;
        }
    }
}
```

当需要修改图书馆信息时，在各 TextBox 文本框中输入相应内容，单击"保存"按钮，调用数据验
证类中的相应方法判断输入的内容是否正确，如果正确，将输入的内容保存到数据库中；否则，弹出信
息提示。"保存"按钮的 Click 事件代码如下：

```
protected void btnSave_Click(object sender, EventArgs e)
{
    if (txtLibName.Text == "")
    {
        Response.Write("<script>alert('图书馆名称不能为空！');location=
'javascript:history.go(-1)';</script>");
        return;
    }
    if (!validate.validateNum(txtTel.Text))
    {
        Response.Write("<script>alert('电话输入有误！');location=
'javascript:history.go(-1)';</script>");
        return;
    }
    if (!validate.validateEmail(txtEmail.Text))
    {
        Response.Write("<script>alert('E-mail地址输入有误！');location=
'javascript:history.go(-1)';</script>");
        return;
    }
    if (!validate.validateNAddress(txtUrl.Text))
    {
        Response.Write("<script>alert('网址格式输入有误！');location=
'javascript:history.go(-1)';</script>");
        return;
    }
    librarymanage.LibraryName = txtLibName.Text;
    librarymanage.Curator = txtCurator.Text;
    librarymanage.Tel = txtTel.Text;
    librarymanage.Address = txtAddress.Text;
    librarymanage.Email = txtEmail.Text;
    librarymanage.URL = txtUrl.Text;
    librarymanage.CreateDate = Convert.ToDateTime(Convert.ToDateTime
     (txtCDate.Text).ToShortDateString());
    librarymanage.Introduce = txtIntroduce.Text;
    if (btnSave.Text == "保存")
    {
        librarymanage.UpdateLib(librarymanage);          //更新图书馆信息
        Response.Write("<script language=javascript>alert('图书馆信息保存成功！')
</script>");
    }
    else if (btnSave.Text == "添加")
    {
```

```
            librarymanage.AddLib(librarymanage);          //添加图书馆信息
            Response.Write("<script language=javascript>alert('图书馆信息添加成功！')
</script>");
btnSave.Text = "保存";
            txtLibName.ReadOnly = true;
    }
}
```

单击"取消"按钮，清空各 TextBox 文本框中的内容，并将"建馆日期"文本框中的初始值设置为当前日期。"取消"按钮的 Click 事件代码如下：

```
protected void btnCancel_Click(object sender, EventArgs e)
{
    txtCDate.Text = DateTime.Now.ToShortDateString();
    txtCurator.Text = txtTel.Text = txtAddress.Text = txtEmail.Text = txtUrl.Text
= txtIntroduce.Text = string.Empty;
}
```

16.5.3 图书档案管理模块设计

图书信息管理模块主要分为查看图书信息页面和添加/修改图书信息页面，管理员可以在查看图书信息页面查看图书的基本信息，也可以通过单击"添加图书信息"超级链接或 GridView 控件中的"详情"超级链接跳转到添加/修改图书信息页面，并在该页面中添加或修改图书信息。图书档案管理页面运行效果如图 16-12 所示。

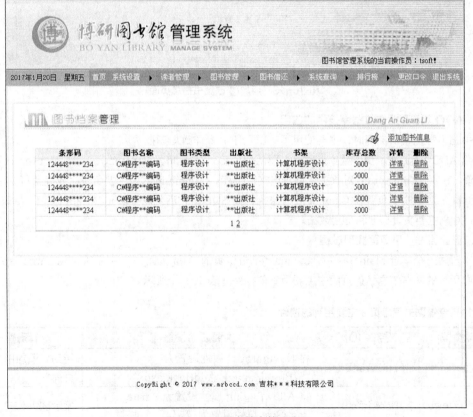

图 16-12　图书档案管理页面

添加/修改图书信息页面运行效果如图 16-13 所示。

图 16-13　添加/修改图书信息页面

1. ADO.NET 操作数据库技术的应用

图书档案管理模块实现时，主要使用了 ADO.NET 操作数据库技术。

使用 ADO.NET 技术操作数据库时，主要用到了 Connection、Command、DataAdapter 和 DataSet 4 个对象。其中，Connection 对象主要负责连接数据库，Command 对象主要负责生成并执行 SQL 语句，DataAdapter 对象主要负责在 Command 对象执行完 SQL 语句后生成并填充 DataSet 和 DataTable，而 DataSet 对象主要负责存取和更新数据。

2. 查看图书信息页面实现过程

（1）新建一个基于 MainMasterPage.master 母版页的 Web 页面，命名为 BookManage.aspx，主要用于查看所有的图书信息，该页面中主要用到的控件如表 16-11 所示。

表 16-11　查看图书信息页面主要用到的控件

控件类型	控件 ID	主要属性设置	用途
A HyperLink	hpLinkAddBook	将 NavigateUrl 属性设置为 "~/BookManage/AddBook.aspx"	转到"添加图书信息页面"
GridView	gvBookInfo	将 AllowPaging 属性设置为 "true"，PageSize 属性设置为 "5"	显示图书信息

（2）在 BookManage.aspx 页面的后台代码中，首先创建所需要公共类的类对象，代码如下：

```
BookManage bookmanage = new BookManage();
```

BookManage.aspx 页面的后台代码中自定义了一个 gvBind 方法，该方法用来对显示图书信息的 GridView 控件进行数据绑定。gvBind 方法的实现代码如下：

```
private void gvBind()
{
    DataSet ds = bookmanage.GetAllBook("tb_bookinfo");   //获取所有图书信息
    gvBookInfo.DataSource = ds;                          //指定GridView控件的数据源
//指定绑定到GridView控件的主键字段
    gvBookInfo.DataKeyNames = new string[] { "bookcode" },
    gvBookInfo.DataBind();                               //对GridView控件进行数据绑定
}
```

BookManage.aspx 页面加载时，调用自定义方法 gvBind 对 GridView 控件进行数据绑定。BookManage.aspx 页面的 Page_Load 事件代码如下：

```
protected void Page_Load(object sender, EventArgs e)
{
this.Title = "查看图书信息页面";
    if (!IsPostBack)
        gvBind();                                       //调用自定义方法显示图书信息
}
```

由于数据中的记录不确定，为了能够分页查看所有的图书信息，需要触发 GridView 控件的 PageIndexChanging 事件，实现代码如下：

```
protected void gvBookInfo_PageIndexChanging(object sender,
GridViewPageEventArgs e)
{
    gvBookInfo.PageIndex = e.NewPageIndex;
    gvBind();
}
```

在 GridView 控件中单击"删除"按钮，删除选中行记录。GridView 控件的 RowDeleting 事件代码如下：

```
protected void gvBookInfo_RowDeleting(object sender, GridViewDeleteEventArgs e)
{
//指定要删除的图书编号
    bookmanage.BookCode = gvBookInfo.DataKeys[e.RowIndex].Value.ToString();
    bookmanage.DeleteBook(bookmanage);                  //删除指定的图书信息
    Response.Write("<script>alert('图书信息删除成功')</script>");
    gvBind();
}
```

3. 添加/修改图书信息页面实现过程

（1）新建一个基于 MainMasterPage.master 母版页的 Web 页面，命名为 AddBook.aspx，主要用于添加或修改图书信息，该页面中主要用到的控件如表 16-12 所示。

表 16-12　添加/修改图书信息页面主要用到的控件

控件类型	控件 ID	主要属性设置	用途
abl TextBox	txtBCode	无	图书条形码
	txtBName	无	图书名称

续表

控件类型	控件 ID	主要属性设置	用途
abl TextBox	txtAuthor	无	作者
	txtTranslator	无	译者
	txtPub	无	出版社
	txtPrice	无	价格
	txtPage	无	页码
	txtStorage	无	库存数量
	txtInTime	无	入馆时间
	txtOper	无	操作员
	txtRemark	将 TextMode 属性设置为 "MultiLine"	备注
DropDownList	ddlBType	无	选择图书类型
	dlBCase	无	选择书架
ab Button	btnAdd	将 Enabled 属性设置为 "false"	添加图书信息
	btnSave	将 Enabled 属性设置为 "false "	修改图书信息
	btnCancel	无	重新输入图书信息

（2）在 AddBook.aspx 页面的后台代码中，首先创建所需要公共类的类对象，代码如下：

```
ValidateClass validate=new ValidateClass();
BookcaseManage bookcasemanage = new BookcaseManage();
BTypeManage btypemanage = new BTypeManage();
BookManage bookmanage = new BookManage();
```

AddBook.aspx 页面的后台代码中自定义了一个 ValidateFun 方法，该方法用来对 TextBox 文本框中的输入字符串进行验证。ValidateFun 方法的实现代码如下：

```
protected void ValidateFun()
{
    if (txtBCode.Text == "")
    {
        Response.Write("<script>alert('图书条形码不能为空！');location=
'javascript:history.go(-1)';</script>");
        return;
    }
    if (txtBName.Text == "")
    {
        Response.Write("<script>alert('图书名称不能为空！');location=
'javascript:history.go(-1)';</script>");
        return;
    }
    if (!validate.validateNum(txtPrice.Text))
    {
        Response.Write("<script>alert('图书价格输入有误！');location=
'javascript:history.go(-1)';</script>");
        return;
    }
    if (!validate.validateNum(txtPage.Text))
```

```
    {
        Response.Write("<script>alert('图书页码输入有误！');location=
'javascript:history.go(-1)';</script>");
        return;
    }
    if (!validate.validateNum(txtStorage.Text))
    {
        Response.Write("<script>alert('图书库存量输入有误！');location=
'javascript:history.go(-1)';</script>");
        return;
    }
}
```

AddBook.aspx 页面加载时，首先对“图书类型”和“书架”下拉列表框进行数据绑定，然后在 TextBox 文本框中显示对应的图书信息。AddBook.aspx 页面的 Page_Load 事件代码如下：

```
protected void Page_Load(object sender, EventArgs e)
{
    this.Title = "添加/修改图书信息页面";
    if (!IsPostBack)
    {
        DataSet bcaseds = bookcasemanage.GetAllBCase("tb_bookcase");  //获取书架信息
        ddlBCase.DataSource = bcaseds;
        ddlBCase.DataTextField = "name";                             //指定要绑定到下拉列表的字段
        ddlBCase.DataBind();
        DataSet btypeds = btypemanage.GetAllBType("tb_booktype");     //获取图书类型信息
        ddlBType.DataSource = btypeds;
        ddlBType.DataTextField = "typename";                         //指定要绑定到下拉列表的字段
        ddlBType.DataBind();
        if (Request["bookcode"] == null)
        {
            btnAdd.Enabled = true;
            txtInTime.Text = DateTime.Now.ToShortDateString();
        }
        else
        {
            btnSave.Enabled = true;
            txtBCode.Text = Request["bookcode"].ToString();
            //根据编号获得图书信息
            DataSet bookds = bookmanage.FindBookByCode
    (bookmanage,"tb_bookinfo");
            txtBName.Text = bookds.Tables[0].Rows[0][1].ToString();       //显示图书名称
            //显示图书类型
            ddlBType.SelectedValue = bookds.Tables[0].Rows[0][2].ToString();
            txtAuthor.Text = bookds.Tables[0].Rows[0][3].ToString();      //显示图书作者
            //显示图书译者
            txtTranslator.Text = bookds.Tables[0].Rows[0][4].ToString();
            txtPub.Text = bookds.Tables[0].Rows[0][5].ToString();         //显示出版社
            txtPrice.Text = bookds.Tables[0].Rows[0][6].ToString();       //显示图书价格
            txtPage.Text = bookds.Tables[0].Rows[0][7].ToString();        //显示图书页码
            //显示图书所在书架
            ddlBCase.SelectedValue = bookds.Tables[0].Rows[0][8].ToString();
```

```
        //显示图书库存数量
        txtStorage.Text = bookds.Tables[0].Rows[0][9].ToString();
        //显示图书入馆时间
        txtInTime.Text = bookds.Tables[0].Rows[0][10].ToString();
        txtOper.Text = bookds.Tables[0].Rows[0][11].ToString();//显示操作员
      }
    }
  }
```

如果管理员是在"查看图书信息"页面中单击"添加图书信息"超级链接进入的"添加/修改图书信息"页面，则该页面中各 TextBox 文本框内容为空，这时需要管理员输入相应的图书信息，然后单击"添加"按钮，调用自定义方法 ValidateFun 对 TextBox 文本框中输入的内容进行验证，如果验证成功，则判断输入的图书是否已经存在，如果存在，则弹出提示信息，否则将 TextBox 文本框中输入的图书相关信息保存到数据库中。"添加"按钮的 Click 事件代码如下：

```
protected void btnAdd_Click(object sender, EventArgs e)
{
    ValidateFun();
    bookmanage.BookCode = txtBCode.Text;
    if (bookmanage.FindBookByCode(bookmanage, "tb_bookinfo").Tables[0].Rows.
Count > 0)
    {
        Response.Write("<script>alert('该图书已经存在！')</script>");
        return;
    }
    bookmanage.BookName = txtBName.Text;
    bookmanage.Type = ddlBType.SelectedValue;
    bookmanage.Author = txtAuthor.Text;
    bookmanage.Translator = txtTranslator.Text;
    bookmanage.PubName = txtPub.Text;
    bookmanage.Price = Convert.ToDecimal(txtPrice.Text);
    bookmanage.Page = Convert.ToInt32(txtPage.Text);
    bookmanage.Bcase = ddlBCase.SelectedValue;
    bookmanage.Storage = Convert.ToInt32(txtStorage.Text);
    bookmanage.InTime = Convert.ToDateTime(txtInTime.Text);
    bookmanage.Oper = txtOper.Text;
    bookmanage.AddBook(bookmanage);                 //添加图书信息
    Response.Redirect("BookManage.aspx");           //跳转到图书档案管理页面
}
```

如果管理员是在"查看图书信息"页面中单击 GridView 控件中的"详情"超级链接进入"添加/修改图书信息"页面，则在该页面中的各 TextBox 文本框中显示选择的图书信息，这时如果管理员要修改图书信息，可以对 TextBox 文本框中的内容进行编辑，然后单击"修改"按钮，调用自定义方法 ValidateFun对 TextBox 文本框中输入的内容进行验证，如果验证成功，则将 TextBox 文本框中的图书相关信息保存到数据库中。"修改"按钮的 Click 事件代码如下：

```
protected void btnSave_Click(object sender, EventArgs e)
{
    ValidateFun();
    bookmanage.BookCode = txtBCode.Text;
    bookmanage.BookName = txtBName.Text;
    bookmanage.Type = ddlBType.SelectedValue;
```

```
        bookmanage.Author = txtAuthor.Text;
        bookmanage.Translator = txtTranslator.Text;
        bookmanage.PubName = txtPub.Text;
        bookmanage.Price = Convert.ToDecimal(txtPrice.Text);
        bookmanage.Page = Convert.ToInt32(txtPage.Text);
        bookmanage.Bcase = ddlBCase.SelectedValue;
        bookmanage.Storage = Convert.ToInt32(txtStorage.Text);
        bookmanage.InTime = Convert.ToDateTime(txtInTime.Text);
        bookmanage.Oper = txtOper.Text;
        bookmanage.UpdateBook(bookmanage);              //修改图书信息
        Response.Redirect("BookManage.aspx");           //跳转到图书档案管理页面
    }
```

单击"取消"按钮，清空各 TextBox 文本框中的内容，并将"入馆时间"文本框中的初始值设置为当前日期。"取消"按钮的 Click 事件代码如下：

```
protected void btnCancel_Click(object sender, EventArgs e)
{
    txtInTime.Text = DateTime.Now.ToShortDateString();
    txtBName.Text = txtAuthor.Text = txtTranslator.Text = txtPub.Text =
txtPrice.Text = txtPage.Text = txtStorage.Text = txtOper.Text = string.Empty;
}
```

16.5.4　图书借还管理模块设计

图书借还管理模块主要分为图书借阅页面和图书归还页面，图书借阅页面中可以查看读者的图书借阅信息，并借阅图书；图书归还页面可以归还某读者所借图书。图书借阅页面运行结果如图 16-14 所示。

图 16-14　图书借阅页面

图书归还页面运行结果如图 16-15 所示。

图 16-15　图书归还页面

1. GridView 模板列技术应用

实现图书的借还功能时，主要用到了 GridView 模板列技术。下面介绍如何在 GridView 控件中添加模板列。具体步骤如下：

（1）选中要添加模板列的 GridView 控件，单击 GridView 控件上方的▶图标，在弹出的菜单中选择"编辑列"菜单项，弹出图 16-16 所示的"字段"对话框，在"可用字段"列表框中选择"TemplateField"选项，单击"添加"按钮，即可在 GridView 控件中添加一个模板列。

图 16-16　"字段"对话框

（2）单击"确定"按钮，关闭"字段"对话框，再次单击 GridView 控件上方的▶图标，在弹出的菜单中选择"编辑模板"菜单项，GridView 控件变换为图 16-17 所示的样式，这里可以编辑模板列，编辑完成后，单击鼠标右键，在弹出的快捷菜单中选择"结束模板编辑"命令，完成模板列的编辑。

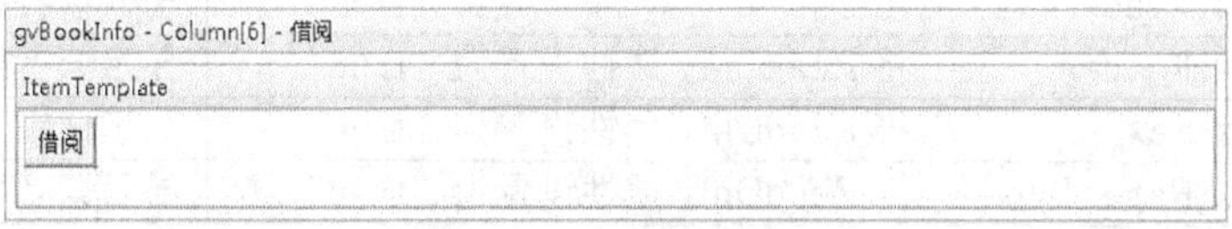

图 16-17　编辑模板列样式

例如，在 GridView 控件的模板列中实现图书借阅功能的代码如下：

```
protected void gvBookInfo_RowUpdating(object sender, GridViewUpdateEventArgs e)
{
    if (Session["readerid"] == null)
    {
    Response.Write("<script>alert('请输入读者编号！')</script>");
    }
    else
    {
    borrowandbackmanage.ID = borrowandbackmanage.GetBorrowBookID();
    borrowandbackmanage.ReadID = Session["readerid"].ToString();
    borrowandbackmanage.BookCode = gvBookInfo.DataKeys[e.RowIndex].
Value.ToString();
    borrowandbackmanage.BorrowTime = Convert.ToDateTime(DateTime.Now.
ToShortDateString());
    btypemanage.TypeName = gvBookInfo.Rows[e.RowIndex].Cells[2].Text;
    int days = Convert.ToInt32(btypemanage.FindBTypeByName(btypemanage,
"tb_booktype").Tables[0]. Rows[0][2].ToString());              //获取可借天数
//将可借天数转换为相应的TimeSpan时间段
    TimeSpan tspan = TimeSpan.FromDays((double)days);
    //设置图书应该归还时间
    borrowandbackmanage.YGBackTime = borrowandbackmanage.BorrowTime + tspan;
    borrowandbackmanage.BorrowOper = Session["Name"].ToString();
    borrowandbackmanage.AddBorrow(borrowandbackmanage);        //添加借书信息
    gvBRBookBind();
    bookmanage.BookCode = gvBookInfo.DataKeys[e.RowIndex]. Value.
ToString();
    DataSet bookds = bookmanage.FindBookByCode(bookmanage, "tb_bookinfo");
    bookmanage.BorrowNum = Convert.ToInt32(bookds.Tables[0].Rows[0][12].
ToString()) + 1;
    bookmanage.UpdateBorrowNum(bookmanage);                    //更新图书借阅次数
    readermanage.ID = Session["readerid"].ToString();
    DataSet readerds = readermanage.FindReaderByCode(readermanage,
"tb_reader");
    readermanage.BorrowNum = Convert.ToInt32(readerds.Tables[0].Rows
    [0][12].ToString()) + 1;
    readermanage.UpdateBorrowNum(readermanage);                //更新读者借阅次数
    }
}
```

2. 图书借阅页面实现过程

（1）新建一个基于 MainMasterPage.master 母版页的 Web 页面，命名为 BorrowBook.aspx，主要用于实现读者借阅功能，该页面中主要用到的控件如表 16-13 所示。

表 16-13　图书借阅页面主要用到的控件

控件类型	控件 ID	主要属性设置	用途
abl TextBox	txtReaderID	无	输入读者编号
	txtReader	将 ReadOnly 属性设置为 "true"	显示读者姓名
	txtSex	将 ReadOnly 属性设置为 "true"	显示读者性别
	txtPaperType	将 ReadOnly 属性设置为 "true"	显示读者证件类型
	txtPaperNum	将 ReadOnly 属性设置为 "true"	显示读者证件号码
	txtRType	将 ReadOnly 属性设置为 "true"	显示读者类型
	txtBNum	将 ReadOnly 属性设置为 "true"	显示读者可借天数
ab Button	btnSure	无	根据读者编号获取读者信息
▦ GridView	gvBookInfo	在模板列中添加一个 Button 控件，并将该控件的 ID 和 Command 属性分别设置为 "btnBorrow" 和 "Update"	显示所有可借图书，读者可以选择借阅
	gvBorrowBook	将 AllowPaging 属性设置为 "true"，PageSize 属性设置为 "5"	显示读者借阅的图书

（2）在 BorrowBook.aspx 页面的后台代码中，首先创建所需要公共类的类对象，代码如下：

```
ReaderManage readermanage = new ReaderManage();
RTypeManage rtypemanage = new RtypeManage();
BookManage bookmanage = new BookManage();
BtypeManage btypemanage = new BtypeManage();
BorrowandBackManage borrowandbackmanage = new BorrowandBackManage();
```

在 BorrowBook.aspx 页面的后台代码中自定义了两个方法，分别为 gvBInfoBind 和 gvBRBookBind。其中，gvBInfoBind 方法用来将数据库中的所有图书信息绑定到 GridView 控件上，gvBRBookBind 方法用来将指定读者所借的图书及基本信息绑定到 GridView 控件上。gvBInfoBind 和 gvBRBookBind 方法的实现代码如下：

```
//绑定所有图书信息
protected void gvBInfoBind()
{
    DataSet bookds = bookmanage.GetAllBook("tb_bookinfo");        //获取所有图书信息
    gvBookInfo.DataSource = bookds;
//指定要绑定到GridView控件的主键字段
    gvBookInfo.DataKeyNames = new string[] { "bookcode" };
    gvBookInfo.DataBind();
}
//绑定指定读者所借的图书信息
protected void gvBRBookBind()
{
    borrowandbackmanage.ReadID = txtReaderID.Text;        //指定读者编号
    //根据读者编号获取其所借图书信息
    DataSet brinfods = borrowandbackmanage.
FindBoBaBookByRID(borrowandbackmanage,"view_BookB Rinfo");
    gvBorrowBook.DataSource = brinfods;
    gvBorrowBook.DataBind();
}
```

BorrowBook.aspx 页面加载时，判断用户的登录身份是管理员还是读者，如果是读者，则在页面初始化时，在"读者编号"文本框中显示登录的读者编号，同时将图书馆中的图书信息显示在页面中。BookManage.aspx 页面的 Page_Load 事件代码如下：

```
protected void Page_Load(object sender, EventArgs e)
{
```

```
    this.Title ="图书借阅页面";
    if (!IsPostBack)
    {
      if (Session["role"] == "Reader")                        //判断是否是读者登录
      {
        txtReaderID.Text = Session["readid"].ToString();      //显示读者编号
      }
      gvBInfoBind();
    }
}
```

单击"确定"按钮，判断"读者编号"文本框是否为空，如果是，则弹出提示信息，否则根据读者编号获得读者信息及其所借图书，并分别显示在 TextBox 文本框和 GridView 控件中。"确定"按钮的 Click 事件代码如下：

```
protected void btnSure_Click(object sender, EventArgs e)
{
    if (txtReaderID.Text == "")
    {
      Response.Write("<script>alert('读者编号不能为空！')</script>");
    }
    else
    {
      readermanage.ID = txtReaderID.Text;                     //指定读者编号
      //获取指定编号的读者信息
      DataSet readerds = readermanage.FindReaderByCode(readermanage, "tb_reader");
      if (readerds.Tables[0].Rows.Count > 0)
      {
       txtReader.Text = readerds.Tables[0].Rows[0][1].ToString();   //显示读者姓名
       txtSex.Text = readerds.Tables[0].Rows[0][2].ToString();      //显示读者性别
//显示读者所注册证件类型
        txtPaperType.Text = readerds.Tables[0].Rows[0][5].ToString();
//显示读者所注册证件号码
        txtPaperNum.Text = readerds.Tables[0].Rows[0][6].ToString();
       txtRType.Text = readerds.Tables[0].Rows[0][3].ToString();    //显示读者类型
      }
      else
      {
        Response.Write("<script>alert('该读者不存在！')</script>");
        return;
      }
      rtypemanage.Name = txtRType.Text;                       //指定读者类型名称
      //获取指定读者类型的相关信息
      DataSet rtypeds = rtypemanage.FindRTypeByName(rtypemanage,"tb_readertype");
      txtBNum.Text = rtypeds.Tables[0].Rows[0][2].ToString();  //显示可借数量
      gvBRBookBind();
      Session["readerid"] = txtReaderID.Text;                 //记录输入的读者编号
    }
}
```

由于图书馆中的图书数量和读者所借的图书数量不确定，为了能够分页查看这些信息，需要触发 GridView 控件的 PageIndexChanging 事件，实现代码如下：

```
protected void gvBookInfo_PageIndexChanging(object sender,
GridViewPageEventArgs e)
{
```

```
    gvBookInfo.PageIndex = e.NewPageIndex;
    gvBInfoBind();
}
protected void gvBorrowBook_PageIndexChanging(object sender,
GridViewPageEventArgs e)
{
    gvBorrowBook.PageIndex = e.NewPageIndex;
    gvBRBookBind();
}
```

当显示所有图书的 GridView 控件中单击"借阅"按钮时，触发 GridView 控件的 RowUpdating 事件，将读者编号和选中的图书信息添加到图书借还表中。GridView 控件的 RowUpdating 事件代码如下：

```
protected void gvBookInfo_RowUpdating(object sender, GridViewUpdateEventArgs e)
{
    if (Session["readerid"] == null)
    {
    Response.Write("<script>alert('请输入读者编号！')</script>");
    }
    else
    {
    borrowandbackmanage.ID = borrowandbackmanage.GetBorrowBookID();
    borrowandbackmanage.ReadID = Session["readerid"].ToString();
    borrowandbackmanage.BookCode = gvBookInfo.DataKeys [e.RowIndex].
Value.ToString();
    borrowandbackmanage.BorrowTime = Convert.ToDateTime(DateTime.Now.
ToShortDateString());
    btypemanage.TypeName = gvBookInfo.Rows[e.RowIndex].Cells[2].Text;
    int days = Convert.ToInt32(btypemanage.FindBTypeByName(btypemanage,
"tb_booktype"). Ables[0]. Rows[0][2].ToString());                    //获取可借天数
//将可借天数转换为相应的TimeSpan时间段
    TimeSpan tspan = TimeSpan.FromDays((double)days);
    //设置图书应该归还时间
    borrowandbackmanage.YGBackTime = borrowandbackmanage.BorrowTime + tspan;
    borrowandbackmanage.BorrowOper = Session["Name"].ToString();
    borrowandbackmanage.AddBorrow(borrowandbackmanage);          //添加借书信息
    gvBRBookBind();
    bookmanage.BookCode = gvBookInfo.DataKeys[e.RowIndex]. Value.
ToString();
    DataSet bookds = bookmanage.FindBookByCode(bookmanage, "tb_bookinfo");
    bookmanage.BorrowNum = Convert.ToInt32(bookds.Tables[0].Rows
[0][12].ToString()) + 1;
    bookmanage.UpdateBorrowNum(bookmanage);                    //更新图书借阅次数
    readermanage.ID = Session["readerid"].ToString();
    DataSet readerds = readermanage.FindReaderByCode(readermanage,"tb_reader");
    readermanage.BorrowNum = Convert.ToInt32(readerds.Tables[0].Rows
[0][12].ToString()) + 1;
    readermanage.UpdateBorrowNum(readermanage);                //更新读者借阅次数
    }
}
```

3. 图书归还页面实现过程

（1）新建一个基于 MainMasterPage.master 母版页的 Web 页面，命名为 ReturnBook.aspx，主要用于实现读者还书功能，该页面中主要用到的控件如表 16-14 所示。

表 16-14　图书归还页面主要用到的控件

控件类型	控件 ID	主要属性设置	用途
abl TextBox	txtReaderID	无	输入读者编号
	txtReader	将 ReadOnly 属性设置为 "true"	显示读者姓名
	txtSex	将 ReadOnly 属性设置为 "true"	显示读者性别
	txtPaperType	将 ReadOnly 属性设置为 "true"	显示读者证件类型
	txtPaperNum	将 ReadOnly 属性设置为 "true"	显示读者证件号码
	txtRType	将 ReadOnly 属性设置为 "true"	显示读者类型
	txtBNum	将 ReadOnly 属性设置为 "true"	显示读者可借天数
ab Button	btnSure	无	根据读者编号获取读者信息
GridView	gvBorrowBook	在模板列中添加一个 Button 控件，并将该控件的 ID 和 Command 属性分别设置为 "btnBorrow" 和 "Update"	显示读者借阅的图书，读者可以选择归还

（2）ReturnBook.aspx 页面加载时，判断用户的登录身份是管理员还是读者，如果是读者，则在页面初始化时，在"读者编号"文本框中显示登录的读者编号。BookManage.aspx 页面的 Page_Load 事件代码如下：

```
protected void Page_Load(object sender, EventArgs e)
{
    this.Title = "图书归还页面";
    if (!IsPostBack)
    {
        if (Session["role"] == "Reader")                   //判断是否是读者登录
        {
            txtReaderID.Text = Session["readid"].ToString();    //显示读者编号
        }
    }
}
```

单击"确定"按钮，判断"读者编号"文本框是否为空，如果是，则弹出提示信息，否则根据读者编号获得读者信息及其所借图书，并分别显示在 TextBox 文本框和 GridView 控件中。"确定"按钮的 Click 事件代码如下：

```
protected void btnSure_Click(object sender, EventArgs e)
{
    if (txtReaderID.Text == "")
    {
        Response.Write("<script>alert('读者编号不能为空！')</script>");
    }
    else
    {
        readermanage.ID = txtReaderID.Text;                        //指定读者编号
        //根据指定编号获得读者信息
        DataSet readerds = readermanage.FindReaderByCode(readermanage, "tb_reader");
        if (readerds.Tables[0].Rows.Count > 0)
        {
            txtReader.Text = readerds.Tables[0].Rows[0][1].ToString();   //显示读者姓名
            txtSex.Text = readerds.Tables[0].Rows[0][2].ToString();      //显示读者性别
//显示读者证件类型
            txtPaperType.Text = readerds.Tables[0].Rows[0][5].ToString();
//显示读者证件号码
            txtPaperNum.Text = readerds.Tables[0].Rows[0][6].ToString();
            txtRType.Text = readerds.Tables[0].Rows[0][3].ToString();    //显示读者类型
```

```
        }
        else
        {
            Response.Write("<script>alert('该读者不存在！')</script>");
            return;
        }
        rtypemanage.Name = txtRType.Text;                       //指定读者类型名称
        //获取指定读者类型的相关信息
        DataSet rtypeds = rtypemanage.FindRTypeByName(rtypemanage, "tb_readertype");
        txtBNum.Text = rtypeds.Tables[0].Rows[0][2].ToString();     //显示可借天数
        gvBRBookBind();
        Session["readerid"] = txtReaderID.Text;                      //记录读者编号
    }
}
```

由于读者所借的图书数量不确定，为了能够分页查看这些信息，需要触发 GridView 控件的 PageIndex Changing 事件，实现代码如下：

```
protected void gvBorrowBook_PageIndexChanging(object sender,
GridViewPageEventArgs e)
{
    gvBorrowBook.PageIndex = e.NewPageIndex;
    gvBRBookBind();
}
```

当显示读者所借图书的 GridView 控件中单击"归还"按钮时，触发 GridView 控件的 RowUpdating 事件，将图书归还信息更新到图书借还表中。GridView 控件的 RowUpdating 事件代码如下：

```
protected void gvBorrowBook_RowUpdating(object sender, GridViewUpdateEventArgs e)
{
    if (Session["readerid"] == null)
    {
        Response.Write("<script>alert('请输入读者编号！')</script>');
    }
    else
    {
        //指定借书编号
        borrowandbackmanage.ID =
gvBorrowBook.DataKeys[e.RowIndex].Value.ToString();
        borrowandbackmanage.SJBackTime = Convert.ToDateTime
        (DateTime.Now.ToShortDateString());
        borrowandbackmanage.BackOper = Session["Name"].ToString();
        borrowandbackmanage.IsBack = true;
        //更新借书信息
        borrowandbackmanage.UpdateBackBook(borrowandbackmanage);
        gvBRBookBind();
    }
}
```

16.6 小结

本章从需求分析开始介绍图书馆管理系统的开发流程。通过本章的学习，读者能够了解一般网站的开发流程。在网站的开发过程中，笔者不仅采用了面向对象的开发思想，而且采用了三层架构开发技术，该技术代表着未来开发方向的主流，希望对读者有所启发和帮助。